GEOGRAFIAS DE SÃO PAULO

Representação e crise da Metrópole

Ana Fani Alessandri Carlos
Ariovaldo Umbelino de Oliveira
(organizadores)

GEOGRAFIAS DE SÃO PAULO

Representação e crise da Metrópole

editoracontexto

Montagem de capa
Gustavo S. Vilas Boas

Diagramação
Denis Fracalossi

Preparação de originais
Dos autores

Colaboração
Pró-Reitoria de Pós-Graduação – USP
Programa de Pós-Graduação em Geografia Humana – FFLCH
Departamento de Geografia – FFLCH

Dados Internacionais de Catalogação na Publicação (CIP)
(Câmara Brasileira do Livro, SP, Brasil)

Geografias de São Paulo : representação e crise
da metrópole / Ana Fani Alessandri Carlos, Ariovaldo
Umbelino de Oliveira (organizadores). –
1.ed., 1ª reimpressão. – São Paulo : Contexto, 2019.

Obra em 2 v.
Bibliografia
ISBN 978-85-7244-274-9

1. Geografia urbana – São Paulo (SP) 2. São Paulo (SP) –
História 3. São Paulo (SP) – Urbanismo I. Carlos, Ana Fani
Alessandri. II. Oliveira, Ariovaldo Umbelino de.

04-5352 CDD-711.40981611

Índice para catálogo sistemático:
1. São Paulo : Cidade : Espaço urbano : Urbanismo 711.40981611

2019

EDITORA CONTEXTO
Diretor editorial: *Jaime Pinsky*

Rua Dr. José Elias, 520 – Alto da Lapa
05083-030 – São Paulo – SP
PABX: (11) 3832 5838
contexto@editoracontexto.com.br
www.editoracontexto.com.br

SUMÁRIO

Apresentando a obra 7

Agradecimentos 9

"Geografias" de São Paulo: uma introdução 11

| Capítulo 1 | Crise da urbanização

Urbanização crítica e situação geográfica a partir
da metrópole de São Paulo | *Amélia Luisa Damiani* 19

São Paulo: os dinamismos da pobreza | *Maria Laura Silveira* 59

A frota de automóveis e o pó que
São Paulo respira | *Tarik Rezende de Azevedo* 73

A urbanização da metrópole sob a perspectiva da geomorfologia:
tributo a leituras geográficas | *Cleide Rodrigues* 89

Trabalho e indústria em São Paulo | *Lea Francisconi* 115

| Capítulo 2 | Modos de transformação e permanência

Metamorfoses da expansão urbana na gênese da
moderna cidade de São Paulo | *Julio Suzuki* 131

São Paulo, a metrópole do trópico úmido | *José Bueno Conti* 157

Industrialização, urbanização e a vida de bairro na
São Paulo além-Tamanduateí | *Margarida M. Andrade* 171

A permanência da deterioração urbana como processo: o caso do bairro do Brás em São Paulo | *André Roberto Martin* 193

| Capítulo 3 | Formas de representação da cidade

As representações da metrópole em mapa | *Marcelo Martinelli* 213

Imagens da metrópole | *Ailton Lucchiari* 231

Busca do centro – o reencontro com a cidade | *Francisco Scarlato* 247

São Paulo: a cidade, os bairros e a periferia | *Odette Seabra* 271

| Capítulo 4 | São Paulo – a gestão metropolitana

Isotimas: uma metodologia para a representação cartográfica do valor da terra e imóveis nas metrópoles latino-americanas utilizando técnicas de Geoprocessamento | *Reinaldo Paul P. Machado* 315

Introdução a um novo desafio: gestão democrática da cidade | *Sandra Lencioni* 337

| Capítulo 5 | São Paulo – outros olhares

A *interculturalidade* na metrópole: os velhos e novos imigrantes internacionais | *Rosa Rossini* 343

São Paulo, a cidade educadora | *Nídia Nacib Pontuschka* 369

Um desagravo à "Paulicéia Desvairada" | *Adyr Balastreri Rodrigues* 389

Sobre os autores 413

Anexo – Caderno de mapas 417

APRESENTANDO A OBRA

Neste momento histórico em que se comemoram os 450 anos da Cidade de São Paulo, também comemoramos a criação da Geografia Institucionalizada com a fundação da Universidade de São Paulo, ambas em 1934. Ao longo destes 70 anos, os professores do Departamento de Geografia (da atual Faculdade de Filosofia, Letras e Ciências Humanas, da Universidade de São Paulo) pelas pesquisas realizadas, vêem contribuindo de modo significativo à construção do pensamento geográfico brasileiro, bem como do entendimento da realidade brasileira. Muitos destes pesquisadores têm, desde a fundação do curso de geografia, a Cidade de São Paulo como ponto de partida para o entendimento do território e da sociedade brasileira. Deste modo, São Paulo se constitui no foco central de nossas pesquisas e de muitos de nossos cursos – tanto da graduação quanto da pós-graduação. Tal fato explica, por exemplo, que em 1954, quando do aniversário de 400 anos da Cidade, geógrafos deste Departamento, membros da AGB – Associação dos Geógrafos Brasileiros – publicaram uma obra sobre a Cidade que se tornou referência obrigatória para todos aqueles que se debruçam a estudar São Paulo.

A coleção de livros que ora apresentamos, sob o título *Geografias de São Paulo* visa dar continuidade a este trabalho de divulgação das pesquisas sobre a metrópole, reunidas num único conjunto, produzidas no âmbito do Departamento, a partir das possibilidades abertas pela Geografia. Com isto, pretende-se apresentar as reflexões sobre a metrópole, a partir das pesquisas que têm como fundamento os mais variados temas e vertentes teórico-metodológicas – visto que o ensino e a pesquisa realizada neste Departamento de Geografia vêem, ao longo do tempo, reafirmando a possibilidade de pensar o mundo a partir de várias possibilidades *teórico-metodológicas*. Essa prática fundamenta as "geografias" do título da obra, estimulando e permitindo dar visibilidade à multiplicidade de temas e abordagens de uma metrópole complexa como São Paulo.

Este trabalho coloca, também, a questão da possibilidade de construção de uma leitura do mundo moderno, através ou a partir da análise de São Paulo. Portanto a obra que ora apresentamos revela dois objetivos. O primeiro é desvendar a metrópole em sua complexidade, o segundo é dar visibilidade à pesquisa que se realiza no Departamento de Geografia, dando voz aos pesquisadores que, em seu cotidiano, pensam a realidade da metrópole, fazendo dela seu campo privilegiado de pesquisa, e de orientação de estudantes. É a partir daqui que pensamos o mundo – com os pés nesta Cidade, com a mente, voltada para o futuro, que se tece nas tramas do presente.

É, também, através deste trabalho que reafirmamos nosso compromisso na construção ininterrupta de uma universidade pública, de qualidade, capaz de construir um pensamento inédito sobre a realidade em que vivemos, sem importação de modelos teóricos e análises que dizem respeito à realidade dos países centrais. É, neste sentido, que com nosso trabalho cotidiano de pesquisa, assumimos uma responsabilidade com o futuro da sociedade brasileira.

Queremos dedicar esta obra àqueles – nossos mestres – que por meio de suas atividades de pesquisas e ensino; com suas reflexões e conhecimento, contribuíram de forma significativa, à construção do Departamento de Geografia e, através dele, lutaram e ajudaram a construir a universidade pública e gratuita.

Ana Fani Alessandri Carlos

AGRADECIMENTOS

Não resta dúvida que o trabalho que ora apresentamos envolveu a superação de uma série de obstáculos, que seriam intransponíveis sem a colaboração de muitas pessoas. Assumindo, totalmente, a responsabilidade pelos erros contidos no projeto, gostaríamos de dividir os "acertos" com algumas pessoas especiais e externar-lhes nosso reconhecimento e carinho.

Inicialmente aos colegas e amigos, professores do Departamento de geografia, que em meio "aos milhões de afazeres", com o qual a Universidade nos presenteia cotidianamente; se dispuseram a escrever os capítulos necessários para compor os dois volumes iniciais da coleção, participando ativamente de todo o processo. Foram momentos de muito trabalho, alguma tensão, mas de muita "camaradagem", o que aprofundou nossas relações de amizade e solidariedade.

A professora Sueli Vilela, Pró-reitora de Pós-graduação da Universidade de São Paulo que, desde que assumiu o cargo, tem imprimido uma nova dinâmica à pós-graduação e acreditou no projeto que lhe apresentamos.

A professora Amália Inês Geraiges Lemos, chefe do Departamento de geografia, pelo apoio e confiança (pelo ombro também). A Amélia Luisa Damiani presente em todas as horas, à Glória Alves, ao Ailton Lucchiari pelo apoio indispensável.

A Nancy Frangiotti e Camila Salles que estiveram ao lado ajudando neste difícil processo.

Finalmente ao professor e amigo, Jaime Pinsky por manter as portas da Editora Contexto sempre abertas.

A.F.A.C.

"GEOGRAFIAS" DE SÃO PAULO: UMA INTRODUÇÃO

É mister iniciar esta introdução com um esclarecimento na medida em que a edição desta obra, no momento em que se comemora os 450 anos da Cidade de São Paulo, estabelece uma comparação imediata com a realizada pelos professores do Departamento de Geografia quando do quarto centenário da Cidade, sob a coordenação do professor Aroldo de Azevedo. Apesar de ambas apresentarem uma análise sobre São Paulo, nos momentos em que ambas as obras se realizaram, cada uma se baseou num projeto distinto, tornando a comparação infrutífera.

A obra *A Cidade de São Paulo* publicada apenas em 1958, surgia de um projeto pessoal de seu coordenador, como extensão de sua tese e de seu desejo (também pessoal, pelo menos é o que se depreende da apresentação que escreve no volume I) de realizar um estudo geográfico da Cidade de São Paulo – em suas palavras "um estudo de geografia urbana o mais completo e detalhado possível". O plano do trabalho então definido por Azevedo tinha como apoio uma grande equipe de alunos de várias turmas do curso de geografia (anos 1950, 1951 e 1952) e sócios da AGB (Associação dos Geógrafos Brasileiros) para realizar trabalho de campo para coleta de informações. Na apresentação, seu coordenador esclarece que a obra se baseou num projeto coletivo articulado, espelhando a preocupação de produzir uma análise capaz de englobar toda a área da metrópole, inclusive de seus "subúrbios", bem como realizar uma análise da evolução urbana, numa perspectiva histórica – que é o que demonstram seus 4 volumes. É assim que no preâmbulo o coordenador apresenta São Paulo como Cidade *trimilionária* debruçando-se sobre o "espetacular crescimento da metrópole paulista"; para em seguida aparecer a análise do que chama "a região de São Paulo" – definida a partir de seu sítio, articulada a sua função urbana (volume I), seguido da Evolução urbana (volume II), dos aspectos da metrópole paulista (o parque industrial, a produção da energia, a área central, e os bairros da metrópole compondo o volume III) e, finalmente, apresenta uma análise dos subúrbios paulistanos como conteúdo do volume IV. É desnecessário lembrar que esta obra espelha, claramente, um modo de entender a realidade a partir de um modo de fazer geografia, específicos, de uma época, superada na geografia urbana atual.

No caso desta obra o caminho foi diferente; a coordenação fez um convite aos professores do Departamento para escreverem sobre uma faceta da realidade paulistana a partir de suas pesquisas individuais, e não de um projeto pronto e acabado capaz de articular os artigos, o que permitiu que todos trabalhassem na mais perfeita liberdade trazendo, como conseqüência, as múltiplas possibilidades de entendimento sobre a metrópole, assumindo pelo menos dois riscos, conscientemente: a) deixarmos de fora da obra segmentos espaciais, temáticos, e temporais, b) apresentar uma obra sem um fio teórico metodológico único. Isto porque quisemos que os livros revelassem nossa prática cotidiana no Departamento, construída ao longo de sua história e que se baseia no "exercício de liberdade" acadêmica, o que contempla, necessariamente, a existência de visões e temas variados, bem como vertentes teóricas.

Mas os riscos não cessam aí, o conjunto dos artigos produziu uma análise que nos permite entender o mundo moderno a partir da metrópole paulistana. A articulação dos artigos permitiu, também, entender que os problemas atuais postos pela urbanização guardam o sentido do processo de reprodução da sociedade como um todo, em que as transformações recentes revelam um processo em curso em todo mundo, o que permite pensar na universalidade da categoria, metrópole. O conjunto dos artigos sinaliza, a meu ver, um entendimento da dinâmica do espaço urbano como dinâmica do processo de reprodução social, apontando a metrópole como realidade e devir da sociedade urbana. Nesta direção o processo de acumulação se generaliza no espaço ao mesmo tempo tornado condição e produto deste processo, revelando a sua dimensão social e natural.

Neste contexto, o conteúdo da urbanização aparece como momento determinado da reprodução da sociedade em função das novas possibilidades/ necessidades de realizar a acumulação e reprodução da vida, criando novas contradições dentre elas, repondo o debate sobre a natureza, sua degradação e seu "esgotamento". Assim, o conjunto dos textos também apresenta a articulação do entendimento dos elementos da sociedade e da natureza necessários ao entendimento do processo de urbanização no momento atual. Mas se na obra do quarto centenário da Cidade, Azevedo exaltava a industrialização que estava tornando a Cidade *trimilionária*, o processo, atual, saído da industrialização que fez implodir os bairros e permitiu a extensão das periferias, sinaliza a emergência de um novo momento do processo de urbanização, com a hegemonia do capital financeiro e a constituição de uma nova realidade urbana.

A análise da metrópole, atualmente, vai revelando um processo que contempla a extensão da constituição da sociedade urbana traduzida em prática *sócioespacial* e, nesta dimensão, a reprodução vai ganhando um sentido prático. Isto é, revela-se no plano do vivido e do lugar, analisado a partir dos bairros (e de sua explosão) que compõe a metrópole, e da articulação necessária deste plano com o do mundial, pela mediação da metrópole. Esse conjunto de transformações abre perspectivas para o entendimento dos conteúdos do processo de reprodução social, em sua totalidade. Assim a dinâmica urbana indica o processo de reprodução tanto no plano espacial, tanto em sua dimensão econômica, política e estratégica, quanto no plano da vida cotidiana, recolocando a produção do espaço como produção da vida na metrópole.

É necessário, finalmente reconhecer, que esta obra coletiva representa um enorme desafio, o de revelar a metrópole em sua complexidade, ao mesmo tempo em que a produção de um conhecimento sobre São Paulo em seu dinamismo e possibilidades analíticas, sem a necessidade de construção de um trabalho exaustivo sobre cada segmento *espaço-temporal*.

Representação e crise da metrópole

Neste momento da introdução gostaríamos de apresentar algumas questões abordadas que são importantes e que os leitores irão encontrar aprofundadas ao longo das páginas deste primeiro livro. Pode ser entendido como um convite à leitura.

O primeiro capítulo revela o fato de que o processo de urbanização da metrópole contém sua própria crise como conseqüência do modo como se realiza, com o aprofundamento das contradições. Em DAMIANI, a idéia de "urbanização crítica" aparece como um instrumento para o exame do sentido histórico do urbano no capitalismo, do ponto de vista de uma crítica à economia política do espaço, numa metrópole como São Paulo. Completa os instrumentos de análise necessários ao caso de São Paulo, dada a mobilidade do processo de valorização e/ou capitalização do espaço. Pela noção de situação geográfica situa as transformações do entorno onde se pode medir ou especular sobre seus impactos. O trabalho do negativo que essa economia urbana precipita é o objetivo primordial do enfoque adotado.

SILVEIRA, por sua vez, analisa a crise da cidade revelada por meio das condições de vida da classe trabalhadora. Neste sentido, seu trabalho aponta a necessidade das análises enfocarem o desenvolvimento do setor inferior ou superior marginal da economia urbana em que se encontram as condições de reprodução na metrópole, enfocando o que chama de "homens lentos" capazes de revelar que os mecanismos da pobreza são produzidos, politicamente, por empresas globais. Já o artigo de AZEVEDO enfrenta uma outra dimensão da crise apresentando as conseqüências da extensa presença da frota de automóveis da metrópole produzindo sérias conseqüências para a saúde e para a vida ao ar livre. Já o artigo do professor CONTI apresenta uma discussão que recoloca São Paulo como fato geográfico que deve ser pensada por sua singularidade dentro do trópico úmido abrindo a perspectiva do debate da dimensão natural aprofundado por RODRIGUES, que se debruça sobre a análise do processo de urbanização visto como fenômeno geomorfológico, enfocando o quadro físico. Aqui o constante processo de modificação e revalorização da natureza vai revelando o dinamismo social.

Os textos apresentados no capítulo II têm por objetivo apresentar a contradição entre permanência e transformações, movimento que esta na base do processo de urbanização da metrópole atual, revelando o espaço urbano como acúmulo de tempos. A história da Cidade revela os momentos necessários para entender o significado da morfologia urbana atual, bem como seus conteúdos. A grande metrópole aparece em seus mais variados matizes e perspectivas; numa regressão, necessária, para o entendimento de São Paulo, atualmente. São analisados, inicialmente, alguns aspectos sobre a expansão do "aglomerado paulista" no século XIX, desvendada segundo SUZUKI pela lógica da reprodução das relações sociais assentada na transformação da riqueza acumulada inicialmente no escravo e transitando para a propriedade da terra produzida através de significativas mudanças na forma urbana o que sinaliza a mudança do regime de acumulação do escravo para terra (o autor desenvolve suas idéias apoiado em ampla bibliografia).

ANDRADE em seu estudo sobre a formação dos bairros paulistanos do Brás, Mooca e Belenzinho a partir do final do século XIX, aponta as transformações que indicam a dissolução da vida de bairro intensificando-se a partir de meados do século XX, propondo, entre outras questões, a discussão do bairro no nível da organização da vida urbana, considerando-se momentos diferentes dos processos de industrialização e urbanização na Cidade de São Paulo. Sem a pretensão de apreender, em toda a sua complexidade, o texto aborda, no entanto, o exame mais detido da indústria e do seu crescimento nesses bairros e na Cidade de São Paulo, mostrando a relação entre o avanço da industrialização e da urbanização e a desestruturação da vida de bairro que distinguiu o conjunto formado pelo Brás, Mooca e Belenzinho até meados do século XX.

MARTIN trabalha em seu texto a questão da deterioração urbana como um conceito capaz de sintetizar os problemas sociais vividos na metrópole, revelando mecanismos capazes de explicar a realidade urbana, em sua profunda contradição. Seu estudo enfoca o bairro do Brás – bairro antigo da Cidade – que apesar de apresentar o maior processo de renovação urbana do país revela o aprofundamento da deterioração. Seu raciocínio caminha no sentido de apontar o fato de que, ao mesmo tempo em que a renovação criou um movimento que desalojou habitações pobres, deixando prédios vazios, permitiu que nos imóveis remanescentes, se difundisse a *sub-habitação*. O autor constrói o raciocínio que revela a "deterioração como processo".

O capítulo III apresenta uma articulação muito interessante, pois o tema da representação permite dois tipos de abordagens significativas, a representação cartográfica do espaço real e a representação do espaço construída pelo cidadão em sua na vida cotidiana. Na primeira perspectiva MARTINELLI aponta a necessidade da Geografia reencontrar "os mapas perdidos" na direção de que eles não se separem da realidade, portanto imagem e conceito aparecem de forma indissociável, de modo que as representações cartográficas possam ser capazes de auxiliar no entendimento da sociedade paulistana. LUCHIARI envereda na direção apontada pelo desenvolvimento das novas tecnologias passíveis de serem aplicadas à pesquisa geográfica só elas, capazes de detectar – no plano da representação cartográfica – as modificações que processo de metropolização produz no espaço, caracterizando um modo cada vez mais preciso de representar a distribuição espacial dos fenômenos urbanos (como, por exemplo, as mudanças nas formas e funções de áreas dentro da metrópole).

Na segunda perspectiva, o texto de SCARLATO sobre o centro histórico da metrópole, acentua o processo de implosão da área central, numa análise regressiva que enfoca o momento da modernização da primeira metade do século XX e as suas conseqüências para a área central, gerando deterioração provocando a necessidade de revitalização, como momento crítico. Aqui o Centro é tratado em sua relação indissociável com os bairros de seu entorno, e criam o solo fértil para discutir a representação no plano da sociedade.

A questão da imagem e da memória que evoca o tema das persistências é o mote para o debate em torno das representações – tema este que esta na base do desenvolvimento da ciência geográfica e permeia muitas das análises sobre a metrópole paulistana. A metrópole que aparece, inicialmente aos olhos do pesquisador aguçando seus sentidos, levanta para análise a necessidade de um domínio não só conceitual, da representação, mas aquela da sua produção.

A metamorfose das formas da Cidade, com seus bairros, é apresentada por SEABRA, como um importante capítulo da geografia e da história urbana que guardam as representações sociais da metrópole, como momentos/movimentos dos processos de estagnação e deterioração urbana, atributos destacáveis quando examinados mais de perto o movimento demográfico na metrópole o qual permite supor que a segregação social espacial traz de forma exacerbada as separações que estavam na origem da cidade capitalista territorializando-se no espaço da metrópole, como é o caso dos condomínios fechados, conjuntos habitacionais, favelas, bairros-jardins.

O último capítulo apresenta, sob a forma de "outros olhares", as conseqüências possíveis que a análise da metrópole permite atualmente. A primeira delas é a perspectiva cultural expressa por ROSSINI, em seu artigo enfocando o caráter dos "rastros" deixados em São Paulo pelos imigrantes que continuam presentes no cotidiano da metrópole. Em seu raciocínio aponta os intercruzamentos culturais que só uma metrópole do porte de São Paulo pode permitir. A contribuição de PONTUSCHKA revela a preocupação com a construção da cidadania por meio da cidade como "*possibilitadora*" de seu próprio entendimento através da transformação das visões fragmentárias e espontâneas em conhecimento da metrópole que pode ser realizados através de trabalhos interdisciplinares (e aqui se refere o trabalho realizado em algumas escolas públicas de São Paulo) capazes de recolocar o entendimento da cidade, pelo cidadão, num outro patamar passível de gerar decisões políticas sobre o espaço urbano. Ainda neste capítulo, o texto de RODRIGUES analisa a dimensão do turismo, ultrapassando o marco puramente econômico, para salientar a necessidade de oferecer opções de lazer para todos os estratos sociais, sobretudo para os excluídos, pois é nas atividades ditas improdutivas do ser humano que se situa a matriz da sua consciência crítica e transformadora.

Ana Fani Alessandri Carlos
Ariovaldo U. de Oliveira

CAPÍTULO 1

CRISE DA URBANIZAÇÃO

URBANIZAÇÃO CRÍTICA E SITUAÇÃO GEOGRÁFICA A PARTIR DA METRÓPOLE DE SÃO PAULO

Amélia Luisa Damiani

A partir da metrópole de São Paulo[1]

O trabalho que ensaio desenvolver neste momento é uma interpretação do urbano a partir da indústria, ou melhor, do processo de industrialização.

Para fugir de interpretações tidas como simplistas, quanto a nosso processo de desenvolvimento, foi-se em direção a interpretar nossa economia como essencialmente, ou melhor, especificamente capitalista, isto é, a reprodução ampliada do capital tornava-se o eixo de interpretação econômica. A combinação entre setores atrasados e modernos, denotando o que seria subdesenvolvimento, assim como a interpretação malthusiana da população, isto é, a de um crescimento demográfico acelerado, não absorvido pelo desenvolvimento econômico, foram sendo substituídas por interpretações que entravam na textura fina das relações capitalistas, num movimento entre imperialismo e dependência. Passou-se a demarcar nosso processo econômico pela teoria da dependência. [2]

A noção de cidade, assim como a de vila, a de povoação, a de bairro, são denominações que retiram o núcleo mencionado do que caracterizaria a vida rural, dão-lhe um novo *status*. Em São Paulo, os aldeamentos indígenas – nos séculos XVI e XVII – vinham carregados do que seria a não-cidade, embora sejam núcleos importantíssimos para compreender o desenvolvimento urbano no planalto paulistano.

A Cidade, como mencionada por Oliveira Viana e Nelson Omegna aparece, de início, como "instituição jurídica, administrativa, política e social, mais do que como fato econômico"[3]. Define a nova cultura como expressão do poder, do domínio, do prestígio: "viver na cidade é usufruir uma categoria que não podem gozar os que só podem residir nas aldeias ou os desclassificados que devem ficar nas abas, ou nas bandas de além". [4] Muito cedo definiu-se a cidade associada ao moderno. Num passo, o desenvolvimento industrial em São Paulo, por exemplo, foi definido de forma concentrada, especialmente através de grandes cidades, desprezando-se sua origem e sua expansão pulverizada em inúmeros pequenos núcleos, inclusive, nas fazendas de todo o Estado. É clássica, neste sentido, a interpretação de José de Souza Martins sobre a industrialização, envolvendo a pesquisa empírica de grupos econômicos pioneiros. Segundo o autor,

> [...] a indústria brasileira não surgiu no próprio corpo das relações imediatamente produzidas pelo comércio de produtos coloniais, como o café, mas sim nos interstícios dessas relações, à *margem* e *contra* o circuito de trocas estabelecido pelos importadores. Assim, a *gênese* da indústria brasileira não deve ser buscada nas oscilações da economia do café, na alternância de períodos de crise e falta de crise. Na verdade, o aparecimento da indústria está vinculado a um complexo de relações e produtos que não pode ser reduzido ao binômio café-indústria (1981:106, ênfases do autor).

É nesse plano que se pode dizer que é improvável a hipótese de que a indústria brasileira já nasceu como grande empresa.

> A indústria de 1907 já era indústria consolidada [...] Na verdade, os principais grupos econômicos, os que se tornaram grandes depois, surgiram no último quarto do século XIX. E praticamente todos eles nasceram para substituir a produção artesanal e doméstica ou a produção em pequena escala disseminadas por um grande número de pequenos estabelecimentos tanto na capital quanto no interior. Aliás, a indústria em São Paulo nasceu distribuída por quase todos os municípios da província. Só depois do 'Ensilhamento' é que passou a concentrar-se na capital e nuns poucos municípios importantes do interior, o que completou um processo iniciado com a expansão das ferrovias. Nasceram, portanto, para substituir a pequena produção intersticial e não para substituir importações (MARTINS, 1981:106).

Não se deve esquecer que a São Paulo do século XIX era uma cidade envolvida e rodeada por núcleos paupérrimos: os antigos aldeamentos indígenas, tornados caipiras, marcados inclusive por uma economia de subsistência.

> Na verdade, nos arredores de São Paulo, definiu-se um mundo original, refratário a mudanças, somente tendo começado a transformar-se face ao impacto representado pela expansão do espaço urbano paulistano, das mais significativas da primeira metade do século XX (PETRONE, 1995:376).

Da Cidade de taipa de pilão, da época colonial, à Cidade do tijolo houve, nesta passagem do fim do século XIX ao início do século XX, a importância do café, da industrialização, da ferrovia, depois do bonde elétrico e uma extraordinária especulação imobiliária, envolvendo o Centro. O que implicou a destruição de igrejas de taipa, de edificações e a expulsão da população negra e parda das redondezas, na base da administração de Antônio Prado. Esse processo também implicou a venda de antigas chácaras transformadas em loteamentos de características mais abastadas, como em Campos Elíseos ou Higienópolis, e mais populares, como Barra Funda e Bom Retiro. Pierre Monbeig menciona uma epidemia de urbanização. Caio Prado Jr. também acentua a influência da especulação imobiliária na expansão urbana, inclusive com grilagem de terrenos: bastava traçar as ruas, às vezes no papel apenas, e passar os terrenos aos compradores.

> Abertura de avenidas e de ruas, construções, loteamentos, tudo isto testemunha suficientemente o súbito crescimento de São Paulo [...] Que eram estes loteamentos e quem eram os loteadores? A maior parte do tempo, os novos bairros nasceram ao acaso. Com a morte de um dos proprietários das velhas chácaras, seus herdeiros ao invés de conservá-la em comum, ou quase intacta, decidiam dividi-la em parcelas e a colocar para venda. Eles constituíam uma pequena sociedade cujo capital provinha da herança. Às vezes, os herdeiros consideravam mais cômodo vendê-la em bloco aos agrimensores brasileiros ou estrangeiros. Às vezes, também, o próprio proprietário tomava a decisão de dividir e de vender a propriedade. Dava-se ou se dá, em seguida, o nome do velho possuidor à rua mais importante do loteamento: Avenida Angélica, Avenida Brigadeiro Luiz Antonio, Rua Barão de Itapetininga. O hábito prevaleceu desde então. Ele testemunha claramente o caráter familiar dessas empresas [...] cada um loteava isoladamente, sem preocupação urbanística, traçando as ruas o mais simples possível e preocupando-se, sobretudo, em lucrar. O sistema expressa perfeitamente uma sociedade na qual a instituição familiar não perdeu ainda sua solidez mas que, ao mesmo tempo, se lança no enriquecimento pela livre concorrência, freqüentemente pela especulação, entre os indivíduos ainda pouco conscientes dos interesses coletivos (MONBEIG, 1953:95-6).

Mônica Silveira Brito (2000) define já, entre 1890 e 1911, o caráter estratégico e consorciado desses negócios; menciona a organização do rol de acionistas das empresas, voltadas às atividades urbanizadoras, envolvendo um número reduzido de indivíduos, em uma ampla articulação. Um mesmo empresário, muitas vezes, aparece em diversas empresas, dedicadas à dotação de infra-estrutura e ao mercado imobiliário, de forma a poder exercer um significativo controle sobre o arranjo de investimentos na cidade e sobre a valorização fundiária. Empresários com alto grau de intimidade com as diversas instâncias do poder político: para a concessão de privilégios, ou autorizações especiais da administração pública, com exclusividade de direitos; para a exploração de um serviço ou a realização de alguma obra de infra-estrutura ou melhoramento urbano.

Como suposto: a propriedade da terra urbana ou potencialmente urbana, disposta na periferia do núcleo arruado, esteve concentrada nas mãos desses mesmos empresários. E esses investidores mantêm um corpo de investimentos, que envolve também: ferrovias, instituições bancárias, indústria, produção agrícola para exportação – da cana de açúcar ao café – empréstimos a juros, a introdução de imigrantes e outros.

A redefinição das relações entre a cidade e seu subúrbio, no último quartel do século XIX, com a simultânea industrialização implicou, segundo Martins (1992:11), uma verdadeira alienação do morador na relação com a sua Cidade. Quanto à elite paulistana, até os anos 1920, vivia em São Paulo como se estivesse em Paris. Havia a imitação dos estilos da França numa sociedade sem estilo, porque o perdera ou o tivera precariamente. No subúrbio empobrecido de vínculos com a História, havia a alienação do morador-trabalhador, que aparecia como um cidadão menor, mantendo a cidade como real somente de modo irrisório e insignificante. [5]

> A vida rural dominou, portanto, nos primeiros tempos da vida do europeu no Planalto [...] os pólos de atividades definiram-se melhor nas propriedades rurais, os núcleos ficando limitados a modestas – porém importantíssimas – funções político-administrativas e religiosas (PETRONE, 1995:59).

Nos primeiros séculos "o grande domínio rural [...] constitui um verdadeiro mundo em miniatura [...] É a própria fazenda que fornece os materiais para as construções, para os utensílios agrícolas, para o mobiliário, para a iluminação, para o vestuário comum. É ela que os transforma e aparelha em sua olaria de cozer telha, em sua tenda de ferreiro, em sua carpintaria, em sua sapataria, em seus teares [...]". [6]

A presença do mercado, a presença da indústria, o aumento da população logo sugeriu a transposição da literatura internacional sobre a Grande Cidade. E São Paulo logo foi definida como metrópole. Fala-se de metrópole, neste sentido, já no início do século XX, embora este termo tenha se generalizado nos anos 1950, com o desenvolvimento industrial. Fala-se de metrópole quando se tem como parâmetro a obra dos sociólogos, historiadores, geógrafos alemães que analisaram a metamorfose social por que passava a grande cidade, neste caso Berlim ou Viena, com a mudança quantitativa e espacial da experiência urbana. Ela aparecia como lugar central da modernidade, definindo a forma geral da sociabilidade, na qual havia uma associação estreita entre a economia monetária e a grande cidade, enquanto significado sociológico da generalização dos usos monetários. [7] A obra de Georg Simmel foi sintetizadora deste conhecimento.

O mundo caipira dos arredores de São Paulo foi, com o processo de urbanização, se transformando,

> [...] por intermédio do surgimento das vilas residenciais operárias, dos subúrbios residenciais de luxo (subúrbios do automóvel), das zonas industriais, das áreas de recreio; multiplicaram-se, ao mesmo tempo, as zonas de chácaras de fim de semana [...] definiu-se um cinturão verde abastecedor da metrópole em produtos perecíveis [...] modificaram-se as paisagens culturais. O caminhão e o automóvel substituíram cargueiros e carros de boi; velhos e modorrentos núcleos tornaram-se centros de desenvolvimento próprios a um subúrbio, uma cidade-dormitório ou uma cidade-satélite de São Paulo [...] (PETRONE, 1995:378).

A modernidade de São Paulo, porém, assim como a do resto do país, foi sempre incompleta, foi sempre mesclada à reprodução de culturas mais tradicionais, a ponto de, no nosso país, o moderno sofrer uma crítica, embora residual, através do tradicional: "Não é o moderno que incorpora o tradicional e popular simplesmente. Antes, é a tradição que agrega fragmentos do moderno sem agregar um modo moderno de ser consciência do todo [...]" (MARTINS, 2000:53), por exemplo, as concepções ordenadoras da vida social, provenientes do familismo antigo. É possível ler, na história de São Paulo, desde o início de seu processo de modernização, com o desenvolvimento do processo industrial, uma presença representativa, nos novos negócios, não somente de agrupamentos financeiros e sociedades anônimas de acionistas, mas a conservação de empresas individuais ou familiares. [8] O próprio processo de especulação urbana se constituía, especialmente, através da criação de pequenas empresas vinculadas aos negócios imobiliários, combinando uma mudança explosiva na produção do espaço urbano da cidade, com o perfil de empreendimentos familiares (MONBEIG, 1953; famílias consorciadas em verdadeiros monopólios, BRITO, 2000). Atualmente, numa metrópole fragmentada por periferias diversas, a ideologia do bairro ainda permanece (aquela de pequenas comunidades integradas). No mundo do espetáculo, nas produções nacionais, observa-se um misto, composto pela absorção das técnicas de tratamento da imagem, as mais modernas, com a repetição insistente de formas de convivência que reproduzem, em qualquer lugar e em qualquer tempo, desde as pequenas cidades ou vilarejos, até as grandes metrópoles, um circuito de relacionamento sempre íntimo e restrito. Trata-se da metáfora de uma grande família patrimonial, insistentemente reproduzida. Segundo José de Souza Martins, há uma assimilação e integração do que é diverso e, inclusive, antagônico.

> Neste quadro e nesta situação, a constituição do nacional não expressa necessariamente um momento da modernidade, mas sim das dificuldades do moderno. No caso brasileiro, o grande passo no sentido da modernização, que foi a revolução de 1930, com sua centralização política e sua política econômica desenvolvimentista, procurou se legitimar na cultura popular e nas tradições, que se tornaram, por isso, raízes culturais do nosso nacionalismo [...] a constituição do nacional expressa [...] as hesitações de nossa modernidade [...] (MARTINS, 2000:34).

> [...] propugna o moderno sem propugnar a modernidade. Acata e legitima as formas modernas, a racionalidade do lucro, a organização racional do trabalho, o espetáculo colorido da comunicação de massa, mas é ao mesmo tempo conservador, resistente a um modo de vida, o da modernidade, e às perturbações sociais que poderiam resultar da disseminação das diferenças (de mentalidade, de orientação política, de multiplicidade social) e de uma verdadeira concepção do privado e da vida privada. Politicamente, somos de vocação liberal, mas de um liberalismo fundado nas tradições do poder pessoal e do clientelismo político, seus opostos (MARTINS, 2000:30-1).

O desencontro dos tempos históricos marca o Brasil e a América Latina: modernidade difícil, "hibridismo" cultural, persistência do mágico e do mítico como expressões de uma secularização incompleta da memória popular, uma indicação do híbrido e do inconcluso, [9] conjunção de passado e presente, recurso ao tradicionalismo e ao conservadorismo que questionam a realidade social moderna. [10]

A modernização, num país como o nosso, configurou-se imersa "numa forma de recolonização", em que este processo,

> [...] iniciado sob a influência e controle dos Estados Unidos, aparece como uma rendição total e incondicional, propagando-se por todos os níveis da economia, da segurança e da política nacionais, da educação e da cultura, da comunicação de massa e da opinião pública, e das aspirações ideais com relação ao futuro e ao estilo de vida desejável [...].

A incorporação do espaço econômico e sociocultural brasileiro, bem como os de outros países da América Latina, envolveu inúmeras instituições,

> [...] oficiais, semi-oficiais ou privadas, encarregadas de conduzir a política de controle global das finanças, da educação, da pesquisa científica, da inovação tecnológica, dos meios de comunicação em massa [...] e mesmo dos governos [...] A empresa corporativa é a mais visível dessas instituições; mas as menos visíveis são talvez ainda mais prejudiciais (FERNANDES, 1981:23-4).

Constitui-se, assim, conforme Florestan Fernandes, essa presença complexa do moderno: a modernização implica o aburguesamento de determinadas camadas sociais e, ao mesmo tempo, a reprodução de uma massa crescente da população condenada à vida precária, no corpo da apropriação, pelas economias centrais, das maiores quotas do excedente econômico gerado (FERNANDES, 1981:23-32).

A idéia de capitalismo dependente, combinada à interpretação do imperialismo, sugeriu durante muito tempo o universo de interpretação da indústria, da cidade, dos fenômenos da industrialização e urbanização. Havia necessidade de modernizar o país, de se unir às burguesias locais para viabilizar a capitalização em nosso país, que levaria, com o tempo, à crítica do imperialismo. A idéia de modernização incluía a do desenvolvimentismo, atrelada à necessidade do Estado, incentivando e assegurando maiores patamares de acumulação. [11] Não era possível atingir o imperialismo, a não ser se modernizando. Isto demarcou, inclusive, o pensamento de esquerda, até a década de 1960 (mais especificamente de 1930 a 1960). Nos partidos comunistas, na América Latina, era recorrente a interpretação de que era necessário desenvolver o capitalismo nos diferentes países, antes do socialismo, para viabilizar este último. Este pensamento se altera na década de 1960 com as correntes castristas e trotskistas que entram em embate, também, com as burguesias locais: o inimigo maior – o imperialismo – e o inimigo imediato – a burguesia e latifundiários locais e nacionais (LÖWY, 1999).

Desta forma, há sempre uma intenção em absorver o que é diverso dentro do universo moderno e capitalista: o mercado informal de trabalho, o terciário hipertrofiado, o setor marginal da economia são diferentes, mas integrados, numa perspectiva capitalista de análise. Todos reconhecemos as análises que foram integrando o que não se coadunava com o moderno capitalismo, como relações capitalistas específicas, não reconhecidas imediatamente como tais. Denotava-se a especificidade da América Latina e, ao mesmo tempo, se reconhecia seu universo moderno. Não foi assim que Manuel Castells, depois do livro *Problemas de Investigação em Sociologia Urbana*, se tornou famoso na América Latina, por reunir a industrialização e a urbanização, aparentemente desconformes: uma urba-nização acelerada que parecia não explicada pelos limites da indústria presentes? Com o argumento de que o processo de industrialização era complexo e assim deveria ser analisado, o autor acaba por relacionar a urbanização e a industrialização nestes países. Claro que a solução para a questão do crescimento acelerado da força de trabalho urbana, especialmente não qualificada, com a consolidação do binômio industrialização-urbanização, ou o processo de industrialização e modernização, desde os anos 1940 deste século, leva ao estudo do descompasso entre o processo de industrialização e urbanização na periferia do sistema capitalista, de solução complexa e eixo na produção de um conhecimento e investigação próprios da América Latina.

> No Brasil, entre 1940 e 1950, o crescimento da população aumentou em 24%, porém o das cidades cresceu em 39%. Em 1950 e 1960, o crescimento da população total foi de 30%, porém o da urbana chegou a 54% (FORACCHI, 1982:18).

Para Milton Santos, no entanto, entre 1960 e 1980, o emprego industrial, em São Paulo, cresceu mais que a população ativa, e mesmo que o emprego terciário nesta cidade enorme e populosa (por ele qualificada de operosa e operária), embora o próprio autor observe a perda de participação relativa, desde 1970, do valor da produção industrial, tanto do Município de São Paulo, quanto da região metropolitana, no conjunto do estado (1994:14 e 1994:53-9). Estudos recentes da Fundação Sistema Estadual de Análise de Dados (Seade), quanto à região metropolitana, revelam, inclusive, que "[...] apesar da anunciada desconcentração da atividade econômica nos últimos anos, com a saída de empresas da Grande São Paulo para outras regiões do Estado, a Região Metropolitana ainda concentra 57% das unidades industriais [...]" (NOTÍCIAS FAPESP, 1999:27).

As várias temporalidades do capital, (argumento de Milton Santos para compreender o desenvolvimento econômico latino-americano), ou mesmo a lei do desenvolvimento desigual (argumento clássico da literatura marxista, quando redefinido como teoria da dependência), acabam por justificar as nossas especificidades, sem nos afastar do capitalismo, o mais moderno. Uma aproximação importante, na obra de Milton Santos, é o estudo dos dois circuitos da economia – circuito inferior e circuito superior – menos pela relação necessária entre ambos, muito assemelhada aos argumentos da leitura do capitalismo dependente e da relação entre o mercado formal e informal do trabalho, que pela discussão das características do circuito inferior, que inclui uma economia autônoma, que mantém circuitos de comercialização próprios. Quem não conhece, na sua experiência diária, ações e situações desta forma tradicional – um circuito de comercialização doméstico, envolvendo a vizinhança como mercado? Alexandre Souza da Rocha, que estuda a periferia em São Paulo, demonstrou como da prática do uso do passe de ônibus como dinheiro, por essas camadas populares, acaba derivando um processo de capitalização em certos setores produtivos, num processo clássico de transferência de renda que não corresponde exatamente ao processo moderno de reprodução ampliada do capital (ROCHA, 2000). No mundo do dinheiro – e é preciso ter em conta que, no começo deste século, caracterizava-se a metrópole, como universo do uso do dinheiro (REMY, 1995) – surge a negatividade dessa generalização.

Quando começo estudando a indústria da construção e leio a urbanização como negócio, com o estudo da produção do espaço, reconheço os termos da capitalização e a presença desse trabalho – o da indústria da construção – em todas as grandes cidades a explicá-las. Muitos são os proletários, envolvidos por essa indústria, que não são reconhecidos como trabalhadores. São antes definidos como excluídos sociais. São moradores de acampamentos, de albergues, de ruas, das periferias (isto com o passar dos anos).

Há tempos, desde meu mestrado, reconheci essa presença: as práticas de recrutamento de mão-de-obra em todo o país, para a indústria da construção, pesada e civil, que responde pela reprodução ampliada do corpo fabril das indústrias e por sua manutenção, bem como pelo corpo urbano das cidades, denotam os termos geográficos da leitura dessa população (DAMIANI, 1984). No livro *O espaço no fim de século*, em dois artigos, sobre a crise da cidade e as contradições do espaço, ensaio a análise desse proletariado e de seu significado nas grandes cidades. Quando a cidade não é só continente da atividade industrial – mas a urbanização propõe, enquanto tal, a presença da indústria, especialmente a da construção e seu aparato –, a cidade cresce, crescendo também como negócio industrial: os subterrâneos produzidos, a verticalização, os viadutos e tantos outros produtos da urbanização. E assim, se, na periferia de São

Paulo, a maioria se apresentar como pedreiro ou ajudante, mesmo que mencione o fato de fazer bicos e não ter emprego fixo, penso que essa é a aparência desse trabalho próprio da urbanização, que inclui "*empreitagem*" e "*subempreitagem*" em grandes obras urbanas. Mas e se só eventualmente trabalharem em grandes empresas? E se a participação nos negócios urbanos, como trabalhador, for só eventual? O ritmo desigual deste trabalho, por natureza, sempre me deu a certeza de sua presença dissimulada: reprodução desigual do capital fixo das empresas e das cidades. Na verdade, como admitir a inserção precária desse trabalhador-morador no âmbito da capitalização generalizada?

Exatamente porque meu percurso foi o de tentar incluir a totalidade da "massa trabalhadora", o tempo todo, no capitalismo e nas formas de capitalização, foi-me possível, neste momento, falar de seu inverso: o trabalho como puramente negativo. Pura negatividade: o trabalho como miséria absoluta. "A miséria não como carência, mas como exclusão plena da riqueza objetiva [...] a miséria absoluta como objeto". É quando o trabalho não chega a constituir sua positividade: como atividade, como fonte viva do valor, possibilidade universal da riqueza como sujeito. [12] Trata-se da acumulação primitiva, sempre renovada, da qual não deriva necessariamente o trabalho como atividade produtiva.

Nos anos 1970, houve uma expectativa em parte real: a do desenvolvimento de um proletariado diferenciado, produto da industrialização maciça e complexa, que envolvia as grandes cidades, e se generalizava por inúmeras outras, configurando regiões metropolitanas, pólos industriais, etc. Florestan Fernandes admitia que esse proletariado poderia configurar uma forma política autêntica de democracia burguesa, isto é, modernizaria o país, com a reforma agrária, com o comprometimento do pacto entre oligarquia e burguesia nacionais, e entre a burguesia nacional e o capitalismo internacional, que definia os termos do capitalismo no Brasil; ele ganharia existência civil: um proletariado com condições político-legais efetivas, superando a anomia das classes destituídas e a marginalização política, enfrentando uma perspectiva socialista e proletária (FERNANDES, 1980:26-31).

Constituíram-se inúmeros movimentos sociais: desde os especificamente operários aos chamados movimentos sociais urbanos, envolvendo a presença da Igreja (através da Teologia da Libertação e de seu trabalho pastoral) e dos partidos políticos que, renovados, não insistiam na necessidade de pacto com a burguesia e os latifundiários para desencadear o desenvolvimento capitalista no país (como preconizavam as concepções vigentes nos partidos comunistas de após 1930 até 1960). Essa identidade proletária rica foi combatida; tive oportunidade de estudar este combate através das políticas habitacionais estatistas (DAMIANI, 1993). Mas o sentido do processo de diferenciação industrial, que hoje se esclarece, é expelir trabalhadores do processo produtivo. O desenvolvimento das forças produtivas significa essa expulsão compulsória: para manter o nível de emprego, com o acrescentamento das forças produtivas e das técnicas, seria preciso um investimento acrescentado exponencialmente. Marx estuda este efeito do desenvolvimento econômico capitalista nos *Grundrisse*, livro base para os grandes pensadores atuais do não-trabalho, como Robert Kurz e o grupo *Krisis*.

Os 1920 anos de ditadura militar, a democracia consentida que se seguiu, o neoliberalismo de governos recentes e as dificuldades atuais de fugir da financeirização internacional da economia garantiram a reprodução dos termos da capitalização no país: o capitalismo rentista, na concepção de José de Souza Martins (1989). Isto é (e relendo, à luz da cidade, sua análise): preserva-se e se atualiza o pacto com os latifundiários; as grandes empresas lucram, também, com empreendimentos rentistas, envolvendo a abertura de fazendas e o "moderno" trabalho escravo; nas cidades, os negócios urbanos envolvem a capitalização da propriedade da terra, negócios cujos rendimentos são elásticos e amplos; e os níveis de emprego não chegam a ser animadores. Há desemprego generalizado. O proletariado diferenciado se esfacela: o desenvolvimento das forças produtivas nas fábricas significou também, além da diminuição do trabalho, a proliferação de trabalho tarefeiro, sem qualificação. A mística da necessidade de trabalho qualificado envolve, na realidade, uma minoria, considerando o montante de trabalho disponível; do qual mais da metade envolve a economia informal. [13] Mística que também se transformou em mais um negócio, agora, inclusive educacional.

Como produto do "Milagre Brasileiro" surgia, em 1974, a lei n° 6.019, regulamentada pelo decreto n° 73.841, que instituía o regime de trabalho temporário, "constituindo-se em arcabouço jurídico de criação de empresas de trabalho temporário e do contrato de trabalho temporário [...] traduzível como uma das formas, criadas no pós-64, de reproduzir a exploração 'extraordinária' do trabalho, no Brasil." (DAMIANI, 1984:115). Na indústria da construção, essa legislação reforçou e legitimou uma estrutura complexa de "*subempreitagem*" das "obras", que provocava desemprego mais freqüente, acentuando a intermitência do trabalho, assim como a redução dos salários e dos direitos trabalhistas. [14]

Essa situação, que aparecia, naquela conjuntura, como excessiva exploração do trabalho –- pois se tratava do período em que estava se forjando a massa proletária de qualificação diferenciada, tornando nebulosa a interpretação possível dos rebaixamentos salariais –, atualmente, com taxa de desemprego, que na região metropolitana de São Paulo, chegou, em junho de 2003, aos 20,3 % e com queda acumulada no emprego industrial,[15] num contexto capitalista de financeirização da economia e de imperialismo total, passa a se apresentar, inclusive, como alternativa institucional ultramoderna, para a solução do desemprego generalizado, demonstrando que existe, atualmente, um processo simultâneo de desemprego e degradação dos salários e das condições e direitos do trabalho.

Considerando-se os limites da inserção, no mercado de trabalho, da força de trabalho disponível nas grandes cidades; considerando-se, também, como fundamento e base de desenvolvimento das cidades, como corpo citadino ou na sua materialidade, a propriedade da terra capitalizada, que sustenta um amplo campo de negócios urbanos, a urbanização em nosso país é *crítica*. A tentativa de reunir urbanização e industrialização num par coerente, sem fissuras, embora específico, é insuficiente.

O que é a *urbanização crítica*? É a impossibilidade do urbano para todos, a não ser que se transformem radicalmente as bases da produção e da reprodução sociais.

Até um certo momento, a diversidade dos movimentos urbanos e sua separação mútua implicavam o não desvendamento das radicais causas da situação enfrentada; mais recentemente, observa-se um esforço de unificação dos movimentos e a radicalização de seus objetivos, exemplo disso é a União dos Movimentos de Moradia.[16] A experiência dos mutirões, em regime de autogestão, está entre os fundamentos dessa possibilidade.

A radicalidade do processo é ainda mais crua: não há moradia e emprego para a maioria – faminta e alvo da violência –, pois a negatividade absoluta do trabalho assim se traduz, sem política como alternativa, a essa massa humana despossuída, sobram as igrejas pentecostais, renovando a já tradicional relação entre messianismo e fome (BASTIDE, 1958).

Não há o urbano para todos. Esta é a radicalidade do urbano na História, colocada atualmente com clareza suficiente. Todo o aparato teórico-conceitual que sempre explicou a miséria e o desemprego, ou o subemprego, como faces do capitalismo dependente, acabou por obscurecer o limite que estamos vivendo. Os pobres sobrevivem à custa de uma economia que envolve os próprios pobres e quase exclusivamente eles: são os serviços e o comércio nas áreas periféricas. As relações dentro do circuito inferior de que fala Milton Santos. As várias temporalidades do capital, tão cara às minhas próprias interpretações, já não são estritamente suficientes.

Este relato, como exemplo, se repete hoje:

> Foi nesses vazadouros que muitas famílias descobriram uma forma de substituir o gás. Observando os mendigos, que acendiam seus fogareiros no gás emanado do lixo orgânico, elas passaram a usar seu próprio lixo para cozinhar ou ferver as latas de água de banho, num arremedo de biodigestor que pouca gente conhece. Outro expediente que garante a sobrevivência dos assalariados do mínimo é o final da feira, a 'xepa'. Com as barracas sendo desmontadas e a mercadoria aproveitável já encaixotada, o feirante dá ou vende bem barato tudo que não agüentará outra viagem. Frutas e verduras entram no cardápio dessa forma. Frutas amassadas e passadas, verduras amareladas [...].
>
> Nas comunidades pobres também se desenvolve uma atividade que garante muitas vezes a única proteína animal acessível: a criação de galinhas e porcos. Restos de comida de vizinhos, da patroa ou de restaurantes e até mesmo da 'xepa' servem para alimentar os bichos. Mortos, eles alimentam a família e ainda servem para venda ou troca por outros produtos (LAGOA, 1989).

A realidade atual assim demonstra:

1. Nas metrópoles: a negatividade do trabalho, o processo do que se define como acumulação primitiva, fundante do capitalismo, mas presente hoje, agora e aqui: as pessoas estão perdendo tudo – o emprego, especialmente o industrial; o espaço da moradia, são itinerantes dentro da cidade; a vida, com a violência – e estão inseridas perversamente no mundo do espetáculo, que lhes retira a identidade. Com o que ficam? Com a negatividade absoluta do processo moderno do sistema produtor de mercadorias: com a miséria absoluta e a violência.

2. A questão urbana não é uma questão específica, nem menor. A História, neste momento, propõe as metrópoles como detentoras da universalidade dos processos sociais. O urbano está sintetizando esse momento crítico.

3. Esta percepção ainda não é unânime nos movimentos urbanos. Assim, estão divididos, numa divisão que pode impedir a leitura da radicalidade do processo: a urbanização é crítica. Se existe urbanização para uns, deixa, por isso, de existir para outros, a menos que se coloque como necessidade radical; isto é, nesta forma de produzir o mundo, não é possível a urbanização para todos: é preciso enfrentar a propriedade privada e sua capitalização, com a produção do espaço. Os movimentos que o fazem podem conter a radicalidade do processo. Os movimentos dos sem terra urbanos, por exemplo, dependem de uma compreensão ampla da questão da propriedade privada da terra, incluindo as questões no campo. Portanto, a urbanização e os sem terra, o meio ambiente e a questão social, etc. são os termos da impossibilidade nesta e desta sociedade, que

propõem a necessidade de sua transformação. Não há como administrar esses termos e mantê-los, senão em crise. Ao dividirem os movimentos, segundo essas necessidades, se mutila a leitura da totalidade do processo, se vulnerabiliza a lógica popular, invadida pela lógica estatista, institucional, e de mercado. O urbano tem abrangência histórica complexa se se assumir a radicalidade dos processos que desvenda.

4. A urbanização, nesses termos, depende da ação popular e política.

5. A organização popular urbana atual tem uma gênese: na atividade pastoral da igreja, nos partidos políticos e na história de lutas operárias dos sujeitos envolvidos; portanto, seria difícil discernir, de forma absoluta, a luta operária da luta urbana, o que não significa que havia e há, da parte dos sindicatos, projetos urbanos. Mas a experiência da luta operária foi fundamental para consolidar lideranças de movimentos urbanos.

6. A reprodução da vida urbana sofre, por outro lado, interferências da ação estatista, inclusive em planos que demarcam a vida privada. São clientelismos institucionais e pessoais, que instrumentalizam e interferem nas relações sociais entre os moradores. Atravessam os movimentos, desde a sua gênese. Inclusive propõem muitos deles, cujo perfil de atuação coordenam. No âmbito do clientelismo institucional são políticas concertadas, internacionais e nacionais, delimitando o que seria de fato o imperialismo (nos termos de Florestan Fernandes). Do ponto de vista do clientelismo pessoal, reproduz uma estrutura de favores, tradicional, que mina qualquer movimento. (A assistência social pode representar o clientelismo institucional, e os políticos de ocasião são iguais a clientelismos pessoais).

Todas essas formas de clientelismo foram observadas no tratamento dos conjuntos habitacionais. Aquela de associar um político com um conjunto habitacional, como seu benfeitor; o assistencialismo em atuação, através de programas de ação comunitária, que chegavam a indicar o perfil das associações de moradores, portanto, configurá-las - é bom mencionar que esta prática não teve mão única, as assistentes sociais, também, se manifestaram sensíveis aos movimentos populares e, por outro lado, as práticas populares, incluem absorver mobilizações fictícias (DAMIANI, 1993).

O conluio entre instituições estatistas – municipais, estaduais – e pretensas associações de moradores, forjadas nesta relação, assim como entre o loteador e as associações definem práticas recorrentes de viabilização da comercialização de terras, comercialização considerada ilegal. Na Cantareira, por exemplo, são porções de terreno com declividades superiores a 30%, que pela lei não poderiam ser ocupadas (Lei Federal 6.766/79), inclusive avançando sobre áreas do Parque Estadual da Cantareira; mas acima de tudo, trata-se dos modos do forjar-se dos loteamentos urbanos. Esta análise pode ser examinada, com precisão, em estudo sobre a moradia popular na Serra da Cantareira, que certamente indica procedimentos gerais (MANENTE, 2001).

7. Os movimentos passam pela necessidade da institucionalização, enquanto associações, que possibilitam, enquanto tais, recebimento de verbas públicas e estabelecimento de relações oficiais. Este momento é difícil, pois a institucionalização pode comprometer o movimento de base (há programas de desenvolvimento comunitário, vinculados a políticas internacionais de assistência social, que chegam a definir o perfil das associações de moradores, como já mencionado).

8. A luta de classes se generaliza e se desloca, incluindo o urbano. Eis a tese que nos move.

9. As maneiras como a impossibilidade aparece, no corpo das reivindicações específicas, são: nos conjuntos habitacionais, os adensamentos, que comprometem a urbanização dos mesmos; o controle dos que poderão fazer parte dos mutirões para torná-los viáveis; o receio das invasões, numa ocupação; o embate entre as questões sociais e aquelas especificamente ambientais; etc. Tornar o lugar mais urbano significa, no limite da racionalidade deste Estado e a da propriedade privada da terra urbana, expulsar a população que é excedente.[17] A luta pela sobrevivência e pela cidadania pode, dependendo de seus termos, expulsar e selecionar e essa seleção é quase naturalizada – aparece como natural. [18].As contradições maiores de nossa sociedade podem ser vividas na sua ambigüidade e diluição. [19]

10. Sem emprego e perspectiva progressista na indústria, já existem experiências rurais nas cidades: plantação de milho e feijão, numa composição camponesa e familiar da produção e recuperação do significado da economia de subsistência na História de nosso país. Muitas das ações (hortas comunitárias, por exemplo) demonstram que os movimentos não só passam pela lógica do mercado - a da compra e venda -. Nos mutirões, existe a partilha e certo acervo tradicional, dessa maioria interiorana, nortista, nordestina e camponesa, que sintetiza seus componentes. Vale-se dessa tradição para demonstrar os limites da modernidade excludente. Isto porque muitos vivem no limite trágico da fome.

11. Os movimentos são estratégias em ação, incluem ambientes e momentos de guerra. São táticas de negociação, táticas de luta concreta; sua descentralização e sua centralização móveis fazem o mérito, diferente da estratégia centralizada e monumental, que define a ação estatista. Em 1999, na metrópole de São Paulo, a ação conjunta de tomada de posse de 6 prédios centrais, no final

da noite, pela União dos Movimentos de Moradia, filiada à Central dos Movimentos Populares, demonstra isso (OLIVEIRA, 1999). Da mesma forma, para manter os exemplos esporádicos e, ao mesmo tempo, de mesmo teor, em julho de 2003, "aproximadamente 3.500 sem teto ocuparam quatro edifícios particulares vazios na região central de São Paulo [...]", enquanto, dias antes, "integrantes do MTST (Movimento dos Trabalhadores Sem Teto) ocuparam [...] um terreno da Volkswagen em São Bernardo, na Grande São Paulo".[20] Assim como as inúmeras ações dos movimentos dos sem terra, por exemplo, na Zona Leste de São Paulo, especialmente os da Leste II (reunindo as áreas mais distantes do Centro), que realizaram ocupações, das quais derivou a produção da moradia por mutirões e, mais ainda, uma compreensão do significado da produção por esta via: discussão sobre a utilização do tempo livre do trabalhador; o preço da moradia popular no e sem o mutirão; o mutirão viabilizando a habitação popular; etc. (foram ao todo, na Zona Leste, mais de 200 ocupações) (SANTOS, 1994).

12. É festa, drama, violência e sacrifício, pois há atividades coletivas: distribuição de panfletos, de convencimento, que exigem atuação cotidiana e desprendimento de horas de descanso, mas podem afastar os militantes da alienação do mundo do espetáculo, com seus modelos televisivos de comportamento e moral veiculados.

13. Mas há tempo para isto também e para a criação de um modo *não capturável* de usufruir o espetáculo. Para além de reivindicações específicas, a experiência da militância redefine os sujeitos envolvidos e pode lhes retirar o peso da sujeição admitida, consentida. A ruptura da sujeição não é só séria, dramática, com perseguições, mortes e prisões, mas alegre e cheia de risos e festa. O tempo do movimento é o tempo da luta, mas também da festa, da festa popular. É outra a sociabilidade que se conquista. Por outro lado, o cotidiano dos dias comuns e fora do movimento reconduz às práticas consentidas, reproduz a mesmice, a indiferença recíproca. Assim, conceitualmente, diria que, do ponto de vista da vida cotidiana, os movimentos são momentos ou situações: demarcam a História, têm formatação e memória, têm estrutura, mas são criações que se dão no tempo e no espaço, são acontecimentos. O acontecimento deve ser lido no plano do possível, como "virtualidade já em marcha, uma possibilidade tendente a realizar-se", que envolve uma "certa consciência histórica". Seu significado, na consciência e na cultura, portanto, é ambíguo, "isto é, rico de sentidos, complexo" (LEFEBVRE, 1971:258-9).

14. Há do outro lado dos movimentos as igrejas pentecostais, a reza no lugar da luta e não com a luta. A violência e a miséria aparecem como impossíveis de vencer, daí o divino é a alternativa cotidiana. A negatividade absoluta

da miséria, o desemprego, pode conduzir a isto, mas já houve experiência, dentro dos movimentos, de enfrentamento dessa situação: em 1983-84, o movimento dos desempregados, que reuniu comissões e ações de movimentos locais de todo o Estado.

15. O urbano não é para todos; isto nos leva a uma barreira: o espaço para a sobrevivência pode se contrapor ou contrariar um processo de valorização ou capitalização do espaço, que o atinja. E barreira é limite a superar no processo do capital.

16. Neste sentido, chegamos a novos elementos: a mobilização necessária da periferia (ou das periferias) e as formas de contestação de semelhante mobilização, agora incluindo mais, francamente a propriedade privada da terra, do espaço.

17. O que foi dito antes tratava do momento de criação desses espaços periféricos, duramente, como espaços de vida, ou ainda de sobrevivência; agora se aventa a possibilidade de destituí-los.

Concluindo, vivemos uma situação de estado crítico. Para vencer o niilismo é preciso, num primeiro momento, admiti-lo. Admitimos que estamos imersos no jogo do mundo e, como avalia Kostas Axelos, "o niilismo não será vencido e superado senão pelo niilismo" [21], numa tentativa de recuperar uma noção de totalidade – num mundo de totalidade fragmentada; melhor ainda, de totalização, quando um fragmento se realiza como o todo –; essa noção de totalidade possível inclui o significado do sujeito na História, a unidade da vida e da consciência.

Neste sentido, recupero aqui um trabalho extraordinário e não concluído de Marialice Mencarini Foracchi, que faleceu antes de terminá-lo. Esse trabalho foi realizado no início dos anos 1970, no corpo da discussão das populações marginais, da relação entre teoria da dependência e caracterização do conceito de marginalidade. Primeiro, absorvendo a noção de participação-exclusão, isto é, a marginalidade como uma forma específica de participação, referente aos níveis econômico e político, mas não só a eles; segundo avalia, é preciso,

> [...] propor a identificação do nível cultural como expressão (simbólica) do econômico e do político, apreendendo, ao mesmo tempo, como esses níveis se expressam em estruturas distintas de significação [...] os condiciona-mentos impostos ao 'vivido' pelas condições objetivas. A 'participação-exclusão' expressa, assim, um processo de interiorização da objetividade, ou seja, uma modalidade de *experiência* do campo de carências [...] interiorização de uma situação objetiva e, ao mesmo tempo, transformação dessa situação objetiva no nível do vivido [...] Campo de carências tal como se estrutura na representação dos

agentes humanos [...] O sistema de carências configura, de modo extremo, as características do sistema de privações inerente à formação social subdesenvolvida/dependente (FORACCHI, 1982:13-14).

Eis os termos: instabilidade existencial composta pela instabilidade objetiva; homogeneidade e pouca diversificação da experiência do campo de carências; difícil assimilação de qualquer estímulo cultural, o que articularia o sistema de carências com o estilo de dominação; isto é, a compreensão da situação como inalterável. Diz a autora: "não é outro o significado da integração ou da participação simbólica. Ela é ao mesmo tempo uma exclusão" (FORACCHI, 1982:12-16).

Qual o significado desta interferência da autora mencionada?

Localizar a vivência, o vivido dessas condições objetivas tão assombrosas, incluindo a importância real do plano da consciência – das formas de consciência: consciência social, consciência privada – e com ele a experiência das lutas populares das últimas décadas, seus limites e possibilidades. Inclui-se o exame do real e do possível no vivido, no nível do cotidiano.

Uma análise possível da periferia da metrópole de São Paulo

Inaugura-se a seguir uma continuação do procedimento de análise que implica refletir sobre os liames entre o Estado e os negócios econômicos, como um consórcio, que pode ser constatado. Há uma economia política do capitalismo. Contudo, observa-se a possibilidade de um desenvolvimento desigual entre o político e o econômico. O primeiro pode organizar interesses privados contrastantes – e com isso eliminar, no limite, crises suicidas da selvageria da concorrência no âmbito do privado –; pode e representa certas facções empresariais; de qualquer forma, há um plano nessas ligações que é conjuntural. E certas conjunturas políticas manifestam, posteriormente, seu atraso em relação ao movimento do capital.

As grandes periferias urbanas definem verdadeiras muralhas para o processo do capital, do ponto de vista da economia urbana; inclusive quando ordenadas, através de políticas estatistas massificantes, como as dos grandes conjuntos habitacionais. As massas populares reunidas podem se apresentar como uma unidade.

Sobre essa tecnologia do poder, que incide sobre as massas, a população, Foucault decifra, a propósito do final do século XVIII até o século XX, a configuração e a reprodução de uma biopolítica, própria da explosão demográfica e da industrialização, que "lida com a população, e a população como problema político [...]; são fenômenos coletivos, que só aparecem com seus efeitos econômicos e políticos, que só se tornam pertinentes no nível da massa." Exigem não só disciplina – centrada no corpo – mas uma regulamentação, que "consiste em fazer viver e em deixar morrer". Eis as políticas sobre a reprodução – sobre a natalidade, a fecundidade, a mortalidade, a morbidade – etc. (FOUCAULT, 1999:290-8):

> [...] temos uma tecnologia que, por sua vez, é centrada não no corpo, mas na vida; uma tecnologia que agrupa os efeitos de massas próprios de uma população, que procura controlar a série de eventos fortuitos que podem ocorrer numa massa viva [...]
>
> Examinem algo como a cidade operária. A cidade operária, tal como existe no século XIX, o que é? Vê-se muito bem como ela articula, de certo modo perpendicularmente, mecanismos disciplinares de controle sobre o corpo, sobre os corpos, por sua quadrícula, pelo recorte mesmo da cidade, pela localização das famílias (cada uma numa casa) e dos indivíduos (cada um num cômodo). Recorte, pôr indivíduos em visibilidade, normalização dos comportamentos, espécie de controle policial espontâneo que se exerce assim pela própria disposição espacial da cidade: toda uma série de mecanismos disciplinares que é fácil encontrar na cidade operária. E depois vocês têm toda uma série de mecanismos que são, ao contrário, mecanismos regulamentadores, que incidem sobre a população enquanto tal e que permitem, que induzem comportamentos de poupança, por exemplo, que são vinculados ao hábitat, à locação do hábitat e, eventualmente, à sua compra (FOUCAULT, 2002:297;299;300).

Todas as formas de produção de habitação em grande massa e as políticas de regulamentação dos "modos de vida" nesses lugares são exemplares.

Do que se trata aqui é de seu descompasso em relação ao movimento do capital. Para defini-lo, voltemos à noção de urbanização crítica.

Sobre a urbanização crítica, a base de reflexão envolve a consideração do sentido histórico do fenômeno da pobreza urbana em nossa época. O argumento fundante é que o urbano revela as contradições cruciais que vivemos, não se definindo como um aspecto secundário, um *epifenômeno*, ou um fenômeno eventual, nem como uma fuga das questões que movem nossa história. Por que crítica? Porque revela o limite das possibilidades históricas latentes.

Se uma leitura malthusiana da relação entre a economia e a população parece irrisória, pois acaba por imputar as mazelas a quem as sofre; por outro lado, a idéia de uma economia crescente, progressiva, produtora de riquezas acrescentadas é insuficiente. Trata-se de uma economia contraditória, que, enquanto tal, nega as capacidades humanas possíveis, que ela mesma virtualmente coloca. Esta economia se realiza negando o que ela mesma impulsionaria. Seu aspecto positivo, o acrescentamento de riqueza social – traduzido como progresso tecnológico, potencialidades culturais, científicas e artísticas, desenvolvimento social e individual – é negado quando se põe. Realiza-se como negado. Potencialmente existe, no momento em que se torna real, se realiza invertido, como miséria, crise, destruição, desumanização, barbárie.

As grandes cidades, as metrópoles, centralidades nucleares de todo o processo, definem uma população gigantesca, sobrevivendo mediocremente, dos restos de uma história em migalhas. E aqui não são abordados somente os miseráveis desempregados e subempregados; a essa massa acrescenta-se uma burguesia perdida num consumo voraz do nada e no nada de consumo. Em todas as classes sociais, não se conhece a consumação: o perder-se no prazer sem limites, sem hora e lugar certos, puro gozo. Alinhavam-se fragmentos de vida no mundo da sobrevivência de todo tipo. Sim, a cidade é também malthusiana. Em que sentido? Ela mostra o mundo que destituiu a presença social e política de sujeitos sociais populares, em prol de massas de população sujeitada. Identidades sociais, culturais e individuais são residuais e sem potência histórica suficiente para realizar a contradição amansada como violência, normatização, torpor, ladainha do cotidiano e do espetáculo, que destitui os sujeitos possíveis. *Biopolítica* tem lugar.

O fenômeno dos grandes conjuntos habitacionais, nas grandes cidades, nunca é demais citar, traduz um conteúdo novo da urbanização, a observar com cuidado. Novo, pois refere se, em torno dos anos 1970, a grandes números de população residente; no final da primeira metade desse século já havia experiências similares, dos institutos previdenciários de mais de uma categoria profissional, mas elas eram de dimensões bem inferiores. Portanto, o fenômeno é razoavelmente recente e redefine muito do que seria a cidade. A idéia da massificação, associada a ele é já conhecida e com ela uma nova questão sobre as possibilidades e os impedimentos da constituição de um sujeito social e popular urbano.

Conjunturas respondem por tal situação contraditória? Ela é estrutural? Ela é definitiva?

Sim, as conjunturas explicam que o processo é um fluxo desigual, preenchido com momentos ápices de riqueza real e formadora de ciclos econômicos positivos, que, no seu bojo, trazem seus próprios limites: a natureza crítica que precipita a superação das fases progressistas, através delas, em direção às crises sociais, econômicas, históricas.

Estrutural, sim. O mundo econômico é o mundo da centralidade do império econômico, que produz desenvolvimentos desiguais, inclusive no seu centro, através dos quais se move e se precipita para uma economia de guerra e paz, de realidade e ficção – o capital financeiro é sua expressão.

Definitiva, talvez. Decisiva, certamente. A metrópole é a metáfora de todas as centralidades e das periferias que imediatamente essas implicam como tal.

O mundo das massas despossuídas é a urbanização crítica. O mundo de uma economia que se realiza criticamente é a urbanização crítica. O urbano como centralidade de culturas, festas, desejos, encontros, necessidades, que é negado, é a urbanização crítica. O mundo do dinheiro, da equivalência, que, nos seus fundamentos e subterrâneos, move-se como relações de não equivalência, de exploração do trabalho, de expropriação de meios de vida e de produção, de embate entre as formas do dinheiro – a do dinheiro como medida de valor e como meio de circulação, sintetizadas na forma do dinheiro como capital – é a urbanização crítica. A tábua rasa da história, o seu varrer, a produção da obsolescência precoce dos produtos vários, incluindo a cidade, para afirmar novos produtos, é a urbanização crítica.

Fragmentos reunidos criam o Frankenstein, *mimese* da humanidade do homem. Se fossemos perguntar: onde não se vive isto? A resposta seria: este lugar de abrigo não é a metrópole. Contar quantos empregos faltam à população trabalhadora; quantas casas faltam aos moradores sem teto; quantos...quantas...não é uma contabilidade intrínseca ao processo social em curso. Observe-se que não há condições de pagamento de qualquer moradia por uma população crescente de miseráveis, produzidos como tais por uma economia que gera excedentes de trabalhadores potenciais e empobrecimento crescente, porque a sua lógica interna é esta: a redução do trabalho produtivo; a redução dos salários; a crise como barreira interna do processo. Estes fenômenos definem a radicalidade da resposta necessária: a negação da propriedade privada; de toda a propriedade privada.

É o estetismo que esconde uma crise interna e incontrolável. Como? Ficando no meio do caminho de qualquer resposta mais radical. Essa crise interna, ela sim é própria da definição do *capital como sujeito*. É sempre importante mencionar a contribuição de Henri Lefebvre (1978): estamos em estado crítico. Os números, as estatísticas esboçam o fosso. Mas eles têm de ir além: ajudar na verificação do processo.

Números que reflitam o processo devem mergulhar na racionalidade mesma do processo social em curso. Em si parecem fáceis de manipular. Por exemplo, tratar a população genericamente, destituindo seu perfil social, pode ser arbitrário. Quando não o é? Quando se reflete exatamente porque é possível tratá-la como massa. Este tratamento não seria uma premissa, mas parte do movimento de análise.

Uma tese neste sentido, já anunciada: a realidade urbana se tornou malthusiana. Novamente, em que sentido? Quando, esgarçando o perfil classista dos trabalhadores, eles foram proletarizados, em massa, através do urbano: é a periferização das camadas populares. Periferia produzida em massa. Centremos neste segundo ponto de vista. São dois movimentos, em direções opostas, envolvidos:

• na periferia, a presença da organização dos trabalhadores: nossa análise dos movimentos urbanos com raízes sindicais.

• na periferia, não podemos mais pensar em lotes individuais, comercializados de modo popular, envolvendo certa independência ou isolamento, mas na cidade "ordenada" pelo Estado – os grandes conjuntos habitacionais –; pelos próprios movimentos sociais - através dos mutirões populares –; pelas formas coletivas de comercialização do espaço urbano, definindo um encadeamento de loteamentos numa dada área: um processo de valorização mais popular de grandes espaços, subdivididos em loteamentos populares. Vislumbramos um processo de massificação, através da "habitação social" – termo estatista, isto é, sujeito a políticas sociais de Estado, que equivale a formas mais baratas de comercialização da casa própria –, e seus desdobramentos.

• como modo de superação desses dois elementos divergentes e compostos, pode-se pensar no potencial político desses espaços massificados. Este potencial revelou-se através dos movimentos urbanos, já mencionados. Mas se torna radical com a mobilização da propriedade da terra urbana, mobilização própria do processo de capitalização no urbano. Inventou-se uma imensa periferia, de certa forma enrijecida, envolvendo novas formas de agregação social, diferente dos bairros mais convencionais; por exemplo, certos conjuntos habitacionais reúnem mais de 100.000 moradores; certas áreas foram ocupadas como grandes corredores dessa espécie de agrupamento urbano, envolvendo até mais de 1 milhão de pessoas, assim é na Zona Leste da cidade de São Paulo, nos seus extremos, com os conjuntos habitacionais da Cohab de São Paulo, os conjuntos da CDHU, os mutirões, etc., ou na Zona Sul, nos loteamentos das represas de Guarapiranga e Billings. (Veja estatísticas demonstrativas, em anexo.)

É preciso abrigar a idéia de quão estruturais são as mudanças espaciais, movidas pela economia vigente, e o quanto atravessam a vida, especialmente, daqueles que moram em lugares ainda a explorar: todas as áreas pobres são, potencialmente, novos espaços para valorização do capital. Elas, do ponto de vista dos habitantes parecem ter usos consolidados e a casa conquistada define-se como patrimônio – inclusive a mobilizar, comercializando-a, como forma possível de sobrevivência –; mas, do ponto de vista das estratégias de produção do espaço, são zonas vulneráveis. O exemplo do Rodoanel [22], em São Paulo, evidencia a reorganização potencial dos usos dos espaços, a partir da produção desta obra viária de interligação de todas as regiões da metrópole, num grande anel, nos limites da mesma. (Veja, em anexo, mapa com esboço do traçado do Rodoanel e examine a proximidade com aglomerados populares). Diretamente, aparece como administração das condições de trânsito, propondo melhorias a partir de uma interligação externa às zonas mais povoadas e centrais da metrópole, que substitua as ligações viárias internas. Este modelo viário se repete na história, basta examinar a racionalidade do Plano-Avenidas. [23] Na prática, acima de tudo, redefine o valor potencial das suas áreas contíguas ou próximas. O espaço aparece como puro bem financeiro, imerso no movimento do capital como uma corrente de valor, que envolve toda ordem de especulações com a terra. Trata-se do controle de um direito sobre rendimentos futuros previstos. "Em poucas palavras, o direito a terra se converte numa forma de capital fictício" [24]; na projeção de um processo de valorização induzido. Apenas acessando a internet, em *sites* relativos ao Rodoanel, sabe-se dos novos negócios sugeridos por este grande anel, inclusive, um fundo imobiliário foi lançado na bolsa de Valores de São Paulo, pela primeira vez, envolvendo investimentos externos e tendo como lastro das futuras ações e papéis o patrimônio referente à aquisição, entre outros negócios, de 6 imóveis, sendo que um deles instalado no km 17, da Rodovia Anhanguera, próximo ao Rodoanel Mário Covas, entre os trechos oeste e norte do mesmo (locado a Expresso Mercúrio e Belt Logistics). O processo de valorização potencial das áreas adquiridas dá garantia de elevação da rentabilidade aos cotistas.

Em 1993, foram criados, no Brasil, os fundos de investimento imobiliário (Lei 8.668). De início, só havia fundos voltados para investidores institucionais, como os fundos de pensão. Os fundos a varejo são novidade e sua viabilidade depende de um potencial futuro de valorização das áreas adquiridas e da abrangência geográfica da carteira. Como fundamento assentado na produção, tem-se que eles são lastreados em imóveis destinados para a logística [25] de distribuição de produtos e imóveis de alto padrão e tecnologia; para decifrá-los é preciso considerar as novas estratégias de organização da produção e circulação de mercadorias, bem como os novos negócios da indústria da construção, que envolvem. A relação entre a produção real e o processo de *financeirização* é extremamente complexa. [26] Tudo isto foi pensado ao se lançar o fundo Europar, na Bolsa de Valores de São Paulo, sob a incorporação do grupo português Tiner, Tiner Empreendimentos Imobiliários, com negócios em várias partes do mundo, sempre combinando novas faces do processo de circulação de mercadorias com a produção de edificações, comercializadas à base de locações e um corpo de mobilização financeira que absorve o pequeno e o médio investidor. [27]

Os investimentos em capital fixo se realizam assim de modo mais móvel e rápido considerando sua intrínseca dificuldade de circulação (são investimentos de lenta rotação do capital).

A criação de infra-estruturas físicas é problemática já que envolve uma porção de capital fixo de lenta realização da valorização implicada, com dificuldades nas formas de amortização do capital investido. Aplica-se à presença do Estado e de capitalistas associados para viabilizá-la; e, por outro lado, sugere o aumento do valor da terra contígua: "todavia, o efeito é que a criação de infra-estruturas de transporte depende dos mecanismos especulativos e políticos, mais do que de mecanismos de mercado usuais" (HARVEY, 1990:382).

Marx escreve:

> [...] *os custos de circulação*, que derivam da circulação como ato econômico - [...] tal como é o caso nos *meios de transporte e comunicação* -, não podem ser tratados antes de enfocar os juros e em particular o crédito [...] a massa de tráfego deve ser suficiente e a barreira constituída pela falta de meios de comunicação deve sentir-se suficientemente como tal para que o capitalista possa realizar o valor do caminho. (Marx, 1977:12 e 20, ênfases do autor).

Normalmente, devido às implicações de gastos, essas condições gerais do processo social de produção se criam a partir de uma dedução do rendimento social, dos impostos estatais (MARX, 1977:22).

Atualmente, surge uma falação deste tipo: o Rodoanel incentivará as ocupações irregulares nos arredores. Na verdade, poderá induzir um processo inverso: ele as expulsará em prol de investimentos regularizados e valorizados, levando a periferia para áreas ainda mais distantes. Todas as formas provisórias de apropriação da terra nas áreas periféricas tenderão a serem redefinidas. Neste sentido, como se trata de uma grande inserção espacial, o tratamento dado à periferia pode ser unitário, global, sem afirmar suas diferenças.

A periferia de São Paulo vinha sendo analisada como uma ocupação derivada maciçamente de casas, individualmente autoconstruídas, ao lado de intervenções estatistas de maiores dimensões, estas menos significativas. Atualmente, é importante discernir as formas coletivas de comercialização dos espaços periféricos, além das soluções individuais. Já se conta, além de extensas produções de conjuntos habitacionais na periferia ligadas a intervenções de organismos estaduais e municipais, com um aparato de comercialização da terra, envolvendo os movimentos populares de habitação, ou pretensamente tais (FERREIRA, 2002). [28]

Proliferam-se concessões de uso, ao invés de títulos de propriedades efetivos, em outros termos, existem problemas de regularização da propriedade privada da terra, em inúmeros loteamentos populares urbanos, definidos então como irregulares. Tais problemas podem ser estratégicos para a varredura, que um processo abrangente de valorização econômica do espaço significa. Como se a flexibilização dos papéis relativos à propriedade anulasse ou diluísse o processo de socialização das ocupações recentes. No entanto, se a desapropriação de particulares é onerosa e apresenta certa dificuldade, a de coletividades, desde o início, constituídas como tais, é ainda mais difícil, especialmente considerando grandes coletividades. A abrangência do fenômeno leva, potencialmente, à politização dessa população, cujas políticas de assentamento massificaram.

O sentido histórico dessas práticas urbanas socializadas está por se desvendar. Não é mais somente o caso de uma população dividida pela casa autoconstruída e ponto. No início, induzidas pelas indústrias com suas vilas operárias, que marcaram bairros industriais, como o Brás; seguidas pelas cooperativas dos institutos de previdência, desde meados dos anos 1940 (FARAH, 1983); completadas, com a maior atuação do Estado, envolvido na produção de grandes conjuntos habitacionais, especialmente a partir de meados dos anos 1960, com o Plano Nacional de Habitação e a criação do Banco Nacional da Habitação-BNH, na esteira do qual surgem as Companhias de Habitação, estaduais ou municipais, promotoras da política habitacional para o mercado popular ou de interesse social; aparecem os mutirões, especialmente em meados de 1980, como um programa nacional institucionalizado, no governo federal de José Sarney; antes já haviam surgido financiamentos governamentais mais baratos, como os lotes urbanizados, em 1975 com a criação do Programa de Financiamento de Lotes Urbanizados-Profilurb; expandem-se formas de organização popular da habitação, como os mutirões auto-geridos, especialmente a partir dos anos 1980; e, também, abrem-se novas formas de comercialização de loteamentos populares. As soluções já não são tão individualizadas.

Não é possível varrer inúmeros conjuntos habitacionais de uma só vez. Exatamente no momento em que forem ameaçados, todos seus moradores se reconhecerão como pares. Moradores que foram privados dessa parceria. A sociabilidade dos conjuntos habitacionais não se assemelha a dos antigos bairros populares. O anonimato e o isolamento são mais freqüentes. Grandes investimentos, como o Rodoanel, podem precipitar tal politização: não seria tão fácil a varredura. No momento em que for necessário mobilizar a periferia, diante do processo de capitalização do urbano, tornar-se-á possível o que era impossível-possível: decifrar o anel periférico mais sólido, que a cidade ordenada (pelas políticas públicas de habitação, acentuada pela mobilização popular) significa, como estratégia em atraso, como barreira a superar. A idéia de deixar espaços a valorizar na periferia, entremeado por loteamentos populares, que precipitariam a cidade naquela direção, não é mais suficiente. Essa estratégia inclui uma derivação, inversa, a sólida periferia é difícil de excluir, de varrer. A varredura, inerente ao processo de valorização do espaço, implicada nele, tem essa parede a enfrentar. E a mobilização popular tem essa forma radical de politização no horizonte. É oportuno anotar que o conjunto habitacional Carapicuíba se avizinha do trecho oeste do Rodoanel, já construído. [29] Tenha-se sempre presente, por outro lado, toda ordem de especulação imobiliária e financeira em torno dessa nova presença, a do anel rodoviário. A Zona Oeste, no seu trecho contíguo, já vive seu impacto.

Observe a proximidade do conjunto habitacional em Carapicuíba

|Figura 1| Rodoanel Mário Covas, Trecho Oeste. *Fonte:* Dersa. Foto original colorida.

O mapa demonstrativo, que consta dos anexos, esboça esse tratamento por meio da relação de proximidade entre os conjuntos habitacionais da Cohab-

SP, quando formam verdadeiros corredores, dada a agregação, os loteamentos, definidos como irregulares, as favelas e o traçado do Rodoanel. Trata-se apenas de um esboço, pois a periferia urbana é metropolitana e aqui, como exemplo, se utiliza dados do município de São Paulo, deixando de lado inúmeros mutirões e outros conjuntos habitacionais. Constatada a realidade da metrópole, o fenômeno seria mais transparente. Anuncia-se o embate dos sentidos da propriedade no capitalismo.

Há na geografia uma tradição na interpretação da situação geográfica, vamos nos movimentar em torno dela.

Diante das considerações acima, é possível localizar, como um momento necessário de análise, a noção de posição ou situação geográfica.

Já adiantando seu significado, podemos recorrer a Marx e com ele à idéia de extração de lucros excepcionais, advindos das diferenças de situação. A busca de lucros excepcionais motiva Marx a refletir sobre a tendência, no capitalismo, da taxa de lucros decrescente.

Em que sentido?

O avanço das técnicas e das ciências aplicadas à produção, as novas formas de organização do trabalho sugerem, num dado momento, lucros extraordinários para quem os detém; logo, porque generalizados, tornados parte das médias sociais de lucros. O que equivale a dizer que a composição orgânica do capital aumenta e com ela o risco de diminuição das taxas de lucro.

A mesma excepcionalidade é própria das diferenças de situação e, por isto, elas não são estáveis. A corrida, movida nesta procura, leva à neutralização das diferenças, quando a situação excepcional convenciona-se como novo patamar necessário, quando ela se generaliza.

E assim novas possibilidades, e outras posições, são produzidas, sempre com a finalidade de lucros extraordinários. O importante é compreender o movimento nessa busca e a produção, sempre renovada, de situações.

> Na medida em que os produtores podem se re-localizar a vontade, o lucro extraordinário de uma situação superior, como de o de uma tecnologia superior, será efêmero [...] A taxa de lucro para os produtores capitalistas iguala-se através das situações, seja pela apropriação da renda ou pela mobilidade geográfica da produção de capital (HARVEY, 1990:392).

Se, de início, a idéia de situação geográfica de uma cidade levava às condições naturais condicionantes, já se antevia sua influência maior ou menor, "segundo a época ou as técnicas do momento" (GEORGE, 1969a:46).

A posição ou situação da cidade envolve uma escala regional, daí se falar, como fundamental na geografia urbana, dos problemas de geografia da circulação. "Trata-se, pois, de uma noção de valor relativo, expressa em função dos fatores circunstanciais de desenvolvimento urbano e urbanização (GEORGE, 1969a:47)".

Na discussão do que viria a constituir a situação, em *Geografia Ativa*, se esclarece que ela "se define, antes de tudo, pela relatividade das relações entre as ações humanas e o meio." E se acrescenta:

> (...)a preocupação essencial de qualificação das relações entre as situações e o espaço concreto que está no centro de todo estudo geográfico não implica, portanto, na imutabilidade dos limites do espaço geográfico. Este espaço geográfico aparece assim não somente como um espaço humanizado, mas como um espaço relativado, que se amolda em função das técnicas, das estruturas econômicas e sociais, dos sistemas de relações. *O próprio espaço torna-se situação* (GEORGE et al. 1966:220; ênfases dos autores).

Fala-se, neste momento, em "extrema mobilidade das situações atuais". Diz Pierre George, mais recentemente:

> Há cinqüenta anos, se acreditava viver num mundo acabado. Ele podia ser descrito por uma geografia estática e triunfante, repousando sobre o inventário dos efeitos de longa duração e sobre a ilusão de uma obra realizada. Hoje, vive-se na incerteza do futuro imediato [...] Em tais condições, a geografia só pode ser uma *geografia do movimento* (GEORGE, 1984:221, ênfase do autor).

A esse propósito, a colaboração sobre a noção de equilíbrio é extraordinária. Por quê? Porque, o autor foge de uma concepção de equilibro espacial inabalável e introduz, na geografia, a natureza interna da economia política do capitalismo: cada equilíbrio é limitado, a partir de certo ponto ele não pode ser mantido ou restabelecido.

> Talvez possamos reconstruir outros equilíbrios, mas é preciso saber o que se perde e o que custa a compensação, em dinheiro e em condições de existência [...] Toda operação implica um *custo geográfico* que se expressa em termos de desaparições, constrangimentos, perdas, solicitando o recurso a criações de substituição (GEORGE, 1984:220).

Neste sentido, o que é o custo geográfico?

> O 'custo geográfico' é o montante do investimento necessário para estabelecer uma situação (ou um equilíbrio) destruída, ou para estabelecer uma situação (ou um equilíbrio) de substituição, quando há destruição irreversível de um estado de fato: exemplo, a destruição de infra-estruturas naturais [...] (GEORGE, 1984:396).

Como Harvey menciona, "a produção das configurações espaciais pode-se tratar como um 'momento ativo' dentro da dinâmica temporal global da acumulação e da reprodução social" (HARVEY, 1990:377), envolve a mobilidade geográfica do capital – incluindo o capital dinheiro - e do trabalho.

> Quanto mais se aproxima a produção de algum equilíbrio espacial (por exemplo, a compensação das taxas de lucro em diversas situações), maior será o incentivo competitivo para que os capitalistas individuais alterem a base deste equilíbrio espacial [...] O aspecto espacial da concorrência é um ingrediente ativo nesta mescla de forças voláteis (HARVEY,1990:396).

Considerando este aspecto toda ordem de valorização e desvalorização pode atingir lugares específicos, numa dinâmica de homogeneização e diferenciação geográficas (HARVEY, 1990, capítulos XI e XII).

Então, os vínculos com o espaço se tornam cada vez mais abstratos, em embate com a lógica das necessidades de sobrevivência. Em outros termos, põe-se, simultaneamente, a propriedade da terra como entrave e elemento ativo para o capital (HARVEY, 1990; capítulos XI e XII).

No nível da percepção, de modo ambíguo, mal discernido, as populações atingidas podem se aproximar da compreensão do espaço tornado abstração concreta – porque sujeito a estratégias econômicas e políticas e ativo, real – e usar esse entendimento como maneira de sobrevivência; por exemplo, comercializando sua casa – alugando-a ou a vendendo. De qualquer modo, estão sujeitas a essas estratégias e a reboque delas. Pierre George, considerando o espaço de relação "o espaço no qual se estabelecem relações e contatos entre o meio tomado como base de observação inicial e o mundo exterior" (GEORGE, 1969 b:42), sendo o espaço cotidiano prolongado por um espaço mais ou menos conhecido, assevera que "o espaço de relação associa o vivido ao representado, a realidade ao mito" (GEORGE, 1969b:42), não havendo total consciência de seu significado: "A consciência de viver no interior de um sistema de relações, que se refere a parcelas do espaço diferentes e mais ou menos distanciadas, é sem dúvida alguma menos imediata e menos generalizada" (GEORGE, 1969 b: 44).

Há semelhanças desse tratamento com o de Henri Lefebvre, que, em mais de uma obra, analisa a ordem próxima e a ordem distante e as diferenças de discernimento possíveis de ambas. A ordem próxima que abriga, e a sujeição à ordem distante, é uma circunstância mais comum.

Mas se falou aqui, nas últimas páginas, de coisa algo diferente, como se estivesse constituída uma confusão: a situação ou posição geográfica, ligada à experiência da cidade; a situação, de tratamento mais abrangente; as diversas formas de consciência, do que é próximo ou distante, com relação ao espaço de relação, num mundo cada vez mais complexo e global; o mundo abstrato e concreto da geografia do capitalismo e a sujeição às abstrações, como abstrações concretas. Tudo isto com um núcleo comum: a mobilidade econômica e de vida como fundamento; os dramas e as crises implícitas.

Qual é a explicação de semelhante argumentação?

Um mundo que não se discerne claramente, em que é preciso buscar mais de uma forma de consciência; em certo sentido, a percepção funciona como a consciência provável, para uns; a lógica dos negócios, para outros, os que dominam. A economia para os últimos; a sobrevivência para outros. O espaço vivido e o concebido, mediados pelo espaço percebido, como magistralmente concebe Henri Lefebvre (2000).

O eixo da interpretação, que costura essa movimentação conceitual, é novamente a possibilidade de compreender a urbanização crítica; assentada numa via de análise que, com dificuldades e riscos, considera a perspectiva do espaço-tempo diferencial. Não se trata de esconder a miséria urbana, mas de acordo com a análise diferencial do espaço, buscar o que lhe é latente.

> [...] o urbano não é indiferente a todas as diferenças, porque precisamente ele as reúne. Neste sentido, a cidade constrói, expande, liberta a essência das relações sociais: a existência recíproca e a manifestação das diferenças proveniente dos conflitos ou indo até os conflitos (LEFEBVRE, 1979:158).

Notas

[1] Com algumas mudanças, considerando a proposta que segue, trata-se, substancialmente, do artigo: Amélia Luisa Damiani. "A metrópole e a indústria: reflexões sobre uma urbanização crítica", in: *Terra Livre - Geografia, Política e Cidadania*, São Paulo, AGB, pp. 21-37, 2000.

[2] A teoria da dependência, embora tenha elos com as teorias sobre o imperialismo, não pode ser estritamente atrelada a elas e, ao mesmo tempo, não tem a sua potência.

[3] Citados por Petrone, 1995.

[4] Nelson Omegna, *A Cidade Colonial*, p.20. Citado por Petrone, 1995.

[5] Os autores aqui citados, embora do conhecimento da autora, fazem, neste contexto, parte do acervo de interpretação de Evânio S. Branquinho (1999) em seu esforço em interpretar a metrópole de São Paulo.

[6] Alcântara Machado, *Vida e Morte do Bandeirante*, citado por Petrone, 1995, p.59.

[7] "Com efeito, desde a publicação em 1900, da *Filosofia do Dinheiro*, uma de suas obras maiores, Simmel considerou a Groszstadt, a grande cidade, não somente como o modelo cultural novo da sociedade européia atingida por uma urbanização metropolitana, mas também como fator de socialização (Vergesellschaftung) para o homem urbano moderno [...] em 1903 seu ensaio sociológico sobre a metrópole contemporânea, intitulado 'Die Groszstädte und das Geistesleben', 'As Metrópoles e a vida do Espírito', [...] O princípio da economia monetária não é aqui uma simples analogia ou um símbolo com caracter universal, pois que há uma correlação estreita entre a forma urbana de metropolização e a forma adequada da economia monetária." Stéphane Jonas, 1995, pp. 51/52/55.

[8] Brito, 2000, fala do consórcio de grandes famílias em São Paulo, formando verdadeiros monopólios. Sobre a relação entre os negócios urbanos e as famílias é fundamental a análise de Ana Cristina Mota Silva, sobre Fortaleza (SILVA, 2000).

[9] Martins, 2000, citando Vivian Schelling, p.26.

[10] Ibid., p.22, 24, 26 e 29.

[11] "[...] O projeto Vargas, no fundo, era a industrialização. Todos percebiam a importância do capital privado internacional e a impotência dos capitais nacionais e todos, portanto, acabaram reconhecendo, de uma forma ou de outra, a necessidade do Estado [...]" (HADDAD, 1997, José Luís Fiori, em entrevista).

[12] Marx, 1977, p.236. Interpretação possível e imersa em nossas discussões de grupo de estudos do Labur-Laboratório de Geografia Urbana do Departamento de Geografia da Universidade de São Paulo.

[13] Pesquisa Mensal de Emprego do IBGE, para as seis principais regiões metropolitanas do país – Recife, Salvador, Belo Horizonte, Rio de Janeiro, São Paulo e Porto Alegre – indicava que em agosto de 1991 o percentual de empregados sem carteira assinada e de pessoas que trabalhavam por conta própria era de 41,3% do total dos trabalhadores empregados. Em agosto de 2000, a proporção já alcançava 51,3%.

[14] Damiani, 1984, capítulo 3: "A pobreza reproduzida pelo trabalho na construção: 'peão', favelado".

[15] "[...] O desemprego da Região Metropolitana de São Paulo recuou em junho, depois de ter atingido nível recorde no mês anterior. De acordo com pesquisa divulgada ontem pela Fundação Sistema Estadual de Análise de Dados (Seade) e o Departamento Intersindical de Estatística e Estudos Socioeconômicos (Dieese), a taxa de desemprego passou de 20,6% para 20,3% da População Economicamente Ativa (PEA). Apesar disso, foi a maior taxa para um mês de junho, desde 1985, quando a pesquisa começou a ser divulgada [...] (O ESTADO DE S. PAULO, Economia, sexta-feira, 25 de julho de 2003).

[16] "[...]Além disso, é importante ressaltar que as ocupações organizadas de terra marcam um novo quadro na situação habitacional o que revela um grau de mobilização e organização desconhecidos até então nas lutas urbanas de São Paulo e que só pôde surgir graças aos núcleos de aglutinação desses movimentos todos na União de Movimentos de Moradia (UMM), que viria travar conflito contínuo com a administração municipal durante a segunda metade da década de 1980. Desse contínuo processo, somente em 1990 irá surgir uma articulação maior dos movimentos de moradia, o Movimento Nacional de Luta por moradia (MNLM) e mais tarde, em 1994, a União Nacional por Moradia Popular (UNMP). Essas entidades permitiram a inserção dos movimentos num debate político mais amplo, além da articulação com entidades de outro caráter, como é o caso do Fórum Nacional de Luta, formado por partidos de oposição, movimento sindical, entidades nacionais e movimentos populares. Somemos a isso a importante presença da Central de Movimentos Populares, a partir de 1993" (GOLDFARB, 2002:16-7).

[17] Façamos um exercício, observem a dinâmica de expansão de um loteamento popular. Como sua expansão envolve um descontrole, a propósito do montante de população envolvida. Logo fica claro o limite, que não é o limite das necessidades da população carente, mas sua incompatibilidade. Logo tem gente demais. Logo as características "urbanas" sofrem metamorfose: própria da expansão desmesurada do loteamento, nem bem constituído. O que demonstra seu limite.

[18] O que é mais notório é o embate entre as necessidades de preservação ambiental e os graves problemas sociais, incluindo os problemas habitacionais.

[19] No que precede: seria possível escolher entre os problemas ambientais e sociais. Seria possível administrá-los?

[20] *Folha on line*, Cotidiano, 31/07/2003.

[21] Citado por Fougeyrollas, 1973:80.

[22] O Projeto Rodoanel Mário Covas refere-se a um anel rodoviário metropolitano fechado, de por volta de 162 km, cortando as principais rodovias de acesso à metrópole, cuja produção é controlada pelo governo do Estado de São Paulo e pelo governo federal. O primeiro trecho, oeste, interliga a rodovia Régis Bittencourt com a estrada velha de Campinas, em Perus, passando pelas rodovias Anhanguera, Bandeirantes, Castelo Branco e Raposo Tavares, com 32 km. Ele está concluído. O segundo trecho, sul, vai ligar a rodovia Régis Bittencourt com a rodovia Anchieta (passando pela rodovia Imigrantes), tendo por volta de 40 km. Completam o circuito os trechos norte e leste. O rodoanel metropolitano envolve, além de São Paulo, mais 15 municípios. No trecho oeste, estão Barueri, Carapicuíba, Cotia, Embu e Osasco. No sul, Embu, Itapecerica da Serra e São Bernardo do Campo. No leste, Mauá, Ribeirão Pires, São Bernardo, Ferraz de Vasconcelos, Itaquaquecetuba, Guarulhos, Poá e Suzano. No norte, Guarulhos. Etapas para os próximos anos.

[23] "Foi em 1929, na gestão do prefeito José Pires do Rio, que o engenheiro Francisco Prestes Maia concebeu um Plano de Avenidas para a cidade de São Paulo. Retomava as idéias de Ulhoa Cintra, apresentadas em 1924, de formar um Perímetro

de Irradiação, ou seja, um conjunto de vias que permitisse circundar o centro novo e velho. O cruzamento do centro seria evitado pelas avenidas de irradiação. Os anos 1940 representaram o período de construção deste plano, que consolidava uma estrutura urbana rádio-cêntrica. Porto (1992:147) afirma que em 1942 o trecho inicial do Perímetro de Irradiação, que é a avenida Ipiranga, já está concluído. Será em 1945, quando Prestes Maia é o prefeito de São Paulo, que se colocará em prática o 'Sistema Y', introduzido pelo próprio Prestes Maia a partir de inovações no Plano de Avenidas. O conceito de ligação diametral foi introduzido no plano original, preconizando a travessia do centro por um 'Y', formado pelas avenidas Anhangabaú superior (atual 9 de Julho), Itororó (agora, 23 de Maio) e Anhangabaú inferior (hoje, Avenida Prestes Maia), que atravessava o centro no sentido norte-sul estabelecendo diametralmente a ligação entre as margens do rio Tietê e do rio Pinheiros. Em 1954 define-se o traçado da Segunda Perimetral, que triplica a capacidade de circulação dos veículos." (VIEIRA, 2002, p.173 e 175). Muitas são as interferências viárias neste sentido, incluindo as avenidas Marginais do Rio Tietê e Pinheiros, da década de 1960, do século XX.

[24] David Harvey, *Los Limites del Capitalismo y la Teoría Marxista*, México, Fondo de Cultura Económica, 1990, p. 370. A compreensão do autor sobre o tema é essencial e dependeu de uma análise aprofundada do capital financeiro, que antecede a discussão da renda da terra.

[25] Competem à logística o planejamento, a implementação e o controle dos fluxos de armazenagem, serviços e informações, envolvidos no processo de circulação de mercadorias.

[26] Uma contribuição importante aparece nos livros: François Chesnais, *A Mundialização do Capital*, São Paulo, Xamã, 1996 e François Chesnais (coord.). *A Mundialização Financeira*, São Paulo, Xamã, 1998.

[27] Catálogo de apresentação do Fundo de Investimento Imobiliário Europar.

[28] Um trabalho interessante sobre soluções coletivizadas de habitação popular, com a comercialização popular de grandes glebas de terra e a produção de loteamentos, que trata da Associação dos Trabalhadores Sem Terra de São Paulo, datada de meados dos anos 1980, em atuação na região norte e nordeste do município de São Paulo.

[29] O Conjunto Habitacional Presidente Castelo Branco/Carapicuíba está localizado numa área de 2.450.356m^2; perfaz 14.360 unidades habitacionais; e podemos estimar sua população em 71.800 moradores. (Fonte: COHAB-SP, Gerência de Planejamento, 2001).

Bibliografia

BASTIDE, Roger. "O Messianismo e a Fome". In: VÁRIOS Autores. *O Drama Universal da Fome*. Rio de Janeiro, Ascofam, pp.123-131, 1958.

BRANQUINHO, Evânio S.. *Do Higienópolis ao Heliópolis: Fragmentos Urbanos de uma Metrópole e a Sua (Crise de) Identidade.* Dissertação de mestrado em Geografia Humana, apresentada à Faculdade de Filosofia, Letras e Ciências Humanas-FFLCH da Universidade de São Paulo-USP, São Paulo, fotocópia, 2001.

BRITO, Mônica Silveira. *A Participação da Iniciativa Privada na Produção do Espaço Urbano*: São Paulo, 1890-1911. Dissertação de mestrado em Geografia Humana apresentada à Faculdade de Filosofia, Letras e Ciências Humanas-FFLCH da Universidade de São Paulo-USP. São Paulo, fotocópia, 2000.

CASTELLS, Manuel. *Problemas de Investigação em Sociologia Urbana.* Lisboa, Presença, 1975.

CHESNAIS, François. *A Mundialização do Capital.* São Paulo, Xamã, 1996.

________________. (coord.). *A Mundialização Financeira.* São Paulo, Xamã, 1998.

COHAB-SP. *Gerência de Planejamento*, 2001.

DAMIANI, Amélia Luisa. *Na Busca das Favelas o Encontro do 'Peão' que Permanece* - as Favelas de Cubatão num quadro de Desenvolvimento do Centro Petroquímico-Siderúrgico. Dissertação de mestrado em Geografia Humana, apresentada à Faculdade de Filosofia, Letras e Ciências Humanas-FFLCH da Universidade de São Paulo-USP. São Paulo, 1984.

________________. *A Cidade (Des)Ordenada* – Concepção e Cotidiano do Conjunto Habitacional Itaquera I.: Tese de doutorado apresentada à Faculdade de Filosofia, Letras e Ciências Humanas-FFLCH da Universidade de São Paulo-USP. São Paulo, 1993.

________________. "As Contradições do Espaço: da Lógica (Formal) à (Lógica) Dialética, a Propósito do Espaço". In: CARLOS, Ana Fani Alessandri; DAMIANI, Amélia Luisa; SEABRA, Odette Carvalho de Lima (org.). *O Espaço no Fim de Século*: a Nova Raridade. São Paulo: Contexto, pp. 48-61, 1999.

________________."A Crise da Cidade: os Termos da Urbanização". In: CARLOS, Ana Fani Alessandri; DAMIANI, Amélia Luisa; SEABRA, Odette Carvalho de Lima (Org.). *O Espaço no Fim de Século: a Nova Raridade.* São Paulo, Contexto, pp. 118-131, 1999.

O ESTADO DE S. PAULO. Economia, sexta-feira, 25 de julho de 2003.

FARAH, Marta Ferreira Santos. *Estado, Previdência Social e Habitação.* Dissertação de mestrado, apresentada à Faculdade de Filosofia, Letras e Ciências Humanas-FFLCH da Universidade de São Paulo-USP. São Paulo: 1983.

FERNANDES, Florestan. *Brasil: em Compasso de Espera.* São Paulo, Hucitec, 1980.

__________. *Capitalismo Dependente e Classes Sociais na América Latina.* Rio de Janeiro, Zahar, 1981.

FERREIRA, Reginaldo Elias. *Os "Sem Terra" Urbanos.* A ATSTSP " o Caso do Conjunto Habitacional Turística. Trabalho de Graduação Individual em Geografia. Departamento de Geografia, da Faculdade de Filosofia, Letras e Ciências Humanas-FFLCH da Universidade de São Paulo-USP. São Paulo: 2002.

FOLHA ON LINE, Cotidiano, 31/07/2003.

FORACCHI, Marialice Mencarini. *A Participação Social dos Excluídos*. São Paulo, Hucitec, 1982.

FOUCAULT, Michel. *Em Defesa da Sociedade*. São Paulo, Martins Fontes, 2002.

FOUGEYROLLAS, Pierre. *Le jeu de Kostas Axelos*. Montpellier, Fata Morgana, pp.35-96, 1973.

GEORGE, Pierre; GUGLIEMO, Raymond; LACOSTE, Yves e KAYSER, Bernard. *A Geografia Ativa*. São Paulo, Difusão Européia do Livro/Edusp, 1966.

GEORGE, Pierre. *Geografia Urbana*. Barcelona, Ariel, 1969 a.

______________. *Sociologia e Geografia*. Rio de Janeiro: Forense, 1969 b.

______________. "A propos de la "geographie active". Réflexion sur la responsabilité des géographes. In: *Hérodote* - revue de géographie et de géopolitique, s./l., 1984.

GOLDFARD, Yamila. *Da Luta pela Habitação à Luta pela Cidade – História, Limites e Desafios dos Movimentos por Moradia Frente à Produção da Cidade como Negócio*. Trabalho de Graduação Individual em Geografia. Departamento de Geografia, da Faculdade de Filosofia, Letras e Ciências Humanas-FFLCH da Universidade de São Paulo-USP. São Paulo, 2002.

HADDAD, Fernando. "Capitalismo e Suas Vias de Desenvolvimento, com José Luís Fiori". In: *Teoria e Debate*. São Paulo: Partido dos Trabalhadores – PT, pp. 36-45, nov/dez 96 – jan 97.

HARVEY, David. *Los Límites del Capitalismo y la Teoría marxista*. México, Fondo de Cultura Económica, 1990.

JONAS, Stéphane. "La "groszstadt" Métropole européenne, dans la sociologie des pères fondateurs allemands". In: RÉMY, Jean (org.). *Georg Simmel: ville et modernité*. Paris, Harmattan, pp. 19-35, 1995.

________________. "La métropolisation de la société dans l'oeuvre de Georg Simmel". In: RÉMY, Jean (org.). *Georg Simmel: ville et modernité*. Paris, Harmattan, pp.51-59, 1995.

LAGÔA, Ana. "Estratégias de Sobrevivência – nas Brechas do Sistema, a Busca do Pão Nosso de cada Dia". In: *Tempo e Presença*. São Paulo, CEDI-Centro Ecumênico de Documentação e Informação, pp. 14-16, maio 1989.

LEFEBVRE, Henri. *O Fim da História*. Lisboa, Dom Quixote, 1971.

__________. *De l'État – 4. Les Contradictions de l'État Moderne*. Paris, Union Générale d'Éditons, 1978.

__________. *La révolution urbaine*. Paris, Gallimard, 1979.

__________. *La production de l'espace*. Paris, Anthropos, 2000.

LÖWY, Michael (org.). *O Marxismo na América Latina* – uma Antologia de 1909 aos dias Atuais. São Paulo, Fundação Perseu Abramo, 1999.

MANENTE, Fabio Cesar Moreira. *A Moradia Popular Chegou à Serra da Cantareira*. Dissertação de mestrado em Geografia Humana, apresentada à Faculdade de Filosofia, Letras e Ciências Humanas-FFLCH da Universidade de São Paulo-USP. São Paulo, 2001.

MARTINS, José de Souza. *O Cativeiro da Terra*. São Paulo, LECH, 1981.

______________________. *Caminhada no Chão da Noite (Emancipação Política e Libertação nos Movimentos Sociais do Campo)*. São Paulo, Hucitec, 1989.

______________________. *Subúrbio. Vida Cotidiana e História no Subúrbio da Cidade de São Paulo: São Caetano, do Fim do Império ao Fim da República Velha*. São Paulo, Hucitec, 1992.

______________________. *A Sociabilidade do Homem Simples*. São Paulo, Hucitec, 2000.

MARX, Karl. *Elementos Fundamentales para la Crítica de la Economia Política (Grundrisse) 1857-1858*. México, Siglo Veintiuno, v.1 e 2, 1977.

MONBEIG, Pierre. La croissance de la ville de Sâo Paulo. *Revue de Géographie Alpine*, Grenoble, Institut de Géographie Alpine, Université de Grenoble, tome XLI, fascículos I e II, 1953.

NOTÍCIAS FAPESP. *São Paulo se Revela*. São Paulo, Fapesp, n.° 46, setembro de 1999.

OLIVEIRA, Marcelo. "6100 sem Teto Invadem Seis Imóveis em menos de Uma Hora em São Paulo". *Folha de S. Paulo*, São Paulo, 3° caderno, p.1, 26 out. 1999.

PETRONE, Pasquale. *Aldeamentos Paulistas*. São Paulo, Edusp, 1995.

PORTO, A. R.. *História Urbanística da Cidade de São Paulo* – 1554 a 1988. São Paulo, Carthago & Forte, 1992.

ROCHA. Alexandre Souza da. *Centralidade e Periferia na Grande São Paulo – Abordagem Crítica sobre o Morar na Periferia da Metrópole*. Dissertação de mestrado em Geografia Humana, apresentada à Faculdade de Filosofia, Letras e Ciências Humanas-FFLCH da Universidade de São Paulo-USP. São Paulo, 2000.

SANTOS, Cida. *Zona Leste meu amor – Personagens de uma História de Lutas*. São Paulo, Marco Markovitch, 1994.

SANTOS, Milton. *O Espaço Dividido – os Dois Circuitos da Economia Urbana dos Países Subdesenvolvidos*. Rio de Janeiro, Francisco Alves, 1979.

____________. *Por uma Economia Política da Cidade*. São Paulo, Hucitec/EDUC, 1994.

SILVA, Ana Cristina Mota. *A Propriedade Privada da Terra e a Produção de Novas Espacialidades na Cidade de Fortaleza*. Dissertação de mestrado em Geografia Humana, apresentada à Faculdade de Filosofia, Letras e Ciências Humanas-FFLCH da Universidade de São Paulo-USP. São Paulo, 2000.

VIEIRA, Sidney Gonçalves. *O Centro Vive - o Espetáculo da Revalorização do Centro de São Paulo: Sobrevivência do Capitalismo e Apropriação do Espaço*. Tese de Doutorado apresentada à Universidade Estadual "Júlio de Mesquita Filho"-Unesp. Rio Claro, fotocópia, 2002.

Anexos

Área de Mananciais do Município de São Paulo

1. Bacia de Guarapiranga
Área (sem represa): 207,8km^2
População residente (IBGE 2000): 504.873 hab
Domicílios em favelas: 24.278
Domicílios em loteamentos irregulares precários: 39.135
Captação para abastecimento: 11m^3/s

2. Bacia Billings
Área (sem represa): 132km^2
População residente (IBGE 2000): 459.359 hab
Domicílios em favelas: 27.547
Domicílios em loteamentos irregulares precários: 29.411
Captação para abastecimento: 4m^3/s

3. Bacia Capivari/Monos
Área: 152,6 km^2
População residente: 3.999 hab
Captação para abastecimento: 1m^3/s
População Total: 968.231
Fonte: Prefeitura Municipal de São Paulo/ Mananciais/ Habita Sampa.

Conjuntos Habitacionais da COHAB-SP - Zona Sul do Município de São Paulo

Zona de São Paulo	Administração regional	Distrito	Nome do conjunto habitacional	Área do conjunto (m^2)	Total de unidades habitacionais	População estimada (5 habitantes por unidade)
Sul	Campo Limpo	Cpo. Limpo	Pres. Costa e Silva/Pq. Ipê	67.119	447	2.235
Sul	Campo Limpo	Jd. São Luís	São Luis	140.902	703	3.515
Sul	Campo Limpo	C. Redondo	Adventista	800.200	4.092	20.460
Sul	Campo Limpo	C. Redondo	Pq. Fernanda	73.219	555	2.775
Sul	Campo Limpo	C. Redondo	Valo Velho I	118.313	446	2.230
Sul	Campo Limpo	Jd. Ângela	Jd. dos Cedros	11.397	200	1.000
Sul	Santo Amaro	Pedreira	Vila Nova	10.710	200	1.000
Sul	Capela do Socorro	Grajaú	Brig. Faria Lima/Bororé	345.050	2.702	13.510
Sul	Capela do Socorro	Grajaú	Grajaú	164.296	82	410
Sul	Jabaquara	Jabaquara	Jabaquara (I,II,III,V)	12.482	528	2.640
Sul	Ipiranga	Sacomã	Heliópolis (A, C, E, H, I, K, L, N)	877.490	9.487	47.435
Total				1.744.565	19.442	97.210

Fonte: Gerência de Planejamento, COHAB-SP, 2001. (somente COHABs, sem os CDHUs e demais mutirões e loteamentos)

Conjuntos Habitacionais da COHAB-SP - Zona Leste do Município de São Paulo

Zona de São Paulo	Administração regional	Distrito	Nome do conjunto habitacional	Área do conjunto (m^2)	Nº de unid. habitacionais	População estimada (5 habs./unidade)
Leste	Guaianazes	C. Tiradentes	Barro Branco II	780.074	2.849	14.245
Leste	Guaianazes	C. Tiradentes	Castro Alves/Barro Branco I	467.584	2.185	10.925
Leste	Guaianazes	C. Tiradentes	Sítio Conceição	259.000	1.078	5.390
Leste	Guaianazes	C. Tiradentes	Inácio Monteiro	553.517	2.590	12.950
Leste	Guaianazes	C. Tiradentes	Jardim dos Ipês	33.760	600	3.000
Leste	Guaianazes	C. Tiradentes	Santa Etelvina I/VI-A; II-A; II-B1, 2, 3, 6; III-A;IV-A; V-A;VII	5.523.787	27.581	137.905
Leste	Guaianazes	C. Tiradentes	Prefeito Prestes Maia/Guaianazes	208.967	1.260	6.300
Leste	Guaianazes	Guaianazes/ C. Tiradentes	Presidente Juscelino Kubitscheck/ Jardim São Paulo I-A/II-A/II-B	795.600	4.494	22.470
Leste	Guaianazes	Lajeado	Jardimdas Acácias	32.814	600	3.000
Sub-total	Guaianazes			8.655.103	43.237	216.185
Leste	Itaquera	José Bonifácio	JoséBonifácio/Itaquera II,III,IV	2.813.302	21.616	108.080
Leste	Itaquera	Pq. do Carmo	Pêssego Carmo	196.569	1.149	5.745
Leste	Penha	Artur Alvim	Padre José de Anchieta/Itaquera I-A; Padre Manoel da Nóbrega/Itaquera I-B; Padre Manoel de Paiva/Itaquera I-C	1.442.677	12.506	62.530
Sub-total	Itaquera/A. Alvim			4.452.548	35.271	176.355

Conjuntos Habitacionais da COHAB-SP -
Zona Leste do Município de São Paulo *(continuação)*

Zona de São Paulo	Administração regional	Distrito	Nome do conjunto habitacional	Área do conjunto (m²)	Nº de unid. habitacionais	População estimada (5 habs./unidade)
Leste	São Mateus	São Rafael	Jardim Continental	935.600	7.000	35.000
Leste	São Mateus	São Rafael	Rio Claro	263.061	1.007	5.035
Leste	São Mateus	Iguatemi	JardimConquista/Carrãozinho	934.146	5.735	28.675
Leste	São Mateus	Iguatemi	Sítio dos Franças	43.763	216	1.080
Leste	S. Miguel Pta.	Itaim Pta.	Itaim Paulista	20.646	107	535
Leste	S. Miguel Pta.	São Miguel	Cap. P.M. Alberto Mendes Jr/ São Miguel Paulista	52.348	349	1.745
Leste	S. Miguel Pta.	Vila Curuçá	Jardim Nazaré Paulista I/II	152.228	600	3.000
Leste	Vila Prudente	Sapopemba	Mascarenhas de Moraes/Sapopemba	300.000	1.293	6.465
Leste	Vila Prudente	Sapopemba	Teotônio Vilela/Jd Sapopemba	978.473	6.988	34.940
Sub-total	S. Miguel Pta./São Mateus/Sapopemba			3.680.265	23.295	116.475
Sub-total	"Corredor"			16.787.916	101.803	509.015
Leste	Vila Prudente	V. Prudente	Cintra Gordinho	65.164	860	4.300
Leste	Vila Prudente	São Lucas	São Nicolau	122.288	411	2.055
Leste	Moóca	Tatuapé	Parque Carrão	10.222	320	1.600
Total				16.985.590	103.394	516.970

Fonte: Gerência de Planejamento, COHAB-SP, 2001. (somente COHABs, sem os CDHUs e demais mutirões e loteamentos)

SÃO PAULO: OS DINAMISMOS DA POBREZA

María Laura Silveira

Introdução: os circuitos da economia urbana

Face a uma macrometrópole complexa e multifacetada como São Paulo, em tempos de globalização, perspectivas múltiplas e interdependentes parecem necessárias, mais do que nunca, para uma compreensão mais aprimorada dos fenômenos. A condição e premissa de partida será, todavia, considerar a Cidade como um todo em permanente movimento.

A Cidade é uma totalidade, feita de coisas e pessoas, de objetos e relações, de formas e ações, num movimento desigual e combinado, numa dinâmica de cooperação e conflito. A expansão acelerada das suas formas, encarnada num processo de intensa periferização, que defronta os administradores ao problema da escala do acontecer, assim como a hibridação de ações públicas e privadas, tantas vezes numa política corporativa, menos visível, mas tão onipresente quanto às novas morfologias, ofuscam no espinhoso encontro de enfoques totalizadores. Diante do seu crescimento e da multiplicação dos problemas, a totalidade urbana emerge, mais do que antes, inexaurível, convidando, tantas vezes, a um abandono gradual dos estudos globais das cidades.

De um modo geral, os estudos urbanos totalizadores foram tornando-se menos freqüentes a partir dos anos 1950. É daquela época, na qual essa ambição era vista menos como uma ousadia e mais como uma necessidade de método, a já clássica obra *A Cidade de São Paulo.* Estudos dessa natureza despontam atualmente, ainda que o mundo seja outro, como um farol que ajuda a evitar o caminho da análise de parcialidades. Se os retratos raramente podem ser exaustivos, a vocação totalizadora da teoria não poderá faltar, pois a cidade não é apenas uma soma de parcelas, nem apenas um sistema de objetos, mas o conjunto da base material e da vida que a anima.

Por outra parte, uma visão totalizadora torna-se, sempre, o principal instrumento para exorcizar as intervenções pontuais, as renovações e remodelações de pedaços da cidade – ações contingentes de um momento que se pretendem as únicas ações possíveis no presente e no futuro.

Se a consideração do meio construído como uma totalidade é um partido de método, é preciso olhar, ao mesmo tempo, os sistemas de ações ou, em outros termos, ver a cidade como um conjunto, solidário e contraditório, de divisões do trabalho. Suas funções mais modernas, aquelas que norteiam sua inserção na atual divisão internacional do trabalho hegemônica, não podem ser confundidas com a cidade, ela própria. Conjunto de todos os instrumentos de trabalho e de todas as formas de fazer, a cidade somente poderá ser entendida ao considerar a coexistência de divisões territoriais do trabalho. A cidade não é apenas o reino das grandes corporações e dos grandes bancos, o reino do circuito superior (SANTOS, 1975), mas também o lugar do trabalho não-especializado, das produções e serviços banais, das ações ligadas aos consumos populares – aquelas necessidades criadas pelo nosso tempo mas cuja resposta não é dada a todos pela economia hegemônica.

Não existe, por isso, uma única área de mercado da cidade identificada com o trabalho mais moderno, como pretende a teoria dos lugares centrais ou como sugere o faustuoso nome de cidade global, mas áreas de mercado diferentes para os circuitos de produção e circulação que se desenvolvem no seu âmago. Quem demanda os produtos e serviços sofisticados produzidos por corporações globais, mesmo quando elas são de berço nacional, é apenas um punhado de atores no território, com freqüência as atividades da própria empresa ou as divisões do trabalho a ela subordinadas nos lugares. Paralelamente, há outros mercados, definidos por uma produção e uma circulação dos pobres, cujos limites se confundem com a área de ocorrência do fenômeno metropolitano.

Identificar economia urbana e setor moderno significa esquecer que, na grande cidade, mesmo quem não é moderno encontra o seu lugar. Por isso, São Paulo, ao longo da história, tem sido atraente para os pobres do país inteiro e também de outros países. E, assim, seu tamanho aumenta não apenas pela concentração de riqueza mas, sobretudo, de pobreza.

E o lugar, pela quantidade e qualidade do seu capital fixo dormente e do seu capital vivo, dá valor aos novos objetos e às novas atividades. É por isso que os agentes encontram localizações diferentes dentro da metrópole, que definem a sua capacidade de produzir e de consumir e revelam os fundamentos históricos da segmentação intraurbana e da diversidade *socioespacial*.

A dinâmica do território brasileiro e os papéis de São Paulo

A dinâmica da cidade somente pode ser compreendida à luz da dinâmica do território. É no século XX que se consolida uma vocação industrial no território brasileiro, vinculada, de modo direto, à concentração de população em diversos Estados como São Paulo e Rio de Janeiro, mas também em Pernambuco, Bahia e Rio Grande do Sul. Aquelas parcelas do território onde a densidade técnica é mais alta vêem florescer a sua vocação de consumo, também vinculada à presença da migração de origem européia. Estradas de ferro e, depois, estradas de rodagem, em solidariedade com áreas de agricultura moderna em expansão são, junto ao consumo, os alicerces de uma diversificação industrial que se manifesta, sobretudo, no eixo São Paulo-Rio. A zona de influência do centro industrial paulistano que se expande em áreas próximas, também em processo de urbanização torna-se um mercado dinâmico que, por seus efeitos multiplicadores, irá ultrapassar o Rio de Janeiro.

São Paulo conhece uma evolução vertiginosa da sua população e do seu parque fabril. O tecido industrial consolida-se pela espessa divisão do trabalho industrial e suas decorrentes interdependências. Essa cooperação não se realiza sem um leque, amplo e diversificado, de atividades comerciais e de serviços, de transporte e de funções de gestão. A integração econômica da Região Concentrada (SANTOS & RIBEIRO, 1979) e, também, do território brasileiro, nos anos cinqüenta, serão bases do claro papel de metrópole econômica nacional, atribuído a São Paulo.

O problema do isolamento regional, enfrentado primeiramente com a integração das rodovias envolvendo Brasília, mas que irá consolidar as funções de São Paulo, é retomado, nos anos setenta, com a chamada revolução das telecomunicações. A mídia torna-se nacional e as formas de propaganda, difundindo no país o consumo das grandes metrópoles, terão um papel fundamental na formação de um verdadeiro mercado interno. O território nacional é finalmente integrado, porém as enormes disparidades regionais agravam-se, assim como a polarização em torno da grande metrópole (SANTOS & SILVEIRA, 2001).

Nesse processo, a força das corporações automobilísticas na organização da produção nacional e paulistana, nos modelos de circulação e urbanismo, na financeirização, a partir da profusão de créditos e seguros, deve ser assinalado. Por outra parte, a permanente expulsão de culturas para mais longe da Cidade e a formação de alguns *belts* de agricultura globalizada no Estado, com os conseqüentes processos de concentração da propriedade da terra e de expulsão da mão-de-obra, contribuíram nas migrações e na especialização do trabalho na metrópole e na rede urbana paulista.

Um novo período histórico, a globalização, desenha uma nova divisão territorial do trabalho. Se as disparidades regionais cristalizam as dinâmicas do passado, elas renovam seu significado à luz dos novos dados do período. À indústria como variável motora do dinamismo brasileiro e do extraordinário crescimento de São Paulo, sucede o papel da informação e das finanças no comando dos processos. Verifica-se, a partir dos anos 1980, uma dispersão das indústrias dinâmicas, da agricultura moderna e de um crescente e diversificado setor de serviços no território nacional. É a nova divisão do trabalho que, num movimento centrífugo, chama a uma importante cooperação, ávida de informação especializada, produzida em São Paulo e responsável por certo centripetismo. A Região Concentrada e, dentro dela, São Paulo tornar-se-ão o pólo da vida econômica nacional.

Mas é, sobretudo nos anos 1990, que se instalam e consolidam nexos extrovertidos (CORDEIRO, 1993; CORRÊA, 1996), funcionais às divisões territoriais do trabalho, particulares das corporações globais. O retrato é um conjunto de localizações erráticas e ingovernáveis no território brasileiro. A sofisticação de um circuito superior da economia metropolitana de São Paulo revela a necessidade histórica da formulação de bases técnicas, políticas e normativas, precisas e funcionais às exportações, privatizações, fiscalizações, etc. (BERNARDES, 2001). Essa Cidade moderna, pivô central das geometrias das grandes empresas, vê ampliar suas tarefas e os horizontes das ações que ela abriga pois se torna, outrossim, o relé das topologias das corporações globais na América do Sul.

A necessidade de informação precisa e de diversos tipos de dinheiro atribui novos papéis à metrópole e consolida, mesmo com base na segmentação socioespacial, a sua existência como um grande mercado. Como a expansão do seu meio construído se acelera, as valorizações e desvalorizações dos pedaços da cidade são frenéticas, ensejando a possibilidade de instalação, aqui ou ali, de atividades menos capazes de dar valor aos seus produtos. É o reino do circuito inferior (SANTOS, 1975) e, também, de um variado circuito superior marginal em áreas de grande circulação como o Largo Treze, o Largo de Pinheiros e o próprio centro antigo da Cidade.

A produção da escassez em São Paulo: crises e remodelações

Diante das unicidades produtoras da globalização (SANTOS, 1996) – a unicidade das técnicas, da informação e do dinheiro –, a Cidade de São Paulo, chamada a ser moderna a cada momento histórico, entra em crise – mais ou menos visível – por não poder, enquanto viabiliza as condições para a reprodução das novas manifestações do modo de produção, manter as mínimas condições de vida para a grande massa trabalhadora.

Em virtude da velocidade dos processos vividos pela metrópole, a produção de carências tem sido recorrente e, por isso, responsável por crises sucessivas. A cada substituição de uma divisão territorial do trabalho hegemônica há uma mudança na cidade, evidenciada não apenas nos papéis econômicos, mas também na incapacidade de dar respostas às necessidades de moradia, circulação, ensino e saúde, entre outras.

Apesar da profusão dos consumos, fundada na publicidade e no crédito público e privado, cujas manifestações foram, por exemplo, a expansão da habitação de classe média em décadas passadas, a história da cidade revela uma escassez persistente de moradia, com a aceleração de processos de especulação, verticalização (SOUZA, 1994) e periferização (ALMEIDA, 2000). Atualmente, o sistema público de ações torna-se incapaz de construir moradias dignas para os seus trabalhadores ou, quando o faz, as enormes distâncias do Centro da Cidade, do qual continuam a depender, revelam a confusão recorrente entre o direito a morar dignamente e o direito de propriedade.

As sucessivas crises dos transportes foram causa e conseqüência da formulação de políticas setoriais que, tantas vezes, priorizaram a transformação de fixos em fluxos, com o agravante de optar por soluções individuais. A enorme expansão do sistema viário, amparada em sistemas de túneis e autopistas, em detrimento de sistemas coletivos mais eficientes é um traço marcante do urbanismo paulistano. Metade de uma frota de 7,6 milhões de automóveis no Estado de São Paulo corresponde à Região Metropolitana de São Paulo. Mesmo o macro-sistema técnico do metrô acabou, com sua trama, revelando a mesma vontade de tornar as pessoas verdadeiros fluxos orientados para pontos de concentração de emprego, saúde e ensino, reforçando as centralidades urbanas pré-existentes. Quando o imperativo é a fluidez, a criação de densidades técnicas ali onde o trabalho já existe tende a ser subordinada ou esquecida. O resultado é o aumento da imobilidade em tempos de aceleração. Os enormes congestionamentos paralizam a Cidade e quem não pode esperar contribui para novas manifestações do circuito superior, com o uso cada vez mais freqüente de helicópteros.

A educação, em todos os seus níveis, é escassa, deixando primeiro interstícios e, depois, largos campos ao mercado. O sistema público de ensino superior abandonou, por longos anos, o movimento de ampliação das periferias, num período ávido de qualificações as mais variadas, fertilizando, ao mesmo tempo, o terreno para uma profusão de instituições particulares. A expansão extraordinária do sistema privado de ensino alastra suas nervosas topologias também em áreas pobres, onde a carência de fixos públicos e a vocação de consumo possibilitam sua presença. Eram 104 instituições particulares e 10 públicas em 1996, responsáveis por 877 cursos de graduação. Nesse mesmo ano, de um total de 335.556 matriculados na Região Metropolitana apenas 28% correspondiam a matrículas da periferia (SANTOS & SILVEIRA, 2000). Uma enorme drenagem dos salários das famílias orienta-se, tantas vezes, para um treinamento, muito inferior a uma verdadeira formação universitária.

O *déficit* de instalações subterrâneas, assim como os problemas de abastecimento e a precariedade do atendimento à saúde em largas porções da periferia são, também, evidências urbanas de um modo de produção em crise. Nessa direção, as formas técnicas de automação, as novas formas organizacionais e a subordinação da produção às variáveis financeiras perfazem um quadro de falta de empregos. O desemprego na Região Metropolitana de São Paulo passou de 12,2% em 1985 para 19,9% em 1999.

É no cerne dessa produção incessante de carências que descobrimos lógicas urbanas renovadas, com o auge dos grandes negócios imobiliários, dos *shoppings centers* (em 1999 eram 34 na Região Metropolitana) e dos sistemas privados de ensino e saúde. O número de consultas médicas privadas, em 1992, quase igualava ao número de consultas públicas na Região Metropolitana de São Paulo (65,5 milhões e 67 milhões respectivamente).

Se as crises econômicas constituem um freio na renovação da maior parcela do meio construído, o neoliberalismo, com a pretensa estabilidade monetária, parece ter acionado um processo acelerado de renovações urbanas pontuais. Para certas áreas da Cidade fluem, sem viscosidades, torrentes de dinheiro sob a forma de empréstimos privados, internacionais e nacionais, por vezes vinculados à esfera do poder público. Vejam-se os exemplos da construção de prédios residenciais de classe média – cada vez mais longe do centro da cidade ou verticalizando áreas tradicionalmente baixas –, de condomínios fechados dentro ou fora da grande mancha urbana, ou a renovação do antigo centro urbano comandada pelo Banco de Boston.

Uma área comercial tradicional e central como a zona cerealista, nascida ao abrigo da estrada de ferro Santos-Jundiaí, mas cuja localização e equipamento continuaram funcionais quando o sistema de movimento de cargas (arroz, feijão, batata, cebola) tornou-se rodoviário, parece não resistir os impactos do período atual. A sua virtual transferência para uma nova área de encruzilhada (rodovias Regis Bittencourt e Raposo Tavares) é uma ação política com base em dados técnicos e organizacionais novos: as atuais áreas produtoras (Rio Grande do Sul, Mato Grosso do Sul, Maranhão), o grau de acessibilidade e os problemas de trânsito de cargas, os novos equipamentos de comunicação (telefone, computador, *fax*, correio eletrônico) e a logística dos grandes supermercados (pedidos informatizados, terminais próprios, marcas próprias). Se nos projetos oficiais o uso é mantido, essa transferência significará, também, que nem todos poderão acompanhar os custos desse deslocamento.

Concretizados ou em vias de implantação, numerosos projetos parecem coincidir na busca de localizações periféricas, bem dotadas de infraestrutura, próximas às marginais, que garantam o exercício de uma circulação mais fluida e, sobretudo, a instalação mais seletiva dos atores. Como o novo centro empresarial da Avenida Berrini, essas localizações, em zonas circunvizinhas das marginais, parecem confirmar a adoção de um modelo de urbanismo periférico, de origem norte-americana.

Essa produção permanente de escassez ganha atualmente sua expressão contemporânea na aplicação de receitas de cunho macroeconômico, nas quais o capital é sempre mais abundante que o trabalho para aqueles atores hegemônicos, em detrimento da economia real do país e da Cidade, na qual o trabalho é sempre mais abundante que o capital. Estado e empresas, tantas vezes, em cooperação ou em conflito, tem tido um papel determinante na produção do desemprego.

A força do consumo na metrópole

Todavia, esse mesmo processo de produção de carências básicas, somado às demandas permanentemente renovadas por uma organização científica da publicidade e do crédito, acirra a vocação de consumo da sociedade como um todo. Dado do período atual, o consumo é, sempre, uma força de dispersão que alcança, atualmente, níveis antes nunca vistos, pelos mecanismos de que se vale.

Embora, possamos discutir muitas das suas desnecessárias manifestações, o fato é que, a maior parcela da sociedade busca as formas de não ser excluída desse consumo e, ao abrigo desse processo, certa produção não-hegemônica se fortalece. Um circuito inferior e um circuito superior marginal remanescentes da economia urbana ganham, nos dias de hoje, um maior desenvolvimento.

A concentração de pobres na Cidade de São Paulo acaba tendo um efeito positivo sobre os volumes produzidos e comercializados. Cria-se um mercado que, apesar das demandas individuais limitadas, constitui, pelo grande número de famílias, um efeito ampliado. Graças aos custos de produção mais baixos pela ampla oferta e proximidade de insumos, mão-de-obra e clientes, surgem um considerável número de pequenas empresas e, desse modo, mesmo que a mortalidade das firmas possa ser alta, a demanda constante possibilita que outras possam nascer.

Mas, a força de consolidar o papel da Cidade como sede de uma importante parcela da divisão internacional do trabalho, a equação globalizadora ganha visibilidade nas formas e normas da vida da Cidade. É a vocação de "cidade global" (SASSEN, 1991) que deve ser assegurada a partir de equipamentos coletivos, em escalas compatíveis com as necessidades de fixidez e fluidez dos atores mundiais. Uma verdadeira urbanização corporativa (SANTOS, 1990; 1994), fundada nos mecanismos renovados da socialização capitalista (TOPALOV, 1974). E, assim, a grande parcela do trabalho em São Paulo, que é nacional e local, é considerada pouco moderna e, portanto, um freio na produção de economia. Imperativos de qualidade, de competitividade e de fluidez tornam-se normas que estabelecerão um patamar, por baixo do qual encontraremos os "não-modernos", tantas vezes sem compreender as múltiplas e variadas formas do novo – que não é obrigatoriamente o moderno – e o seu funcionamento.

Estruturalmente, a Cidade é produtora, ao mesmo tempo, de riqueza e pobreza, de abundância e de escassez. Vetores internos e externos têm o papel de acelerar ou desacelerar as necessárias e permanentes readaptações. Por isso, os circuitos da economia urbana desenvolveram-se tanto na metrópole industrial como na metrópole informacional-financeira, na forma de vasos comunicantes, pois sendo ambos um resultado da modernização, encontram, atualmente, as condições da sua reprodução. E, ainda mais, identificada como a chegada de novos objetos e novas formas de fazer, a globalização convida à emergência de um novo circuito superior marginal, embrenhado em codificar e decodificar os objetos e as normas necessárias ao novo momento do modo de produção. Nascem escritórios e empresas, tantas vezes ligados às novas profissões, que prestam serviços às firmas hegemônicas ou ao poder público. Em 1999 eram 3,7 milhões de pessoas no setor de serviços, equivalente a 53% da população economicamente ativa na Região Metropolitana de São Paulo (um acréscimo de 1,4 milhões de pessoas em relação a 1981).

Se a divisão social do trabalho que acompanha o mundo da informação e da finança multiplica as profissões, ela diminui, ao mesmo tempo, o número de empregos. As formas técnicas e de regulação contemporâneas satisfazem seu apetite com um número menor de pessoas altamente qualificadas. O emprego tradicional da metrópole industrial esvai-se, de um lado, ao ritmo das novas acelerações normativas, como as formas temporárias de contratação e a terceirização, da interiorização da indústria, que é sinônimo de modernização e de busca de novas densidades normativas e, de outro, pelas novas ocupações na produção e adaptação das informações externas ao mercado brasileiro, da criação de uma publicidade que aprofunde os consumos, da produção codificada de formas de fazer e regular, como a miríade de instrumentos financeiros em vigor.

A diversificação da divisão do trabalho é o resultado de processos econômicos e sociais, nacionais e mundiais, que ganham especificidades numa Cidade populosa e estendida como São Paulo. Toda sorte de atividades e profissões se fazem presentes, criando uma vida de relações cujo volume e densidade acabam por ser alheios a sazonalidades.

A cidade e seu uso: por uma abordagem substantiva da pobreza

Todos esses processos pedem a elaboração de um esquema para enfrentar a realidade que entregue a palavra aos dados novos do período. Estamos aqui tratando do consumo, evidência fiel da modernização na sua diversificação e no seu aprofundamento, como motor da reorganização dos sistemas de objetos e dos sistemas de ações.

Crédito e propaganda tornam-se alicerces da produção de novos objetos e serviços que são demandados por todas as camadas da sociedade. Quando nem tudo alcançam, cria-se um profuso circuito inferior, capaz de pôr em circulação uma produção, mesmo que em pequena escala. Tantas vezes associado, incorretamente, ao famoso setor informal, o circuito inferior é criador de trabalho, mesmo que muitas vezes não possa ser chamado de emprego. Aliás, essa parece uma curiosa coincidência histórica entre circuito superior e inferior, na atual economia metropolitana.

Formas novas ou renovadas de sobrevivência, formas originais de reproduzir a existência material, nascidas ao abrigo da criatividade da vida e produtoras de uma pedagogia da existência (SANTOS, 2000) não podem, certamente, ser medidas com a estreiteza teórica de uma classificação alheia ao real funcionamento de uma cidade do Terceiro Mundo. Como o tempo desfaz as coerências da história, uma abordagem substantiva deve ter como pedra basilar a história do presente.

A escolha de um limite normativo que determina a formalidade e a informalidade das atividades pode levar a criar uma tipologia estéril para entender o funcionamento da cidade como meio construído e como mercado. Capitalistas na posse de objetos técnicos relativamente modernos, de uma eficiente organização e, certamente, informados para evadir suas cargas tributárias, são protagonistas centrais no processo de transformar os excedentes em lucros, negligenciando as suas responsabilidades sociais. Será que este conjunto de atores pode ser analisado como se suas ações fossem da mesma natureza e escala que as ações de pequenas empresas ou, mesmo, indivíduos, cujo propósito é apenas reproduzir a sua existência? Com baixo grau de capital, de tecnologia e de organização, sua rentabilidade pode estar no limite da sobrevivência e seu grau de informação muito aquém da compreensão do complexo e dinâmico arcabouço tributário do poder público.

O que realmente interessa é um olhar que possa descobrir as manifestações do trabalho. É o trabalho intensivo (sem horários, sem benefícios, sem pausas pré-estabelecidas) o que define o circuito inferior e atualmente, mais do que nunca, também o circuito superior marginal, em contraposição à escassez de capital, e não o cumprimento-descumprimento de um sistema normativo em vigência. Vão-se os empregos, fica o trabalho.

Oficinas mecânicas, reparo de eletrodomésticos, costureiras, carretos, vendedores de marmitex, fabricantes de letreiros são formas de trabalho que revelam a baixa disponibilidade de capital, tanto nos seus instrumentos de trabalho, com sua freqüente reutilização (compra de máquinas usadas, por exemplo), como no meio construído, que coincide com áreas deterioradas, de escassas superfícies ou de baixos aluguéis. A contigüidade é o traço essencial de suas topologias, beneficiando-se do cotidiano de vizinhos e amigos como clientes e fornecedores e, assim, dependendo menos de um transporte caro e ineficiente. Amiúde, este circuito da economia urbana utiliza diversos tipos de dinheiro, como *tickets*, vale-transporte e vale-alimentação que, depois, podem ser trocados por dinheiro.

É o caso de um bom número de costureiras entrevistadas que, dedicadas a essa atividade por falta de emprego, trabalham em casa com uma ou duas máquinas domésticas, freqüentemente compradas de segunda mão. Morando em bairros como Santo Amaro, Itaim Bibi, Brooklin, Jardim Bonfiglioli ou Alto da Boa Vista, deslocam-se para alguns bairros como Brás e Bom Retiro, áreas de especialização comercial, para comprar seus insumos. O conserto de roupas acaba configurando um verdadeiro mercado, indicado entre fregueses e conhecidos, uma vez que a importação no setor têxtil e confecções têm atingido seriamente a produção de roupas sob medida.

Na própria garagem da casa costuma funcionar o escritório das pequenas empresas de carretos e mudanças com baú. Próprio, o caminhão ou caminhonete é, amiúde, o fator que define a capacidade de trabalho mensal. Variando entre sete e cerca de 40 mudanças por mês, as empresas contratam alguns ajudantes, para realizar um trabalho que, geralmente, é feito no próprio bairro ou nos bairros contíguos. Localizações em áreas residenciais, como Butantã ou Pinheiros, são privilegiadas, por oferecer permanentemente possibilidades de trabalho. Pequenos cartazes fixados em postes e muros do bairro e um telefone, por vezes celular, são os instrumentos indispensáveis para garantir sua demanda. Criam-se, paralelamente, solidariedades econômicas com os coletores-vendedores de caixas de papelão.

Dentre as numerosas situações do circuito superior marginal, as agências de *motoboy* espalham-se na Cidade, ao ritmo de uma intensa necessidade de cooperação e dos atritos à circulação. Mais do que o grau de capitalização, é a capacidade organizativa o que define as empresas. A agência recebe os pedidos e ordena as viagens, que são feitas pelos trabalhadores com suas próprias motos: para realizar o transporte de documentos e pequenas mercadorias para escritórios e empresas das imediações, numa média de duzentas viagens por mês, o pessoal contratado é pago por hora de trabalho.

No circuito inferior, a necessidade de comunicação à distância não pode ser esquecida, ainda que nos lugares onde ele floresce, as densidades comunicacionais sejam, por isso mesmo, altas. A profusão, hoje, de aparelhos de telefonia celular pré-pagos revela uma brecha entre a função projetada para esses objetos e sua real utilização. Comprados no intuito de aumentar a disponibilidade às eventuais oportunidades de trabalho, sua densa presença mostra o papel do consumo entre os mais pobres e sua necessidade de comunicação, mas, também, a existência de uma rede fixa rarefeita e, sobretudo, um uso escasso, pelo alto valor das tarifas da telefonia celular e fixa. Por que não imaginar que a criação de equipamentos públicos ou a firme regulação privilegiando um uso para todos poderia ser uma forma de ajudar o trabalho, de abrigar o novo que é criador de economia, em lugar de afogá-lo com a chamada formalização, que inclui créditos regidos por taxas que o país não comanda?

Quando o Estado se torna o principal guardião da apropriação privada de uma produção social, da transformação do excedente em lucro, do seqüestro do dinheiro socialmente gerado, como o pagamento dos serviços públicos privatizados, em lucro privado, da legitimação da redução do valor do trabalho, ele é também o feitor de excluídos sociais.

O eixo da discussão precisa, certamente, ser repensado, pois os problemas da escala mundial e nacional batem às portas da cidade. Hoje, a pobreza "é produzida políticamente pelas empresas e instituições globais" que, depois, oferecem aos Estados pagar "para criar soluções localizadas, parcializadas, segmentadas" (SANTOS, 2000:73). São formas de violência que um discurso de modernização busca mascarar. Qual é afinal o papel do trabalho na cidade? Os governos municipais não podem fugir do entendimento de um problema planetário ao pensar suas ações e suas alianças.

O poder público não poderá continuar reproduzindo a lógica do capital, amontoando as pessoas a partir de estatísticas mais ou menos imediatas, mais ou menos vazias, como salário mínimo, legalidade da atividade, valor venal dos imóveis, e abandonar os pedaços da cidade aos problemas de escala nacional e mundial. Reforça-se, assim, a construção científica de uma ideologia que, associando pobreza com marginalidade e atraso, não compreende os seus dinamismos e sua capacidade de criar trabalho.

Se uma geografia do movimento não pode ser desconsiderada, uma política capaz de entregar a palavra aos homens lentos (SANTOS, 1996) poderia entender que os reais conteúdos da cidadania têm hoje mais a ver com a imobilidade relativa das pessoas em certas partes da Cidade. A questão central será compreender a forma que hoje assume o trabalho, o consumo, a vida.

Uma nova política não poderá prescindir da análise do uso do território brasileiro e, nessa dinâmica, da Cidade de São Paulo. O estudo dos conteúdos existenciais do espaço poderá sugerir novas formas de combinar os materiais da história do presente imaginando uma cidade para todos.

Bibliografia

ALMEIDA, Eliza. *A Metropolização-Periferização Brasileira no Período Técnico-Científico-Informacional.* Dissertação de Mestrado, apresentada ao Departamento de Geografia da Faculdade de Filosofia, Letras e Ciências Humanas-FFLCH da Universidade de São Paulo-USP. São Paulo, fotocópia, 2000.

BERNARDES, Adriana. *A Contemporaneidade de São Paulo: Produção de Informações e Novo Uso do Território Brasileiro.* Tese de Doutorado, apresentada ao Departamento de Geografia da Faculdade de Filosofia, Letras e Ciências Humanas-FFLCH da Universidade de São Paulo-USP. São Paulo, fotocópia, 2001.

CORDEIRO, Helena Kohn. "A Cidade Mundial de São Paulo e o Complexo Corporativo de seu Centro Metropolitano". In: SANTOS, M. et al. (orgs.) *O Novo Mapa do Mundo. Fim de Século e Globalização.* São Paulo: Hucitec/Anpur, pp. 318-331, 1993.

CORREA, Roberto Lobato. "Os Centros de Gestão no Território: uma Nota". *Revista Território.* 1 (1). Rio de Janeiro: Laget-UFRJ, pp. 23-30, 1996.

SANTOS, Milton. *L'Espace Partagé. Les deux circuits de l'économie urbaine des pays sous-développés.* Paris, M.-Th. Génin, Librairies Techniques, 1975.

_____________. *Metrópole Corporativa Fragmentada: o Caso de São Paulo.* São Paulo, Nobel, 1990.

_____________. *Por uma Economia Política da Cidade: O Caso de São Paulo.* São Paulo, Hucitec, 1994.

_____________. *A Natureza do Espaço. Técnica e Tempo. Razão e Emoção.* São Paulo, Hucitec, 1996.

_____________. *Por uma Outra Globalização. Do Pensamento Único à Consciência Universal.* Rio de Janeiro, Record, 2000.

SANTOS, Milton & RIBEIRO Ana Clara Torres. *O Conceito de Região Concentrada.* Rio de Janeiro, UFRJ, IPPUR e Departamento de Geografia, fotocópia, 1979.

SANTOS, Milton & SILVEIRA María Laura. *O Brasil: Território e Sociedade no início do século XXI.* Rio de Janeiro, Record, 2001.

_________________________________. *O Ensino Superior Público e Particular e o Território Brasileiro.* Brasília, ABMES, 2000.

SASSEN, Saskia. *The global city: New York, London, Tokyo.* Princeton University Press, 1991.

SOUZA, M. A. de. *A identidade da metrópole: A verticalização em São Paulo.* São Paulo, Hucitec/Edusp, 1994.

TOPALOV, C. *Les Promoteurs imobiliers.* Paris, Mouton, 1974.

A FROTA DE AUTOMÓVEIS E O PÓ QUE SÃO PAULO RESPIRA

(PARTICULADO INALÁVEL NO CLIMA DA CIDADE)

Prof. Dr. Tarik Rezende de Azevedo

Introdução

A produção de extensas áreas urbanas implica em alterações profundas nos processos de armazenamento e troca de calor em superfície, deformações do campo de vento próximo à superfície, além de várias outras modificações nos atributos climáticos da área urbanizada e arredores. Tão grande é a alteração que, já há algumas décadas, chamamos estes climas modificados, ou derivados, de clima urbano (MONTEIRO, 1976). Outros vão além e defendem que, dada variedade e complexidade das estruturas urbanas, na verdade, as cidades, sobretudo as maiores como a Grande São Paulo, têm múltiplos climas urbanos (TARIFA & ARMANI, 2001).

Aqui são abordados alguns aspectos do clima da Grande São Paulo e não apenas do Município de São Paulo. Os limites municipais há muito foram destituídos de seu sentido original pelo atabalhoado e nervoso processo de conurbação que gerou uma das maiores manchas urbanas contínuas do mundo. O que foi a Cidade de São Paulo e mais de duas dezenas de outras vilas e cidades, até o início do século XX, constitui hoje um todo único e indiviso, ao menos do ponto de vista climático.

Este livro foi inspirado por um elegante múltiplo de anos desde a dita "fundação". Há, pois, um aniversário em comemoração. Há uma razão para que seja o da fundação do que um dia veio a ser a sede do Município de São Paulo. No entanto, é menos razoável considerar que seja da Cidade atual. Para dar menos confusão, desde há muito, é chamada de Grande São Paulo. Esta não é a mesma Cidade de São Paulo do início do século XX, aquela não existe mais. Há que perceber que o mesmo processo que esgarçou a individualidade de Carapicuíba, Poá, Guarulhos, Taboão da Serra, São Caetano e de tantas outras, também engoliu, digeriu, diluiu e incorporou a São Paulo de outrora. Por pura ironia, aquela que era a São Paulo da garoa.

Dentre as modificações climáticas relacionadas diretamente à urbanização, desde há muito apontada, e a mais facilmente percebida, figura uma tendência ao aumento da poluição atmosférica em relação ao entorno e em relação ao passado (LANDSBERG, 1956). No entanto, o termo poluição atmosférica é muito genérico, abrigando centenas de gases, líquidos e sólidos em diversos arranjos físicos, para muitos dos quais sequer há clareza dos possíveis efeitos sobre a saúde humana. Em torno deste problema, um enorme campo de pesquisa multidisciplinar desenvolveu-se desde o século XIX e aparenta estar longe de ser esgotado.

No caso de São Paulo, muitos trabalhos foram feitos nas últimas décadas abordando aspectos variados da poluição atmosférica com abordagens díspares e oriundas de diversas áreas. Não é o caso e nem o objetivo deste texto resgatar toda esta literatura. Destacamos apenas dois que ilustram e, de certa forma, anteciparam a abordagem predominante no momento presente. Monteiro descreve e relaciona o ritmo da poluição de forma hipotética ao ritmo da circulação secundária. De forma simplista, os períodos pré-frontais seriam mais poluídos. Na passagem das frentes haveria um processo de purificação pela precipitação e pelo aumento da velocidade do vento, e, depois, gradativamente haveria um aumento da concentração de poluentes. Tarifa (1985) aprofunda a abordagem e caracteriza este ritmo sobre registros meteorológicos e de poluição de São Paulo. Mostra que, de fato, o aumento da concentração de poluentes está relacionado ao domínio de anticiclones com forte subsidência, pouca ou nenhuma nebulosidade e ar relativamente seco. Isto implica em maior estabilidade da camada de mistura, que, estando confinada sob inversão térmica, dificulta a dissipação por mistura em volumes maiores de ar. O que caracteriza esta abordagem é estabelecer relações entre o ritmo dos tipos de tempo e/ou os sistemas atmosféricos e a concentração de poluentes na Grande São Paulo. O sistema de monitoramento da qualidade do ar atualmente existente na Grande São Paulo se baseia nesta abordagem. A partir da previsão do tempo, nas próximas vinte e quatro horas determinam-se as condições prováveis para dispersão dos poluentes.

A despeito do acerto e do grande avanço proporcionado por esta abordagem, ela não explica tudo, pois as áreas urbanas apresentam um ritmo próprio, marcado majoritariamente pelo ritmo da jornada e da semana de trabalho.

Azevedo (2001a) demonstrou que o montante de energia dissipada pela Grande São Paulo já é mais que um décimo do montante oriundo da insolação. Azevedo e Tarifa (2001b) mostram que há um ritmo semanal em todos os atributos atmosféricos registrados por duas estações meteorológicas na Grande São Paulo e relacionam o comportamento com o ritmo do fluxo de calor dissipado pela urbe. Azevedo (2002a) demonstra, com farto material e abordagem diferenciada, que há um ritmo semanal no campo de vento sobre a Grande São Paulo, a partir dos registros da rede de monitoramento da qualidade do ar da Companhia de Tecnologia e Saneamento Ambiental. Colige, inclusive, evidências de que há recorrência de linhas e/ou zonas de convergência, mas que se configuram preferencialmente nos dias centrais da semana. Estes resultados corroboram e estão conformes com os resultados de outros trabalhos (AZEVEDO 2001c, 2002b, 2002c) em que se demonstra que a freqüência, a intensidade e o montante acumulado em impactos pluviais concentrados são maiores nos dias úteis em relação aos finais de semana e feriados.

A argumentação básica que alinhava todos estes fatos fartamente documentados consiste no encadeamento de causa e efeito sintetizado no lado esquerdo da figura 01 adiante. O aumento do calor dissipado pela cidade é incorporado, quase que em sua totalidade, diretamente ao ar na forma de calor sensível e latente. Isto causa um pequeno aumento de temperatura em relação ao ar do entorno. À expansão volumétrica resultante, corresponde uma redução pequena, mas significativa da pressão atmosférica local em relação ao entorno não urbano e/ou o processo ocorre fragmentado em várias parcelas menores no interior da própria mancha urbana. Aos poucos, há uma tendência de aumento da atividade convectiva. Esta pode ser percebida num aumento da convergência em superfície e aumento da freqüência e intensidade das rajadas de vento. Persistindo e sob condições favoráveis, há aumento da nebulosidade. Quando o processo é mais intenso ou duradouro, chega a ocorrer precipitação.

O problema para aplicar o raciocínio acima sobre objetos de pesquisa, é que raramente há registros meteorológicos com periodicidade, quantidade e qualidade suficientes para comparar o interior e arredores das áreas urbanas. Há que encontrar uma forma de mostrar o processo, mesmo que parcialmente, usando registros do próprio interior da área urbana, mais comuns. Isto seria possível se houvessem momentos em que a produção de calor pela cidade fosse menor e outros em que fosse muito maior, pois este sinal poderia ser verificado nos atributos climáticos (temperatura, pressão, ventilação, nebulosidade, etc.).

Por simples bom senso, é possível aceitar que haja um ritmo diário e outro semanal na intensidade de atividade urbana. Adote-se o princípio de que a quarta-feira seja o dia de maior atividade quando se agregam registros de períodos longos (alguns anos), dado que a ocorrência de feriados e pontes aumenta em direção as segundas e sextas-feiras (AZEVEDO 2001b). Embora domingo não seja um dia de atividade urbana nula, é o dia de descanso da maior parte da população. Numa perspectiva de longo prazo, a intensidade da atividade urbana poderia ser representada por uma linha sinusoidal com picos durante o dia e mínimos durante a madrugada, sendo os picos maiores nos dias úteis e menores nos finais de semana e feriados. Voltando a figura 01, imagine-se a atividade urbana como uma força pulsante no topo e que este ritmo se propaga para baixo ao longo das duas cadeias de causalidade representadas. Dependendo do tempo meteorológico dominante e da intensidade da atividade urbana, o sinal se propagará de forma diferenciada atingindo elos diferentes das duas cadeias de causalidade.

Alguns argumentam que o aumento da precipitação verificado em inúmeras cidades do mundo deve-se à concentração maior de núcleos higroscópicos. Embora seja verdadeira a assertiva de que só ocorre condensação se houverem partículas desta natureza em suspensão, nunca foi provado que o aumento de uma implique em aumento da outra, apesar da relação parecer lógica. As concentrações que já existem naturalmente são mais que suficientes. A rigor, é possível fazer justamente o raciocínio inverso, dizer que o excesso de núcleos higroscópicos inibiria a precipitação. Por espalhar o montante de água que passa ao estado líquido em mais núcleos, dificultaria a formação de gotículas com a massa crítica para iniciar a queda. Por outro lado, para a mudança do estado gasoso para o líquido há um montante de calor extra a ser dissipado, comumente chamado calor latente. A taxa de resfriamento, ou de perda de calor por unidade de massa numa parcela de ar em ascensão não tem qualquer relação com a concentração de partículas higroscópicas, mas, sim, com a velocidade com que esta sobre e a conseqüente descompressão.

A segunda objeção é de que nem todo poluente em suspensão serve como núcleo de condensação. Apenas a parcela deles cujas superfícies forem constituídas por moléculas polares, permitindo a adesão das moléculas de água. Os melhores núcleos de condensação são microcristais de Cloreto de Sódio, em quase sua totalidade oriundos da arrebentação no litoral. Também apresentam superfície propícia, a maioria dos fragmentos de tecidos orgânicos e os microfragmentos de rochas. Parte dos suspensóides gerados pelas áreas urbanas é constituída por fragmentos e gotículas de substâncias oleosas que têm pouca ou nenhuma afinidade por água.

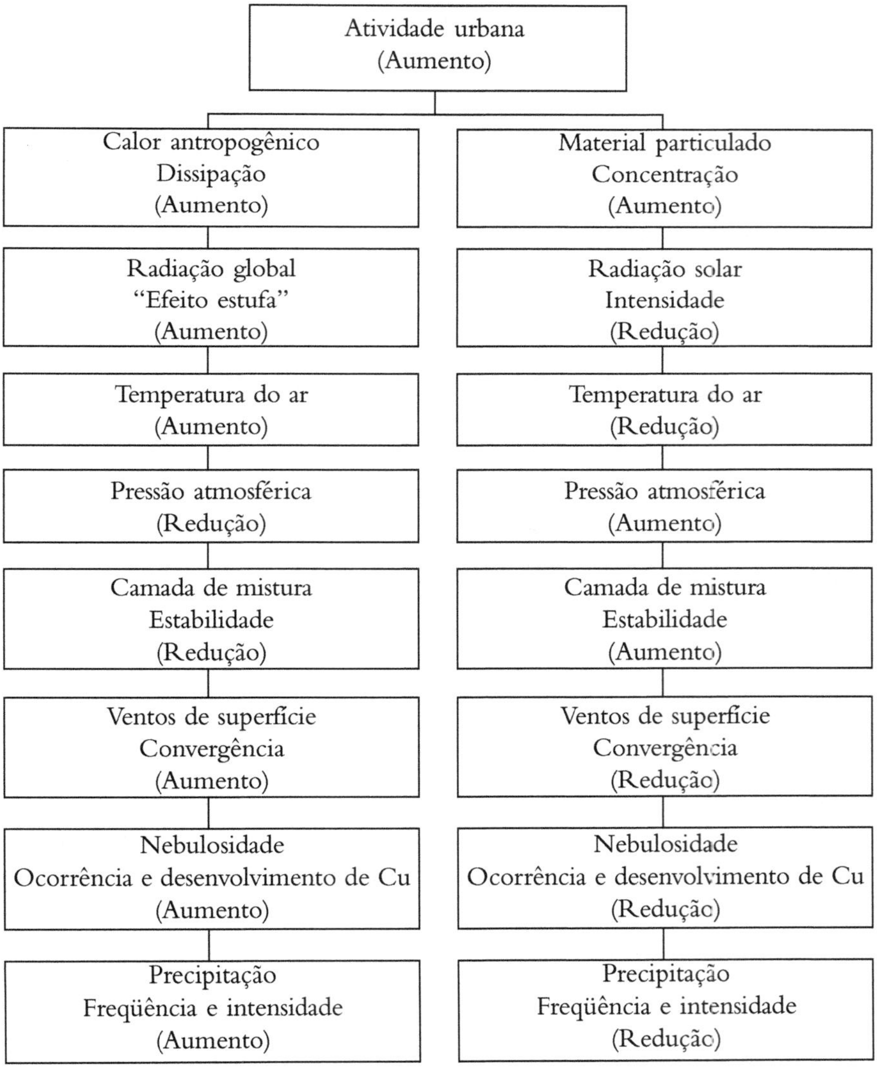

| Figura 1 | Papel da atividade urbana no sistema clima urbano. Destaque de duas cadeias de causalidade concorrentes.

Deixando de lado a afinidade pela água, é possível estabelecer uma relação de causalidade entre a atividade urbana e o clima urbano a partir dos poluentes em suspensão, representada do lado direito da mesma figura 01. Sob insolação, cada suspensóide intercepta uma parcela diminuta da radiação solar. Parte desta radiação é refletida e o restante convertido em calor. Este calor é transmitido ao ar do entorno por condução e por radiação em onda longa. O aumento da concentração de poluentes em suspensão, portanto, reduz a intensidade da radiação que atinge a superfície urbana e aquece o ar de "cima para baixo". Isto retarda, ou chega mesmo a inibir, o natural aumento da turbulência da camada de mistura pelo aquecimento do ar próximo ao solo pela insolação. Ou seja, os poluentes em suspensão concorrem para o aumento da estabilidade. No limite da cadeia de relações causais, poderia até ser verificada uma redução na freqüência e intensidade da chuva.

Naturalmente que há inter-relações entre as duas cadeias de causalidade. Uma vez que chova, reduz-se a concentração de poluentes em suspensão. O domo de poluentes também aumenta a eficiência da retenção do calor dissipado pela cidade. Em havendo água disponível para evapotranspiração em superfície, parcela maior do calor antropogênico é convertida em calor latente, não interferindo tanto na temperatura, e assim por diante. Se todas as possíveis relações fossem elencadas, de mãos atadas, não haveria por onde iniciar uma pesquisa sobre o clima de uma cidade concreta. Há que eleger os eixos e relações que pareçam fundamentais do ponto de vista lógico e procurar caracterizar os processos dominantes ou mais representativos.

Uma vez que a partir do aumento da atividade urbana é possível estabelecer duas cadeias de causalidade que produzem efeitos opostos, podemos dizer que sejam processos concorrentes. O que vai determinar o resultado é a importância relativa, ou a proporção entre o montante de energia dissipada pela Cidade e o montante de poluentes em suspensão e seus efeitos cumulativos ao longo das horas.

No caso dos poluentes atmosféricos, a produção deve ser substancialmente maior durante o período diurno e início da noite dos dias úteis. Por ora, esta assertiva também é uma hipótese baseada num tanto de bom senso e válida para o período mais recente. Isto porque, ao longo das três últimas décadas, houve processos de controle e fiscalização sobre a atividade industrial na Região Metropolitana ao mesmo tempo em houve um aumento explosivo na frota de veículos automotores.

Conquanto que o ritmo de emissão seja o determinante fundamental da concentração da maior parte dos gases poluentes, no caso do material em suspensão, o mesmo princípio não é válido. Embora sua produção deva variar em função do ritmo da atividade urbana, há um outro ritmo derivado da atividade urbana que influencia sobremaneira a concentração de suspensóides.

Cada veículo automotor movimenta ao longo de seu trajeto, volume centenas de milhares de vezes maior que o próprio. Dada a pequena distância em relação à superfície e a velocidade relativamente elevada, vai suspendendo todo o material fino e solto que estiver em seu caminho. Ventos da ordem de quarenta quilômetros por hora são raros e pouco persistentes na Grande São Paulo. Portanto, um veículo automotor é, de longe, muito mais eficiente em suspender o pó decantado. O processo aplicado à escala dos milhões de veículos automotores na Grande São Paulo resulta numa estimativa volumétrica algumas vezes maior que o volume, em média, encerrado pela camada de mistura sobre a Cidade. Considerando que a densidade de veículos automotores em circulação varie muito ao longo das horas e dos dias da semana, chamemos a este de *ritmo da turbulência junto ao solo*. Esta turbulência está restrita aos primeiros metros acima da superfície e tem uma distribuição extremamente variada na malha urbana. Assim é clara a distinção em relação à turbulência causada pelo aquecimento diurno e pelo calor antropogênico. Estas implicam em volumes maiores, velocidades menores e movimentam parcelas de ar desde alguns metros da superfície até centenas ou mesmo milhares de metros de altura.

No caso da Grande São Paulo, portanto, é plausível que a concentração de particulado em suspensão seja determinada primordialmente pelo ritmo da turbulência junto ao solo. Menos porque o ritmo da cidade interfira substancialmente na taxa de produção, mas porque a enorme frota de veículos automotores em circulação interfere crucialmente no processo de decantação. Esta é a hipótese que nos propusemos a investigar e para a qual, neste texto, apresentamos alguns resultados.

Materiais e método

Não há para a Grande São Paulo, séries suficientemente longas e homogêneas de registros da concentração total de material em suspensão, com amostragem horária em vários pontos. Mas há para a parcela mais fina, uma vez que, em concentração elevada, é potencialmente maléfica à saúde humana.

O chamado material particulado inalável (PI), tem recebido especial atenção nos últimos anos. A princípio, o conceito procura expressar todo o material em suspensão no ar que possa, ao ser inspirado, atingir as áreas mais profundas do sistema respiratório humano. Uma vez que isto dependerá de vários outros fatores, além das dimensões da partícula em suspensão, a delimitação efetiva do objeto, na prática, depende do instrumental e do método de determinação de sua concentração. Usualmente adota-se, como unidade, a proporção da massa de particulado (normalmente em microgramas) por volume (em metros cúbicos) ao invés de massa de ar. Pois que, quando se trata de gases, é bem mais simples e barato inventar instrumentos que meçam fluxo do que massa.

Deve ser salientado que as medidas de concentração de material inalável servem, apenas, como indicadores do nível de poluição. Elas não são portadoras de informação suficiente para que se estabeleçam as fontes e relações diretas com possíveis malefícios à saúde humana. Isto só é possível a partir da identificação da natureza dos constituintes deste material. Isto, ainda, é praticamente inviável em redes de estações automáticas que gerem registros das condições atmosféricas ininterruptamente, anos a fio. Numa enorme e variada mancha urbana como a da Grande São Paulo, a simples manutenção de uma rede para monitorar constantemente parâmetros elementares, como direção e velocidade do vento, resulta em custos relativamente elevados.

Foram usados os registros horários da concentração de partículas inaláveis obtidos pelas estações telemétricas de monitoramento da qualidade do ar da Companhia de Tecnologia de Saneamento Ambiental (Cetesb) na Região Metropolitana de São Paulo. Das estações existentes, selecionaram-se aquelas com registros no período de 1996 a 2001, o que resultou num universo de vinte e uma estações na Grande São Paulo.

Embora haja registros anteriores em algumas destas estações e em outras no período anterior a 1996, eles foram gerados a partir de outros tipos de instrumento e procedimentos e não podem ser comparados diretamente com os registros mais recentes. Os dados das séries fornecidas pela Cetesb, e aqui usados, passaram por controle de consistência e validação. Uma vez que a Companhia não fornece com a clareza e detalhamento necessários o método e os critérios sob os quais é feito o controle de qualidade, adotamos, a contragosto, os parâmetros de validação da mesma. Usamos, apenas, os registros considerados como de qualidade máxima. Desta feita, todas as 21 séries de registros, apresentam lacunas e falhas, variando o percentual de horários com registro válido.

Os registros remanescentes foram agregados em valores de tendência central conforme critérios e procedimentos adotados em trabalhos anteriores e os resultados representados em diagramas através de isopletas para facilitar a leitura e interpretação. A concentração média de PI nas 22 estações selecionadas em função do horário e dia da semana está representada na

Figura 02. A estratégia de representação adotada permite e privilegia a comparação visual rápida e eficiente dos valores de uma estação e, ao mesmo tempo, dentre as estações, embora torne mais difícil a determinação exata dos valores numéricos. A escolha foi proposital. Em função dos objetivos deste trabalho, calculou-se também a taxa de variação da concentração média de um horário em relação ao anterior ao longo da semana, ou seja, a primeira derivada de PI (dPI), representada nos diagramas da figura 03.

Resultados

Verifica-se claramente que em vinte das 21 estações há um marcado ritmo diário da concentração de PI. Partindo de uma concentração mínima, pouco antes do alvorecer, esta aumenta em taxa acelerada a partir do início da manhã até por volta das 9h00 ou 10h00 dependendo da estação. Depois diminui em taxa menor até por volta das 13h00. Daí em diante, até o final da tarde, na maior parte das estações, a concentração tende a aumentar, mas em taxas relativamente baixas. Ocorre um pico bem menos pronunciado que o pico matinal no ocaso ou início do período noturno, dependendo da estação. Madrugada adentro, a concentração tende a diminuir até o mínimo pouco antes do alvorecer.

Observando com um pouco mais de minúcia, verifica-se que, de acordo com o dia da semana, este ritmo diário da concentração de PI apresenta uma variação significativa, mesmo na escala grosseira (propositalmente adotada) da eqüidistância de 10 unidades de concentração entre as isolinhas na representação. No domingo, em qualquer horário que se tome, a concentração é menor e aumenta em direção à quarta-feira em todas as estações menos a do Parque do Ibirapuera. Isto pode ser muito bem distinguido como uma proeminente saliência central em todas as figuras e no aprofundamento da mínima do final da madrugada de domingo para segunda-feira.

Chama a atenção também que a concentração de PI seja muito díspar dentre as estações. Isto pode ser relacionado à localização das mesmas em duas escalas. Numa escala mais genérica, a de sua localização em relação à mancha urbana da Grande São Paulo como um todo e, numa escala mais detalhada, às características do entorno imediato, que pode ser representado pelo uso do solo em sentido amplo num raio de algumas centenas de metros de cada uma delas. O mapa da localização das estações pode ser consultado no sítio da Cetesb na *Internet* (www.cetesb.sp.gov.br) ou em Sampaio Silva (2001).

Podemos considerar como aceitável que a concentração média de material particulado inalável desde o alvorecer de domingo até o final da madrugada de segunda-feira seja a que mais se aproxima da concentração que deveria ocorrer caso não houvesse produção de poluentes pela área urbana. Não que a produção de poluentes aos domingos seja nula ou desprezível, ou que não haja material remanescente da semana anterior a dispersar, mas que, neste dia, a produção certamente é a mínima em relação aos outros dias da semana. Esta é a melhor aproximação possível do que seria ideal: isolar o efeito do ritmo da cidade sobre a concentração de PI.

Embora não seja procedimento tão rigoroso, para representar o ritmo da concentração de PI na Cidade como um todo, calculou-se a média da concentração horária em todas as estações apresentada na sintética figura 04. A figura 05 representa a taxa de variação horária da concentração média (dPI), permitindo verificar de forma inequívoca que a taxa de aumento da concentração de PI tende a ser muito alta entre seis e oito horas da manhã. A didática figura 06 mostra o desvio percentual da média da concentração de PI em cada dia da semana em relação à concentração no mesmo horário a partir das seis horas de domingo até as cinco horas de segunda feira. Da leitura direta da figura é fácil perceber que, em média, às nove horas da manhã, a concentração de PI nas quartas-feiras tende a ser 70% maior que aos domingos. E que, não é na taxa de produção de poluentes que se encontra a explicação para as variações de concentração de PI em São Paulo.

Há três processos principais que causam redução na concentração de PI. O mais simples é o processo de decantação. Para que as partículas possam precipitar, afundar no ar, a turbulência tem que ser baixa. Ou dito de outra forma, conforme diminui a turbulência, partículas de dimensões cada vez menores iniciam a decantação. O processo mais compreensível é o de "limpeza" pela precipitação de água. Grande parte das partículas suspensas acaba por ser cooptada pelas gotas de chuva e trazidas à superfície. Finalmente, o processo mais efetivo é a remoção ou dissipação pelo vento. No entanto, este processo tem a mesma eficiência para remover quanto para trazer PI. Isto é relevante, pois em anos passados era comum que precipitasse cinza oriunda da queima de cana no interior do Estado de São Paulo durante o final do inverno, em situações pré-frontais com ventos de noroeste. Também é possível que poluentes dissipados anteriormente retornem em função do regime da brisa oceano-continente.

A figura 07 representa, grosseiramente, a média do vento percorrido em São Paulo de acordo com o horário e o dia da semana. Verifica-se inicialmente que a velocidade tende a ser mais baixa desde o início da madrugada até pouco depois de alvorecer. Esta estabilidade atmosférica da madrugada é esperada, uma vez que em não havendo insolação já há algumas horas, ocorre uma redistribuição e homogeneização da temperatura e umidade. O resfriamento noturno ocorre preferencialmente de baixo para cima, inibindo movimentos verticais e os conseqüentes movimentos horizontais, medidos pelas estações meteorológicas. Este período é o mais propício à decantação do material eventualmente em suspensão.

Dada uma camada de ar com material variado em suspensão, inicialmente, para um observador junto à superfície, a concentração tenderia a aumentar um pouco, durante algum tempo, já que as partículas maiores precipitam com velocidade maior. No topo da camada, a concentração de suspensóides cairia numa velocidade bem maior. A partir de um determinado momento, boa parte do material mais grosseiro já teria decantado enquanto o resto ainda estaria a caminho. A concentração próxima à superfície passaria, então, a ser gradativamente menor. Em tese, o tempo de algumas horas não é suficiente para que partículas de quaisquer dimensões decantem por precipitação através de centenas de metros de ar. Mas, certamente, boa parte do PI, ainda sim, decanta e, mesmo que a parte restante ainda esteja precipitando no início de um novo dia, acumula-se próximo à superfície. Este é o modelo que explica, na maior parte dos casos, a redução gradativa da concentração de PI durante a madrugada em São Paulo. Nas madrugadas restantes, normalmente na proximidade das passagens frontais, a velocidade do vento é bem maior durante a madrugada, e a dissipação de poluente ocorre justamente por ser misturado a volumes maiores e levado alhures. Em algumas madrugadas, no entanto, ocorre o inverso, o vento traz ar com concentrações maiores de PI, normalmente algumas horas antes da chegada de um sistema frontal. Mas, o intuito deste texto é delimitar os processos dominantes. As madrugadas da Grande São Paulo são marcadas por as calmarias ou vento muito fraco com precipitação e decantação de particulado em suspensão.

Continuando a leitura da figura 07, constata-se que o vento percorrido hora a hora tende a aumentar continuamente desde o início da manhã até às 16 h. Daí em diante diminui em taxa maior ainda até por volta da meia-noite. Pois bem, acumulando o total hora a hora teríamos um montante de algumas dezenas de km de vento percorrido. Os mais simplistas concluiriam logo que, em média, não deve haver acúmulo de poluentes em São Paulo, pois percorrendo tal distância, seriam levados em direção ao interior já que a direção predominante é mais ou menos de sudeste. Nada mais equivocado, o vento percorrido, ou a média da velocidade do vento, como encontramos em diversos trabalhos, não pode ser relacionado diretamente com o transporte de poluentes. Se houver turbulência, sobretudo processos convectivos e advectivos, o ar tende a circular antes de tudo, verticalmente. Um anemômetro não consegue registrar isto. Conforme tratado em outro trabalho específico sobre o vento na Grande São Paulo (AZEVEDO 2002 a), uma camada de mistura turbulenta culmina em registros de vento que misturam calmarias (sob o núcleo convectivo) e rajadas com velocidade às vezes moderada (nas bordas do núcleo). Ou seja, parte do vento percorrido resulta de circulação celular localizada sobre a própria Cidade.

Para fazer a distinção, na figura 08, está representado o módulo do vento resultante por horário e dia da semana, tratado de forma mais adequada, ou seja, como vetor. Quando a direção do vento tende a ser muito variada em determinado dia da semana e horário, a resultante tende a ser nula. Quando a direção é preferencialmente a mesma, dizemos persistente, o módulo do vento resultante tende a aproximar-se do vento percorrido.

Da proporção do módulo da resultante face ao vento percorrido em todas a estações da Cetesb que tem anemômetro, obtivemos os resultados apresentados na figura 09. As áreas mais escuras do diagrama representam períodos de maior atividade convectiva e as mais claras os períodos de ventilação orientada, ou vento persistente.

Para dirimir qualquer dúvida e reforçar os resultados apresentados na figura 09, está representado na figura 10, o desvio máximo entre a direção resultante em cada uma das estações em cada horário e dia da semana. A semelhança dos dois diagramas não pode passar despercebida, mesmo que não se tenha afinidade por vetores. Nos períodos em que a proporção entre o vento resultante e percorrido é menor, a direção do vento tende a variar quase 180 graus. Isto denota que a ocorrência de processos convectivos é dominante. Isto tende a ocorrer no início do período da tarde. Nos dias centrais da semana, o processo tende a iniciar antes e é mais persistente que nos domingos. Este é o processo que pode resultar na formação de cúmulos com tempo e energia suficiente para provocar precipitação no final da tarde. E, assim, explica-se a maior nebulosidade, intensidade e freqüência de precipitação no período da tarde dos dias úteis.

Os períodos de ventilação preferencialmente orientada são mais propícios ao transporte dos poluentes para fora da Cidade. Os períodos de maior atividade convectiva podem resultar em redução da concentração por misturá-los em volumes maiores, mesmo que a quantidade total de poluentes aumente. Isto é o que ocorre em São Paulo.

Nas primeiras horas da manhã em dias úteis, a intensa circulação de veículos suspende uma enorme quantidade de material particulado que estava sobre o solo. Neste momento, a atmosfera ainda estável, inibe a mistura do material suspenso em volumes maiores, fazendo com que a concentração suba muito rapidamente nos primeiros metros de ar, até onde a turbulência junto ao solo, se faz presente. Ao longo de todo o dia, a Cidade produz material particulado novo a uma taxa desconhecida, mas, certamente, muito menor que a da re-suspensão matinal. A persistência desta turbulência junto ao solo durante todo o dia até as primeiras horas da noite, dificulta a decantação. Esta irá ocorrer preferencialmente no interior das edificações e nas áreas com densidade muito baixa de veículos circulando, como nas áreas verdes e nos vazios urbanos.

Em direção ao meio-dia, gradativamente, a turbulência e a altura da camada de mistura aumentam. Aos poucos, o material suspenso, sobretudo o mais fino como o PI, vai sendo misturado em volumes progressivamente maiores. A evidência disto pode ser colhida[1] nas figuras 04, 09 e 10. Uma vez que o período de menor concentração de PI ocorre pouco depois do meio-dia, corresponde exatamente ao período de maior atividade convectiva, exposto acima. Em direção ao final da tarde e início da noite, a atividade convectiva diminui e parte do material pode iniciar o caminho de volta à superfície. No entanto, não decanta com facilidade uma vez que corresponde ao período de maior densidade de veículos automotores em circulação. A concentração de PI próximo à superfície, portanto, tende a aumentar durante algumas horas, até por volta das 22h00, para depois diminuir madrugada adentro.

As evidências conclusivas de que é o processo de re-suspensão pela turbulência junto ao solo que provoca o pico matinal são sutis, mas, com alguma atenção, claramente verificáveis nos diagramas das figuras 02 a 06. No final da madrugada de domingo para segunda-feira, tende a ocorrer a menor concentração de PI de todos os horários e dias da semana. Podemos dizer que esta concentração mínima resulta da menor emissão de poluentes desde sábado à tarde. Mas também, da redução da densidade de veículos em circulação e da decantação mais eficiente que nas outras madrugadas, pois parte do material decantado de sábado para domingo não foi re-suspenso domingo de manhã. Além disto, conforme aludido anteriormente, chove menos aos domingos, e, portanto, a remoção de material particulado decantado pelo escoamento superficial tende a ser menor que nos outros dias. Justamente nas três horas subseqüentes à concentração mínima, principalmente às 7h00, ocorre a maior taxa de aumento da concentração de PI de todos os horários e dias da semana. A atividade urbana na segunda-feira é menos intensa que na quarta, quando se agregam dados de alguns anos. Se a dPI deste período fosse determinada pela produção de poluentes, seria de se esperar que a maior taxa de incremento ocorresse na quarta e não na segunda cedo.

Por outro lado, há um problema curioso. Se o material particulado apresenta um comportamento estocástico, ou seja, tem caráter cumulativo ao longo da semana, as concentrações médias deveriam ser progressivamente maiores em direção às sextas-feiras, ou, ao menos em direção as quartas, em função dos feriados e pontes. O que se verifica nas figuras 04 e 05, é que há uma nítida, embora pequena, tendência das concentrações serem menores nas quintas e sextas que nas segundas e terças. Uma possível explicação reside justamente no aumento da freqüência e intensidade da chuva em direção aos dias centrais da semana. Mesmo que a limpeza do ar proporcionada pela queda das gotas não seja generalizável por toda a Cidade, em longo prazo, a limpeza das superfícies que acumulam o material particulado decantado provavelmente seja. Assim, na manhã seguinte, as áreas que receberam chuva no dia anterior tendem a fornecer menos particulado quando da instalação da turbulência junto ao solo do que as áreas que não receberam. Ademais, conforme pode ser verificado na figura 06, a madrugada de terça-feira tende a apresentar maiores concentrações de PI que as outras.

Finalmente, há que explicar porque a Estação do Parque do Ibirapuera apresenta um comportamento tão anômalo em relação às outras estações (ver figura 02 e 03). Durante os dias centrais da semana, tende a apresentar concentrações de PI relativamente baixas. No entanto, justamente aos sábados e domingos, nesta estação, a concentração de PI aumenta continuamente, a partir das 10h00, até atingir o maior pico da semana por volta das 17h00. Até às 20h00, a concentração tende a cair drasticamente, voltando a teores equivalentes aos dos outros dias no mesmo horário.

Aqueles que conhecem e freqüentam o Parque do Ibirapuera sabem que, durante a semana, a quantidade de usuários é relativamente pequena. Nos finais de semana os portões são abertos. O Parque transforma-se, ganha vida, recebendo dezenas de milhares de usuários, que acordaram mais tarde, já que ninguém é de ferro. Despreocupadamente produzem sobre os enormes gramados algo semelhante ao que produziram com os veículos sobre o asfalto durante a semana. Aqui, caminham, correm, rolam, levantam, riem e sacodem a poeira. São alguns dos milhões de habitantes da Cidade de São Paulo que, em geral, só podem usufruir o lazer ao ar livre, se este for concentrado nos dias de descanso generalizado. Nos dois dias em que é arrefecido o ritmo da cidade do trabalho.

Conclusão

Com os resultados e argumentos apresentados, demonstra-se que, no caso da Grande São Paulo, a concentração de material particulado inalável depende essencialmente da densidade e volume de veículos em circulação. Mais por re-suspender no início da manhã o particulado acumulado junto às superfícies durante a madrugada e dificultar sua decantação nas horas seguintes, do que pela produção efetiva.

Nota

[1] De fato, a melhor evidência que pode ser colhida pelo leitor consiste na simples observação cotidiana da própria Cidade de São Paulo, se nela habitar.

Bibliografia

AZEVEDO, T. R. de. "O Fluxo de Calor Gerado pelas Atividades Humanas". In: TARIFA, J.R. & ____________ (orgs.). *Os Climas na Cidade de São Paulo*. Departamento de Geografia da Universidade de São Paulo-USP, São Paulo, v. 4, p. 71-93, 2001a. (Coleção Geousp).

______________. "Dramas Climáticos e Responsabilidade Social: a Relação entre o Ritmo das Atividades Econômicas – Dias de Trabalho e Descanso – e o Clima Urbano". *Política e Trabalho*, João Pessoa, 17:91-111, 2001 b.

______________. "A Atividade Urbana faz com que os Dias Úteis Sejam mais Chuvosos na Região Metropolitana de São Paulo". In: IX Simpósio Brasileiro de Geografia Física Aplicada, 2001, Recife. Resumos. Recife: Universidade Federal de Pernambuco. v. 1, pp. 138-139, 2001c.

______________. "Ritmo Semanal do Campo de Vento na Grande São Paulo". In: V Anais do Simpósio Brasileiro de Climatologia Geográfica, 2002, Curitiba. Anais. Curitiba: Universidade Federal do Paraná, 2002 a.

______________. "Tem Chovido menos aos Domingos e Feriados em São Paulo". In: V Anais do Simpósio Brasileiro de Climatologia Geográfica, 2002, Curitiba. Anais. Curitiba: Universidade Federal do Paraná, 2002 b.

______________. "Distribuição Espacial da Ocorrência dos Maiores Totais Diários de precipitação na RMSP e Arredores em Função da Intensidade Relativa da Atividade urbana". *Geousp*, São Paulo, 12:89-104, 2002c.

AZEVEDO, T. R. de & TARIFA, J. R.. "Importância da Estimativa do Montante de Energia Dissipada pelas Atividades humanas em Áreas Urbanas". In: IX SIMPÓSIO BRASILEIRO DE GEOGRAFIA FÍSICA APLICADA, 2001, Recife. Resumos. Recife: Universidade Federal de Pernambuco, pp. 40-41, 2001a.

______________________________. "O Ritmo Semanal das Atividades Humanas e o Clima na Região Metropolitana de São Paulo". *Geousp*, São Paulo, 9:9-35, 2001b.

LANDSBERG, H. E.. The Climate of Towns. In: THOMAS, W. L. (org.). *Man's Role in Changing the Face of the Earth*. London, v. 2, p. 584 – 606, 1956.

METRO DE SÃO PAULO. *Pesquisa Origem-Destino 97*. Metrô de São Paulo, São Paulo, 1998.

MONTEIRO, C. A. F.. *Teoria e Clima Urbano*. Instituto de Geografia, Universidade de São Paulo, 1976. (Série Teses e Monografias, nº1).

SAMPAIO SILVA, R.. "O Monitoramento da Qualidade do Ar". In: TARIFA, J. R.; AZEVEDO, T. R. (orgs.). *Os Climas na Cidade de São Paulo*. Departamento de Geografia da Universidade de São Paulo-USP, São Paulo, v. 4, pp. 145-154, 2001. (Coleção Geousp).

TARIFA, J. R.. "Qualidade do Ar". In: SEMPLA. *Qualidade Ambiental*. Prefeitura do Município de São Paulo, São Paulo, 1985. (Série Documentos).

__________; ARMANI, G. "Os Climas Urbanos". In: __________; AZEVEDO, T. R. (orgs.). *Os Climas na Cidade de São Paulo*. Departamento de Geografia da Universidade de São Paulo-USP, São Paulo, v. 4, pp. 47-70, 2001. (Coleção Geousp).

A URBANIZAÇÃO DA METRÓPOLE SOB A PERSPECTIVA DA GEOMORFOLOGIA: TRIBUTO A LEITURAS GEOGRÁFICAS

Cleide Rodrigues

Introdução

A consideração da ação antrópica em estudos de Geografia Física.
De MARSH (1864) à antropogeomorfologia de NIR (1982)
e aos geoindicadores de BERGER (1996).

Como ponto de partida para o estudo geomorfológico da urbanização, é importante verificar parte da história da inserção da variável antrópica nos estudos de Geografia Física e de Geomorfologia, ainda que a título de uma rápida instrumentalização para os assuntos que são desenvolvidos a seguir.

Essa inserção é amplamente considerada tardia. COATES (1981), BRUNSDEN (1981, apud JOHNSTON, 1981) entre outros, constataram o fato de que, apenas na década de sessenta do século XX e ainda mais recentemente, é que capítulos e livros especialmente dedicados a esse assunto tenham sido desenvolvidos, apesar de algumas esporádicas e relevantes obras produzidas desde o século XVII, como a obra de MARSH (1864) "Man and Nature" ou "Physical Geography as modified by human action" entre outras assinaladas no histórico de GREGORY & WALLING (apud: GREGORY, 1992). Apesar disso, bases para uma consideração sistemática do antrópico foram lançadas em épocas anteriores à década de 1960, ainda que não tenham sido formuladas explicitamente para esse fim.

Por necessitar de abordagem interdisciplinar, as sistematizações e referências teóricas para a consideração do antrópico em estudos do meio físico estão localizadas predominantemente nas obras teóricas Geografia Física e em algumas de suas disciplinas, especialmente aquelas que focalizam diretamente interfaces e esferas da superfície terrestre, tal como a Geomorfologia.

Grande parte desse aparato foi produzida tendo como inspiração a abordagem sistêmica, originária da termodinâmica. Com essa filogenia conceberam-se modelos, metodologias e referências, tais como os modelos organizados e desenvolvidos inicialmente por CHORLEY (1964,1975), a abordagem da ecologia da paisagem (TROLL, 1966; DELPOUX, 1974), a abordagem geossistêmica (SOCTCHAVA,1960; BERTRAND, 1968), a análise morfodinâmica (TRICART,1977) ou ecodinâmica (TRICART&KILLIAN, 1978) ou as abordagens demonstradas por ROUGERIE & BEROUTCHACHVILI (1991). Essas metodologias interdisciplinares são das mais disseminadas, reconhecidas, desenvolvidas e aplicadas desde então. Todas elas reconhecem a necessidade da variável antrópica em sua formulação. Há ainda noções e princípios de extrema relevância, em parte também originários dessa matriz principal, tais como a teoria do equilíbrio dinâmico (HACK, 1964), a adoção conjunta das noções de magnitude e freqüência, a noção de limiares geomorfológicos (SHUMM, 1973, 1979; COATES & VITEK, 1980) e o princípio da consideração de escalas espaço-temporais múltiplas (GUERASIMOV, 1946; CAILLEUX & TRICART, 1965), entre outras. Também grande parte dessas orientações já permitia a inserção do antrópico em suas aplicações, conforme demonstra RODRIGUES (1997).

Apesar da disponibilidade dessas noções, categorias, princípios e metodologias, seu real aproveitamento em estudos que consideram a atividade antrópica não foram realizados de forma progressiva e cumulativa, mas de forma descontínua e desarticulada, muitas vezes reproduzindo-se percursos metodológicos sem se ter consciência ou explicitação de sua proposição original. Essa situação é mais comum em estudos de maior complexidade, nos quais é maior o número de variáveis envolvidas. Práticas profissionais rotuladas de *ambiental* também auxiliaram no obscurecimento e sub-utilização de referências anteriormente existentes para o estudo das derivações antrópicas. Relocações significativas de recursos financeiros para atividades de pesquisa ou de avaliação técnica, assim rotuladas – ambiental –, permitiram que se disseminasse um certo descompromisso metodológico, em que órgãos, corporações ou grupos científicos mais bem dotados impuseram a consolidação de condutas e de terminologia. Novos rótulos, novos proprietários, mas não necessariamente novas, as metodologias.

A subutilização da proposição de TRICART (1977) e TRICART & KILLIAN (1979) é exemplo desse descompasso na aplicação plena de referências anteriormente existentes. Em suas obras *Ecodinâmica* (1977) e *Eco-Géographie* (TRICART & KILLIAN, 1979) os autores utilizaram-se da teoria bio-resistásica de ERHART (1955), da teoria do equilíbrio dinâmico de HACK (1961) da noção de paisagem e da abordagem sistêmica para formular a abordagem morfodinâmica e a classificação dos meios de acordo com seus graus de estabilidade. Nessas obras, demonstra-se a classificação dos meios em função de uma outra grande modalidade de processos superficiais, os processos antrópicos. Todavia, isso não significou que os estudos que se seguiram procuraram imediatamente reconhecer modalidades de intervenção, de processos delas derivados ou uma nova classificação dos meios modificados segundo sua estabilidade morfodinâmica.

O mesmo acontece com a abordagem sistêmica. São diversos os autores que vem assinalando a ausência da aplicação plena de seus princípios e de suas orientações para sínteses (HART, 1986). A possibilidade de aplicação dessas referências fica condicionada a arranjos institucionais muito particulares e conjunturais, nos quais o trabalho interdisciplinar de colaboração efetiva é possível, posto que ultrapassa a lógica de corporações ou de interesses de grupos (RODRIGUES, 1999).

Mais recentemente a Geografia Física e seu *carro chefe* (GREGORY,1992), a Geomorfologia, vem equilibrando o número de estudos referentes a processos naturais e processos derivados da ação antrópica e colocando-os em discussão em eventos e revistas especializadas. Isso se verifica não só em função da ampliação da magnitude do impacto humano, da noção disseminada de finitude de *recursos naturais* evidenciada nos discursos de organismos internacionais, da ampliação da *demanda legal* desses estudos como também em função de uma maior preocupação com os denominados *riscos ambientais*.

Essa maior disseminação de estudos, entretanto, não foi imediatamente acompanhada de controles teórico-metodológicos, parametrização e padronização de dados, principalmente quando os estudos são realizados fora dos circuitos científicos (RODRIGUES, 1997). No conjunto das ciências que lidam com os processos da superfície terrestre, as tentativas permaneceram, em maior ou menor grau, dispersas e desarticuladas. Entretanto, existe um conjunto de obras de referência em geomorfologia cujas proposições de sistematização teórico-metodológica também incorporam a variável antrópica, além das já citadas. Dentro desse conjunto, devem ser consideradas as de

Tricart (1962, 1977 e 1979),Verstappen (1968), Coates (1981; 1982), Demék (1972), Hart (1986), Cooke & Doornkamp (1974) e Anthony et al. (2001) dentre outras, situadas na geomorfologia aplicada.

Outras ressalvas a essa constatação de descaso generalizado com a temática antrópica, ou de descompromisso de resgates metodológicos para sínteses, devem ser realizadas. Também recentemente, experiências vêm sendo reunidas em eventos e periódicos especializados, com colaboração de inúmeros cientistas, diversos países e contextos morfoclimáticos e morfoestruturais. São exemplos dessas exceções os estudos reunidos em Douglas & Spencer (1982), Marchetti & Cavallin (1995), Rivas et al. (1997) ou, mais recentemente, pelo do Projeto Relesa-Elanem de Cendrero et al. (2002), dentre outros.

No Brasil, algumas experiências mais voltadas à cartografia dos meios também podem ser relatadas como exceção ao descaso generalizado com as referências anteriores e com a temática antrópica. Encontram-se nessa categoria, entre outras obras, a proposta metodológica de Journaux (1977), a aplicação da abordagem geossistêmica no recôncavo baiano e em Ribeirão Preto (MONTEIRO, 2000) a cartografia ambiental (MARTINELLI,1998), a cartografia de fragilidade ou, mais recentemente, o Atlas Ambiental de Porto Alegre (MENEGAT,2000). Contudo, à luz da geomorfologia contemporânea, parece ainda haver em parte dessas obras, alguma subutilização do conhecimento geomorfológico. Outras experiências também têm se disseminado na área de cartografia ambiental e em processos de avaliação de impacto ambiental, mas a maioria delas permanece desarticulada da teoria e das metodologias contidas na Geografia Física e na Geomorfologia, ficando mais circunscritas aos processos de licenciamento ambiental e aos ensaios de aplicação de novas tecnologias, novas linguagens gráficas, entre outras questões vinculadas aos novos meios de levantamento, manipulação e manuseio dos dados geográficos.

No âmbito exclusivo da geomorfologia existe uma série de obras que propõem mais diretamente o estudo das atividades humanas sob essa ótica, a fim de subsidiar o dimensionamento dessas transgressões e compreender o significado das mudanças na definição de novos balanços de processos superficiais. Dentre elas podem ser citados os estudos de Jennings (1966): Douglas (1975,1983), Gregory & Walling (1980), Nir (1983) e Toy & Hadley(1992). Na obra de Nir (1982) *Man, a Geomorphological Agent* existem considerações específicas para cada modalidade de intervenção antrópica que tenha significado sobre a morfodinâmica, tais como o desmatamento, as atividades agrícolas, os espaços construídos, o sistema viário, a mineração, dentre outras. Há o tratamento direto da questão do homem como um agente geomorfológico aparecendo pela primeira vez o termo *anthropogeomorphology*. Na revisão de Rodrigues (1997) essa obra é considerada como uma das mais completas referências para o estudo sistemático das atividades humanas sob a perspectiva da disciplina.

A crescente preocupação com as *mudanças ambientais globais*, sejam elas geradas ou não por acúmulo e intensificação de interferências antrópicas, também acabou por promover, em meados da década de 1990, um esforço mais coletivo de sistematização dentre os cientistas da Terra, para se estudar a atividade antrópica. Esse esforço, iniciado em 1994, foi sintetizado nos trabalhos desenvolvidos em 1995 sob coordenação de Antony Berger & William Iams no grupo de trabalho denominado Cogeoenvironment, vinculado à IUGS (International Union of Geological Sciences). No período trabalhado, o grupo de cientistas sistematizou aparato metodológico com definição de parâmetros, técnicas, medidas, escalas e indicadores, para a observação padronizada das mudanças nas taxas, magnitude e freqüência de eventos modeladores da superfície terrestre (COLTRINARI, 1999). Foi definida uma lista inicial de indicadores de mudanças dos processos superficiais, denominados, a partir de então, de *geoindicadores*, visando articular estudos até então pouco convergentes. Atualmente, essa lista inicial já possui relativizações para com os diversos domínios morfoclimáticos, sistemas geomorfológicos e escalas têmporo-espaciais. Vêm sendo propostas complementações e substituições, principalmente em função da necessidade de se considerarem as diversas modalidades de intervenção antrópica sob domínios morfoclimáticos e contextos morfoestruturais específicos, conforme demonstram Coltrinari (1996, 1999) ou Gupta (1999). No primeiro caso são colocadas as complementações e relativizações necessárias para a consideração das modalidades antrópicas mais recorrentes nos trópicos úmidos, como a mineração, o desmatamento, a urbanização, etc. No segundo, trata-se de reelaboração da lista original para o tratamento específico da modalidade de intervenção antrópica da urbanização no meio tropical.

Como estudar os efeitos das ações antrópicas no meio físico

Como resultado central da revisão e avaliação crítica de Rodrigues (1997), em que se demonstrou a subutilização e pertinência das referências em Geografia Física e Geomorfologia para avaliação e dimensionamento dos efeitos da atividade antrópica na superfiicie terrestre, há a proposição sumária de princípios basilares. Esse sumário foi divulgado no Simpósio Internacional de Geomorfologia realizado em 1999 no Rio de Janeiro sob o título *On Anthropogeomorphology*.

A partir dessa revisão, destacou-se como necessidade:

1. Observar as ações humanas como ações geomorfológicas na superfície terrestre.

Essa perspectiva de análise parte da premissa de que as atividades humanas promovem mudanças nos atributos das *formas*, nas propriedades e posicionamento dos *materiais* e nas taxas, balanços, magnitude, freqüência e localização de *processos superficiais*. Essa orientação foi formulada a partir da avaliação crítica da bibliografia analisada e propõe a exploração generalizada dos recursos teóricos e metodológicos de geomorfologia e Geografia Física para o estudo da ação antrópica. Inclui-se, portanto, aqueles tradicionais, como por exemplo, a cartografia, que é meio e fim da pesquisa. Nessa perspectiva de observação proposta, deverão ser reconhecidas a gênese e a evolução das formas, processos e materiais derivados direta ou indiretamente de ações antrópicas.

2. Investigar padrões de ações humanas significativos para a morfodinâmica.

Essa necessidade impõe o reconhecimento das diversas atividades humanas em sua lógica espaço-temporal e dinâmica intrínseca, que muda de acordo com a história, o contexto social e a própria técnica envolvida nas ações. O acúmulo histórico dessas intervenções e os atributos de ordem natural devem ser compreendidos em sua relação e interferência mútuas. Os processos atuais da superfície também já são regidos pela dinâmica dessas ações e pelos sistemas naturais ou artificiais aos quais ela está relacionada. Para a elaboração de prognósticos geográficos, cada atividade e técnicas envolvidas devem ser reconhecidas em si mesmas, tendo como objetivo avaliar seu significado em termos de extensão, duração e tipo de morfodinâmica derivada.

Tomando-se como exemplo a modalidade *intervenção linear*, tal como aquela necessária para a construção de sistema viário, pode-se compreender porque as modalidades devem ser estudadas também em separado. [1] Sua relação com os sistemas originais, como a interceptação de cursos fluviais, nascentes, topos ou setores superiores e convexos de vertentes, entre outras, são exemplos de indicadores do dimensionamento das transgressões antrópicas revelados a partir dessa ótica. A quantidade de material remobilizado e a mudança nos atributos desses é um outro exemplo de indicador do grau de transformação geomorfológica que a área venha a sofrer a partir dessa modalidade ou padrão de intervenção.

3. Investigar a dinâmica e a história cumulativa das intervenções humanas, iniciando com os estágios pré-perturbação.

Esse princípio localizado tanto em Toy & Hadley (1992), quanto em Nir(1983), foi também testado na pesquisa de Lima(1982), revelando-se fundamental para a compreensão da gênese dos novos balanços e tipos de processos que se instalam a partir das ações antrópicas na superfície. Envolve a necessidade de se buscar reconstituir a situação *pré-intervenção* ou *pré-antropogênica*, em que os processos originais, assim como as formas e os materiais, devam ser investigados, para posterior comparação com as situações de modificação. Constituem os parâmetros para o dimensionamento das modificações, pois, sem esse conhecimento, não é possível avaliar a magnitude dos impactos das ações que se sobrepõem ao sistema investigado, tampouco identificar as variáveis mais relevantes para a detonação de determinados processos indesejáveis. Muitas experiências de avaliação de impacto sequer elaboram hipóteses sobre a dinâmica original das formas que serão apropriadas e modificadas. Com isso, entre outras consequências, cria-se uma situação de grande fragilidade no raciocínio prospectivo, de dificuldade para a espacialização dos efeitos esperados e de impossibilidade de atribuição de responsabilidades. O princípio da reconstituição deve, portanto, iniciar-se com a investigação geomorfológica pré-antopopogênica do sistema afetado e concluir-se a partir da investigação do acúmulo ou sobreposições históricas de intervenções antrópicas sobre a área. Trata-se da *geomorfologia retrospectiva* [2] *e evolutiva*, também sistematizada e viabilizada por meio dos recursos da cartografia geomorfológica tradicional, com intensa utilização de seqüência temporal de aerolevantamentos e por fontes de informação menos usuais, como materiais iconográficos e entrevistas com moradores antigos (VERSTAPPEN, 1985).

Nessa busca retrospectiva, é preciso estar atento à temporalidade das intervenções, pois há necessidade de se descobrirem os estágios de maior perturbação. Toy & Hadley, recomendam ao menos três: *o estágio pré-perturbação, o estágio da perturbação ativa e o estágio pós-perturbação.* Rodrigues (1990) demonstrou a importância da consideração não só dos estágios de urbanização, mas de uma tipologia de intervenção que envolvesse classe social e técnicas de apropriação do meio físico. Revela em seu estudo que uma das maiores taxas de fornecimento de material e de sedimentação do reservatório de Guarapiranga-São Paulo está associada à fase de *perturbação ativa* da apropriação por autoconstrução nos terrenos de alta declividade do embasamento cristalino, em que a consolidação urbana tende a postergar-se (Fig.1)

| Figura 1 |

4.Empregar diversas e complementares escalas epaço-temporais

Esse princípio foi transportado da geomorfologia contemporânea (BAKER, 1986; HAYDEN, 1999) que consolida a idéia subjacente nas antigas proposições taxonômicas (GUERASIMOV & MESCERJACKOV; TRICART & CAILLEUX, 1965) de se levar em consideração as diversas escalas em que os fatos geomorfológicos se manifestam. A maior parte dos estudos geomorfológicos, seja qual for a abordagem escalar preferencial, procura explicitar a questão em contextos *espaçotemporais* de maior e menor amplitude. Trata-se de uma aceitação generalizada advinda da abrangência de seu objeto que obriga os pesquisadores a relativizarem seu problema a questões colocadas noutra ordem de grandeza espaço-temporal. Essa postura vem sendo cada vez mais necessária, pois há um acúmulo de estudos demonstrando maior viabilidade de execução, maior riqueza de dados e interpretações quando se consideram todos os aspectos implicados nos processos geomorfológicos. Há também uma tendência geral de se ampliarem as escalas de análise para todos os aspectos e processos implicados: dos microscópicos aos macroscópicos. Os estudos sobre mudanças ambientais globais também já evidenciaram essa necessidade, sendo que uma das maiores dificuldades para as projeções e interpretações sobre processos reside exatamente em identificar quanto e quando o somatório de mudanças em escalas maiores podem interferir em ciclos e balanços regionais ou globais. Para exemplificar os benefícios desse raciocínio *multiescalar*, presente há muito tempo nas teorias geográficas, podem ser citados os dados tectono-estruturais, costumeiramente mais tratados em estudos geomorfológicos de mega e meso escala. A consideração *multiescalar* impõe a revalorização de aspectos e variáveis. Dados anteriormente mais relacionados a uma escala determinada de análise são reconsiderados. Variáveis como grau de fraturamento, direção de xistosidade, entre inúmeros outras, vêm sendo cada vez mais valorizadas em estudos de detalhe, principalmente no meio tropical úmido que evidencia a distribuição anisotrópica dessas variáveis e sua relação com os volumes pedológicos e diversos aspectos da morfologia.

Assim, propõe-se a consideração simultânea de diversas e complementares escalas de abordagem, enfatizando-se a necessidade de se ampliar o espectro das escalas maiores. Essa necessidade é ainda maior para a consideração de um outro *agente modelador*: as sociedades humanas, com ênfase para sua fase industrial. Esse agente geomorfológico tem construído e destruído as formas da superfície num tempo bem menor do que aquele em que os meios originais estáveis ou *intergrades* o fazem (TRICART, 1977). As transformações químicas e o transporte de materiais também são realizados numa velocidade e volume maiores. Ações antrópicas com alto nível de transgressão podem ser realizadas em anos, meses, dias e horas. Todas essas colocações implicam na necessidade de se reconhecerem as ações antrópicas e suas derivações, tomando como referência escalas *têmporo-espaciais* maiores, sem perder de vista as demais. Como resultado, devem ser consideradas enfatizadas as abordagens escalares complementares e as escalas de detalhe como 1:10000 ou maiores e intervalos temporais diários, horários e menores. A adequação das escalas maiores de abordagem referem-se ao fato de que a observação das ações antrópicas em seus aspectos dinâmicos, tal como impõe a abordagem geomorfológica, implica em incorporar sua temporalidade e espacialidade próprias.

5. Empregar e investigar as possibilidades da cartografia geomorfológica de detalhe.

O mesmo subaproveitamento do suporte teórico-metodológico em geomorfologia nos estudos que investigam as atividades antrópicas pode ser observado nessa ferramenta, que é, ao mesmo tempo, meio e resultado da pesquisa geomorfológica: a cartografia geomorfológica. A conexão entre os novos meios tecnológicos e as necessidades dessa cartografia temática, especialmente a de detalhe, ainda não foi totalmente equacionada, tanto no que diz respeito à identificação das formas por meio dos novos dados disponibilizados pelo sensoriamento remoto, quanto em relação à suas especiais necessidades de representação. Assim, é preciso resgatar os preceitos da cartografia geomorfológica em sua forma tradicional e adaptá-los às novas possibilidades técnicas e às novas demandas por conhecimento. Também diante das novas tecnologias, houve uma redução de significação dos recursos metodológicos mais amplos. Isso significa que escalas de análise, arcabouço conceitual, procedimentos de campo, análises laboratoriais, entre outros recursos, estão perdendo seu lugar na discriminação da realidade físico-territorial. Mas a necessidade de se explorar a cartografia geomorfológica não advém apenas desse fato. Esse recurso potencializa a discriminação e o dimensionamento dos efeitos das ações antrópicas e permite análises espaciais dos sistemas afetados, sua contigüidade ou conectividade a outros subsistemas – dado fundamental para a prospecção geográfica. Permite também a análise retrospectiva e evolutiva, auxiliando na identificação de ações e agentes sociais envolvidos.

6. Explorar a abordagem sistêmica e a teoria do equilíbrio dinâmico

Investigar as ações humanas na superfície da Terra e compreender o significado das mudanças também implica em tomar como referência básica a abordagem sistêmica, sejam ou não realizadas espacializações, mensurações ou monitoramentos. Mesmo quando tomados apenas no plano de referências conceituais, os princípios contidos na teoria dos sistemas e em suas derivadas, tais como a teoria do equilíbrio dinâmico, aplicam-se ao estudo das ações antrópicas e seus efeitos na superfície da Terra. Há, por exemplo, a possibilidade de se identificar a relevância de variáveis na instauração de um novo balanço entre processos, nos quais alguns passam a ter pesos diferentes em relação às situações pré-antropogênicas. O exemplo da circulação da água em superfície no sistema vertente tendo como principais ações aquelas ligadas à urbanização, explicita a colocação. As ações de desmatamento, cortes e aterros para arruamento, cortes e aterros para a instalação de edificações, construções de edificações, impermeabilização com tendência à generalização, entre outras, constituem as principais ações urbanas que promovem novos processos ou novos balanços nos sistemas geomorfológicos. Se levarmos em consideração os fluxos de superfície nos domínios tropicais úmidos, sabemos que os principais processos originais são os fluxos fluviais (nos sistemas fluviais *strictu sensu*) e os escoamentos difusos (sistema vertente). Entretanto, esses sistemas entram em desequilíbrio a partir dessas intervenções, afetando os demais sistemas em conexão, ou contiguidade espacial. Os fluxos ligados ao escoamento superficial passam a ter valores generalizadamente ampliados, seja no sistema vertente ou nos sistemas fluviais. Novos e antigos vetores de escoamento nas vertentes são utilizados e esses fluxos d'água passam a ter maior atividade morfodinâmica, que é a capacidade de transformar esses ambientes no tempo, criando instabilidade da superfície. Processos elementares até então inexistentes ou originalmente de baixa freqüência, como os torrenciais, passam a ter uma importância ampliada, sendo um dos mais representativos dos novos balanços entre os processos de circulação hídrica no sistema. Assim é que, tomando-se como referências essas noções e teorias, identificam-se outros processos como indicadores de mudanças. Seu monitoramento poderá então, ser sugerido, suas técnicas identificadas e seu processo amostral definido, entre outros procedimentos metodológicos.

Os princípios da teoria geral dos sistemas e do equilíbrio dinâmico devem, dessa forma, ser revalorizados nos estudos das ações antrópicas sobre o meio físico, principalmente quando considerados como ação geomorfológica.

7. *Utilizar a noção de limiares geomorfológicos e a análise de magnitude e freqüência*

Da mesma forma que no exemplo anterior, essas são outras noções que não podem ser desconsideradas para uma adequada apreciação das atividades antrópicas na superfície da Terra. O conceito de limiar é originário da metalurgia física e química e o de limiar geomorfológico foi inicialmente proposto por Schumm (1973, 1979, apud: RODRIGUES,1997) sendo revalorizado por Coates & Vitek (1980) que demonstraram sua ampla gama de aplicação. Um limiar geomorfológico pode ser considerado como o limite superior de alguns processos cumulativos, através do qual uma seqüência particular de eventos cessa e outra, nova, passa a ser introduzida. Coates & Vitek (1980) propõem uma tipologia, anotando que existem os limiares intrínsecos a um sistema e os limiares extrínsecos, os limiares de processos e formas e os limiares escalares e, finalmente, os limiares induzidos pelo homem. Hart (1986) chama a atenção ao duplo valor do conceito de limiar em geomorfologia: o valor intelectual e o valor prático. A importância de sua identificação reside no fato de que, uma vez reconhecido, ao se propor uma intervenção antrópica, eles não venham a ser rompidos. A maior dificuldade para se trabalhar com o conceito reside no fato de que, mesmo reconhecidos, os limiares devem ser relativizados a contextos geomorfológicos e a seqüências de intervenções particulares. Da mesma forma que os limiares geomorfológicos, a adoção da análise de magnitude e freqüência de eventos geomorfológicos revela-se útil na definição e dimensionamento das mudanças espaço-temporais impressas pelas ações antrópicas nos processos gemorfológicos. O exemplo das vazões de pico em áreas urbanas é esclarecedor. O cotejo entre os dados hidrológicos de diferentes estágios de urbanização tem revelado mudanças de magnitude e freqüência desses eventos extremos (Fig.2).

Ano	Bairro do Limão	Local Canal do Anastácio	Parnaíba/Edgard de Souza
1906	-	278	462
1923	255	274	358
1929	318	310	521
1930	240	220	311
1982	530	-	755(2)
1983	-	-	823(2)
1987	580(1)	-	1209(2)
1987	-	-	821(2)

| Figura 2 | Bacia do Alto Tietê. Vazões de pico observadas (m^3/s). (1) Estimada pela FCTH. (2) Estimadas indiretamente pela Eletropaulo. *Fonte:* Adap. de Estado de S. Paulo SMA/DAEE (1999)

8. Dar ênfase à análise integrada de sistemas geomorfológicos

A utilização da abordagem sistêmica apontada no item seis é aqui retomada quanto aos sistemas geomorfológicos propriamente ditos. Esses devem ser considerados ao longo de toda a análise retrospectiva, tendo em vista que sistemas naturais como bacias hidrográficas, vertentes e seus subsistemas, sistemas fluviais (*strictu sensu*), escarpas, dentre outros, podem ser transgredidos e transformados em outros, por meio da artificialidade das ações antrópicas. O reconhecimento desses sistemas em sua geografia original e modificada, bem como sua relação com subsistemas é condição indispensável para o reconhecimento e dimensionamento das ações antrópicas que se sobrepõem ao longo do tempo.

9. Levar em consideração as particularidades dos contextos morfoclimáticos e morfoestruturais

Assim como as ações antrópicas devem ser reconhecidas em suas diversas modalidades, o contexto morfoestrutural e morfoclimático em que determinadas intervenções se encontram devem sempre ser levados em consideração. Resultados de pesquisas sobre os efeitos de ações antrópicas específicas necessitam de interpretação à luz desses contextos, tendo em vista seus diferentes significados. Taxas semelhantes de sedimentação em canais fluviais obtidas para zonas morfoclimáticas áridas e semi-áridas devem ser relativizadas quando comparadas a taxas obtidas em outros contextos morfoclimáticos, ainda que elas se refiram aos mesmos sistemas geomorfológicos, como por exemplo, canais fluviais e planícies de inundação. Essas são premissas da geomorfologia climática que se consolidaram na geomorfologia contemporânea e que não poderão ser negligenciadas mesmo que a ênfase do estudo seja para com o entendimento do significado das ações antrópicas nas mudanças ambientais (HART, 1986). Nos estudos preparatórios para elaboração da lista dos *geoindicadores*, que tinham como um de seus objetivos centrais a padronização de medidas e taxas, muito se discutiu para incluir a necessidade de relativização de indicadores de sistemas geomorfológicos em diferentes contextos morfoclimáticos e morfoestruturais (COLTRINARI, 1996).

10. Ampliar o monitoramento de balanços, taxas e geografia dos processos derivados e não derivados de ações antrópicas

Essa orientação justifica-se tanto em áreas preservadas como em áreas antropizadas, pois as primeiras devem ser reconhecidas justamente para serem obtidos os parâmetros das condições originais ou pré-antropogênicas. Apenas em função de necessidades científicas, os ambientes em seus mais diversos contextos morfoestruturais, morfoclimáticos e morfogenéticos, assim como os diversos sistemas físicos deveriam apresentar remanescentes ainda preservados de ações diretas nas formas, processos e materiais. No entanto, na história da superfície, são raras as áreas em que essas ações não tenham sido realizadas numa intensidade em que o balanço dos processos geomorfológicos originais não tenham sido modificados. Mesmo assim, em fragmentos de sistemas preservados de ação direta, onde se incluem as unidades de preservação, é que se encontram as poucas chaves para interpretação e dimensionamento dos novos balanços de processos derivados das diversas ações antrópicas. Atualmente ainda são raros os estudos em áreas preservadas que sejam balizadores de comparações com processos derivados das ações antrópicas e há necessidade de que eles sejam produzidos em maior escala e mais articulados às leituras e interpretações possíveis sobre mudanças. Para que a comparação seja efetuada, entretanto, os sistemas modificados e as modalidades de ações antrópicas, conforme explicação anterior, deverão ser igualmente reconhecidas. Rodrigues (1999) assinala que, na ausência de áreas preservadas, fontes de informação não usuais poderão ser exploradas. Relatos de antigos moradores, jornais, registros indiretos, material iconográfico, entre outros, deverão ser explorados. O resgate cartográfico da morfologia original poderá, em algumas situações, auxiliar no dimensionamento retrospectivo de processos.

A urbanização na perspectiva geomorfológica

São poucas as obras que tratam especialmente da urbanização como fenômeno geomorfológico, pois os estudos tendem a se concentrar em algumas das atividades das mais contínuas e recorrentes na superfície da Terra, tais como as atividades agrícolas (NIR, 1982). Quando o fenômeno da urbanização passa a ter, inquestionavelmente, grande expressão espacial, a preocupação com o desenvolvimento de estudos de caso e sistematizações metodológicas se amplia. Isso ocorre tanto nas disciplinas mais ou menos isoladas da Geografia Física quanto nos estudos interdisciplinares. Nos ainda esparsos estudos de geomorfologia que se dedicam especialmente ao meio urbano, existe orientação comum no sentido de se discriminarem os estágios de urbanização que possam representar relevantes processos morfodinâmicos. A maior parte desses estudos aponta a necessidade de se reconhecerem os estágios pré-urbanização e os diversos estágios de consolidação urbana (NIR, 1983, DOUGLAS, 1983; VERSTAPPEN, 1968; TOY & HADLEY, 1987; Lima, 1990). O entendimento das intervenções antrópicas urbanas como processos geomorfológicos tem sido mais realizado no sentido da mensuração dos efeitos em bacias hidrográficas e em sistemas fluviais como canais e planícies de inundação do que no sentido mais pleno dos estudos geomorfológicos. Essa é uma tendência ainda reforçada no aperfeiçoamento da lista dos geoindicadores tal como se apresenta nos estudos de GUPTA (1999). Intervenções diretas nas formas e nos materiais como a criação de subterrâneos e a formação dos aterros, por vezes associados a acidentes em áreas urbanas, não aparecem como informação relevante na grande maioria dos estudos do meio físico urbano.

Noutra linha, o meio físico urbano vem sendo investigado para a produção de instrumentos de planejamento, tal como em cartas geotécnicas ou cartas de risco. Nesses, são classificadas as áreas mais sujeitas a processos geomorfológicos propriamente ditos, como inundações, escorregamentos, dentre outros. Há também os riscos geológicos, tais como as subsidências, sismicidade ou atividades vulcânicas. A morfologia original e os depósitos tecnogênicos também vêm sendo pouco aproveitados como informação relevante na definição de áreas mais ou menos sujeitas aos processos morfodinâmicos como inundações ou escorregamentos.

No Brasil, estudos mais ou menos isolados do meio urbano têm colaborado para a construção de métodos e técnicas para a compreensão e dimensionamento da atividade antrópica sobre o meio físico. Alguns se alinham na tendência da identificação dos efeitos da urbanização sobre sistemas fluviais, como os estudos de Cunha (1999). Outros são desenvolvidos a partir dos geoindicadores, tais como o recente estudo de Campagnoli (2003) em que se enfatizam os efeitos da urbanização sobre a sedimentação de reservatórios em São Paulo. Outros, ainda, partem para a busca de linguagem e de metodologias ou enfoques fundamentados em recursos metodológicos já existentes na geomorfologia tais como os de Ab'Saber (1957), Lima (1990), Oliveira (1994), Fugimoto (2001). Em Rodrigues (1997, 1999), encontram-se os resultados de uma ampla pesquisa bibliográfica na qual são apontados os principais recursos teórico-metodológicos existentes para os estudos da variável antrópica no meio físico, especialmente para o meio urbano. Pelloggia (1997) e Takia (1997) exploram a temática do urbano utilizando-se de dados e técnicas mais comuns em geologia, sendo que essa última autora dá ênfase às análises tradicionais de geologia sedimentar.

O momento atual é de plena busca e experimentação de métodos e técnicas para se reconhecerem as transformações provocadas pelo acúmulo histórico de intervenções antrópicas na natureza.

Em parte, as experiências brasileiras refletem as tendências mencionadas de desarticulação metodológica ou de busca metodológica e aplicação.

Leituras geomorfológicas da urbanização em São Paulo: Ab'Saber, o precursor

Em 1957, Aziz Nacib Ab'Saber publica sua tese de Doutoramento à cadeira de Geografia do Brasil na Faculdade de Filosofia, Letras e Ciências Humanas com o título *Geomorfologia do Sítio Urbano de São Paulo*. Com enfoque deveras original para a época, evidenciado nessa breve revisão, a urbanização de São Paulo foi relacionada ao seu *sítio*, caracterizado plenamente em seus aspectos geomorfológicos de acordo com as possibilidades instrumentais e dos fragmentos de informação ainda não sepultados pela própria urbanização na época. Utilizou-se da cartografia sistemática elaborada em 1924 e 1930, e de fotografias aéreas do aerolevantamento de 1952, bem como de toda informação lito-estratigráfica e estrutural disponível, além de levantar outras, para caracterizar generalizadamente o ambiente físico dos terrenos ocupados e em ocupação pela urbanização. Grande parte das orientações metodológicas para o estudo da urbanização sob a perspectiva da geomorfologia, selecionadas na revisão de Rodrigues (1997) já se colocavam nesse estudo, seja ou não de forma explícita. O resgate de informações relevantes para interpretações morfogenéticas foi realizado, o que contemplaria, por exemplo, a necessidade aqui apontada de se estudar as formas, processos e materiais originais, pré-urbanos ou *pré-perturbação*. O cotejo com o tipo de urbanização e as formas ou sistemas originais também foi realizado, como se pode perceber nas inúmeras correlações realizadas entre apropriação urbana e as unidades consideradas: outeiros, colinas, anfiteatros, patamares, espigão, terraços entre outras. Correlaciona, por exemplo, as colinas de nível intermediário e os níveis dos baixos terraços, à expansão da urbanização na época.

São inúmeros os exemplos, sendo que, apenas o levantamento geomorfológico realizado e sua sistematização cartográfica já colocariam o estudo como o mais completo na área.

Após quase cinqüenta anos, continua sendo o estudo mais completo em termos de conteúdo geomorfológico e área de abrangência, apesar de se ter aumentado muito o conhecimento geológico na Bacia Sedimentar de São Paulo e de seu entorno Pré-cambriano, com as inúmeras obras de engenharia que foram realizadas até os dias atuais. Esse conhecimento, contudo, não vem sendo explorado para se rever ou reestudar a geomorfologia local e regional. Os levantamentos geomorfológicos que se seguiram, ou são incompletos, ou realizados em áreas menores.

Exemplos da aplicabilidade e utilidade da metodologia

A antropogeomorfologia (NIR, 1982) e os princípios reunidos por Rodrigues (1997) vêm sendo progressivamente testados em estudos produzidos ou orientados por esse autor. São inúmeros os exemplos de aplicabilidade desses princípios metodológicos, também reveladores dos agentes sociais envolvidos no processo de produção do espaço urbano e da própria definição da qualidade dos recursos e da qualidade de vida nesses espaços.

Alguns estudos revelaram a importância da morfologia, tanto a original como a antropogênica na definição de vetores e de tipos de fluxos superficiais que passam a operar de em função dessas variáveis modificadas pelas ações antrópicas. Exemplos dessas mudanças, que acabam por definir um aumento significativo da magnitude e freqüência desses fluxos, aumentando conseqüentemente sua capacidade e competência, encontra-se em Rodrigues (1990) ou em Peppe & Rodrigues (1999). Nesse último, revelou-se a importância dos fluxos torrenciais e de aumento na freqüência das inundações em vales com morfologia original característica de áreas limítrofes entre o embasamento cristalino e os pacotes sedimentares Terciários. Esses vales, quando apropriados por arruamentos transversais, mesmo diante de projetos de urbanização que ampliam artificialmente as velocidades, com o auxílio da engenharia que cuida da drenagem urbana, passam a apresentar maior freqüência de inundações. Em suas vertentes, ao invés dos fluxos superficiais difusos, passam a operar os fluxos torrenciais, guiados preferencialmente pela morfologia das ruas e insuficiência da drenagem urbana. Esses fluxos, anteriormente circunscritos a outros contextos morfoclimáticos ou a eventos chuvosos extremos passam a ganhar importância em sua distribuição *espaço-temporal* e em sua magnitude. Dessa forma, há um aumento generalizado do risco de perda de vidas humanas, tal como ocorreu no local investigado (Jardim Damasceno/Diadema/SP). Apesar de apresentar alta periculosidade e de ser um *velho conhecido* processo físico do cotidiano da cidade –as enxurradas –, o processo não tem sido investigado dentro do rol de *riscos*, tampouco está presente na cartografia geotécnica. Isso demonstra a utilidade da metodologia na definição de novos balanços de processos (Fig.3).

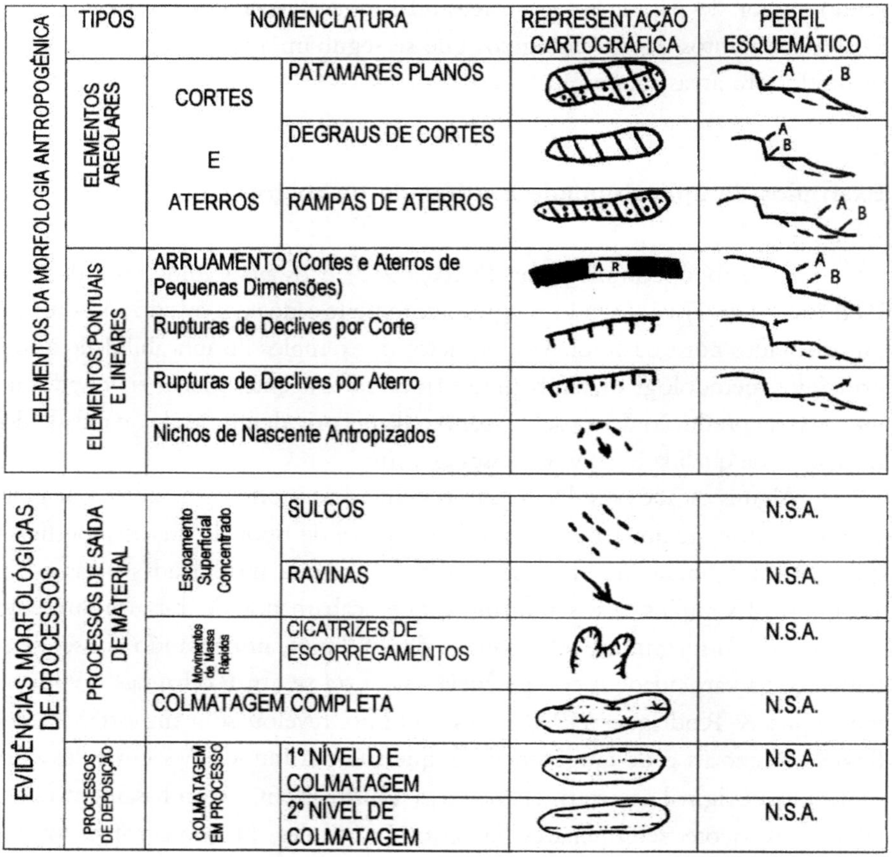

| Figura 3 | Cartografia geomorfológica da Bacia Hidrográfica do RibeirãoGuavirutuba – Fragmentos de legenda. *Fonte*: Lima (1990)

Estudos realizados por Lima (1990) na bacia hidrográfica do Ribeirão Guavirutuba, na margem esquerda do reservatório de Guarapiranga em São Paulo/SP, contribuíram para aplicar e testar alguns dos preceitos geomorfológicos aqui valorizados. Elaborou-se parte do que se denomina *cartografia geomorfológica retrospectiva e evolutiva*, criando-se formas de representação e definindo-se conteúdos para apreciação das mudanças nos sistemas geomorfológicos afetados pela expansão e apropriação urbanas. Nesse teste foram validados alguns dos procedimentos anotados anteriormente, como por exemplo, o da consideração da morfologia original e antropogênica na cartografia geomorfológica retrospectiva e evolutiva. Por essa cartografia, identificou-se forte correlação entre sub-unidades de vertentes denominadas concavidades superiores, apropriação por auto-construção, fase de consolidação urbana (perturbação ativa) e aterros (depósitos tecnogênicos) no desencadeamento de escorregamentos. Mesmo diante de contextos litológicos diferenciados – micaxistos e migmatitos –, essa combinação de elementos demonstrada cartograficamente, apresentou a maior incidência de escorregamentos relatados na área da bacia. A Figura 3 demonstra parte dos conteúdos cartográficos valorizados no estudo e a localização desses eventos, cujo registro foi obtido por aplicação de questionários. Isso significa que as discriminações propostas pela metodologia aqui descrita, têm, de fato, significado para que sejam reconhecidos novos balanços e taxas de processos. A utilidade da confirmação dessas correlações é imediata para a produção de instrumentos técnicos de planejamento territorial urbano e para as ações de prevenção de perdas de vidas humanas e benfeitorias.

Esse mesmo estudo demonstrou a importância do reconhecimento da fase de *consolidação urbana (perturbação ativa)* e da discriminação da modalidade de ocupação *autoconstrução*, tendo em vista que essas revelaram as condições antropogênicas que promoveram processos nos sistemas vertentes fazendo com que esses sistemas funcionassem como grandes e eficientes áreas – fonte de sedimentos para a colmatagem fluvio-lacustre de jusante. Essas são, portanto as fases e a modalidade intervenção antrópica mais significativas para a morfodinâmica em áreas de urbanização do embasamento cristalino Pré-cambriano em contextos morfoclimáticos tropicais úmidos. Essa comprovação foi possibilitada pelos conteúdos de legenda selecionados na cartografia geomorfológica evolutiva e retrospectiva, que acabou por revelar também as condições da morfologia original e antropogênica nas quais os sistemas de vertentes funcionaram mais intensamente como áreas-fonte, conforme se observa no crescimento das áreas colmatadas que se impuseram represa adentro entre 1973 e 1986 (Fig. 4).

Outro exemplo da aplicabilidade da metodologia proposta, principalmente quanto o à discriminação de agentes sociais responsáveis no

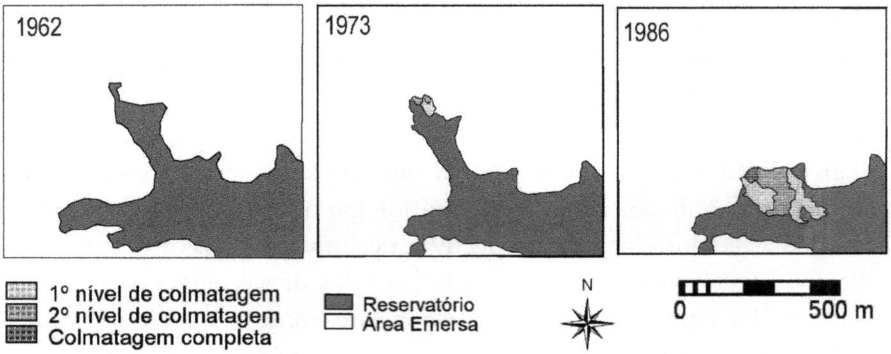

| Figura 4 | Esboço cartográfico da evolução geomorfológica do Remanso do Ribeirão Guavirutuba. *Fonte:* Lima (1990). *Sistematização:* Rodrigues; Morato (2004).

desencadeamento de processos que envolvem riscos para vidas humanas e benfeitorias, é o da Favela Nova República no bairro do Morumbi/São Paulo, palco de uma tragédia ocorrida em outubro de 1989, em que morreram crianças soterradas por movimentos de massa de grandes proporções. Os sistemas geomorfológicos e materiais originais envolvidos são resumidamente: dois grandes anfiteatros de nichos de nascentes com morfologia preferencialmente côncava em perfil e em planta, locais de convergência de fluxos hídricos sub e superficiais/ área de contato entre remanescentes de pacotes sedimentares Terciários e o embasamento cristalino Pré-cambriano subjacente/localização: entre a Av. Giovani Groncchi e o Jardim Colombo. Quanto à ocupação, temos: nas partes superiores, antecedentes às concavidades, está posicionada a mencionada avenida. Nesse mesmo setor de vertente, em localidades também mais aplanadas, foi formada uma linha de prédios de luxo, que, durante o período relatado, acabou por incrementar o aterro, formado no interior dos mencionados anfiteatros, devido às suas movimentações de terra e produção de entulhos. Na base dos anfiteatros, no mesmo período, também acabou desenvolvendo-se uma favela, denominada Nova República. A seqüência de intervenções antrópicas realizadas nesses subsistemas geomorfológicos está esquematicamente retratada na Figura 5. [3]

Em outubro de 1989, no primeiro ano da então Prefeita Luiza Erundina, sem um episódio de chuvas excepcional, detonou-se um movimento de massa, do tipo *slump* ou escorregamento rotacional, processo esse que necessita de um grande volume de material *inconsolidado* para ser desencadeado. Esse processo, um pouco mais comum no desenvolvimento das escarpas tropicais úmidas e na área core do domínio dos mares de morros, é bastante raro na evolução

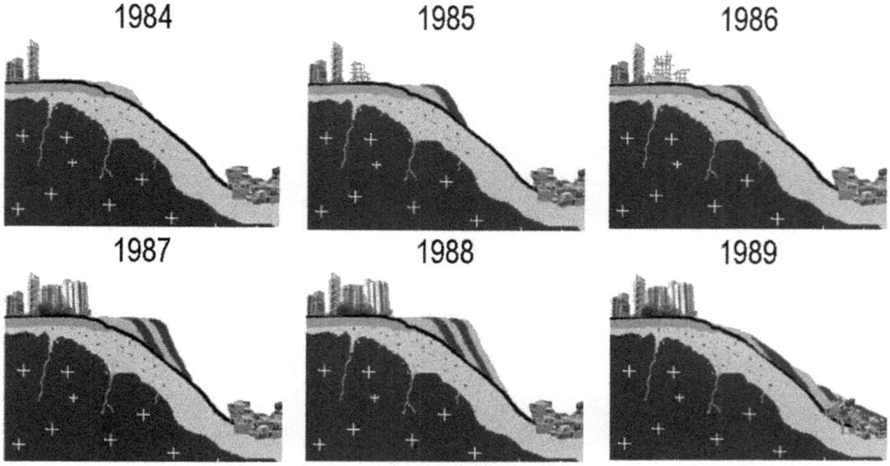

| Figura 5 | Favela Nova República – Seqüência de eventos observados. *Fonte:* Rodrigues (1989): observações de campo. *Ilustração:* Rodrigues, D. R. (2003).

natural das colinas sedimentares e dos morros de embasamento cristalino próprios do sítio original do corpo urbano de São Paulo. Foi confirmado em estudos posteriores ao desencadeamento do processo que a maior parte do volume transportado era do próprio aterro, ou seja, material tecnogênico (IPT, 1990). Também se evidenciou a participação da morfologia original como superfície de deslizamento. [4] Esse movimento acabou por soterrar instantaneamente grande parte das habitações das favelas. O fato de ter ocorrido durante o dia, fez com que as vítimas tenham sido, na sua grande maioria, crianças.

Na época, foi dada muita ênfase nos meios de comunicação quanto à responsabilidade da Prefeitura na fiscalização da formação, desenvolvimento e tratamento desse aterro . A mídia focalizava o fato como se a interpretação imediata fosse negligência exclusiva desse órgão de governo e dessa gestão. Observando-se a Figura 3 identifica-se que a formação do corpo desse aterro é realizada durante um período de, no mínimo, cinco anos. Sem o volume formado, o processo, com essa magnitude e tipologia, não teria ocorrido. Isso significa que as gestões passadas também deveriam estar sendo responsabilizadas. Além desse fato, descobriu-se em estudos pós-evento, que houve rompimento de um duto de distribuição de água, pertencente à Sabesp, justamente na cabeceira do aterro (IPT, 1993). Essa posição coincidia com o início das concavidades superiores. A água certamente percorreu uma das descontinuidades de permeabilidade mais importantes entre os materiais

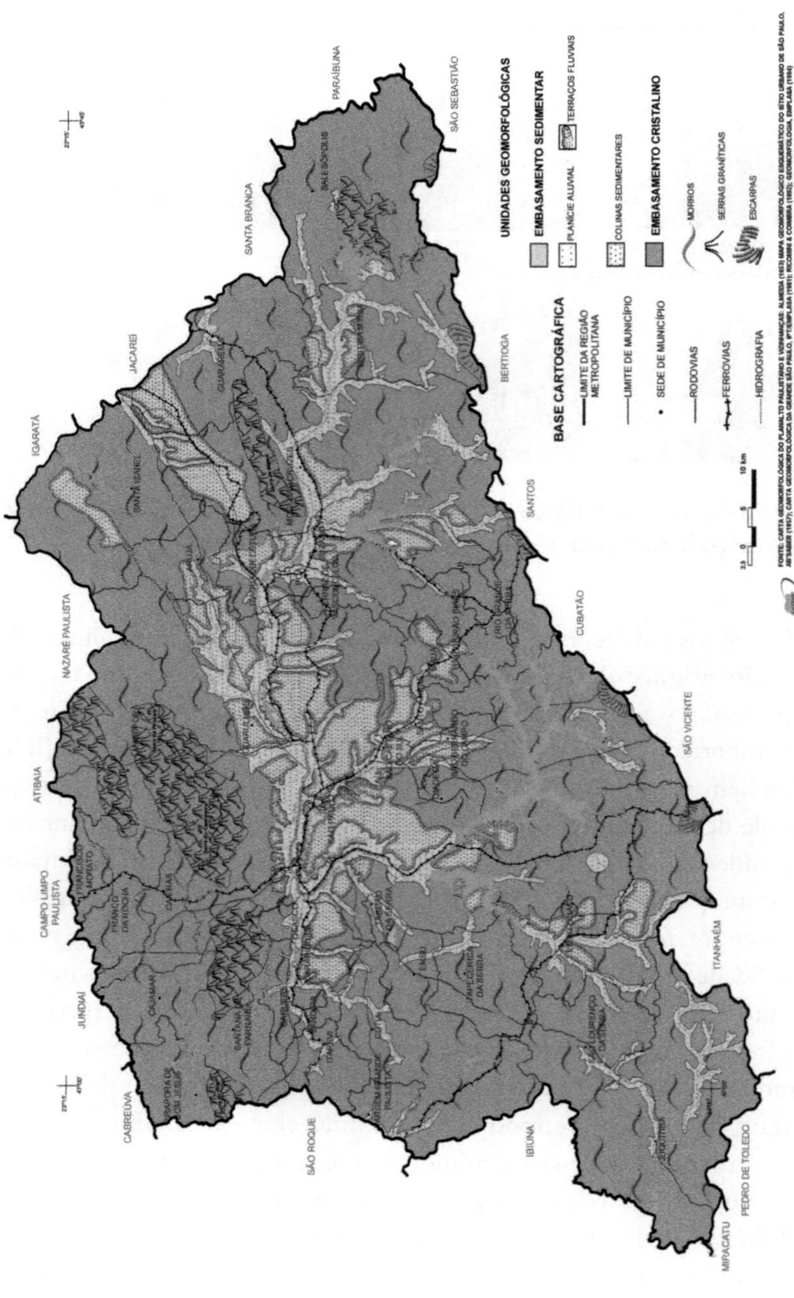

|Figura 6| Unidades geomorfológicas na Região Metropolitana de São Paulo.

tecnogênicos e originais justapostos e, ´provavelmente, ajudou a fazer com que o material aí alojado, perdesse coesão interna e detonasse o movimento. Assim, outro agente governamental poderia ter sido em parte responsabilizado, além dos próprios donos do aterro ou "bota-foras" clandestinos.

Outro dado relevante que pode ser retirado dessa tragédia é a importância cada vez mais comprovada da morfologia e dos materiais tecnogênicos no desencadeamento de novos processos. A variável precipitação, sempre implicadas nos movimentos de massa do tipo escorregamentos planares ou rotacionais de áreas preservadas, dessa vez, foi substituída pelo rompimento de uma adutora.

Mudando-se a escala de abordagem e continuando a explorar as possibilidades da metodologia proposta, podemos verificar o cotejo realizado por Batista (2002) entre a expansão da urbanização e as unidades geomorfológicas de média escala na região metropolitana (Fig. 6).

Esse estudo iniciou-se com a necessidade de elaboração de um esboço de carta síntese, em 1:500.000 do conhecimento geomorfológico cartografável da região, obtido com a utilização das cartas geomorfológicas de Almeida (1954), Ab'Saber (1957).e SNM/Emplasa(1991), entre outros documentos utilizados para a conferência de limites (Figura 6). Foi também realizado esboço de carta síntese da expansão urbana metropolitana, num período de aproximadamente 100 anos, obtido por adaptação dos dados levantados em 1: 2500000 pela SNM/ Emplasa (1991) e conferido por fotografias aéreas, imagens de satélite e cartografia antiga (Fig. 7). A partir desses dois esboços cartográficos elaborou-se um terceiro (Fig. 8), cujo objetivo foi o de permitir, exatamente, testar as correlações possíveis entre o ritmo da expansão e apropriação de áreas mais ou menos impróprias à urbanização, na medida da incorporação de novas tecnologias.

Os exemplos de correlações possíveis são diversos e aqui se citam apenas alguns. Grandes rupturas *espaço-temporais* na forma de relacionamento da expansão urbana com as unidades geomorfológicas puderam ser identificadas ou confirmadas. O sistema viário, infelizmente menos explorado como informação cartográfica, foi um dos diversos elementos estudados que permitiu identificar que, até antes da década de 1940, privilegiaram-se rotas em unidades geomorfológicas onde a dinâmica da superfície era menos intensa. Eram deliberadamente evitadas as planícies de inundação e aproveitadas as áreas aplanadas dos baixos terraços, nessa época, isentas de processos naturais de extravasamento do leito menor. Eram também aproveitadas as áreas de interflúvios, evitando-se os então denominados *grotões* que são exatamente as áreas côncavas superiores, zonas de convergência de fluxos hídricos nas vertentes, próximas às nascentes. De forma geral, também eram evitados um grande número de transposições de cursos fluviais, exceção feita à transposição viária da várzea do Carmo com seus aterros (Rua do Gazômetro) entre outras.

Quanto à expansão das edificações propriamente ditas, outras rupturas nesse relacionamento saltam à vista na análise dos documentos cartográficos elaborados. O compartimento morfoestrutural relativo ao embasamento cristalino Pré-cambriano é amplamente transgredido após a década de sessenta, sendo que, majoritariamente, nas décadas de setenta e oitenta, já em outros padrões de urbanização e de desenvolvimento tecnológico. Foi possível identificar que, de forma geral, quanto maior o nível de desenvolvimento das técnicas, maior o nível de transgressão aos sistemas geomorfológicos originais identificados na escala. As artificialidades se superpõem e as transgressões se ampliam de forma fantástica.

As modalidades e as fases de intervenção urbana de maior atividade morfodinâmica, como aquelas identificadas nos itens anteriores, passam a existir de forma mais recorrente exatamente a partir dessas décadas, tendendo a uma pequena diminuição a partir da década de 1990.

Esses dados e análises são apenas alguns dos inúmeros exemplos de correlações e interpretações passíveis de se obter a partir da leitura geomorfológica da urbanização em geral e de São Paulo em particular. Os problemas de deterioração de recursos e de perda de qualidade de vida evidenciam-se nessa leitura de forma a identificar momentos históricos e agentes sociais de maior impacto na produção do espaço urbano metropolitano.

Notas

[1] Apesar de existir na legislação brasileira e internacional a necessidade de se observarem especificamente as obras lineares, sua dinâmica e seus efeitos próprios não vêm sendo suficientemente discutidos nas Ciências da Terra, na qual se inclui a Geografia Física.

[2] Em conversas informais com o Prof. Dr. Aziz Ab'Saber a respeito da necessidade de reconstituição dos sistemas geomorfológicos originais advinda da antropogeomorfoloia, foi sugerido um jargão para a conduta: geomorfologia retrospectiva.

[3] Nesse caso, o acompanhamento do processo de formação de morfologia antropogênica e de deposição de material tecnogênico dos entulhos foi possível não em função de um estudo de cartografia geomorfológica retrospectiva, mas da observação visual de um trajeto cotidiano dessa pesquisadora.

[4] Novamente, as concavidades superiores.

Bibliografia

AB'SABER, A N. *Geomorfologia do Sítio Urbano de São Paulo*. Tese de Doutoramento apresentada à FFLCH-USP. São Paulo, 1957

BERGER; IAMS. (eds.). *Geoindicators Assessing Rapid Environmental Changes in Earth Systems.* Rotterdam, Brookfield; 1996.

COLTRINARI,L. "Natural and anthropogenic interactions in the brazilian tropics" in: *Geoindicators . Assessing rapid environmental changes in earth systems* BERGER&IAMS. Bakema/Rotterdam Brookfield. 1996

DEMEK, J. (ed.). *Progress Made in Geomorphological Mapping*. Brno, Proceedings of the IGU-Comm. On Applied Geomorphology, Sub-Comm. Geomorph. Mapp.; 1967.

DETWYLER, T.R.; MARCUS, M.G. (eds.). *Urbanization and Environment: The Physical Geography of the City.* Belmont, Dusbury Press; 1972.

DOUGLAS, I. "The impact of urbanization on fluvial geomorphology in the humids tropics". In: *Symposium on Environmental Geomorphology in the Tropical Regions. Lubumbashi. Geo-Eco Trop*, Fasc ½ . 1975

DOUGLAS, I.; SPENCER, T. (eds.). "Applied Geomorphology in the tropics", in *Z. Geomorphologie – Supp. 44*. Berlin, Gebrüder Boentraeger; 1982.

GERASIMOV, I.P & VELICHKO, A.A. "Complex palegeographical atlassesmonographs for the anthropogene and their prognostic value", in *XXVII International Geological Congress – Proceedings – vol. 03*. Utrecht, VNU Science Press; 1984; 129:154.

GREGORY, K.J. *A natureza da geografia Física*. Rio de Janeiro, Bertrand Brasil. 1992.

GUTBERLET, J.; QUEIROZ NETO, J.P. "Evolution et dynamique de l'environment dans une region peripherique de la Ville de São Paulo: Santo Amaro – Barrage Billings", in *UGI. Groupe de Travail sur la Cartographic de l'Environment et de as Dynamique*. (Président Prof. André Journaux, Caen, août).

DOUGLAS, I. *The Urban Environment*. London, Edward Arnold; 1983.

HAYDEN, R.S. "Geomorphological Mapping", in SHORT, N.M. & BLAIR Jr., R.W. (eds.). *Geomorphology Form Space*. Washington, DC, NASA; 1986.

HART, M.G. *Geomorphology, pure and applied* London, George Allen & Unwin. 1986

JOHNSTON, R.J. *The Future of Geography*. London, Edward Arnold; 1981

LIMA, C.R. *Urbanização e intervenções no meio físico na borda da bacia sedimentar de São Paulo Uma abordagem geomorfológica*. Dissertação de Mestrado. São Paulo, FFLCH/USP. 1990

MARCHETTI, M.; CAVALLIN, A. "Geomorphology and environmental impact assessment: a practical approach", in *Quaderni di Geodinamica Alpina e Quaternaria 3*; 1995; 99:107.

MONTEIRO, C.A.F, *Geossistemas: a história de umaprocura*. São Paulo, Contexto, 2000, p. 127.

NIR, D. *Man, a geomorphological agent: an introduction to anthropic geomorphology*. Jerusalem, Ketem Pub. House. 1983

OLIVEIRA, A.M.S. *Depósitos Tecnogênicos e Assoreamento de Reservatórios. Exemplo do Reservatório de Capivara, Rio Paranapanema, SP/ RJ*. São Paulo, FFLCH – USP; 1994; vol. 01. (Tese – Doutorado).

RODRIGUES,C. *Geomorfologia Aplicada: Avaliação de experiências e de instrumentos de planejamento físico-territorial e ambiental brasileiros.* Tese de Doutoramento apresentada à FFLCH-USP. São Paulo, dez de 1997.

TOY, T.J.& HADLEY, R.F. *Geomorphology and Reclamation of Disturbed Lands*. United Kingdom/ London, Academy Press Ltd.; 1987.

TRICART, J. *Géomorphologie Applicable*. Paris, Masson; 1978.

___________. *L'Épiderme de la Terre. Esquisse d'une Geomorphologie Aplliquée*. Paris: Masson; 1962b.

TRICART, J.& KILIAN, J. *L' Éco-Géographie et la Aménagement du Milieu Naturel.* Paris, F.Maspero; 1979.

VERSTAPPPEN, H.T. *Applied Geomorphology: Geomorphological Surveys for Environmental Development*. Amsterdam, Elsevier; 1983.

TRABALHO E INDÚSTRIA EM SÃO PAULO

Léa Francesconi

São Paulo, a cidade, forma-se a partir do núcleo histórico desenvolvido no período colonial, em torno do colégio dos jesuítas no atual Pátio do Colégio; São Paulo, a metrópole, constitui-se ao longo do processo de industrialização precedida da cidade comercial do café. O colégio, destruído e ora reconstruído simboliza dois momentos da existência da cidade, em sua construção como obra e posteriormente como produto. "O valor de troca e a generalização da mercadoria pela industrialização tendem a destruir, ao subordiná-las a si, a cidade e a realidade urbana" (LEFEBVRE, 1969:12).

As questões que se colocam ao tratar da cidade e d a metrópole de São Paulo estão absolutamente ligadas, tanto à realidade histórico-concreta que se estabeleceu ao longo de sua existência, como ao pensamento da cidade e do urbano, na Geografia brasileira, assim como nas diferentes abordagens do espectro multidisciplinar que concerne ao tema.

Inicialmente formada por cinco freguesias intercaladas por zona rural, a aglutinação dos distritos e freguesias e a conurbação com os pequenos centros urbanos vizinhos resultou na aglomeração que se metamorfoseou em metrópole nacional [1]. *A Cidade de São Paulo* [2] no início dos anos 1950 anunciava a metrópole, como a grande cidade de expressão nacional e latino americana. A aglomeração urbana, que ultrapassa os limites do município de São Paulo, cresceu extraordinariamente na passagem do século XIX para o século XX e constituiu-se como metrópole em meados do século XX. O município da capital, em seus atuais 1.525km^2 e seus 10.434.252 habitantes (IBGE, 2000), constitui o núcleo principal que concentrou a atividade industrial responsável pelo crescimento da cidade e da metrópole, conhecida como Grande São Paulo nos anos

1960 e mais tarde como Região Metropolitana de São Paulo que atualmente conta com mais de 18 milhões de habitantes em uma área de 8.051 km^2.

Mattos[3] afirma nos anos 1950 que,

> São Paulo passou a ser no presente século a metrópole regional de uma extensa área geográfica, cujos limites vão bastante além das fronteiras do Estado, alcançando o Sul de Minas Gerais, o Triângulo Mineiro, o Sul de Goiás, o Sul de Mato Grosso e o Norte do Paraná; e tal hegemonia se deve ao fato de constituir um pôsto-chave, um centro nevrálgico, um ponto de convergência, uma espécie de ponta de funil para onde se dirigem ou de onde partem todas as rotas terrestres e aéreas que servem aquela vasta região do país (MATTOS, Apud: AZEVEDO 1955: 23).

O conceito de metrópole generalizava-se e constituía-se pela definição da ordem de grandeza e da influência da cidade sobre uma determinada área, no campo da Geografia Regional.

Os estudos de Geografia Urbana aprofundaram a compreensão do urbano e da metrópole em sua forma e conteúdo. Seabra (2001) destaca o movimento que metamorfoseia a cidade histórica e produz a metrópole: "(...) uma vasta tessitura urbanizada; aparentemente caótica, numa sucessão de homogeneidades e de fragmentos dispersos". Segundo a autora, o processo de urbanização, como impulsão necessária dos processos ligados à indústria, redefine a estrutura formal do espaço das cidades e culmina no processo de metropolização como:

> (...) espacialização do processo de reprodução social, pelo qual se descreve as metamorfoses da cidade... que articula de diferentes maneiras, os níveis e os momentos da vida social e que ao se territorializar redefine sem cessar o quadro de vida existente. É o processo de adequação das cidades ao ritmo, sentido e necessidades do desenvolvimento desta sociedade urbano-industrial (SEABRA, 2001:1).

A importância nacional da Região Metropolitana de São Paulo como pólo industrial e de acumulação de capital decorre da importância do processo de industrialização, iniciado no século XIX e das condições para a localização industrial em fases sucessivas, atraindo, com a oportunidade de empregos, um grande contingente migratório estrangeiro e nacional.

O contraste entre o número de 439 profissionais ocupados nas artes industriais na cidade de São Paulo, em 1836 em dados coletados por Müller[4], até o número de 174.367 pessoas ocupadas na indústria em 1940, indica o rápido crescimento da Cidade de São Paulo, vinculado e inserido na economia cafeeira. O crescimento industrial da cidade, marcado por períodos de expansão acelerada durante o século XX, constitui-se para suprir um mercado interno, coincidindo com o período histórico em que o capitalismo mundial expande-se como atividade produtiva industrial. A localização e expansão da indústria em São Paulo e na capital tem suas origens e determinações analisadas em inúmeros trabalhos e pesquisas [5], que não esgotam as possibilidades de análise de sua complexidade, e apresenta condições propícias para a expansão da atividade industrial dos países centrais em direção aos países até então predominantemente fornecedores de bens primários para o mercado mundial.

Da "cidade que mais cresce no mundo" e "maior parque industrial da América Latina" até o "local da agudização das contradições" e as paisagens da desindustrialização, os caminhos da Cidade de São Paulo foram diversos, resultando numa complexidade e diversidade, também presente nos estudos e interpretações sobre ela.

A concentração industrial e financeira em São Paulo nem sempre atendeu às expectativas de melhores condições de vida para a maioria de seus habitantes. Diversos estudos demonstraram quão limitado tem sido o acesso da população trabalhadora aos benefícios de moradia e infra-estrutura urbana básica. [6]

Nas últimas décadas do século XX, a crise do capitalismo gestada nos países centrais já no final dos anos 1960, instala-se no Brasil com a marca, entre outras, das mudanças no mundo do Trabalho.

A acumulação fordista fundada no tripé Capital, Estado e Trabalho mediado pelos sindicatos torna-se insuficiente para o Capital. A transformação da divisão internacional do trabalho, funcional ao capital, envolve as chamadas terceira revolução industrial e globalização que caracterizam o conjunto de processos de intensificação da produtividade do capital envolvendo a ação do Estado e a anulação da proteção social ao Trabalho, conquistada pelos trabalhadores ao longo de décadas.

Crise de emprego, nos anos 1980, e crise de emprego nos anos 1990 com caráter diferenciado. A crise dos anos 1980 traz para a cidade os ventos da mudança social. A crise dos anos 1990 situa-se já no contexto das mudanças na produção capitalista nos moldes ou com as receitas de enfrentamento da crise delineadas nos anos 1970 pela política estadunidense e nos anos 1980 pelas políticas ditas neoliberais e reestruturativas da produção industrial. A crise dos anos 1990 traz o conformismo social, a derrocada, o congelamento das ações emancipadoras. Nos anos 1990 no Brasil, o Estado se explicita como aliado na destruição do tripé e no desmantelamento da ordem legal e judicial do compromisso entre classes.

Grandes transformações têm ocorrido nas últimas décadas na organização das atividades industriais e das relações de trabalho, como resposta à crise do capital e do sistema produtor de mercadorias. O intenso processo de reestruturação da produção e do trabalho, durante as décadas de 1980 e 1990, nos países centrais e na década de 90 no Brasil busca – ao lado de outros – dotar o capital de instrumental necessário para repor os patamares de expansão anteriores.

As evidências desse processo de reorganização do capital e de seu sistema ideológico e político de dominação foram o advento das políticas neoliberais, conjunto de medidas e ações que incluem a privatização de empresas estatais, a desregulamentação dos direitos do trabalho e a desmontagem do setor produtivo estatal e a expansão dos capitais financeiros especulativos. No mundo do trabalho as evidências desse processo de reorganização consistem no aumento do desemprego estrutural e na precarização do trabalho.

A crise mundial do final do século XX tem sido estudada e exposta por especialistas de diversas áreas do conhecimento. Essa crise aparece no domínio industrial como a de um modelo de produção e de organização baseada na extensão progressiva do fordismo, crise também da grande dimensão e do processo de concentração espacial da produção[7]. A presente crise manifesta-se no processo de trabalho do qual deriva um novo problema no âmbito dos processos de industrialização e urbanização: o conjunto das transformações em curso no mundo do trabalho em suas conseqüências territoriais.

As transformações do trabalho, presentes ou em curso, dependendo de diversas condições sociais e econômicas e outras afetam diretamente o operariado industrial tradicional, mas também, originam formas de trabalho precarizado que acompanham as inovações tecnológicas.

O crescimento da cidade transforma antigos bairros industriais em bairros com novos usos. A desindustrialização como fato pontual que convive com a industrialização pontual e as características do período recente, que

No Brasil, entre 1980 e 1983, a queda do produto interno bruto foi de 7,1%, e mais acentuada na atividade industrial, na qual "o produto de 1983 correspondia a 85,9% do valor de 1980". Em média o PIB cresceu 5,9% ao ano, entre 1983 e 1987, com a possibilidade de que os indicadores dos dois últimos anos da década estejam em nível ainda inferior. Houve, portanto, uma regressão dos níveis de produção, emprego e renda da economia brasileira nesta década. As mais elevadas taxas de crescimento do Produto Interno Bruto, da produção industrial e do emprego do Brasil estão no período 1950-1970.

A participação da Região Metropolitana de São Paulo no produto industrial brasileiro decresce, desde os anos 1970. Assim, também ocorre com o conjunto do Estado de São Paulo. A observação que abrange um longo período da evolução industrial de São Paulo permite observar que entre 1959 e 1970 há um aumento da participação de São Paulo no produto industrial brasileiro, assim como da RMSP; e que a partir dos anos 1970 há uma diminuição, tanto para o Estado de São Paulo como para a RMSP. Dentro da RMSP há uma sensível diferença entre o município de São Paulo e os demais. A Capital reduziu pela metade sua participação nesse período e o restante de RMSP faz crescer sua participação.

Quanto ao Produto Interno Bruto do Estado de São Paulo a taxa média anual de crescimento paulista foi de 2.9%, entre 1980 e 1988, com a manutenção do produto industrial nos mesmos valores de 1980, conforme dados da Fundação Seade[8], coerente com o IBGE que informa um incremento médio anual de apenas 0,34% ao longo dos oito anos.

A evolução um pouco mais favorável do PIB paulista, comparativamente ao conjunto do país, explica-se pelo desempenho do setor terciário local, que ao longo dos oito anos manteve uma taxa média anual de crescimento igual a 4,52%. Bem inferiores foram as taxas médias anuais de crescimento do produto dos setores primário e secundário paulistas, que equivaleram a 1,65% e 0,03%, respectivamente. O emprego formal, por sua vez, também teria crescido num ritmo muito reduzido, com uma taxa média anual de apenas 1,48% para o conjunto do Estado, ou de 1,20% para a Região Metropolitana. Menor ainda teria sido o crescimento do emprego formal na indústria de transformação que se situaria na média anual de 0,87%, no caso do Estado ou 0,28% ao ano para a Grande São Paulo (PACHECO, 1992:91).

O pequeno crescimento foi resultado da maior capacidade de geração de postos de trabalho no segmento de serviços com um todo, isto é, dos setores de serviços e administração pública.

Apesar da precária evolução da economia paulista nesse período, não se verifica a existência de um desemprego de larga dimensão, sobretudo ao fim da década. Se, na primeira metade dos anos 1980, manifesta-se um rápido incremento do desemprego, nos anos posteriores ao aquecimento da atividade econômica de 1985 e 1986, esses indicadores de desemprego apresentam uma trajetória declinante.

| Tabela 1 | Brasil. Crescimento industrial: 1992-2000

Taxa de crescimento industrial	Produção física	Pessoal ocupado	Horas pagas	Produtividade	Salário médio real
1992	(-) 3,7	(-) 7,7	(-) 8,0	4,6	11,5
1993	7,5	(-) 1,9	(-) 1,9	9,5	6,9
1994	7,6	(-) 2,2	(-) 2,9	10,8	5,7
1995	1,8	(-) 1,9	(-) 2,3	4,3	8,7
1996	1,7	(-) 11,2	(-) 11,5	14,9	3,7
1997	3,9	(-) 5,8	(-) 6,2	10,7	1,5
1998	(-) 2,2	(-) 9,2	(-) 9,6	8,4	2,1
1999	(-) 0,7	(-) 7,3	(-) 7,7	7,6	(-) 2,9
2000	6,5	0,6	0,2	5,7	(-) 1,1

Fonte: IBGE, Pesquisa Industrial Mensal.

São Paulo, a cidade industrial

Muitos bairros da cidade concentraram a localização das indústrias. Adquirem essa feição pela localização ao longo das ferrovias, pela constituição de terrenos de várzea, alagáveis, baixos e, portanto, desprezados para os loteamentos destinados às residências de luxo ou das classes médias, mais tarde, pela instalação de loteamentos destinados para essa finalidade, qual seja, a de instalação de indústrias. É o caso de Jurubatuba, e do Parque da Mooca, ao longo das avenidas Henry Ford e Presidente Wilson.

Foi com extraordinária rapidez que a Cidade de São Paulo viveu estas metamorfoses sendo a última década do século passado exemplar deste processo. O processo de formação dos mercados vai impondo separações em todos os âmbitos da vida social, e o dilaceramento da base histórica. A acumulação de riquezas nas cidades, de um modo geral, derivada de circuitos mercantis que constituíam o seu fundamento, estruturou uma sociedade hierárquica, que comportou estratégias (SEABRA, 2001:1).

As mudanças na configuração da cidade começam a aparecer com o seu crescimento, ao mesmo tempo em que as incipientes atividades industriais iam-se estabelecendo ao longo das ferrovias, em seqüência formar-se-iam as vilas e os bairros operários.

> Em suma iam sendo criadas as condições para a estruturação de diferentes mercados: o de trabalho, o de produtos e principalmente o mercado fundiários. Assim iam se entrecruzando na vida citadina e realizando-se no espaço da cidade muitos e diversos interesses. Com eles iriam aparecendo sujeitos sociais e práticas que só a industrialização poderia desencadear" (SEABRA, 2001:2).

Mas, na história da urbanização estão, também, as vilas operárias, os bairros industriais entre outras modernas formas de ocupar – urbanizando os espaços. Pensar este processo no seu conjunto ajuda a compreender a urbanização que vai se configurando na metamorfose da cidade histórica, que engloba os bairros, metamorfoseia a vida de bairro, e que, recriando as formas (vila operária e o bairro operário), reintroduz o sagrado num processo que é essencialmente o de profanar o tempo, funcionalizando-o, no limite do impossível, em favor da industrialização (SEABRA, 2001:9).

É preciso reconhecer que a produção do espaço urbano adquire uma dinâmica autônoma do processo de industrialização. Seabra reconhece dois movimentos da cidade nesse processo seguido pela Cidade de São Paulo: o da propriedade como equivalente de valor, que por mecanismos da renda fundiária fez formação de capital e foi edificando e reedificando a cidade histórica no que implicou os produtos e obras da cidade. A segregação espacial, implícita neste processo, acomodava nos bairros da cidade, os contingentes de trabalhadores urbanos e chegou a distinguir cabalmente o centro, a cidade e o entorno; e um segundo movimento é do capital mesmo, que assim gerado ganha autonomia, e na procura de onde desfrutar de rentabilidade maior, vai decretando de um lado obsolescência, e de outro produzindo o "novo" no processo de reprodução do espaço urbano. (SEABRA, 2001:4). A compreensão do espaço urbano não se restringe aos macro-movimentos da economia mundial e mesmo às transformações da divisão internacional do trabalho e suas conseqüências para o Brasil e para a RMSP. O movimento do capital imobiliário, que muitas vezes age especulativamente, é decisivo na produção do espaço urbano.

Desconcentração industrial, desindustrialização pontual e regressão do mercado de trabalho

A regressão no mercado de trabalho na década de 1990 é um divisor de águas, após cinqüenta anos de progressivo aumento no trabalho assalariado e formalização das relações de trabalho. Mais que a repetida frase sobre os anos 1980, é preciso buscar as especificidades dos indicadores de desenvolvimento em seu movimento, tal como foram sentidos, vividos e gestados no Brasil e, particularmente, em São Paulo.

A industrialização brasileira passou por períodos de grande crescimento e de desenvolvimento de diversos ramos de atividade, galgando as etapas vividas pelos países centrais em seu processo de industrialização, seguindo planos e políticas industriais que tornavam sua produção mais nacionalizada.

Data dos anos 1970, em pleno vigor do crescimento acelerado dos anos 1968-1973, a definição de políticas de desconcentração econômica e industrial da Grande São Paulo, em nível do Estado de São Paulo, no sentido de desconcentrar a metrópole e desafogá-la das deseconomias de escala. A preocupação com a concentração industrial na capital e na RMSP perpassou habitantes e governantes. Políticas públicas estaduais e federais estimularam a *relocalização* industrial em São Paulo e no Brasil.

Em nível federal, a articulação da industrialização nas demais regiões brasileiras, o estímulo ao investimento no Nordeste, a criação da zona Franca de Manaus e o estímulo á criação de distritos industriais nos municípios brasileiros, compõem um esforço no sentido de desconcentrar a indústria paulista e metropolitana.

No sudeste brasileiro a metrópole paulista, formada desde os anos 1950, concentra-se e expande-se. Nos anos 1970, expande-se principalmente baseada na expansão da industrialização, por meio do processo de desconcentração geográfica industrial, processo este incentivado por políticas e estímulo à localização industrial em novas ou antigas cidades industriais, localizadas ao longo das vias de circulação, num raio de 150 km da capital. A desigualdade no espaço toma novas formas.

Lencioni (1999), conclui que essa desconcentração tem se dado concomitantemente a uma centralização do capital e a manutenção das indústrias – sedes, matrizes, centros operacionais, sede financeira – na Cidade de São Paulo: "A decisão e controle do processo de valorização do capital não só continuam concentrados social e espacialmente, como são reiteradamente reforçados, apesar da relativa dispersão dos estabelecimentos" (LENCIONI, 1999:203).

Esta desconcentração por si não caracteriza uma *desindustrialização* da Cidade de São Paulo nos moldes que aconteceu em cidades européias e estadunidenses de velhas regiões industriais. A *desindustrialização* dá-se pontualmente no município de São Paulo, em determinados bairros. Em sentido inverso no município de Mauá e no Distrito de Anhanguera há um número crescente de novas instalações industriais, em plena Região Metropolitana.

Diante da reestruturação da metrópole, da alteração do perfil da estrutura ocupacional (Tabela 4), do esvaziamento dos antigos bairros e municípios industriais, e do crescimento da indústria de outros, como um *re-localização* industrial, nota-se na paisagem da cidade a imposição dos processos de valorização, desvalorização e revalorização urbana como determinantes. Pontualmente eles se manifestam como ação do poder público por meio dos incentivos municipais para a industrialização e redefinição do uso do solo urbano ao lado do reaproveitamento de grandes instalações industriais, agora localizadas em novas áreas valorizadas para uso comercial e residencial. A criação de nichos de valorização imobiliária redefine usos e valores na metrópole.

Assim, se a localização industrial foi o grande motivo para a expansão da aglomeração metropolitana, certamente vinculada aos terrenos desvalorizados, as alterações dos conteúdos da própria indústria reestruturada, pequena, leve, flexível, permitem que ela abandone antigos galpões, em busca de novas localizações mais vantajosas. A indústria, atualmente, encontra na logística parte das condições de suprimento, que circula permanentemente pelas estradas, transformando-as em almoxarifados circulantes. A circulação pelas estradas de rodagem, numa ampla e bem servida rede para o Estado de São Paulo e uma rede de fibra ótica para comando e controle das operações de capital possibilitam a re-localização das unidades produtoras e sua dispersão no estado ou fora dele.

Antunes (1999) observa e analisa uma "tendência freqüente a redução do proletariado industrial, fabril, tradicional, manual, *estável e especializado*, herdeiro da era da indústria verticalizada" (ANTUNES, 1999:104), decorrente da reestruturação produtiva do capital em formas diversas e das formas de horizontalização do capital produtivo – muitas vezes mesmo a desterritorialização do espaço físico produtivo.

O processo de desconcentração industrial, marca na paisagem de desolação e abandono de imensos galpões industriais, impressiona seus habitantes e aos pesquisadores e alguns dos municípios mais industrializados e em diversos bairro das capital. Contrasta com o encanto da cidade que não parava de crescer e oferecia emprego aos habitante do restante do Estado de São Paulo e outras parte do país.

A cidade manifesta nos antigos bairros industriais as mudanças do trabalho e da indústria. A desindustrialização acontece pontualmente nos velhos bairros industriais da capital e de outros municípios da Região Metropolitana, cuja valorização imobiliária evidencia diverso processo de atuação ou resultado de atuação da expansão urbana, da lógica da valorização imobiliária indissociada das decisões políticas e das modificações da indústria e do trabalho. O espaço social da cidade produz-se de acordo com esse conjunto de determinantes, sobre os quais a ação política está presente.

A década de 1990 é um divisor de águas nas trajetórias dos principais indicadores da situação do trabalho no Brasil. Após cinqüenta anos de progressivo aumento no trabalho assalariado e formalização das relações de trabalho, houve drástica regressão no mercado de trabalho, com aumento de todas as formas de desemprego, crescimento dos vínculos de trabalho vulneráveis, queda dos rendimentos reais e concentração da renda.

A crise do capitalismo mundial atinge o Brasil de forma diferenciada nos anos 1980 e nos anos 1990. Nos anos 1980, a intensa recessão de 1981-1983 provocou redução significativa do emprego, retomado nos anos 1985 e 1986, seguido de nova crise e retomada parcial dos empregos. No entanto, nos anos 1990, as crises apresentam perfil absolutamente diverso, resultado da abrupta alteração da inserção brasileira na economia internacional, que desestruturou a indústria nacional e provocou a reestruturação da estrutura ocupacional. Decorre desse processo a contínua diminuição dos indicadores de emprego durante a década mesmo nos períodos nos quais houve crescimento econômico, como fica evidenciado na Tabela 1.

As regiões metropolitanas, particularmente as mais industrializadas, sofrem mais intensamente as conseqüências das políticas macroeconômicas adotadas (abertura comercial abrupta, taxas de juros elevadas, cambio sobrevalorizado): "Na Região Metropolitana de São Paulo, entre os anos de 1989 e 1999, a indústria perdeu 13,4 pontos percentuais da sua participação no total das ocupações geradas nesta região, correspondendo à destruição líquida de 720.000 postos de trabalho neste setor produtivo" (DIEESE: 2001:62).

| Tabela 2 | Município de São Paulo: estabelecimentos industriais e empregos formais

Indústria	1991	1995	1996	1997	1998	1999	2000	2001
N° de estabelecimentos		37.482	36.388	36.146	34.564	33.744	33.298	33.101

Trabalho	1991	1995	1996	1997	1998	1999	2000	2001
Total de empregos ocupados	3.556.392	3.354.150	3.340.717	3.259.854	3.156.731	3.111.585	3.211.775	3.204.202
Empregos ocupados na indústria	1.044.742	894.923	839.880	780.698	692.581	656.910	662.884	638.810

| Tabela 3 | Região Metropolitana de São Paulo: estabelecimentos industriais e empregos formais

Indústria	1991	1995	1996	1997	1998	1999	2000	2001
N° de estabelecimentos			49.857	50.089	48.707	47.987	47.886	48.058

Trabalho	1991	1995	1996	1997	1998	1999	2000	2001
Total de empregos ocupados	4.749.101	4.556.620	4.542.874	4.501.824	4.404.931	4.425.910	4.630.539	4.665.377
Empregos ocupados na indústria	1.672.814	1.471.699	1.382.982	1.307.999	1.178.067	1.139.645	1.173.609	1.153.174

Fonte: Seade com base nos dados da RAIS.

|Tabela 4| Evolução do emprego e desemprego – Município de São Paulo 1985-2002 (2), em porcentagem

Posição na Ocupação e Setor de Atividade	1985	1986	1987	1988	1989	1990	1991	1992	1993	1994	1995	1996	1997	1998	1999	2000	2001	2002
Posição na Ocupação																		
Assalariado	79,1	78,4	83,8	82,7	83,7	84,2	82,4	81,3	80,8	81,3	80,2	77,4	77,0	75,9	76,3	74,5	73,8	74,7
Autônomo	10,5	10,3	7,8	9,3	8,7	9,8	10,5	11,1	10,6	10,7	10,5	12,3	12,9	12,3	12,2	13,7	14,0	14,2
Empregado Doméstico	8,9	9,7	7,0	7,2	6,7	5,2	6,0	6,3	7,0	6,6	7,6	8,7	8,3	9,8	9,8	10,2	10,5	9,4
Outras	(1)	(1)	(1)	(1)	(1)	(1)	(1)	(1)	(1)	(1)	(1)	(1)	(1)	1,9	1,7	(1)	(1)	(1)
Setor de Atividade																		
Indústria	33,5	33,2	37,4	36,5	36,9	36,5	34,9	32,9	30,6	29,6	27,2	25,8	25,5	23,5	23,1	21,6	21,4	19,8
Comércio	17,1	18,1	16,9	17,1	17,6	18,3	17,4	17,1	18,0	18,3	18,5	19,3	18,7	17,8	17,5	17,9	17,8	17,7
Serviços	35,6	34,8	33,9	34,0	32,8	34,7	37,1	38,1	38,7	40,4	42,0	41,6	43,0	43,7	44,8	46,9	46,3	48,7
Outros	13,8	13,9	11,8	12,4	12,7	10,5	10,6	11,9	12,7	11,7	12,3	13,3	12,8	15,0	14,6	13,6	14,5	13,8

Fonte: SEP. Convênio Seade-Dieese. Pesquisa de Emprego e Desemprego - PED.
(1) A amostra não comporta a desagregação para esta categoria.
(2) Adaptação da Tabela: "Distribuição dos Desempregados com Experiência Anterior de Trabalho, segundo Posição na Ocupação e Setor de Atividade do Último Trabalho. Município de São Paulo, 1985-2002".

As transformações do trabalho, em curso, dependendo de diversas condições sociais, econômicas e outras afetam diretamente o operariado industrial tradicional, mas também originam formas de trabalho precarizado que acompanham as inovações tecnológicas.

Nos anos 1990, a metrópole continua seu processo de desconcentração de atividades que significa, ao mesmo tempo uma expansão. Qual é o novo caráter da concentração e desconcentração em curso? A desigualdade toma novas formas e novos conteúdos: território e relações sociais, relações de trabalho e formas de convivência com caráter segregador.

A alta tecnologia, a globalização da produção e consumo das mercadorias realizam a intensificação da composição orgânica do capital e de seus movimentos de centralização, da divisão social do trabalho, da circulação de mercadorias e convivem com a precarização do trabalho. As relações estabelecidas na modernização da indústria da última década e seu reflexo no trabalho com a terceirização e com a recriação de suas formas arcaicas (próprias do capitalismo primitivo ou pré-capitalistas, tais como o trabalho doméstico, com a participação de todos os membros da família e, portanto trabalho infantil).

O intenso crescimento da indústria recente com a instalação de indústrias avançadas quanto à tecnologia de produção, já que poupadoras de mão-de-obra, empregando poucas pessoas do município e também quanto à integração com as demais indústrias aparecia com uma contradição aguda aos nossos olhos. Evidencia-se a questão da precarização da força de trabalho nessa indústria moderna.

Nas raízes dessas transformações estão as bases da sociedade moderna e do capitalismo industrial em processo de intensificação e, portanto, de agudização das contradições inerentes ao seu funcionamento

A expressão mais flagrante das mudanças decorrentes das mudanças recentes no mundo do trabalho e da indústria em São Paulo, a metrópole resultante dos processos de industrialização e urbanização, é a presença diária de centenas de pessoas em busca de empregos temporários no centro da cidade, todas as manhãs, como acontecia nas aldeias e pequenas cidades européias antes da Grande Imigração do século XIX.

Notas

[1] Petrone. A indústria paulistana

[2] Livro editado por ocasião do quarto centenário da cidade: Azevedo, A,A. (1953)

[3] Mattos In: Azevedo, A. A. (1955:23)

[4] Citado por Mattos "O parque industrial paulistano", in: Azevedo, A. A. (1955, p.19).

[5] Destacamos Simonsen, Furtado, Petrone, Mattos, Dean, Silva, Cano, Mello, Martins, entre os que escreveram sobre a indústria paulista e paulistana.

[6] Ver publicações da Comissão de Justiça e Paz da Arquidiocese de São Paulo e teses defendidas por geógrados sobre o espaço da periferia urbana de São Paulo.

[7] Ver Benko, 1999.

[8] Citados em Pacheco (1992, v.4,p.91)

Bibliografia

AZEVEDO, Aroldo de. *A cidade de São Paulo. Estudos de Geografia Urbana.* Vol.III. São Paulo, AGB/Nacional, 1955.

ANTUNES, R.. *Os sentidos do Trabalho. Ensaio sobre a afirmação e a negação do trabalho.* São Paulo, Boitempo, 1999.

BENKO, Georges. *Economia Espaço e Globalização, na aurora do século XXI.* São Paulo, Hucitec, 1999.

DIEESE. *A Situação do Trabalho no Brasil.* São Paulo, Dieese, 2001.

ESTADO DE SÃO PAULO. *São Paulo no limiar do século XXI. Diagnósticos Setoriais de Economia Paulista.* Volume 3. São Paulo, Secretaria de Planejamento e Gestão/ Fundação Seade, 1992.

IBGE (INSTITUTO BRASILEIRO DE GEOGRAFIA E ESTATÍSTICA). *Censo 2000.* disponível na *internet*, no endereço http: em www.ibge.gov.br.

____. *Indicadores Sociais para Áreas Urbanas.* Rio de Janeiro, Fundação IBGE,1977 [1982].

LEFEBVRE, Henri. *O direito á cidade.* São Paulo, Documentos, 1969.

LENCIONI, Sandra. "Reestruturação urbano-industrial no Estado de são Paulo: a região da metrópole desconcentrada". In: SOUZA, M.A.A. et al. (orgs.) *Território – globalização e Fragmentação*, 3ª ed. São Paulo, Hucitec/Anpur, pp.198-210, 1999.

PACHECO, C.A.. *In: Governo do Estado de São Paulo. São Paulo no limiar do século XXI*, vol.4, 1992.

SEABRA, Odette. *Urbanização e fragmentação: apontamentos para estudo do Bairro e da Memória Urbana"*, fotocópia, 2001.

SEADE. Disponível na *internet*, no endereço http: www.seade.gov.br, acessado em 20/ 7/03.

CAPÍTULO 2

MODOS DE TRANSFORMAÇÃO E PERMANÊNCIA

METAMORFOSES DA EXPANSÃO URBANA NA GÊNESE DA MODERNA CIDADE DE SÃO PAULO*

Júlio César Suzuki

A expansão da aglomeração de São Paulo, predominante até meados do século XIX, era marcada pela irregularidade do traçado das ruas; leito carroçável estreito; terrenos que se estendiam até o fundo do vale; construções junto à testada; etc.

A transição para uma outra lógica de expansão da aglomeração se estabelece de forma lenta, mas gradual e decisiva. As ruas passam a ter um contorno mais retilíneo, chegando, quase sempre, ao sistema ortogonal; ampliação do leito carroçável das ruas; introdução da noção de lote em relação ao terreno; recuos laterais das construções; etc.

---

*Este texto fundamenta-se em nossa tese de doutorado A Gênese da Moderna Cidade de São Paulo – Uma Contribuição da Geografia Urbana à História da Cidade, defendida em 2002, na Faculdade de Filosofia, Letras e Ciências Humanas da Universidade de São Paulo, sob a orientação da Profa. Dra. Sandra Lencioni. Duas outras versões foram apresentadas em eventos internacionais: 9o Encuentro de Geógrafos de América Latina, realizado, em Mérida, México, entre 22 e 24 de abril de 2003, sob o título de "A Gênese da Moderna Cidade de São Paulo"; bem como no Rio de Janeiro Conference, com promoção da Commission on the Cultural Approach in Geography da União Geográfica Internacional, no Rio de Janeiro, entre 10 e 12 de junho de 2003, com o título "Escravos e imóveis na Metamorfose da Cidade de São Paulo".

O século XIX é um período em que a aglomeração de São Paulo passa por um processo de resignificação e transformações materiais, superando uma dimensão, eminentemente, administrativo-religiosa para incorporar a centralidade das atividades econômicas, sobretudo por conta da expansão do comércio e o desenvolvimento da atividade industrial e bancária.

O crescimento da atividade comercial deveu-se a situação geográfica do aglomerado de São Paulo, na convergência e irradiação de caminhos (SILVA, 1958:35).

Caio Prado Júnior é primaz na análise da situação, dentre outros fatores geográficos, na formação e no desenvolvimento da Cidade de São Paulo. A sua tese é a de que o aglomerado de São Paulo se conformava como o centro do sistema de comunicações do Planalto, tanto o sistema hidrográfico, geomorfológico e viário (PRADO JÚNIOR, 1979).

A condição de centro do sistema de comunicações do Planalto Atlântico permitiu ao aglomerado o crescimento da atividade comercial, que se beneficiou do crescimento demográfico ocorrido no século XVIII, bem como, da produção excedente que ocorria nas fazendas, além, das pequenas compras que os moradores dos sítios e fazendas realizavam na aglomeração de São Paulo (MARCÍLIO, 1974:20).

Por mais que o número de habitações tenha aumentado, chegando a reunir 9.359 habitantes[1], em 1794, conforme Afonso d'E. Taunay, o sítio manteve-se, praticamente, na área triangular em que se expandia o aglomerado no século XVI, entre os cursos d'água dos rios Tamanduateí e do seu afluente Anhangabaú (SILVA, 1958:39-40). Tanto que Odilon Nogueira de Matos (1958:49) chega a afirmar que

> Nem as condições geográficas, nem as circunstâncias históricas concorreram para o crescimento da cidade de São Paulo, nas três centúrias iniciais de sua existência. Por isso mesmo, na primeira metade do século XIX, a capital paulista pouco diferia da vila e cidade dos tempos coloniais.

A idéia de que não houve crescimento da Cidade não é plenamente correta: primeiro porque desconsidera o crescimento demográfico e das atividades econômicas, sobretudo a comercial; segundo porque avalia de forma muito genérica a área arruada.

Se levarmos em conta a área triangular em que se delineavam as primeiras ruas do aglomerado no século XVI, houve uma pequena expansão para oeste, além do rio Anhangabaú, até o ano de 1810.

De qualquer maneira, o aglomerado, em 1810, permanece, ainda, ocupando uma pequena área, cujas ruas, por mais que sejam retilíneas, não seguem um traçado ortogonal.

Mesmo as praças não possuíam um traçado regular, como o aponta Odilon Nogueira de Matos (1958:53).

De qualquer forma, era nesse aglomerado, com marcas de uma expansão muito afeita às determinações geomorfológicas, que se expandia o número de habitantes.

Em pouco mais de vinte anos, em 1817, segundo Padre Manuel Aires de Casal (1976:110), a população do termo da Cidade de São Paulo alcança a cifra de 23.760 moradores, em 4.020 fogos, em amplo processo de miscigenação com os indígenas.

A população do termo da Cidade aumenta em mais de dez vezes em pouco mais de um século[2]. No entanto, é considerada, em 1817, por Padre Manuel Aires de Casal (1976:110) como uma cidade medíocre, cuja descrição permite identificar algumas de suas características como a presença de veios hídricos (daí a necessidade de pontes), o uso da taipa nas construções, bem como a surpreendente existência de três hospitais.

Naquela oportunidade, a aglomeração de São Paulo estava dividida em apenas duas freguesias: Sé (a da catedral) e Santa Ifigênia (CASAL, 1976:110).

Era, ainda, uma aglomeração em que as edificações religiosas tinham lugar de destaque, tanto que Maria Luiza Marcílio (1974:9) lembra que, ao viajante dos primeiros decênios do século XIX, ao ultrapassar a colina em que se estabelecia a Igreja da Penha, "(...) São Paulo aparecia-lhe dominada pelas torres de suas oito igrejas, seus dois conventos e seus três mosteiros".

O Marechal Daniel Pedro Müller, no seu recenseamento, no segundo quartel do século XIX, em 1836, encontra três freguesias constituindo a porção mais adensada do termo da Cidade: Sé, Santa Ifigênia e Brás. As outras sete freguesias do termo da cidade distavam bastante do sítio urbano: Guarulhos, Nossa Senhora do Ó, Cotia, Nossa Senhora da Penha, São Bernardo, Juqueri e M'Boi (Embu) (MATOS, 1958:55).

A aglomeração muito pouco se diferenciava da de 1810. A expansão deu-se, sobretudo, no sentido oeste, para além do Rio Tamanduateí.

Além dessa pequena expansão do aglomerado houve a abertura de uma ou outra rua.

A porção mais adensada era constituída por apenas 9.391 habitantes, menos da metade da população total do termo da Cidade que englobava 21.933 habitantes (MARCÍLIO, 1974:98), residentes em 4.068 fogos, com predomínio de brancos (4.715 homens e 5.233 mulheres), seguidos pelos pardos[3] (2.813 homens e 3.534 mulheres) – dos quais 2.327 pardos estavam nas freguesias da Sé, Santa Ifigênia e Brás (MATOS, 1958:55-6).

Pouco mudou a área arruada, mas a presença de negros tornou-se cada vez mais marcante. Divididos, em 1836, entre "pretos crioulos" e "pretos africanos"[4] totalizavam 2.729 homens e 2.464 mulheres, ou seja, 5.193 habitantes, referentes a 23,68% do total da população. Desses, 2.830 negros estavam nas freguesias da Sé, Santa Ifigênia e Brás (MATOS, 1958:55-6).

Se reunirmos os negros aos pardos, teremos que, no núcleo mais adensado, havia um predomínio de negros e pardos, globalizando 55,45% da população total. Uma parcela extremamente significativa da população total da parcela mais adensada do aglomerado, revelando que a escravidão negra colocou-se como um marco da dinâmica econômica, sobretudo, como fundamento da riqueza e da reprodução das relações sociais. A propriedade do escravo definindo a possibilidade de ganhos, a acumulação de riquezas.

A escravidão negra tornou-se relevante, em São Paulo, apenas em meados do século XIX, associada à expansão da cultura cafeeira (PEREIRA, 1990:1.2/2).

Por essa razão, somente, a partir desse momento, torna-se relevante falar de renda capitalizada escravista em São Paulo, visto que seu comércio e a busca de ganho com a escravidão não eram determinações da reprodução das relações sociais na Cidade de São Paulo, por mais que o trabalho compulsório estivesse na base da acumulação primitiva do capital em atividades extrativas e produtivas.[5]

O trabalhador escravo foi utilizado, na Província de São Paulo, na agricultura e, também, na construção civil, tanto em aluguel como sob o comando de um artífice. Para o caso do aluguel de escravos na construção, foi fundamental a presença do artífice que ensinava ao escravo o ofício. Assim, o aluguel servia para ganho de juro e amortização do dinheiro investido nessa mercadoria-trabalho, onerando aquele que o contratava (PEREIRA, 1990:1.2/6).

O preço do aluguel do escravo artífice mantinha extrema relação com a qualidade de seu trabalho (PEREIRA, 1990:1.2/6-7).

Para aquele que adquiria o escravo, não era com a sua venda que se esperava ter um ganho extraordinário, mas com o seu aluguel (PEREIRA, 1990:1.2/18).

Mas, não foi porque o escravo artífice passou a ser alugado, detendo um conhecimento extremamente laborioso, que desapareceu a figura do escravo usado como mercadoria em si ou o escravo dedicado às tarefas do seu senhor.

A presença do escravo de aluguel, em São Paulo, foi concomitante à expansão do comércio de terras e imóveis urbanos, bem como à importância da terra como reserva de valor (PEREIRA, 1990:1.2/18).

Era uma sociedade em transformação, em que a capitalização da renda denunciava a transição da riqueza acumulada em escravos para a terra. Uma sociedade marcada pela mercantilização, tendo como fundamento da reprodução das relações sociais a terra absoluta, o trabalho livre (depois, ainda, assalariado) e o capital urbano-industrial. É o que aponta a *mercantilização* do trabalho do escravo com o seu aluguel (PEREIRA, 1990:1.2/7 e 21-2; 1.3/10).

A Cidade de São Paulo transforma-se determinada pela lógica mercantil do trabalho cativo e da terra.

A produção da moderna Cidade de São Paulo, como uma nova Cidade de São Paulo, fundamenta-se na capitalização da renda, uma superação da renda da terra à renda capitalizada escravista e renda capitalizada em imóveis, ou seja, a incorporação da renda da terra na lógica do capitalismo.

A renda capitalizada no Brasil, especificamente em São Paulo, no século XIX, aparece em duas de suas possibilidades: propriedade de escravos e de imóveis.

Há, ainda, outros bens que permitiam a extração de renda capitalizada, como a posse de muares, de carroças, dentre outros. No entanto, a acumulação de dinheiro estabelecia-se com base na propriedade de escravos e de terras, durante o século XIX, transitando do predomínio da renda capitalizada escravista à renda capitalizada em imóveis, ou seja, modificando o fundamento da reprodução das relações sociais.

Essas duas possibilidades de renda capitalizada, vinculada à propriedade de escravos e de imóveis, mostra-se bastante reveladora nesse período. Há transformações legais extremamente importantes no que concerne à terra e ao trabalho: Lei de 1º de outubro de 1831, a Lei de 12 de outubro de 1833, a Lei de terras de 1850, a Lei Eusébio de Queiro e o processo de abolição da escravidão[6].

Vale ressaltar que a renda capitalizada possui uma composição diversa, dependendo de se tratar da propriedade da terra ou do escravo. Assim, transformações legais relativas à terra e ao trabalho, no Brasil, interferem substancialmente no enriquecimento pessoal, pois a renda, que era predominantemente extraída da propriedade do escravo, passa, durante o século XIX, a ser sobretudo da propriedade da terra. Ocorrem, dessa forma, transformações marcantes no sentido da reprodução das relações sociais, que passam a ter sua base no trabalho livre, na terra, no capital produtivo.

A Lei nº 601, de 18 de setembro de 1850, a Lei de Terras, vem legitimar a mercantilização da terra como única forma de aquisição, bem como as posses anteriormente existentes, sendo que, para a realização da titulação, o Estado, que estava em formação, utilizou-se da única informação possível que garantisse a efetiva ocupação das terras: o registro paroquial.

A legitimação que o governo imperial dá ao registro denota as intrínsecas relações que mediavam o império e a Igreja[7].

De qualquer forma, as terras não estavam a disposição de todos, pois além de documentos falsificados com registros em cartórios oficiais, cujos escrivães e notários haviam sido subornados, o antigo escravo e o imigrante não tinham dinheiro, condição legal mínima para a aquisição da terra, após 1850, com a promulgação da mencionada Lei de Terras (MARTINS, 1990a:29).

Esse procedimento legal, que não excluiu outras formas de aquisição como a permanência da concessão de datas de terra ou a posse, estava em consonância com a transformação nas relações de trabalho, presentes na época, pois já havia influência inglesa para que a renda capitalizada no escravo fosse liberada para penetrar no circuito de produção, bem como no da renda capitalizada em imóveis urbanos.

A restrição de acesso à terra, possibilitado apenas por compra e venda, ou seja, o cativeiro da terra, está relacionada com a transição do trabalho escravo para o trabalho livre (MARTINS, 1990a:59). Segundo José de Souza Martins (1990a:121-2), a abolição progressiva da escravidão requereu a montagem do cativeiro da terra, ou seja, a terra deixava de ser livre para ser aprisionada como mercadoria pelo capital: a transição da renda capitalizada escravista à renda capitalizada em imóveis.

O cativeiro da terra foi de suma importância para que os escravos, que estavam sendo alforriados ou libertos, e os trabalhadores imigrantes não se apossassem de terras devolutas, pois dessa impossibilidade de acesso à terra colocou-se a necessidade da sujeição do trabalho dos escravos recém-libertos e dos imigrantes pobres ao latifúndio.[8]

Um problema então se punha com a abolição da escravidão: qual passaria a ser a garantia para os empréstimos bancários?

A solução encontrada estava na própria fazenda, "(...) representada sobretudo pelas plantações e pelas instalações (...)". Mas como os credores não queriam se tornar proprietários, quando das primeiras liquidações, levantou-se a questão das formas possíveis de se recuperar as quantias emprestadas. Para tanto, modificaram-se as leis dando no lugar do imóvel a penhora do fruto pendente e do fruto colhido (MARTINS, 1990a:30-1).

A produção, no entanto, só se realizaria com o braço do trabalhador, no caso, livre, o que impulsionou a constituição de condições para imigração. Um trabalhador praticamente impossibilitado de conseguir um pedaço de terra seu: obrigando-o a trabalhar para o fazendeiro. Dessa forma, "(...) A renda capitalizada no escravo transformava-se em renda territorial capitalizada; num regime de terras livres, o trabalho tinha que ser cativo; num regime de trabalho livre, a terra tinha que ser cativa (...)" (MARTINS, 1990a:31-2).

A transição do trabalho cativo para o trabalho livre teve grandes repercussões no valor do escravo, já que o sentido que se delineava, desde meados do século XIX até 1888, era o de realização dessa transição. Dessa forma, só permaneceram com escravos aqueles que tinham grande necessidade desse trabalho, ocorrendo grande concentração de escravos nas mãos de poucos proprietários (MELLO, 1990:106-9).

A participação cada vez menor dos escravos na riqueza pessoal dos senhores dava-se, também, por conta do aumento dos impostos, sobretudo após 1874, já que, entre 1871 e 1873, o imposto que vigorou foi de 200$000; em 1874, subiu para 500$000; e, em 1878, passou a 2.000$ sobre os novos escravos entrados na Província de São Paulo (MELLO, 1990:123-4).

Dessa forma, a riqueza concentrada no escravo vai se movendo para outros bens. O escravo vai deixando de ser fonte de trabalho e riqueza acumulada do fazendeiro. Tal privilégio passa a transitar para os imóveis urbanos e as ações.

Enquanto, entre 1845 e 1875, os três estamentos sociais — proprietários urbanos, sitiantes e fazendeiros do interior, estudados por Zélia Maria Cardoso de Mello, ainda mantinham números desiguais de escravos na participação de suas riquezas pessoais, o mesmo não acontece nos vinte e cinco anos seguintes, em que se priorizam os imóveis e as ações (MELLO, 1990:126-47).

Os liames que relacionam a transição da renda capitalizada escravista à renda capitalizada da terra aparecem até na legislação que define a compra como a única forma de apropriação de terras devolutas, conforme demonstra o art. 18, da Lei nº 601, de 18 de setembro de 1850, já que se aprova a possibilidade do Governo imperial em arcar com os custos da vinda de imigrantes: trabalhadores livres em substituição ao trabalho escravo que se encontrava no bojo do processo abolicionista — primeiro abolição do tráfico, depois abolição da escravidão negra no Brasil.

José de Souza Martins, sobre o uso do trabalho livre pelos latifundiários, ainda afirma que o trabalho realizado pelos trabalhadores livres seria uma alternativa que se apresentava a esses homens, como condição para juntar uma quantidade de dinheiro suficiente para a conquista de um pedaço de terra de trabalho, tão almejado, sobretudo pelo trabalhador imigrante (MARTINS, 1971:21; MARTINS, 1990a:129).

Nesse sentido, generaliza-se o regime de colonato nas fazendas de café, já que o trabalho do imigrante nessas propriedades seria uma das formas de acesso a uma acumulação de dinheiro necessária para a aquisição de uma pequena propriedade, o que se tornou possível para alguns imigrantes, quando da crise econômica de 1929 (MARTINS, 1990a:132).

Nessa discussão acerca da transição do trabalho escravo ao trabalho livre, torna-se central o sentido que toma a noção de trabalho, já que a existência do trabalhador livre requeria uma dominação ideológica que o submetesse ao trabalho. Dessa forma, é criada uma ideologia de trabalho necessário e suficiente para a conquista de um pedaço de terra aos imigrantes. Assim, o trabalho passa a ser instrumento de libertação para o imigrante que se identifica com o seu explorador, pois esse é visto como proprietário de uma riqueza que foi produzida com o suor de seu próprio rosto; não da exploração do trabalho de outrem (MARTINS, 1990a:133-4).

Dessa maneira, a produção ideológica da noção de trabalho é de suma relevância para a aceitação desse período de trabalho do imigrante nas fazendas de café, permanecendo distante do acesso à terra, distante de seu objetivo, distante de seu sonho.

As transformações na forma de aquisição da terra — de concessão de sesmaria para mercantilização da terra — e nas relações de trabalho — de escravidão para o trabalho livre — são frutos da forte influência inglesa no final do século XIX (MARTINS, 1990a:122).

A generalização da terra como mercadoria, a abolição da escravidão e o incentivo à imigração estão vinculados à pressão exercida pela Inglaterra, cujo objetivo era sumariamente expandir seu mercado, bem como garantir preços acessíveis na aquisição de matérias-primas, de que o Brasil era grande exportador.

Assim, podemos afirmar que a Lei de Terras, de 1850, se coadunava com os ideais mercantilistas do projeto inglês de ampliação de seu mercado, já que o número de consumidores cresceria com a entrada do contingente de escravos negros recém-libertos, bem como os imigrantes, sobretudo de italianos, que ao se monetarizarem, também, entrariam nesse mercado como consumidores potenciais.

Era esse, então, o contexto em que se inseria a constituição da propriedade privada da terra no Brasil.

Roberto Smith (1990:132-3), ao analisar a instalação e expansão da propriedade privada da terra no Brasil, salienta que, para Marx, a transição de formas anteriores de propriedade para a propriedade capitalista estava em consonância com a criação da força de trabalho necessária ao capital.

No entanto, a relação entre propriedade privada e capital não se estabelece de forma tão cordata como poderia parecer, pois parte da riqueza socialmente produzida é apropriada pelo trabalhador, por meio do salário, e o restante, ao invés de ser apropriado apenas pelo capitalista, é dividido entre o capitalista e o proprietário fundiário, respectivamente, por meio do lucro e da renda. Dessa forma, a existência da propriedade fundiária é um empecilho para uma maior taxa de lucro ao capitalista (MARTINS, 1990b; OLIVEIRA, 1990).

Superando o conflito da divisão da riqueza socialmente produzida, os proprietários fundiários tendem a sobrepor a busca da renda pela de lucro, ao incorporarem atividades produtivas. Assim, "(...) O moderno proprietário, ao produzir com vistas ao lucro, empregando trabalho assalariado, incorpora na sua pessoa tanto o arcaico arrendatário quanto o moderno empresário" (SMITH, 1990:134).[9]

Em São Paulo, em meados do século XIX, a situação do fazendeiro não era apenas de rentista, mas também de capitalista, é o que reconhece explicitamente José de Souza Martins:

> A renda capitalizada foi a principal forma do capital da fazenda cafeeira tanto sob o regime do trabalho escravo quanto sob o regime do trabalho livre. Por isso podia, a um só tempo, fazer do fazendeiro um empresário capitalista e da fazenda um empreendimento baseado principalmente em relações não capitalistas de produção (MARTINS, 1990a:23).
>
> (...) [N]o fazendeiro convive a condição de proprietário e capitalista (MARTINS, 1990a:33).

A transição da renda capitalizada escravista à renda capitalizada da terra não é imediata à Lei nº 601, de 18 de setembro de 1850, reconhecida como Lei de Terras, já que a transformação da terra em mercadoria, a absolutização da propriedade privada, não se estabelece de pronto, nem em São Paulo, nem no restante do país. Aliás, os levantamentos nos registros de terras indicam que a mercantilização da terra não parece ser determinada pela Lei de Terras, mas pela crise do trabalho compulsório, cujas raízes já estavam calcadas na primeira metade do século XIX[10].

A passagem do predomínio da escravidão como fundamento da reprodução das relações sociais para o da mercantilização de imóveis, na produção da aglomeração de São Paulo, está presente na transição de uma sociedade que incorpora, *de plus en plus*, o movimento das relações de produção capitalistas, substituindo o trabalho escravo pelo trabalho livre, valorizando a terra como negócio extremamente rendoso e constituindo o capital, que se torna cada vez mais industrial e urbano.

Trata-se dos novos fundamentos da reprodução das relações sociais determinantes na produção da moderna Cidade de São Paulo.

Paulo Cesar Xavier Pereira é contundente no estabelecimento das relações que estão presentes no movimento de produção da moderna Cidade de São Paulo:

> (...) o assalariamento do trabalho e a transformação do significado da propriedade imobiliária se constituíram em processos que estão ligados histórica e estruturalmente à constituição de relações sociais capitalistas no desenvolvimento da construção da cidade, de maneira que, nas desigualdades da modernização de São Paulo, desde o início, estão presentes tensões do desenvolvimento industrial e urbano na produção e apropriação da cidade moderna (PEREIRA, 1990:1.3/25).

A produção do aglomerado urbano[11] de São Paulo possui uma lógica que só se explica no desvendamento de sua relação com a reprodução das relações sociais.

Durante o século XIX, há uma mudança, marcada pela transição da renda capitalizada escravista à renda capitalizada em imóveis, na forma predominante de apropriação da riqueza do escravo ao imóvel.

José de Souza Martins (1975, 1990a, 1990b, 1991 e 1997a e 1997b), em vários de seus estudos, apontará os liames entre a transição da renda capitalizada escravista à renda capitalizada da terra em relação à mudança do trabalho escravo ao trabalho livre. Sua discussão, que tinha como objeto as transformações na apropriação da riqueza na agricultura, não se preocupou com a análise dos edifícios. Assim, sua categoria é a renda capitalizada da terra, não de imóveis, que é para nós mais explicativa para pensar as aglomerações, tendo em vista que a construção, geralmente, possui uma parcela das mais significativas, em relação à terra, na definição do preço total do imóvel (terra e edifício).

A transição da renda escravista à renda da terra significa que a terra passa a ter outra importância na reprodução das relações sociais.

A mudança do significado do termo "fazenda" revela a transformação do fundamento da reprodução das relações sociais da propriedade do escravo à propriedade da terra.

José de Souza Martins (1990a:23) foi muito feliz ao apontar que: "(...) 'fazenda' significava o conjunto de bens, a riqueza acumulada; significava sobretudo os bens produzidos pelo trabalho e o trabalho personificado no escravo (...)".

Assim, não era a terra que se definia como fazenda, mas a riqueza produzida pelo trabalho, bem como o trabalho personificado no escravo. No entanto, no decurso da segunda metade do século XIX, fazenda vai incorporando cada vez mais seu sentido territorial[12].

A resignificação da terra na reprodução das relações sociais se expressa, ainda, na sua mercantilização.

Segundo Roberto Smith (1991:134), a possibilidade de mercantilização da terra é uma das características da propriedade moderna (absoluta).

A propriedade moderna permitiu a produção capitalista da cidade de São Paulo, inclusa na lógica da terra como mercadoria e na criação de um mercado imobiliário.

A nossa interpretação é a de que a Lei de Terras não definiu a absolutização da propriedade privada, mas é a própria lei resultado da mudança na lógica de reprodução das relações sociais, em que a propriedade do escravo e dos imóveis coloca- se como instrumentos de apropriação de riqueza: a renda capitalizada.

É muito comum, no Brasil, uma leitura legalista do processo de transformação da terra em mercadoria. Definindo para a Lei de Terras, o equivocado papel de determinadora da absolutização da propriedade privada, sobretudo porque seus autores, influenciados pela força da legislação fundiária, sobrevalorizam essa determinação e minimizam o significado da mudança na lógica de reprodução das relações sociais, mesmo que esteja presente, em muitas das análises de autores com essa interpretação do processo de transformação da terra em mercadoria, a discussão da mudança no regime de trabalho e a transição da renda escravista à renda da terra. Trata-se, todavia, de um marco.

Os limites dessa leitura mais radical acerca do significado da Lei de Terras podem ser apreendidos por meio de uma análise sumária dos Registros de Terras da aglomeração de São Paulo.

Levantamentos no Registro de Terras das Freguesias da Sé, Santa Ifigênia e Brás, de 1855, 1856 e 1861[13], catalogados pela equipe de paleógrafos do Arquivo do Estado de São Paulo[14], permitiram a identificação de 703 propriedades, tendo em vista que, dos 552 registros, parte considerável incorporava duas ou mais propriedades que foram desmembradas em duas ou mais fichas. Houve casos em que a propriedade registrada era adquirida de várias formas e pessoas, o que obrigou a contagem dessas propriedades originárias.

Das 703 propriedades, constantes nos Registros de Terras de 1855, 1856 e 1861, das Freguesias da Sé, Santa Ifigênia e Brás, 317 tiveram sua aquisição por meio da compra, ou seja, 45,09%[15]. Essa foi a principal forma de aquisição. A herança foi a segunda forma mais relevante, sendo 137 propriedades adquiridas por meio da herança, representando 19,49% do total.

A aquisição por meio da compra não teve o mesmo peso entre as três freguesias. A Freguesia de Santa Ifigênia alcançou o índice de 47,06% dos registros, enquanto a Freguesia do Brás registrou 44,74% e, por fim, a Freguesia da Sé somente 36,36% das propriedades foram obtidas por meio da compra.

Dessa parcela das propriedades obtidas por meio da compra, foi possível verificar uma grande quantidade cuja aquisição fora realizada antes de 1850.

Esse levantamento, por mais que não tenha permitido a definição do ano de aquisição de todas as propriedades, corrobora a idéia de que a negociação com terras nas Freguesias da Sé, Santa Ifigênia e Brás já existia antes de 1850.

Já os levantamentos de Ricardo Abid Castillo nos Registros de Terras das Freguesias da Sé, Santa Ifigênia e Brás, de 1855 e 1856, permitem definir os momentos de maior incidência, da compra como forma de aquisição das propriedades.

Os levantamentos de Ricardo Abid Castillo encontraram um total de 556 registros[16]nas Freguesias da Sé, Santa Ifigênia e Brás, nos anos de 1855 e 1856, dos quais 46,5% se realizaram por meio da compra (Sé: 40%; Brás: 48%; e Santa Ifigênia: 47%) (CASTILLO, 1993:60 e 62).

Das terras adquiridas por meio da compra, parcela considerável o foi antes da Lei de Terras. Algumas tiveram sua compra ainda no século XVIII, conforme o levantamento de Ricardo Abid Castillo nos Registros de Terras das Freguesias da Sé, Santa Ifigênia e Brás.

A negociação com terras, nas três freguesias, alcança uma proporção bastante grande, a partir da qual é impossível afirmar que a terra não fosse mercadoria antes de 1850.

Das terras adquiridas por meio da compra, nas Freguesias da Sé, Santa Ifigênia e Brás, nos registros de 1855 e 1856, 55,8% tiveram sua obtenção anterior à Lei de Terras[17]. Se tomarmos o caso da Freguesia de Santa Ifigênia, a porcentagem das terras adquiridas por meio da compra, anteriores à Lei de Terras, é de 62%.

Somente na Freguesia da Sé o índice de terras adquiridas por meio da compra, anteriores à Lei de Terras, é bem menor: 37%. Mas não é desprezível, sobretudo porque representa um terço dos registros de terras dessa freguesia. Essa presença marcante da compra como forma de aquisição de terras corrobora a idéia de que a absolutização da terra estava se constituindo antes da Lei de Terras.

Raquel Glezer (1992:99-100), ao analisar o significado da décima urbana na demarcação espacial da área urbana sobreposta aos marcos do rossio e do termo da aglomeração de São Paulo, como marco referencial para a legislação imperial, apontou duas leis que poderiam ser uma etapa prévia da Lei de Terras: a Lei de 1º de outubro de 1831, que organizava o Tesouro Público Nacional e as Tesourarias Provinciais, definindo a obrigatoriedade do registro dos bens nacionais, indicando o título de aquisição, as confrontações, a data de incorporação e o seu preço; e a Lei de 12 de outubro de 1833 que tornava os aforamentos de terrenos urbanos em perpétuos.

Essa interpretação é extremamente coerente com os Registros de Terras das Freguesias da Sé, Santa Ifigênia e Brás, de 1855 e 1856, pois 49% das terras adquiridas por meio da compra tiveram sua obtenção entre os anos de 1831 e 1850.

Os Registros de Terras das Freguesias da Sé, Santa Ifigênia e Brás referem-se, sobretudo, à área rural, conforme nossos levantamentos nos registros puderam indicar, já que das 703 propriedades, 469 se referem a sítio, chácara, capão de mato, capuava, cercado, cultivado, fazenda, pasto, pedaço de terras, potreiro, rancho, rincão, sorte de terras e terras, perfazendo 66,71% do total de propriedades registradas em 1855, 1856 e 1861. De outra parte, há 234 propriedades que se referem à área urbana (casa, quintal, tapera, terreiro, terreno, terreno com casa, terreno com edifícios e terreno com fornos de cozer), perfazendo 33,29% do total de propriedades registradas em 1855, 1856 e 1861 nas Freguesias da Sé, Santa Ifigênia e Brás.[18]

Por mais que essas terras estivessem fora da demarcação da cobrança da décima urbana, conforme salientara Raquel Glezer [19], e, portanto, fora dos limites legalmente definidos como urbanos, apontam para a transição do rural ao urbano e para a transformação da terra em mercadoria.

Nesse sentido, corrobora o conceito de propriedade privada que vai se conformando e se introduzindo na lógica das representações sociais, permitindo a definição da terra como instrumento de entesouramento, além de *locus* da atividade social e econômica; permitindo que as terras urbanas, também, se transformassem em mercadoria.

Raquel Glezer pondera que a isenção de registro das terras em que ocorria a cobrança da décima urbana significava que

> (...) essas porções eram protegidas e estavam, ao menos temporariamente, livres do mercado de terras. Em algumas áreas, sob controle municipal, a terra ainda não fora transformada em mercadoria, continuando a ser distribuída pela Câmara como parte do 'bem comum', e se mantinha como bem de uso coletivo (GLEZER, 1992:78-9).

Nossa interpretação, no entanto, é outra. Acreditamos que a isenção do registro dificultava a possibilidade de transmissão por meio da compra, mas não a impedia, como não o conseguiu fazer nas terras rurais. Essa interpretação é corroborada pela afirmação de Roberto Smith de que a propriedade fundiária, ao longo do período colonial e mais além, teria dificuldade de ser legitimada, quando obtida por meio da compra:

> (...) a propriedade fundiária, ao longo do período colonial, e mais além, será elemento de difícil legitimação privada a partir do Estado, como domínio definitivo, absoluto, passível de objetividade circunscrita a transações contratuais de compra e venda, e explicitação de preços, direitos sucessórios certos e, sobretudo, como garantia de dívida. (SMITH, 1990:162-3).

Assim, as terras, mesmo com esse obstáculo no caso de adquiridas pela compra, não deixaram de ser comercializadas.

A Lei de Terras teria dado às terras rurais o respaldo necessário quando adquiridas por meio da compra. O que, como deixará claro Raquel Glezer, não ocorreu nas terras urbanas, ou seja, por mais que o entendimento de Roberto Smith (1990:350) seja de que a Lei de Terras tenha dado respaldo estatal para a legitimação da propriedade privada, sua abrangência explicativa se estabelece, sobretudo, fora da área demarcada pela décima urbana, na qual tal legitimação ainda não se estabelecera quando da regulamentação dos registros em 1854, conforme deixara claro Raquel Glezer.

A legitimação estatal das terras apropriadas por meio da compra na área em que havia cobrança da décima urbana vai se estabelecer de forma gradual, em que a grande marca de transição será a formação do mercado de terras e, sobretudo, a expansão das atividades urbanizadoras.

Por outro lado, os resíduos de uma lógica de apropriação da terra, sobretudo, pela concessão e posse ainda persiste no aglomerado de São Paulo até os finais do século XIX, particularmente no que concerne à distribuição de terras devolutas, conforme apontara Roberto Monaco (1991:72,74 e 77) ao analisar o processo de transferência das terras devolutas das mãos do poder público para a propriedade privada e seu vínculo com o crescimento da cidade de São Paulo entre 1554 e 1930.

Mesmo na área rural, Roberto Monaco (1991:46) indica que a venda de terras devolutas não foi imediata à promulgação da Lei de Terras, tornando-se mais comum após 1865, como resultado da possibilidade de parcelamento do pagamento em 1858.

Assim, o negócio com imóveis vai se ampliando após meados do século XIX, tanto que Raquel Glezer (1992:124), em sua pesquisa sobre a décima urbana em São Paulo, encontrou discussão empreendida pelo vereador Quartim, chamando a atenção dos edis para o processo de especulação com terras concedidas.

No entanto, somente no último quartel do século XIX, a aglomeração irá conhecer uma rápida ampliação do sítio. Já nos anos de 1880, começam a se formar os primeiros bairros residenciais (PRADO JÚNIOR, 1979:127).

Paulo Cesar Xavier Pereira (1990: 8) é contundente ao afirmar que, conforme levantado pelo *Recenseamento de 1872*, o setor de edificações concentrava o maior número de obras e trabalhadores, sobretudo na área central e na Consolação.

Na constituição da Cidade, a participação dos escravos na construção civil, os quais eram reconhecidos como Thebas, ou seja, "(...) os feitos de escravos que dada a qualidade de seu trabalho na construção alcançaram a alforria e permaneceram para a história da arquitetura desta cidade [São Paulo]" (PEREIRA, 1990:2-3).

No que concerne ao parâmetro arquitetônico, vale lembrar a singularidade de São Paulo em relação ao material empregado e às técnicas construtivas utilizadas nas edificações em taipa. Singularidade que se põe, também, em relação ao uso do escravo que tendia a diminuir em outras regiões e que, em São Paulo, sobretudo na década de 70 do século XIX, participa de forma significativa entre os trabalhadores de edificações (PEREIRA, 1990:2-3).

A pujança na edificação de imóveis, em si, não é reveladora das diferenças sociais que a impregna. Há palacetes, há confortáveis residências de aluguel, mas há, também, o cômodo de aluguel (PEREIRA, 1990:9).

Assim, com base na substituição da taipa de pilão para o tijolo nas edificações, se estrutura um mercado de imóveis extremamente segregador.

A expansão da aglomeração de São Paulo já aponta para o mercado de imóveis que tomara forma, sobretudo, na passagem do século XIX para o XX.

Amélia Luísa Damiani (2000:23), fundamentada em Pierre Monbeig e Caio Prado Júnior, é contundente ao recuperar o papel dos especuladores imobiliários na expansão urbana na passagem do século XIX ao século XX:

> Da cidade de taipa de pilão, da época colonial, à cidade do tijolo houve, nesta passagem do fim do século XIX ao início do século XX, a importância do café, da industrialização, da ferrovia, depois do bonde elétrico e uma extraordinária especulação imobiliária, envolvendo o centro. O que implicou a destruição de igrejas de taipa, de edificações e a expulsão da população negra e parda das redondezas, na base da administração de Antônio Prado. Esse processo também implicou a venda de antigas chácaras transformadas em loteamentos de características mais abastadas, como em Campos Elíseos ou Higienópolis, e mais populares, como Barra Funda e Bom Retiro. Pierre Monbeig menciona uma epidemia de urbanização. Caio Prado Jr. também acentua a influência da especulação imobiliária na expansão urbana, inclusive com grilagem de terrenos: bastava traçar as ruas, às vezes no papel apenas, e passar os terrenos aos compradores.

Novos loteamentos vão surgindo, deixando vazios sem edificação ou arruamento.

É a moderna cidade de São Paulo sendo construída sob os fundamentos da terra como mercadoria fundamental na reprodução das relações sociais.

A transformação da terra em mercadoria e seu significado na mudança da lógica de expansão urbana, com a introdução da noção de lote e loteamento, relacionam-se às metamorfoses da riqueza que transita do escravo passa a terra.

A transição do trabalho escravo ao trabalho livre relaciona-se ao processo de absolutização da propriedade privada, a transformação da terra em mercadoria; cujos resultados são extremamente importantes na alteração da lógica de expansão urbana da aglomeração de São Paulo, com o surgimento de novos sujeitos sociais, particularmente o loteador.

O particular, então, coloca-se como um possível loteador, já que nem todo particular realizará a fragmentação da terra. É um novo sujeito histórico, dos mais importantes, na expansão urbana, tendo como instrumento o loteamento, que alterou, significativamente, a forma de expansão da cidade de São Paulo.

A mudança na forma de expansão da aglomeração requereu uma alteração no sistema de representação do espaço que incorporasse a possibilidade de se definir com precisão os limites, calcular as áreas e propor um desenho regular do traçado das ruas.

Essa alteração no sistema de representação do espaço foi importada do projeto iluminista europeu que, ao introduzir a noção de perspectiva, permitiu o aprimoramento dos princípios matemáticos (HARVEY, 1993:224-5)

Alcançou-se, então, a possibilidade de levantamentos cadastrais extremamente precisos: "(...) A ciência da projeção mapográfica e as técnicas de levantamento cadastral os tornaram descrições matematicamente rigorosas. Eles definiam, com crescente grau de precisão, direitos de propriedade da terra, fronteiras territoriais, domínios de administração e controle social, rotas de comunicação etc." (HARVEY, 1993:227).

David Harvey deixa claro que as possibilidades criadas pelo uso da perspectiva na geometrização do espaço permitiram a transformação da terra em mercadoria:

> A conquista e o controle do espaço, por exemplo, requerem antes de tudo que concebamos o espaço como uma coisa usável, maleável e, portanto, capaz de ser dominada pela ação humana. O perspectivismo e a cartografia matemática fizeram isso considerando o espaço abstrato, homogêneo e universal em suas qualidades, um quadro de pensamento e de ação estável e apreensível. A geometria euclidiana forneceu a linguagem básica do discurso; construtores, engenheiros, arquitetos e administradores de terra, por sua vez, mostraram como as representações euclidianas do espaço objetivo podiam ser transformadas numa paisagem física espacialmente ordenada. Os mercadores e proprietários de terras usaram essas práticas para seus propósitos de classe, enquanto o Estado absolutista (com a sua preocupação com a taxação da terra e a definição do seu próprio campo de domínio e de controle social) também apreciava a capacidade de definir e produzir espaços com coordenadas espaciais fixas. Mas, no mar de atividades sociais, havia ilhas de prática em que toda espécie de outras concepções do espaço e do tempo ¾ sagradas e profanas, simbólicas, pessoais, animistas ¾ podiam continuar a agir imperturbáveis. Havia necessidade de algo mais para consolidar o uso real do espaço como algo universal, homogêneo, objetivo e abstrato na prática social. Apesar da pletora de planos utópicos, o 'algo mais' que viria a dominar foi a propriedade privada da terra e a compra e venda do espaço como mercadoria (HARVEY, 1993:231).

Esse trecho de David Harvey, ainda, permite-nos decifrar um outro elemento do processo de mudança na lógica predominante de expansão urbana, qual seja: a modernização, da qual participaram construtores, engenheiros, arquitetos e administradores de terras, cujas concepções estavam matizadas pela geometria euclidiana[20].

É nosso entendimento que esse segundo resultado do uso da geometria euclidiana, a modernização, configura-se como um elemento de valorização do espaço, enquanto o primeiro, a definição da terra mercadoria, permite a extração da renda absoluta, no bojo do processo de absolutização da propriedade privada, ou seja, da transformação da terra em mercadoria.

A mudança do significado dos imóveis na reprodução das relações sociais, incorporando o significado de riqueza em si, mercadoria no sistema de trocas, estava relacionada às transformações operadas na lógica de expansão dos aglomerados, no que concerne ao processo de fragmentação da terra, ao uso do terreno e à arquitetura do edifício.

Em relação ao processo de fragmentação da terra, tornou-se cada vez mais comum, sobretudo no final do século XIX, a presença do loteamento que tivesse como fundamento a transformação da terra em mercadoria, a absolutização da propriedade privada, em que a transição do predomínio da concessão de terras à sua mercantilização foi fundamental, conforme nos afirmara Murillo Marx (1991:109).

A nova forma de espraiamento da aglomeração, marcada pelo loteamento, estava relacionada a uma transformação do uso do terreno.

Os terrenos eram utilizados, até a segunda metade do século XIX, sobretudo, em suas testadas, com as moradias tendo sido construídas apenas em sua parte frontal.

O restante do terreno, o fundo, era muito pouco utilizado. Ora com alguma frutífera, ora com alguma criação (porcos e galinhas).

A imagem panorâmica da coleção de Beatriz e Mário Pimenta Camargo, uma aquarela sobre papel, sem título, aponta muito bem que os quintais eram muito pouco utilizados (REIS, 2001:190-1).

O desenho, em lápis, de Charles Landseer, da Cidade de São Paulo, em 1827, também revela quintais pouco utilizados. Há algumas árvores, das quais não é possível distinguir frutíferas além de bananeiras (LAGO, 1998:101).

Na segunda metade do século XIX, ainda, os quintais eram muito pouco utilizados, como fica marcado pela fotografia de Militão Augusto de Azevedo da Ladeira do Porto Geral (1862/63) (LAGO, 2001:43).

Mas havia alguns quintais em que o uso com frutíferas era bastante intenso, como se percebe na fotografia de Militão Augusto de Azevedo da Casa das Educandas (1862/63) (LAGO, 2001:46).

As fotografias de Militão Augusto de Azevedo, no entanto, pouco retrataram os quintais, o pedaço de uso doméstico, uma circunscrição da vida privada. Suas lentes enfocaram, sobretudo, as ruas, revelando que os terrenos eram utilizados a partir de suas testadas, com as edificações bem junto à rua. Cada edificação de parede e meia com a vizinha. Essas são marcas tão generalizadas da fisionomia da aglomeração de São Paulo que podem ser visualizadas na maior parte das fotografias de Militão, como, por exemplo, a vista da cidade do paredão do Piques (LAGO, 2001:56), em que as ruas são desenhadas pela testada das edificações.

As ruas desenhadas por um alinhamento cada vez mais perfeito das edificações.

No entanto, as ruas, por mais que seguissem uma certa regularidade, não se estabeleciam em uma reta perfeita. A fotografia do cruzamento da Rua das Casinhas muito bem revela a imperfeição do traçado viário (LAGO, 2001:66).

A fotografia da Rua do Rosário, ainda, revela que ao mesmo tempo em que não se tinha uma rua perfeitamente reta, nem sempre a largura permanecia a mesma (LAGO, 2001:64).

Nesse mesmo sentido, de caracterização das ruas, a fotografia da Ladeira de São Francisco é perfeita. Revela uma rua extremamente sinuosa, cujas testadas estão no limite dos terrenos (LAGO, 2001:115).

Se a testada era um dos elementos mais importantes na definição do significado e da valorização social do edifício, sob a influência da mercantilização da terra, é sua área que passa a ocupar esse lugar na definição da situação do lote no sítio urbano, mas, também, no mercado imobiliário (MARX, 1991:112).

Nesse contexto de valorização da terra, na reprodução das relações sociais, em que a área passa a ser cada vez mais importante na definição do preço do lote, o alinhamento das ruas e dos lotes passa a ser elemento marcante, sobretudo por conta do cálculo de sua área (MARX, 1991:114).

Assim, a forma do lote passa a ser elemento de grande cuidado, já que o seu preço alcançou patamares muito mais elevados do que o terreno, no momento em que a terra quase nada representava em termos monetários. Com essa dimensão mercantil, o rigor de medição da área torna-se cada vez mais importante[21]. Por conta disso, a forma utilizada passa a ser a retangular (MARX, 1991:112).

Outro elemento a se alterar, nessa transição, é o afastamento frontal e lateral do imóvel em relação aos limites do lote (MARX, 1991:113).

É uma nova cidade que surge com a demolição, construção e reconstrução dos edifícios. O exemplo da Rua Brigadeiro Tobias (Antiga Rua Alegre) é bastante representativa do processo de metamorfose da aglomeração na gênese da moderna cidade de São Paulo. Se a Rua Alegre, em 1862, não possuía calçadas, as casas eram, geralmente, térreas e simples; em 1887, novas edificações são construídas, já incorporando padrões urbanísticos mais requintados, além da definição das calçadas. A Rua Brigadeiro Tobias, em 1914, parece que, não só trocou de nome, mas, é uma outra rua, em que predominam as edificações de dois níveis, com uma certa uniformidade arquitetônica, calçadas, energia elétrica e o bonde (ARQUIVO DO ESTADO DE SÃO PAULO, 1982).

Mudanças semelhantes foram operadas na Rua Florêncio de Abreu (Antiga Rua da Constituição). A grande diferença é a de que, em 1887, não houve, no trecho da esquerda, a substituição das edificações térreas pelas de dois níveis, como no caso da Rua Brigadeiro Tobias. Mas a modernização de 1914 é também marcante na fotografia da Rua Florêncio de Abreu em 1914. (ARQUIVO DO ESTADO DE SÃO PAULO, 1982).

Na Rua do Comércio, as transformações são muito mais intensas. A fotografia de 1862 já revela uma rua mais moderna que as de mesma época. A calçada já está delineada. As edificações possuem certos cuidados arquitetônicos, que apontam para famílias mais ricas que as das duas ruas anteriormente apontadas ou a existência de atividades comerciais bastante lucrativas no contexto da aglomeração (ARQUIVO DO ESTADO DE SÃO PAULO, 1982).

Em 1887, a Rua do Comércio possui ou edificações em dois níveis, ou até mesmo em três, ou construções de um único nível, mas com pé direito bastante alto (ARQUIVO DO ESTADO DE SÃO PAULO, 1982).

A Rua do Comércio, em 1914, já se mostra inserida no mais alto padrão da modernidade possível, com cuidados arquitetônicos diferenciados em cada edifício (ARQUIVO DO ESTADO DE SÃO PAULO, 1982).

Todas essas transformações da Cidade estão no bojo do processo de ampla valorização do espaço, com aumento do preço dos imóveis que permitem a extração de renda capitalizada cada vez mais elevada.

A capitalização da renda da terra foi preferida em relação à capitalização da renda do escravo, no século XIX, produzindo uma nova Cidade, marcadamente capitalista, fundada na mercantilização da terra, na valorização do espaço, na extração da renda nos moldes capitalistas: a moderna cidade de São Paulo.

Ou seja, a expansão da cidade de São Paulo, durante o século XIX, é marcada pela passagem de um paradigma predominantemente geomorfológico para um areal, em que o significado que a terra assume na reprodução das relações sociais é elemento essencial, sobretudo, pelo reconhecimento social que passa a ter a propriedade mais do que a apropriação, sendo a Lei nº 601, de 1850, o instrumento jurídico de legitimação da mercantilização da terra.

No bojo desse movimento de resignificação da terra, na Cidade de São Paulo, a riqueza que era posta no escravo africano transita prioritariamente para os imóveis urbanos e o mercado de ações, introduzindo uma nova forma de expansão urbana: o loteamento.

A metamorfose da riqueza do escravo para os imóveis urbanos impõe a alteração no sistema de representação do espaço que, fundado na noção de perspectiva, incorpora a possibilidade de definir com precisão os limites, calcular as áreas e propor um desenho regular do traçado das ruas.

Assim, a resignificação da terra na reprodução das relações sociais exigiu transformações culturais extremamente significativas de aceitação de uma nova lógica de acumulação de riqueza, em que a cidade, marcada pelo processo de mercantilização dos imóveis urbanos, desenha-se com novos padrões estético-urbanísticos definindo uma nova forma urbana: a moderna Cidade de São Paulo.

Notas

[1] Provavelmente, esse número de habitantes se refirasobretudo, à área central, ocupada naquela oportunidade pela paróquia da Sé (tendo o desmembramento, em 21 de abril de 1809, da paróquia de Santa Ifigênia; em 21 de outubro de 1812, da paróquia de São Bernardo; e, em 8 de junho de 1818, da paróquia do Brás), pois, segundo Maria Luiza Marcílio, em 1798, havia 10.542 habitantes, nessa paróquia, enquanto a população total das paróquias do termo da cidade de São Paulo, totalizavam 21.304 habitantes em 1798 (MARCÍLIO, 1974: 39-40 e 103).

[2] Vale lembrar que, em 1769, o termo da Cidade de São Paulo perde área considerável pelo desmembramento de Atibaia, Nazaré e Jaguari (MARCÍLIO, 1974:98), tendo tido um crescimento ainda maior a população da área que permaneceu como termo da Cidade.

[3] Os pardos se definem como mestiços de negros com brancos: mulatos (FERREIRA, 1986:1296).

[4] Os pretos crioulos eram os negros nascidos no Brasil, enquanto os pretos africanos eram os oriundos do continente africano, pois, segundo Aurélio Buarque de Holanda Ferreira, crioulo: "(...)3. Dizia-se negro nascido na América" (FERREIRA, 1986: 499).

[5] Agradecemos Amélia Luisa Damiani que se predispôs a discutir conosco o papel da propriedade no processo de acumulação primitiva do capital, do qual a cidade é elemento essencial para a sua reprodução ampliada, além de nos indicar bibliografia fundamental para o aprofundamento do debate. Essa discussão de Amélia Damiani aparece em quatro de seus textos: DAMIANI (1999a, 1999b, 2000 e 2001).

[6] O tráfico de escravos era "(...) formalmente ilegal desde o acordo com a Inglaterra em 1826 e a lei regencial de 7 de novembro de 1831. A última qualificava como livres os africanos aqui aportados dessa data em diante (...)" (BOSI, 1992:196). Em 28 de setembro de 1871 é aprovada, pela Câmara, a Lei do Ventre Livre, "em que se declaram livres os filhos de escravos nascidos daquela data em diante, e se dão algumas providências para estimular a alforria dos escravos existentes", em 28 de setembro de 1885, é aprovada a Lei do Sexagenário "(...) que concedeu liberdade aos escravos maiores de sessenta anos (...)" (PRADO JUNIOR, 1970: 178 e 181).

[7] Sobre as intrínsecas relações existentes entre Estado e Igreja, indicamos o trabalho de Murillo Marx (1991).

[8] Sobre a imigração de trabalhadores do exterior, a tese de doutorado de José de Souza Martins (1971) é fundamental para demonstrar que mesmo as colônias criadas para a instalação desses trabalhadores não possibilitavam a sua efetiva reprodução social, fazendo-os trabalhar para os grandes proprietários de terra.

[9] Essa confluência de atividades na pessoa do proprietário fundiário nos faz lembrar a afirmação, de Mark Gottdiener (1993:164-5 e 183).

[10] Em relação ao fim do tráfico negreiro no Brasil, Suely Robles Reid de Queiroz, em A abolição da escravidão, lembra que, em 1810, Portugal assinou Trato de Aliança e Amizade com a Inglaterra, em que se firma o compromisso lusitano de cooperar na abolição do comércio negreiro. Pouco se alcança e, em 1853, a Inglaterra consegue que D. João proíba a compra e tráfico de escravos africanos. Pouco depois, já com o Brasil independente, em 1826, o Brasil necessitando do reconhecimento de sua autonomia, capitula a extinção do tráfico em três anos, sendo o acordo assinado em 1827. Tendo em vista os subterfúgios utilizados no não cumprimento de acordos anteriores, a Inglaterra, fundada na argumentação do ministro do Exterior Lord Aberdeen de que a questão não poderia ser resolvida unilateralmente, na década de 1840, define que "(...) o tráfico fora considerado pirataria, crime pelo direito das gentes, seria reprimível por toda e qualquer nação", conferido aos ingleses poder de jurisdição sobre os navios brasileiros capturados por tráfico negreiro. Tais navios poderiam ser apreendidos e julgados pelo tribunais do Almirantado e Vice -Almirantado britânicos. Essa situação feria os princípios da soberania nacional brasileira. Assim, não tendo como justifica a prática do tráfico negreiro à opinião pública internacional e buscando reconquistar os parâmetros essencias da soberania nacional, o Governo brasileiro promulga a lei nº 581, de 4 de setembro de 1850, baseada no projeto de Eusébio de Queiroz. Essa sim, uma legislação que se instrumentalizou e, aliada à determinação de Eusébio de Queiroz, conduziu ao fim do tráfico negreiro no Brasil (QUEIROZ, 1978:22-27).

[11] Estamos entende urbano, aqui, no sentido que lhe dá Paul Singer, em Economia Política e Urbanização, para o qual o urbano se define quando há excedente de produção que permite a existência de uma parcela da população realizar atividades não Primárias, bem como é necessário "(...) que [se] criem instituições sociais, uma relação de dominação e exploração enfim, que assegure a transferência do mais-produto do campo à cidade" (SINGER, 1990:13).

[12] A radicalização dessa mudança de significado do termo "fazenda" se completa, nos finais do século XX, quando passa a incorporar até mesmo a possibilidade uma terra sem trabalho algum que a tenha modificado: a terra improdutiva.

[13] Vale salientar que houve apenas um registro em 1861, o que não invalida qualquer comparação com levantamentos apenas 0,14% do universo total de propriedades registradas nas Freguesias da Sé, Santa Ifigênia e Brás.

[14] A descrição dos critérios utilizados pela equipe de paleógrafos do Arquivo do Estado de São Paulo está publicada em: Arquivo do Estado de São Paulo (1986: 7-15). Já a catalogação está em: a)Arquivo do Estado de São Paulo (1986); b) Arquivo do Estado de São Paulo (1998); e c) Arquivo do Estado de São Paulo (1999).

[15] Foram consideradas compras somente aquelas propriedades cujas formas de aquisição estavam descritas nesta modalidade, desconsiderando casos de outras modalidades que também configuravam como tendo tido a compra como forma de aquisição anterior (como é o caso do registro nº 22 da Freguesia do Brás, em que a esposa herdou do marido que comprara o terreno em 20 de abril de 1842) ou omissão de origem (como é o caso do registro nº 142B da Freguesia do Brás em que o sítio fora adquira pelo marido da proprietária em 10 de abril de 1821).

[16] A análise de Ricardo Abid Castillo difere da nossa no que concerne ao critério de levantamento. Castilho teve como parâmetro o número de registros, não o número de propriedades registradas. Consideramos o levantamento com base no número de registros limitador por desconsiderar as possibilidades de duas ou mais propriedades constantes no mesmo registro e com formas distintas de apropriação, como é o exemplo do registro nº 4 da Freguesia da Sé em que havia uma chácara adquirida por meio de compra e um terreno obtido com omissão de origem; ou o registro nº 17 da Freguesia do Ó, cujo sítio foi constituído de duas outras propriedades: uma resultante de meação dos bens do marido (outra forma de aquisição) e outra de herança do pai (herança); ou o registro nº 41 da Freguesia do Ó que resultou da posse primária de um sítio, compra de um terreno e compra de terras. No entanto, cabe frisar que o critério de levantamento não definiu uma distorção da análise suficiente para invalidá-la. As tendências gerais encontradas foram mesmas no levantamento de Ricardo Abid Castillo e o nosso. No que concerne ao momento de aquisição das propriedades, por ausência dessa informação nos Registros de Terras da Freguesia da Sé, Santa Ifigênia e Brás de 1855, 1856 e 1861, tendo em vista a validade de seu levantamento na definição das formas de aquisição.

[17] As tabelas organizadas por Ricardo Abid Castillo dividem as classes de período, de forma geral, por décadas. Assim, o ano de referência não é de 1850, mas de 1851. Como a Lei de Terras foi promulgada já em setembro de 1850, tomaremos os dados desse ano como anteriores a essa legislação.

[18] Arquivo do Estado de São Paulo (1986); Arquivo do Estado de São Paulo (1998); Arquivo do Estado de São Paulo (1999).

[19] Raquel Glezer, ao analisar os parâmetros para definição da área de realização dos registros de terras, conforme o Decreto nº 1318, de 30 de janeiro de 1854, que regulamenta a execução da Lei de Terras, lembra que no capítulo IX se indicava a obrigatoriedade de registro de todas as terras, que oriundas de título da propriedade, quer de posse; mas salienta que, conforme nota (1) do comentarista Cândido Mendes, fundado no Aviso nº 17, de 29 de setembro de 1855, e no Aviso nº 54, de 15 de fevereiro de 1858, "os terrenos aforados pelas Câmaras municipais não estavam obrigados ao Registro, quando dentro da linha divisória, da mesma forma que os arrendatários e foreiros"; e, conforme nota (2), não estavam obrigados os terrenos compreendidos dentro da demarcação da décima urbana (GLEZER, 1992: 76-7).

[20] Cabe, aqui, lembrar o texto de Maurício de Almeida Abreu, "Pensando a Cidade no Brasil Passado", in: Iná Elias de Castro; Paulo César da Costa Gomes & Roberto Lobato Correa (orgs.), *Brasil: Questões Atuais da Reorganização do Território*. Rio de Janeiro, Bertrand Brasil, pp.145-184, 1996.

[21] Vale, aqui, lembrar o art. 7, da Lei nº 601, de 1850, que afirmava que "o Governo marcará os prazos dentro dos quais deverão ser medidas as terras adquiridas por posse ou por sesmarias, ou outras concessões, que estejam por medir, assim como designará e instruirá as pessoas que devam fazer a medição, atendendo às circunstâncias de cada Província, comarca e município, e podendo prorrogar os prazos marcados, quando julgar conveniente, por medida geral que compreenda todos os possuidores da mesma Província, comarca e município, onde a prorrogação conviera" (Lei nº 601, de 18 de setembro de 1850, in: ARQUIVO DO ESTADO DE SÃO PAULO, 1998: 235-242).

Bibliografia

ABREU, Maurício de Almeida. "Pensando a Cidade no Brasil do Passado". In: CASTRO, Iná Elias de; GOMES, Paulo Cesar da Costa & CORRÊA, Roberto Lobato (orgs.). *Brasil; Questões Atuais* da *Reorganização do* Território. Rio de Janeiro, Bertrand Brasil, pp.145-184, 1996.

ARQUIVO DO ESTADO DE SÃO PAULO. *São Paulo em Três Tempos*; Álbum Comparativo da Cidade de São Paulo (1862-1887-1914). São Paulo, Imprensa Oficial do Estado, 1982.

________________. *Registros de Terras de São Paulo – Sé*. São Paulo, Divisão de Arquivo do Estado, v.1, 1986.

________________. *Registros de Terras de São Paulo – Senhor Bom Jesus do Brás*. São Paulo, Divisão de Arquivo do Estado, v.4, 1998.

________________. *Registros de Terras de São Paulo – Santa Ifigênia*. São Paulo: Divisão de Arquivo do Estado, v.5, 1999.

BOSI, Alfredo. *Dialética da Colonização*. São Paulo, Companhia das Letras, 1992.

CASAL, Padre Manuel Aires de. *Corografia Brasílica ou Relação Histórico-Geográfica do Reino do Brasil.* Belo Horizonte/São Paulo, Itatiaia/Edusp, 1976.

CASTILLO, Ricardo Abid. *A fragmentação da terra; Propriedade fundiária absoluta e espaço mercadoria no Município de São Paulo.* Dissertação de Mestrado apresentada à Faculdade de Filosofia, Letras e Ciências Humanas-FFLCH da Universidade de São Paulo-USP, São Paulo, fotocópia, 1993.

DAMIANI, Amélia Luisa. *O Urbano no Mundo da Mercadoria.* São Paulo, versão do autor, 2001.

__________________. "A Metrópole e a Indústria: Reflexões sobre uma Urbanização Crítica". *Terra Livre,* São Paulo, (15)21-37, 2000.

__________________"As Contradições do Espaço: da Lógica (Formal) à (Lógica) Dialética, a Propósito do Espaço". In: ____________; CARLOS, Ana Fani Alessandri & SEABRA, Odette Carvalho de Lima (orgs.). *O Espaço no Fim de Século; a Nova Raridade.* São Paulo, Contexto, pp.48-61, 1999a.

__________________. "A Crise da Cidade: os Termos da Urbanização". In: ____________; CARLOS, Ana Fani Alessandri & SEABRA, Odette Carvalho de Lima (orgs.). *O Espaço no Fim de Século; a Nova Raridade.* São Paulo, Contexto, pp. 118-31, 1999b.

FERREIRA, Aurélio Buarque de Holanda. *Novo Dicionário da Língua Portuguesa,* 2.ed. revista e aumentada. Rio de Janeiro, Nova Fronteira, 1986.

GLEZER, Raquel. *"Chão de terra": um Estudo sobre São Paulo Colonial.* Tese de Livre Docência apresentada à Faculdade de Filosofia, Letras e Ciências Humanas-FFLCH da Universidade de São Paulo-USP, São Paulo, fotocópia, 1992.

GOTTDIENER, Mark. *A Produção Social do Espaço Urbano.* Tradução de3 Geraldo Gerson de Sousa. São Paulo, Edusp, 1993.

HARVEY, David. *A Condição Pós-Moderna; Uma Pesquisa sobre* as *Origens da Mudança Cultural.* Tradução de Adail Ubirajara Sobral e Maria Stela Gonçalves. São Paulo, Loyola, 1993.

LAGO, Pedro Corrêa do. *Iconografia Paulistana do Século XIX.* São Paulo, Metalivros, 1998.

MARCÍLIO, Maria Luiza. *A Cidade de São Paulo; Povoamento e População (1750-1850) – com Base nos Registros Paroquiais e nos Recenseamentos Antigos.* São Paulo, Pioneira, 1974.

MARTINS, José de Souza. *A Comunidade na Sociedade de Classes — Estudo Sociológico sobre o Imigrante Italiano e seus Descendentes no Subúrbio de São Paulo (Núcleo Colonial de São Caetano).* Tese de Doutorado apresentada à Faculdade de Filosofia, Letras e Ciências Humanas-FFLCH da Universidade de São Paulo-USP, fotocópia, 1971.

__________________. *Capitalismo e Tradicionalismo.* São Paulo, Pioneira, 1975.

__________________. *O Cativeiro da Terra,* 4.ed., São Paulo, Hucitec, 1990a.

__________________. *Os Camponeses e a Política no Brasil; As Lutas Sociais no Campo e seu Lugar no Processo Político.* Petrópolis, Vozes, 1990b.

__________. *Expropriação e Violência; a Queda Política no Campo*, 3.ed. São Paulo, Hucitec, 1991.

__________. *Exclusão Social e a Nova Desigualdade*. São Paulo, Paulus, 1997a.

__________. *Fronteira; A Degradação do Outro nos Confins do Humano*. São Paulo, Hucitec, 1997b.

MARX, Murillo. *Cidade no Brasil: Terra de Quem?* São Paulo, Nobel/Edusp, 1991.

MATOS, Odilon Nogueira de. "São Paulo no Século XIX". In: AZEVEDO, Aroldo de (dir.). *A Cidade de São Paulo*; Estudos de Geografia Urbana. São Paulo, Nacional, pp.49-100, v.I, 1958.

MELLO, Zélia Maria Cardoso de. *Metamorfoses da Riqueza, São Paulo, 1845-1895; Contribuição ao Estudo da Passagem da Economia Mercantil-Escravista à Economia Exportadora Capitalista*, 2.ed.. São Paulo, Hucitec, 1990.

MONACO, Roberto. *As Terras Devolutas e o Crescimento da Cidade de São Paulo – 1554 a 1930*. Dissertação de Mestrado apresentada à Faculdade de Arquitetura e Urbanismo-FAU da Universidade de São Paulo-USP, São Paulo, fotocópia, 1991.

OLIVEIRA, Ariovaldo Umbelino de. *Modo capitalista de Produção e Agricultura*. 3.ed. São Paulo, Ática, 1990.

PEREIRA, Paulo Cesar Xavier. *A Modernização de São Paulo no Final do Século XIX – Da Demolição da Cidade de Taipa à sua Reconstrução com Tijolos*. Versão do autor, s.d.

__________. *Espaço, Técnica e Construção; O desenvolvimento das técnicas construtivas e a urbanização do morar em São Paulo*. São Paulo, Nobel, 1988.

__________. *Questão da construção; Urbanização e industrialização em São Paulo (1872-1914)*. Tese de Doutorado apresentada à Faculdade de Filosofia, Letras e Ciências Humanas-FFLCH da Universidade de São Paulo-USP, fotocópia, 1990.

PRADO JÚNIOR, Caio. *História Econômica do Brasil*. São Paulo, Brasiliense, 1970.

__________. *Evolução Política do Brasil e Outros Estudos*, 11 ed.. São Paulo, Brasiliense, 1979.

QUEIROZ, Suely Robles Reis de. *A Abolição da Escravidão*. São Paulo, Ática, 1987.

REIS, Nestor Goulart. *Imagens de Vilas e Cidades do Brasil Colonial*. São Paulo, Edusp/ Imprensa Oficial do Estado, 2001.

SILVA, Raul de Andrada e. "São Paulo nos Tempos Coloniais". In: AZEVEDO, Aroldo de (dir.). *A Cidade de São Paulo; Estudos de Geografia Urbana*. São Paulo, Nacional, v.II, pp. 5-48, 1958.

SINGER, Paul. *Economia Política da Urbanização*, 12.ed., São Paulo, Brasiliense, 1990.

SMITH, Roberto. *Propriedade Privada e Transição; Estudo da Formação da Terra e Transição para o Capitalismo no Brasil*. São Paulo, Brasiliense, 1990.

SUZUKI, Júlio César. *A Gênese da Moderna Cidade de São Paulo; Uma contribuição da Geografia Urbana à História da Cidade*. Tese de Doutorado apresentada à Faculdade de Filosofia, Letras e Ciências Humanas-FFLCH da Universidade de São Paulo-USP, fotocópia, 2002.

SÃO PAULO, A METRÓPOLE DO TRÓPICO ÚMIDO

José Bueno Conti

A cidade é a grande expressão geográfica deste novo século. A organização dos espaços, em todo o globo, manifesta, cada vez mais, seu papel hegemônico na configuração da trama de relações sociais e econômicas e, portanto, no formato das regiões geográficas em todas as latitudes.

Num mundo em crescente processo de industrialização e onde o setor terciário da economia assume importância cada vez mais destacada, o fenômeno urbano tende a ganhar relevância. Evoluímos na direção de um mundo urbano. O surgimento de enormes aglomerações, cobrindo espaços que alguns milhares de quilômetros quadrados, tornou-se um fato indissociável da geografia contemporânea e os padrões regionais estão cada vez mais subordinados ao dinamismo das áreas metropolitanas em todo o globo.

Já nos anos 1970, os geógrafos prognosticam que, num futuro não muito distante, toda a superfície das terras emersas estaria urbanizada (LYNCH, 1970) e, nesse caso, a redução drástica das áreas agrícolas e de criação de animais para o consumo, obrigaria a humanidade a explorar os recursos do oceano, sobre cujo estoque, as informações ainda são pouco consistentes, a fim de obter alimentos e matérias primas.

Embora estejamos, ainda, distantes desse cenário assustador, é inquestionável que, cada vez mais, as áreas construídas e transformadas pela urbanização, ocupam os espaços e desencadeiam profundas mudanças ambientais como desmatamento, desmonte de morros, aterros, impermeabilização do solo, distúrbios no escoamento das águas e nas características do clima. O hemisfério norte, que contém quase 70% das terras emersas, reúne, também, a maior parcela da população urbana (mais de 80% do total), especialmente nas latitudes médias onde se localizam as áreas mais industrializadas.

As cidades, porém, não são, apenas, um importante fato de interesse geográfico, constituindo, ainda, temas de enorme relevância social, política e cultural.

A visão incorreta, por parte dos europeus, das regiões tropicais úmidas

Desde que o homem da Europa Ocidental entrou em contacto com o trópicos, após os Descobrimentos dos séculos XV e XVI, difundiram-se, em alguns meios, idéias pouco científicas e com forte carga negativa, sobre os trópicos úmidos, as quais, de certa forma, perduram até nossos dias e, mesmo na esfera da Geografia, tais distorções foram freqüentes revelando uma visão preconceituosa e carregada de subjetividade.

Pierre Gourou, pioneiro no estudo das regiões tropicais chuvosas, apesar do indiscutível valor de seus trabalhos sobre a Ásia de Sudeste e Extremo Oriente, faz afirmações sem nenhuma consistência científica sobre a natureza e as sociedades das baixas latitudes. Na primeira frase do primeiro capítulo de seu livro *Les pays tropicaux,* publicado em 1948 (2ª edição; a 1ª é de 1946) declara: "La zone chaude et pluvieuse s'est révélée, jusqu'à present, um milieu moins favorabale à l'homme de la zone tempérée" (Gourou, 1948:1) e no capítulo II: "Les régions tropicalaes sont plus insalubres que la zone tempérés. Toutes les maladies des pays tempérés sévissent dans les pays chauds e pluvieux, tandis que de terribles endémies e épidémies tropicales sont inconnues sous nos latitude." (GOUROU, 1948:7).

Outro autor francês, Pierre Birot, estudioso de Geografia Física, expressa, também, uma visão determinista quando escreve, em seu trabalho Géographie Physique Générale de la Zone Intertropicale: "Il semble qu'il y a un chiffre au-delà duquel, pour l'Européen, le travail physique intense devienne extrêmement pénible, c'est le chiffre de 25°C pour le thermomètre mouillé" (BIROT, s/d: 79).

Nelson Werneck Sodré, em *Introdução à Geografia*, discute o assunto no capítulo "O determinismo geográfico", onde cita, entre outros, o exemplo do estudioso inglês H.T. Buckle (*History of civilization in England*, London, 1872) que viveu no final do século XIX, no apogeu do movimento colonialista, e aponta os fatores naturais, especialmente o clima, como absolutamente determinantes. Eis o que afirmou sobre o Brasil:

> O vento geral, soprando na costa oriental da América do Sul e procedendo de leste, atravessa o oceano Atlântico e deixa, pois, a terra cheia de vapores acumulados em sua passagem. Esses vapores, tocando a praia em intervalos periódicos são condensados em chuva; e, como seu progresso para oeste é obstado pela cadeia gigantesca dos Andes, que não podem passar, descarregam toda a sua umidade no Brasil que, por isso, é, muitas vezes, alagado pelas mais destruidoras torrentes (...) Entre esta pompa e esplendor da natureza, porém, nenhum lugar foi deixado para o homem!... É reduzido à insignificância pela majestade que o cerca (...). O povo ignorante e, além disso, brutal, não praticando nenhuma restrição e não reconhecendo lei alguma, continua a viver em seu antigo e inveterado barbarismo (BUCKLE, H. T., apud: SODRÉ, 1976:46).

Os exemplos são inúmeros e, pode-se encontrar esse discurso antitropicalista e de viés racista, mesmo entre autores brasileiros, de formação cultural fortemente européia. Um bom exemplo seria Alfredo Ellis Júnior, um estudioso de São Paulo dos anos 1930, autor, entre outros livros, de *A Evolução da Economia Paulista e Suas Causas*. Na página 141, transcreve a seguinte afirmação do estudioso inglês Huntington, referindo-se às regiões de baixa latitude: (ortografia atualizada) "A uniformidade do clima parece ser mais mortal que seu calor (...) e é provavelmente a causa mais poderosa da debilidade que afeta os brancos nos trópicos" (*Civilisation and Climate*, citado por Ellis, 1937:141).

Defendendo a tese determinista da supremacia do meio físico sobre todos os outros fatores, passa a idéia de que

> (...) o planalto paulista figura nesse território (o Brasil) como um oásis climático em meio de um calor imenso que impera nesse país. É que a altitude (...) em cerca de 300 a 1.000 metros a cavaleiro do nível do mar, corrige os rigores da temperatura dando a toda ela uma média de 2 a 4 graus a menos na coluna termoméetrica. Isso ameniza extraordinariamente a temperatura dando uma suavidade de calor que é muito mais propícia e agradável para a vida humana.

Na página 112 apresenta um perfil topográfico do Planalto Paulista, inteiramente deformado, em que a maior parte de sua extensão aparece com altitudes vizinhas de 1.000 metros a fim de justificar sua opinião. Na página 58 afirma: "O negro não suporta o clima do planalto paulista sem que lhes resultem perturbações psicológicas tais que o não deixam sobreviver". E, mais adiante:

> Todas as raças de climas frios, e mesmo temperados, possuem o nariz leptorrínicos, isto é, longo e estreito, conformação nasal essa que permite uma aspiração do ar frio e úmido o qual é aquecido antes de atingir os brônquios. O negro, com seu aparelho respiratório constituído para o clima africano, com um nariz chato e curto não pode impunemente suportar um regimen de temperaturas que se alternam profunda e rapidamente (RIPLEY, *The races of Europe,* apud: Ellis, 1937:58).

A prática de se estigmatizar a salubridade das baixas latitudes revela-se ainda mais insustentável quando se sabe que as moléstias, impropriamente designadas de "tropicais", incidiam, no passado, em áreas extensas do território europeu e em proporções nada desprezíveis. Emile Duhot, professor da Faculdade de Medicina da Universidade de Lille (França), no capítulo III de seu livro *Les climats et* l'organisme *humain*, de 1948, afirma que, no século XVII, durante os trabalhos da construção do Palácio de Versalhes, portanto, em plena região parisiense, grassava a malária fazendo milhares de vitimas entre os trabalhadores. Da mesma forma, até o século XIX, a mesma moléstia era endêmica em regiões francesas, como a Bretanha, o Roussillon, a Camargue, as Flandres e outras (DUHOT, 1948: 80-1).

É fato bem conhecido que, até a primeira metade do século XX, a mesma doença apresentava alta incidência no sul da Itália, na região conhecida como Lagos Pontinos, só desaparecendo nos anos 1930, graças aos trabalhos de saneamento que, aliás, constituíram importante peça de propaganda do regime fascista, então vigente naquele país.

As regiões tropicais úmidas e a urbanização

Compondo um anel ao redor do globo que abrange 46% de sua superfície total, embora aí estejam apenas 24% das terras emersas, a região situada entre os dois trópicos abriga cerca de 40% da população do planeta e ambientes muito variados, desde os superúmidos até os semiáridos.

Na faixa intertropical, as costas orientais dos continentes, regra geral, são banhadas por correntes quentes, fruto do giro anticiclônico da massa oceânica, e aí se localiza uma número significativo de grandes aglomerados urbanos. O Rio de Janeiro é um exemplo, na América do Sul, assim como

Chennai (ex-Madras), na Costa de Coromandel, na Índia. Por outro lado, as baixas latitudes apresentam, também, regiões secas, caracterizadas, seja pela permanência de grandes células de alta pressão, seja por serem áreas elevadas, onde o ar mais rarefeito, associado a outros fatores derivados da dinâmica atmosférica, produz climas de modesta pluviosidade, como ocorre no planalto que abriga a capital mexicana.

Nas regiões intertropicais chuvosas o que caracteriza o perfil do clima é a sazonalidade das chuvas, já que, do ponto de vista térmico, a variação anual é pouco expressiva, ao contrário do que ocorre nas médias e altas latitudes, caracterizadas pela grande oscilação das temperaturas mensais. Tais diferenças acarretam importantes conseqüências para todo o meio ambiente, influindo, expressivamente, na organização do espaço, inclusive naquele constituído pelas grandes áreas urbanas.

A economia industrial, em larga escala, chegou aos trópicos tardiamente, em relação aos países da média latitude do hemisfério norte, onde o processo teve início no último quartel do século XIII e, por isso mesmo, o surto de urbanização também veio depois. A explosão urbana nas regiões tropicais deu-se, no século XX, notadamente após a Segunda Guerra Mundial, como efeito da reorganização da ordem econômica, que trouxe profundas mudanças para os países das baixas latitudes. Até então, haviam sido preponderantemente fornecedores de produtos primários (agrícolas e minerais) para os grandes centros industriais do mundo, porém, a partir da globalização da economia e a expansão para todo o planeta das empresas multinacionais, a industrialização chegou até quase todas as áreas do globo, embora se mantivesse a condição de subordinação econômica aos países ricos do norte.

As regiões tropicais úmidas, em processo de industrialização rápida, passaram a assistir ao desenvolvimento de grandes áreas urbanas que logo se transformariam em aglomerados metropolitanos de porte muito significativo.

Focalizamos, neste nosso estudo, as áreas conurbadas das baixas latitudes, de clima úmido, com população superior a seis milhões de habitantes, entre as quais, São Paulo figura como a mais expressiva, além de apresentar condições naturais muito singulares em relação às outras grandes cidades do mundo tropical. No quadro abaixo apresentamos as nove maiores aglomerações que estão dentro desse perfil, com alguns indicadores geográficos a fim de caracterizá-las. Geograficamente, situam-se na América do Sul, (São Paulo e Rio de Janeiro), Ásia das Monções (Kolkata, Mumbai, Chennai, Dacca e Krung Thep), Ásia Insular Tropical (Manila e Jacarta) e costa sudeste da China (Xiangang). Vide Quadro 1 e Fig. 1.

| Quadro 1 | As dez maiores aglomerações do mundo tropical úmido.

Aglomeração/País	População	Latitude	Altitude (m)	Temp. média anual (°C)	Prec. média anual (mm)
São Paulo/Brasil	17.833.757	23 S	760	19.3	1.454
Mumbai, ex-Bombaim/Índia	16.368.084	19 N	11	27.1	2.084
Kolkata, ex-Calcutá/Índia	13.216.546	22 N	6	24.2	1.625
Rio de Janeiro/Brasil	10.871.960	22 S	5	23.7	1.170
Manila/Filipinas	9.932.560	15 N	16	27.2	1.748
Jacarta/Indonésia	9.341.400	06 N	7	26.8	1.795
Krung Thep, ex- Bangkok/Tailândia	7.506.700	14 N	2	27.8	1.491
Xiangang, ex-Hong Kong/China	6.708.389	22 N	10	22.5	2.225
Dacca/Bangladesh	6.487.459	23 N	190	25.8	2.009
Chennai, ex-Madras/Índia	6.424.624	17 N	16	27.7	1.286

Fonte: Calendário Atlante de Agostini, 2003 (Org. CONTI, J.B.).

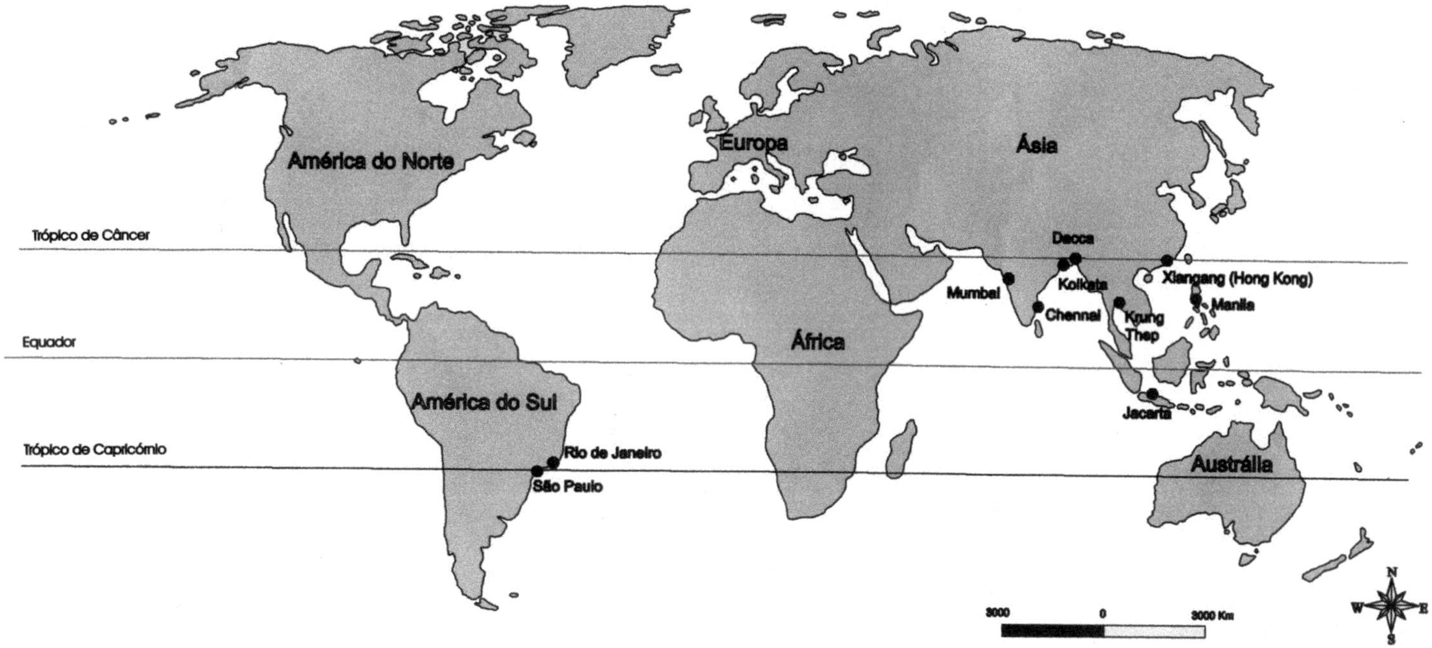

| Figura 1 | As grandes aglomerações urbanas da região tropical úmida. Adaptado de Martinelli, M. (2003) *Atlas Geográfico*: natureza e espaço da sociedade.

A Cidade do México (19° N) cuja aglomeração metropolitana abriga 18.327.000 habitantes, numa área de 2.000 quilômetros quadrados, não se inclui na categoria de trópico úmido por estar posicionada a 2.308 metros de altitude. Isso significa que o ar, aí, é mais rarefeito e a precipitação é reduzida, não passando de 810 mm anuais, em média, ou seja, 44% inferior à de São Paulo (1.454 mm) e 60% menor que a de Manila (2.069 mm). Em virtude dessas circunstâncias naturais, a capital mexicana é castigada por elevadíssimos índices de poluição atmosférica, colocando-se entre os maiores do mundo. Condição equivalente ocorre em Bogotá (Colômbia), cuja aglomeração metropolitana contém 6.545.117 habitantes, porém, à semelhança da Cidade do México, está a mais de 2000 metros acima do nível do mar (2.547 m), em uma planície intermontana de 60 km de comprimento por 40 de largura. Embora em baixa latitude (4°20'N), sua média de precipitação anual é de 986 mm, não se incluindo, tal como a anterior, na faixa do trópico úmido.

Outro caso singular é o da capital peruana, cuja importante área metropolitana contém 7.200.936 habitantes e, apesar de estar junto à costa do Pacífico, a poucas dezenas de metros de altitude sobre o nível do mar, integra uma das regiões mais secas do planeta. Sua média anual de precipitação é de apenas 23 mm, configurando uma condição de hiperaridez.

Na Ásia, o exemplo equivalente seria a aglomeração urbana de Karachi (Paquistão), na latitude de 25°N, que reúne 9.269.265 habitantes, situada junto ao delta do Indus, no litoral do mar Arábico, com clima desértico, cuja média anual de precipitação é de somente 101 mm.

As dez maiores metrópoles do trópico úmido

A Região Metropolitana de São Paulo, com seus 17.833.747 habitantes, encabeça a relação das grande aglomerações, fenômeno do qual trataremos na última parte deste texto.

Mumbai (ex-Bombaim), com 16.368.084 habitantes, aparece como a segunda mais populosa, situando-se na costa ocidental da Índia, no litoral do Mar Arábico, em sítio urbano insular e pantanoso. Climaticamente, encontra-se em pleno domínio monçônico, com 95% da precipitação concentrada nos quatro meses de verão (junho, julho, agosto e setembro). Tais condições naturais, aliados ao gigantismo urbano e à insuficiência da infra-estrutura, concorrem para agravar, enormemente, os problemas dessa e das outras duas grandes aglomerações indianas: Kolkata (ex-Calcutá) e Chennai (ex-Madras).

A primeira, onde se concentram 13.216.546 habitantes, expande-se pelas duas margens do rio Hoogly, junto à região deltaica do Ganges, a cerca de 100 quilômetros da linha de costa, porém, a menos de 10 metros sobre o nível do mar, em região sujeita as inundações. O clima é monçônico, embora as chuvas apresentem sazonalidade menos acentuada se comparada a Mumbai, já que se distribuem por cinco meses (de maio a setembro), quando se registram 85% do total médio anual.

Chennai, com 6.424.624 habitantes é uma cidade litorânea, localizada na chamada Costa de Coromandel, faixa de terras baixas, com largura média de 50 quilômetros entre o litoral do Golfo de Bengala e as encostas da cadeia dos Gates Orientais. Apresenta um clima monçônico especial, com total médio anual de chuvas mais moderado (1.268 mm), concentradas nos meses de outono, especialmente outubro e novembro.

Ainda na área monçônica, outro grande aglomerado urbano é Dacca (6..487.459 habitantes), na região baixa que caracteriza o curso inferior do Ganges em sítio urbano sujeito a frequentes inundações e num país, de acentuada pobreza (Bangladesh). Encontra-se na rota dos furacões tropicais, originados no Golfo de Bengala, cuja incidência se acentua entre agosto e setembro, provocando, frequentemente, enormes danos. Essa área foi afetada pelo mais catastrófico ciclone já registrado, ocorrido na noite de 12 para 13 de novembro de 1970, seguido de uma gigantesca inundação que provocou cerca de 300.000 mortes.

No extremo sudoeste da Ásia das Monções situa-se a grande aglomeração urbana de Krung Thep (ex-Bangcoc) (população: 7.506.700 habitantes) em sítio insular, com a área urbana cortada por inúmeros canais, em região sublitorânea. De clima monçônico, com estação chuvosa estendendo-se de maio a outubro, período que registra 87% da média de precipitação anual. Nas últimas décadas, Bangkok industrializou-se intensamente, e apresentou acelerado crescimento, comparável ao que se verificou em São Paulo.

Na Ásia tropical insular destacam-se as aglomerações de Manila (9.932.560 habitantes), nas Filipinas, e Jacarta (9.341.400 habitantes) na Indonésia, ambas situadas em áreas baixas de fundos de baías, com chuvas abundantes e bem distribuídas ao longo do ano, embora se acentuem no equinócio de outono do hemisfério sul.

A aglomeração de Xiangang (ex-Hong Kong) (6.708.389 habitantes) localiza-se em latitude equivalente à de São Paulo, no outro hemisfério (22°N), na costa sudeste da China, porém, com sítio e características urbanas muito distintas. A maior parte da mancha urbana situa-se numa ilha de relevo dissecado e montanhoso, com altitudes que ultrapassam 500 metros sobre o nível do mar, dificultando a expansão urbana. Ocupa, ainda, uma parte peninsular, no continente, além de ter mais de 20.000 habitantes que vivem em barcos. As relações da Cidade com seu entorno são problemáticas pela escassez de espaços adequados à ampliação da área construída, agravados pela elevada precipitação anual (2.225 mm). Antiga colônia britânica (Hong Kong) foi reintegrada à República Popular da China em 1997, na condição de Região Administrativa Especial. Em virtude de sua forte ligação histórica e econômica com o Ocidente, Xiangang apresenta uma população com características socioeconômicas que a distinguem do conjunto da China.

No litoral oriental da América do Sul, o Rio de Janeiro, com 1.172 mm anuais de chuvas, aparece como a menos chuvosa entre as metrópoles do trópico úmido. Apesar dos totais anuais de chuvas não serem muito elevados, o sítio urbano da metrópole carioca, interrompido por maciços montanhosos de encostas instáveis, favorece a ocorrência de catástrofes quando se verificam grandes precipitações. A Profª Ana Maria de Paiva Macedo Brandão, fez um estudo histórico, remontando ao século XVIII, no qual demonstra a difícil convivência da cidade com as chuvas. No século XX, o crescimento acelerado da cidade, obrigando a população de baixa renda a instalar-se em áreas de risco, *agudizou* o problema, pois, encostas de subsolo mal consolidado deslizam com violência, provocando destruição e mortes em escala avassaladora, por ocasião das chuvas torrenciais (Brandão, 1997).

A singularidade de São Paulo

Entre as metrópoles do trópico úmido, São Paulo, à exceção de Dacca, é a única não situada na linha de costa e a uma altitude significativa sobre o nível do mar (760 m). Em conseqüência, sua normal térmica é a mais baixa: 19,3°C. Por outro lado, e o regime de chuvas apresenta duas fases bem distintas: de outubro a março precipitam-se 66.1 % do total anual, ocorrendo os outros 33,9 % entre abril e setembro. Apesar disso, não se pode registrar um período, climatologicamente seco, segundo o critério de Gaussen & Bagnouls. Para esses autores, mês seco é aquele no qual o total mensal de precipitações, em milímetros, é igual ou inferior ao dobro da temperatura média em graus Celsius (GAUSSEN & BAGNOULS, 1953). No caso de São Paulo, nem mesmo agosto, cujos dados são, respectivamente, 38,9 mm e 17,1°C, pode ser considerado mês seco, apesar de se o menos chuvoso (INMET, 1992).

Contudo, no caso das conseqüências para a organização do espaço urbano é importante considerar, não apenas os totais de precipitação, mas sua modalidade, vinculada, basicamente, ao modelo da dinâmica atmosférica em meso-escala. São Paulo está situada na região Sudeste do Brasil, na latitude do trópico de Capricórnio, região de confronto entre os sistemas tropicais e extra tropicais. A dinâmica, aí, é, basicamente, controlada pela célula de Alta Pressão Subtropical do Atlântico Sul, onde se configura a massa Tropical Marítima, sendo, também afetada, ocasionalmente, pela massa Tropical Continental, originária da Baixa Pressão do Chaco/Pantanal, além dos efeitos desestabilizadores desencadeados pelos avanços da Frente Polar e oscilações da Zona de Convergência Intertropical (ZCIT). A ação dos anticiclones móveis, associada à dinâmica da Frente Polar, é particularmente intensa de maio a setembro, especialmente quando reforçada pelo ar polar do Pacífico, de trajetória dominantemente continental, portanto menos úmido e mais estável. A dinâmica da frente polar está, frequentemente, relacionada ao aprofundamento da Baixa do Chaco/Pantanal. No inverno do hemisfério sul, o Anticilone Tropical do Atlântico Sul tende a deslocar-se para o continente, concorrendo para reduzir a nebulosidade e as precipitações. De outubro a março (verão no hemisfério sul), a ativa evaporação sobre os oceanos transfere enorme volume de vapor d'água para a atmosfera, instabilizando-a e estimulando a precipitação em todo o Sudeste. Ocasionalmente, a umidade de origem marítima pode ser bloqueada pelo relevo, ocasionando acréscimo excepcional na queda de chuvas nas áreas serranas e graves problemas ambientais, com deslocamento de encostas, enchentes, assoreamentos, além de elevado número de vítimas e prejuízos materiais.

Na Região Metropolitana de São Paulo (RMSP) a configuração das "ilhas de calor" estudadas, pioneiramente, por Magda Adelaide Lombardo (Lombardo, 1985), agrava os processos convectivos, provocando as chamadas *tempestades urbanas*, que se manifestam por chuvas torrenciais e localizadas, responsáveis por grandes transtornos. Estudo feito por Edson Cabral, em 36 séries pluviométricas da RMSP, todas com mais de cinco décadas, sendo a mais antiga a da Água Funda (1933-2000) e a mais recente, a do Mirante de Santana (1946-2000), indicou, para 18 delas, tendência positiva desse tipo de precipitação (CABRAL, 2002). A propósito das inundações em São Paulo, inúmeros trabalhos podem ser consultados entre os quais o de Jurandyr Luciano Sanches Ross, *Inundações e Deslizamentos em São Paulo. Riscos da Relação Inadequada Sociedade-Natureza*, no qual o autor mostra como essas catástrofes, são frequentemente induzidas pela forma inadequada da adaptação da sociedade ao meio e questiona a maneira de reduzir seus efeitos (ROSS, 2001). A obra *Os climas na cidade de São Paulo*, publicada em 2001, reúne 12 trabalhos que analisam o clima da metrópole paulistana, abordando temas como chuva ácida, enchentes, vento, poluição, "*sky view factor*", além de outros (AZEVEDO & TARIFA, 2001).

Por sua vez, a incidência de granizo se vê acentuada nas áreas densamente construídas, em virtude do aumento da instabilidade, fato já fartamente comprovado. Estudo realizado no Estado de São Paulo demonstrou que, em três décadas (1944-74), ocorreram, na capital paulista, 47 episódios de queda de granizo, enquanto que em Catanduva, a 380 km a noroeste, verificaram-se apenas 14 (CONTI, 1981).

Todas as cidades dos trópicos úmidos estão sujeitas a situações meteorológicas críticas, e estão expostas a sérios problemas por terem se desenvolvido de forma desordenada, sem a necessária adaptação às características específicas das baixas latitudes, onde a falta de sintonia entre a ação antrópica e as leis da natureza tem sido a regra.

As dificuldades são agravadas porque estão ou em países *pobres* (Tailândia, Filipinas, Indonésia e Bangladesh) ou entre os chamados *emergentes* (Brasil, Índia e China), pelo critério de Produto Interno Bruto, citados no Calendário Atlante de Agostini de 2003. Por outro lado, todos apresentam nível de vida abaixo do satisfatório. Em 1974, foi criado, pela ONU, o IDH (Índice de Desenvolvimento Humano) com a finalidade de avaliar a qualidade de vida de cada país. Varia de zero a um, sendo considerados *altos*, os valores iguais ou superiores a 0,8, *médios,* os entre de 0,5 a 0,79 e *baixos*, os inferiores a 5. As metrópoles figurantes no Quadro 1, sem exceção, situam-se em países de IDH médio: Brasil (0,77), Tailândia (0,76), Filipinas (0,74), China (0,72), Indonésia (0,68), Índia (059) e Bangladesh (0,50) o que significa que convivem com graves problemas sociais e de infra-estrutura, com parte considerável de seus habitantes lançados na economia informal. (fonte: ONU, 2003, citada pelo jornal *O Estado de São Paulo*).

Considerações finais

A Geografia tem, por objeto próprio, a compreensão do processo interativo entre ação antrópica e natureza, processo que produz como resultado um sistema de relações e de arranjos espaciais que se expressam por unidades paisagísticas identificáveis.

O fenômeno urbano é o exemplo mais expressivo de transformação do espaço realizado pela sociedade. "O ambiente criado reflete e complexidade da edificação e dos diferentes aspectos complementares de alteração na ecologia local. E a presença do urbano faz-se em graus de derivação que, em muitos níveis são acentuadamente negativos" (MONTEIRO, 1981;42).

A aglomeração de São Paulo figura como a mais importantes entre as dez maiores situadas no trópico úmido, desfrutando do status de "cidade mundial" (Quadro 1). Estendendo-se por cerca de 2.000 quilômetros quadrados, parte sobre terrenos sedimentares pliocênicos e parte sobre terrenos cristalinos pré-cambrianos, a mancha urbana paulistana destaca-se, entre todas as outras, por sua posição planaltina e abrigar uma população de condições socioeconômicas mais avançadas, embora exiba, como as demais, acentuados contrastes sociais e enormes desequilíbrios de distribuição de renda. Tais fragilidades manifestam-se, claramente, em seu espaço, apresentando vivos contrastes entre bairros de população abastada, beneficiada por serviços e adequada infra-estrutura, ao lado de vastas áreas de favelas e autoconstrução, onde se instala a população menos favorecida e que constituem, quase sempre, áreas de risco ambiental.

No trópico úmido, São Paulo ocupa uma posição única pela sua expressão como fato geográfico e área de influência. Pela sua singularidade, deve merecer especial atenção dos geógrafos e demais estudiosos das ciências humanas e da natureza.

Agradecimento

A George Marcel Déniz Rosa que colaborou na organização do Quadro 1 e no processamento digital da Fig.1.

Bibliografia

AZEVEDO, T. R. & TARIFA, J. R. (orgs.). *Os Climas na Cidade de São Paulo. Teoria e Prática.* São Paulo, Laboratório de Climatologia e Biogeografia do Departamento de Geografia da Faculdade de Filosofia, Letras e Ciências Humanas da Universidade de São Paulo, 2001. (Geousp – Coleção Novos caminhos, n °4).

BAGNOULS, F. & GAUSSEN, H. *Saison sèche et indice xerothérmique.* Toulouse, Facualté de Sciences, 1953.

BRANDÃO, A M. de P.. *As Chuvas e a Ação Humana: uma Infeliz Coincidência*. Rio de Janeiro, Universidade Federal do Rio de Janeiro, 1997.

BIROT, P.. *Géographie physique générale de la zone intertropicale*. Paris, Centre de Documentation Universitire, s/d.

CABRAL, E.. *Tendências e Variabilidades do Fenômeno Pluvial na Região Metropolitana de São Paulo*. Tese de Doutoramento, apresentada à Faculdade de Filosofia, Letras e Ciências Humanas-FFLCH da Universidade de São Paulo-USP. São Paulo, fotocópia, 2002.

CALENDÁRIO ATLANTE DE AGOSTINI. Novara (Itália), Istituto Geografico de Agostini, 2003.

CONTI, J. B. A.. *Ocorrência do Granizo no Estado de São Paulo*. São Paulo, Instituto de Geografia/Universidade de São Paulo, 1981. (Coleção Climatologia nº 9).

DEPARTAMENTO NACIONAL DE METEOROLOGIA. *Normais Climatológicas (1061-1990)*. Brasília, 1992.

DUHOT, E.. *Les climats et l'organisme humain*. Paris, Presses Universitaires de France, 1948. (Collection "Que sais-je?" nº 171).

ELLIS Júnior, A.. *A Evolução da Economia Paulista e Suas Causas*. São Paulo, Companhia Editora Nacional, 1937.

GOUROU, P. A.. "Geografia e as Civilizações. O Princípio do Método Geográfico". *Revista Brasileira de Geografia*, Rio de Janeiro, IBGE, ano X, nº 1, 1948.

GOUROU, P.. *Les pays tropicaux. Principes d'une géographie humaine et économique*. Paris, Presses Universitaires de France, 1948.

LOMBARDO, M. A.. *Ilha de Calor nas Metrópoles. O Exemplo de São Paulo*. São Paulo, Hucitec, 1985.

LYNCH, K.... *A Cidade como Meio Ambiente*. Rio de Janeiro: Zahar Editores, 1970.

MARTINELLI, M.. *Atlas Geográfico: Natureza e Espaço da Sociedade*. São Paulo, Editora do Brasil, 2003.

MONTEIRO, C. A. F.. *A Questão Ambiental no Brasil*. São Paulo, Instituto de Geografia. Universidade de São Paulo, 1981.

H. T. BUCKLE. *History of civilization in England*, London, s./e., 1872. Apud: SODRÉ, N. W.. Introdução à Geografia (Geografia e Ideologia). Petrópolis, Vozes, 1976.

O ESTADO DE SÃO PAULO. São Paulo, edição de 08.07.03.

ROSS, J. L. S.. *Inundações e Deslizamentos em São Paulo. Riscos da Relação Inadequada Sociedade-Natureza*. Coimbra (Portugal), Minerva, Territorium nº 1, 2001.

SODRÉ, N. W.. Introdução à Geografia (Geografia e Ideologia). Petrópolis, Vozes, 1976.

INDUSTRIALIZAÇÃO, URBANIZAÇÃO E VIDA DE BAIRRO NA SÃO PAULO ALÉM-TAMANDUATEÍ*

Margarida Maria de Andrade

No período que se estende, grosso modo, de 1870 até os anos de 1940, o Brás (incluindo parte do atual Pari), a Mooca e o Belenzinho transformaram-se, de subúrbios de chácaras, em bairros industriais e operários.

Desse conjunto de bairros, o Brás foi o primeiro a se formar, tornando-se logo o centro em relação ao qual gravitavam os demais bairros além-Tamanduateí.

A designação além-Tamanduateí leva em conta a situação das terras baixas sobre as quais se edificaram esses bairros, a leste do rio Tamanduateí como, também, da velha São Paulo colonial. Ao longo do século XIX, essas terras compunham o "cinturão de chácaras" (LANGENBUCH, 1971:11) em torno do modesto núcleo urbano de São Paulo. Entre elas e a cidade, interpunham-se o rio e sua várzea, extensa área de inundação pelo transbordamento do rio na época das chuvas. A várzea, drenada, deu lugar, no começo da década de 1920, ao Parque D. Pedro.

---

* Versão revista e ampliada do artigo "Brás, Mooca e Belenzinho: formação e dissolução dos antigos bairros 'italianos' além-Tamanduateí", publicado em *Travessia – Revista do Migrante*. Publicação do CEM – Ano XIII – No 38, set-dez/2000, pp. 5-10. Baseia-se na Tese de Doutorado apresentada ao Departamento de Geografia da Faculdade de Filosofia, Letras e Ciências Humanas-FFLCH da Universidade de São Paulo-USP, sob o título "*Bairros além-Tamanduateí: o imigrante e a fábrica no Brás, Moóca e Belenzinho*", São Paulo, 1991.

No final do século XIX, quando São Paulo apenas despontava no cenário urbano brasileiro, Brás, Mooca e Belenzinho incluíam-se entre os novos bairros, que nasciam na capital pela concentração do contingente crescente de imigrantes que afluía à Cidade, uma vez iniciada a Grande Imigração, promovida pelo governo brasileiro no quadro de substituição do trabalho escravo pelo trabalho livre. Além desses bairros, devem ser citados, o Bom Retiro, a Barra Funda, a Água Branca, a Bela Vista, o Cambuci.

Mas nenhum destes destacou-se como o conjunto formado pelo Brás, Mooca e Belenzinho. Destacou-se como maior concentração de imigrantes e de fábricas da cidade e destacou-se como núcleo de intensa vida própria, a ponto de merecer a designação de "Outra Cidade", freqüentemente atribuída ao conjunto já nas primeiras décadas do século XX.

Assim, aos primórdios da industrialização na Cidade de São Paulo corresponde a formação de um conjunto de bairros industriais e operários, núcleos de vida urbana aglutinando a parcela maior da força de trabalho.

Já à consolidação de São Paulo como centro do desenvolvimento industrial brasileiro, induzindo a urbanização em ritmo cada vez mais acelerado, corresponde a transformação profunda desses bairros, no sentido da dissolução de sua identidade como bairros proletários que, ao mesmo tempo em que os distinguira, constituíra elemento de redefinição da própria Cidade.

O estudo, em alguns de seus aspectos, da formação dos bairros do Brás, Mooca e Belenzinho e de transformações que indicam a dissolução da vida de bairro, que se intensifica ao longo da segunda metade do século XX, propõe, entre outras questões, a discussão do bairro enquanto nível de organização da vida urbana. No âmbito deste trabalho, esta discussão se fará pelo exame da relação entre os processos de industrialização e urbanização na Cidade de São Paulo, a partir da realidade desse conjunto de bairros.

Os bairros "italianos" além-Tamanduateí

> A leste um outro bairro, povoado sobretudo por italianos, estende-se ao longe na planície baixa e contrasta por suas fábricas, suas ruas sujas, seus esgotos lodosos, com as construções elegantes e as casas dos bairros ocidentais. Seria urgente drenar o solo e arranjar vastos espaços em parques e jardins; mas as construções invadem incessantemente as terras pantanosas e apodrecidas de imundícies, onde os córregos se juntam para se lançar ao norte no rio Tietê (RÉCLUS, 1894: 370-1).

As primeiras transformações no antigo povoado do Brás, – lugar de chácaras usadas como residências por segmentos da elite e ponto de parada para quem chegava a São Paulo vindo do leste, pela Penha – no sentido de sua urbanização, decorrem da chegada da ferrovia à Cidade. A São Paulo Railway contava com uma estação no Brás, quando inaugurada em 1867. Dez anos depois, a antiga Estrada de Ferro do Norte tinha no Brás sua estação inicial em São Paulo.

Mas, o grande impulso à urbanização decorre da instalação, no Brás, da nova Hospedaria de Imigrantes[1], inaugurada em 1887, com capacidade para abrigar cerca de 3 mil imigrantes, embora esse número tenha chegado, em ocasiões especiais, a 8 mil[2]. As dimensões da nova hospedaria, como o seu caráter de espaço controlado, transparecem nas observações de Henrique Raffard que a visitou no começo da década de 1890: trata-se de "um vasto estabelecimento (...) n'um terreno bem fechado, como convém para a manutenção da ordem" (RAFFARD, 1892:181).

A imigração subvencionada foi formulada visando a entrada em "proporção muito elevada de imigrantes para a lavoura". Previa, no entanto, também a entrada de imigrantes "de outras profissões", embora "em proporção diminuta". [3]

Ainda que sob protestos dos cafeicultores, registrados, por exemplo, nos Anais da Câmara dos Deputados do Estado de São Paulo do final do século XIX, parcela dos imigrantes fixou-se diretamente nas cidades. Para dado momento, há mesmo referência ao número de imigrantes que teria burlado as normas que determinavam o desembarque na Hospedaria em São Paulo, recorrendo, para isso, ao desembarque em estações precedentes.[4]

A decisão do governo de instalar no Brás a nova Hospedaria foi determinada pela presença das estações ferroviárias, mas respondeu também a estratégia da elite de segregar os imigrantes, de afastá-los dos bairros ditos burgueses. Assim é, que o terreno adquirido na Luz para a construção da nova Hospedaria, acabou recebendo outra destinação porque, segundo o Presidente da Província, não foi julgado "próprio para um alojamento de imigrantes o bairro [da Luz] que mais se presta a ser aformoseado, e que vai merecendo a preferência da população abastada para aí construir prédios vastos e elegantes". [5]

O impulso à urbanização das terras além-Tamanduateí, decorrente da presença da Hospedaria e o caráter segregativo dessa urbanização foram ressaltados por um parlamentar em 1895, ao declarar que: "O edifício da imigração, construído quando São Paulo era por assim dizer a metade do que é

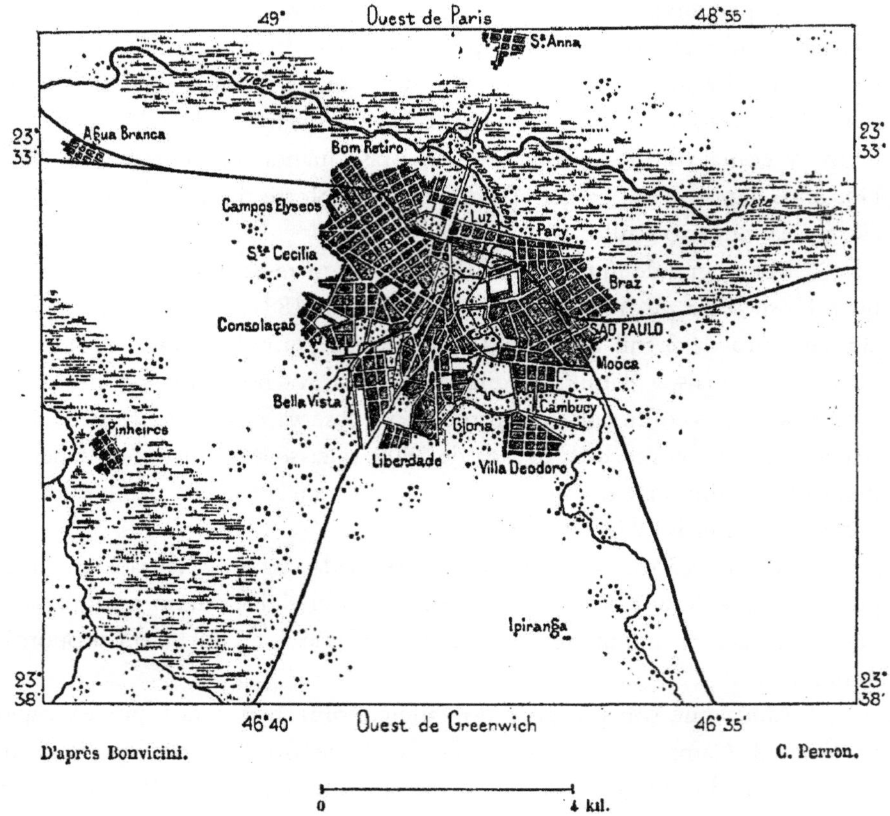

|Figura 1| Mapa de São Paulo, por volta de 1890. *Fonte:* Réclus, E. Nouvelle. Géographie Universelle, vol. XIX, Hachette, Amérique du Sud, Paris, 1894, p. 371

hoje, pelo próprio fim a que se destina, fez surgir em derredor a maior acumulação de habitações destinadas a pessoas de baixa classe". [6]

Para se ter uma idéia dessa acumulação, a população do Brás quintuplicou entre 1886 e 1893 (de 6 mil para 32 mil habitantes) e a população da Cidade multiplicou por seis entre 1886 e 1900, ano em que cerca de 55% da população (que atingia 240 mil habitantes) era formada de estrangeiros, em sua maioria italianos.

A incorporação das terras além-Tamanduateí à Cidade de São Paulo, inicia-se ao mesmo tempo em que grandes transformações nela se desencadeiam, a partir de 1870.

Essas transformações expressavam-se no crescimento da população que decorria, em parte, do estabelecimento na capital de "grandes proprietários e capitalistas da Província"[7], mas decorria principalmente da vinda de imigrantes estrangeiros – italianos principalmente, mas também espanhóis e portugueses. O maior número deles retornava das fazendas de café, em razão de crises na cafeicultura, como de condições de trabalho muito duras nas fazendas.

Expressavam-se, ainda, na redefinição das condições materiais da Cidade que, além da expansão física e do aumento no número de domicílios, incluía uma série de inovações – ferrovia, iluminação a gás, abastecimento de água, rede de esgotos, bondes, calçamento de ruas, drenagem de várzeas, construção de edifícios públicos, pontes, praças e jardins.

Essa redefinição revelava um projeto das elites de modernizar a Cidade, de equipá-la com certos serviços urbanos, a partir de modelos oriundos das nações dominantes no cenário mundial no final do século XIX. Investia-se nessas obras excedente gerado na economia cafeeira, florescente no interior da província já nos meados do século XIX.

Eurípedes Simões de Paula viu esse momento de transformações profundas na cidade como "a segunda fundação de São Paulo". A gestão de João Theodoro Xavier de Matos na Presidência da Província, iniciada em 1872, sob a ótica do autor, representou o marco principal dessas transformações (PAULA, 1954).

O pequeno burgo, herança do período colonial, com suas construções sóbrias em taipa de pilão, vai gradativamente dar lugar à "cidade de tijolo", como tão bem mostrou o arquiteto Benedito Lima de Toledo (1983). Nessa "cidade de tijolo" materializa-se a concepção de cidade da burguesia nascente. Burguesia ligada ao café, sobretudo, mas, em alguma medida ligada, também, a um projeto de crescimento econômico baseado na industrialização. Vale lembrar que, na última década do século XIX, a indústria vivia seu primeiro surto na Capital (PETRONE, 1953:29).

Assim, as transformações na Cidade de São Paulo, nas últimas décadas do século XIX, têm suas raízes em modificações profundas na sociedade brasileira, que inicia o movimento pelo qual à base agrário-exportadora se agrega o componente urbano-industrial.

É nesse quadro amplo que deve ser compreendida a integração do Brás, da Mooca e do Belenzinho à Cidade de São Paulo, como bairros operários. [8]

Um aspecto a ressaltar nessa transformação é que ela resultou, no essencial, de forças exteriores. Os grupos sociais que dominavam a vida desses lugares perdem relevo para grupos novos representados, sobretudo, pelos imigrantes, mas também pelos industriais, ambos sem vínculos anteriores com eles.

BRÁS - 1895

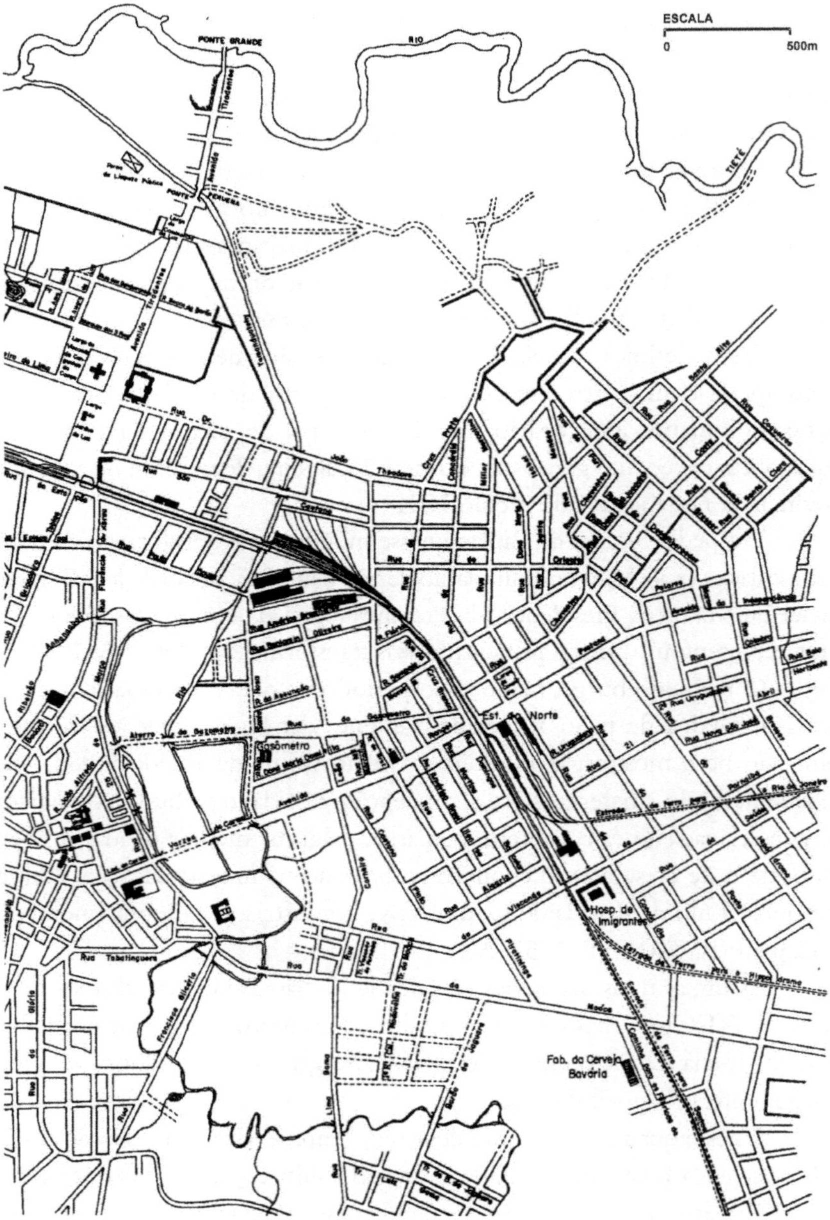

| Figura 2 | Mapa do Brás – 1895. *Fonte:* Cópia parcial da planta da cidade de São Paulo, 1895, editor Hugo Bonvicini, cf. cópia de E. do Amaral, da Divisão do Arquivo Histórico. *Desenhista:* Ricardo-USP/89.

O Recenseamento da Província de São Paulo, de 1872, registra a presença na Paróquia do Brás[9], de um número relativamente importante de "capitalistas e proprietários", além dos "fabricantes", de uns poucos profissionais liberais e de uma proporção elevada de pessoas sem ocupação. Portanto, havia na Paróquia do Brás uma população socialmente estratificada. No que diz respeito às formas de produção industrial anteriores à grande indústria, não foi possível acompanhar a trajetória de antigos "fabricantes" – Bresser, João Boemer, José Ignácio de Araújo, entre outros – e de artesãos de diversos ofícios, aí localizados ao longo dos anos de 1870 e início dos anos de 1880. Presume-se, entretanto, que muitos estabelecimentos tenham deixado de existir, porque deixaram de constar de relações de fábricas elaboradas posteriormente. Esse é o caso, por exemplo, dos estabelecimentos dos três "fabricantes" citados.

Cabe aqui assinalar que as transformações mencionadas não se fizeram de um salto e continuaram seu curso nas primeiras décadas do século XX. Fábricas e chácaras, por exemplo, conviviam ainda nos anos de 1910 e mesmo de 1920. Mas a tendência é clara no sentido da eliminação das antigas chácaras, cedendo lugar a outras formas de uso – residencial, industrial, comercial, institucional.

Nesse sentido, caberia indagar sobre as relações entre os grupos sociais originais e os novos.

Sem que tenha sido objeto de levantamento exaustivo, algumas indicações foram encontradas.

A *Fábrica Sant'Anna* (de juta), de Antônio Álvares Penteado, foi instalada em 1889, nas proximidades da estação do Brás, da São Paulo Railway, na antiga chácara Menezes.[10] Jacob Penteado refere-se a um pouso de tropeiros nas imediações da Rua Catumbi, no Belenzinho, em terras do coronel Fortunato Goulart. Este pouso teria existido até a venda, em 1910, dessas terras à Cia Nacional de Tecidos de Juta, da qual era acionista Jorge Street, que aí construiu a Fábrica e a Vila Maria Zélia. Quanto ao referido coronel, transferiu residência da chácara para um chalé adquirido no Belenzinho, onde construiu casas para alugar (PENTEADO, s./d.:79-80;102-3;160). O mesmo autor refere-se a inúmeras chácaras existentes no Belenzinho nos anos de 1910, com pomares e hortas, em geral de portugueses. Estas chácaras forneciam verduras e frutas aos moradores do bairro e a verdureiros ambulantes.

As observações de Jacob Penteado sobre as chácaras remetem a considerações de Alice Canabrava ao analisar a transformação no próprio caráter das chácaras paulistanas, tomando como referenciais a situação no final do Império e em meados do século XX. As chácaras tradicionais eram propriedades da elite e, embora esse tipo de propriedade fosse voltado à exploração do solo, principalmente para o cultivo de árvores frutíferas, tratava-se, no mais das vezes, de produção para "abastecimento da família e não uma exploração comercial do pomar". Desde o final do século XIX, essas antigas chácaras da elite foram sendo gradativamente loteadas e, desse modo, incorporadas ao tecido urbano. Ao mesmo tempo, foram surgindo chácaras para cultura comercial de frutas e hortaliças, exploradas quase sempre por imigrantes portugueses e japoneses. Diferentemente das anteriores, estas procuraram as várzeas (CANABRAVA, 1949-50:99-103).

São também de Jacob Penteado relatos reveladores da situação de exclusão vivida pelos negros e de como eram discriminados pelos brancos.

Conta que, nos anos de 1910, viviam negros no Belenzinho, em "ajuntamentos" de casebres em um terreno aos fundos de uma chácara na Rua Conselheiro Cotegipe. Conta também, que os moradores das imediações "aguardavam com justificado aborrecimento", a comemoração da Abolição, no dia 13 de maio. Desde a véspera, "começavam a chegar negros que nem formiga". A festa varava a noite, era animada pelo samba de roda "sob o som infernal dos instrumentos de percussão" e acabava em promiscuidade. Diz ainda que moleques do bairro uniam-se em coro para ridicularizar o chefe dos negros – Barnabé – que "de gênio manso, olhava a criançada e sorria bonachão" (PENTEADO, s./d.:172;215-18).

Nas poucas referências aqui incluídas já é possível identificar a tendência à diversificação dos modos de inserção econômica e social de grupos diferentes, presentes nos novos bairros industriais e operários em formação – antigos proprietários fundiários negociando suas propriedades com industriais, imigrantes produzindo para o abastecimento da cidade em frutas e verduras, negros cuja inserção econômica não fica definida.

No que diz respeito à atividade industrial, objeto de maior aprofundamento, cabem algumas considerações sobre dois grupos sociais, ambos heterogêneos, com forte presença nos bairros em questão – os operários e os industriais.

O exame de duas grandes empresas industriais da época – IRFM-Indústrias Reunidas F. Matarazzo e Cotonifício Crespi – fundadas em São Paulo por imigrantes com recursos aplicados no comércio e depois na indústria, revelou seu papel importante na estruturação dos bairros estudados. A reconstituição da história de grandes fábricas destas grandes empresas nos bairros estudados, mostrou a inserção crescente de imigrantes e seus descendentes como assalariados na indústria[11].

Também foram estudadas duas empresas produtoras de teares – *Andrighetti e Ribeiro* – criadas por imigrantes e filhos de imigrantes, como "oficinas de fundo de quintal", no início dos anos de 1920. As pequenas indústrias fundadas por imigrantes e filhos de imigrantes proliferaram em São Paulo nas primeiras décadas do século XX. Inúmeras delas tornaram-se, com o tempo, empresas importantes (como foi o caso das duas estudadas), seus fundadores passando a compor a nascente burguesia industrial.

É preciso, entretanto, ressaltar que a ascensão econômica e social de parcela de imigrantes entrados como força de trabalho, pela via da criação de pequenas oficinas que se tornaram fábricas depois, não deve obscurecer o fato de que o grande contingente de imigrantes e seus descendentes veio a constituir a força de trabalho da nascente indústria paulistana. O crescimento da indústria justifica, inclusive, pensar que um número sempre maior de imigrantes integrava-se diretamente à indústria como assalariados, sem passar, assim, pela grande lavoura.

Ao iniciar-se o século XX, Brás, Mooca e Belenzinho eram a maior concentração de fábricas e operários da Cidade de São Paulo. [12] Daí em diante, fábricas e oficinas multiplicam-se, a indústria passando a ser o elemento fundamental de integração desses bairros à Cidade. E, ao mesmo tempo em que em alguns bairros se efetivava o projeto das elites de "embelezamento" da Cidade, do outro lado do Tamanduateí, entre outras porções da Cidade, multiplicavam-se os cortiços, havia falta de água e de esgoto, as ruas eram escuras e enlameadas, o lixo acumulava-se na Várzea do Carmo.

Do exame de documentos relacionados à idéia, defendida em 1895, de remover a Hospedaria da Cidade de São Paulo, ressalta o antagonismo dos grupos dominantes face aos imigrantes, expresso em discursos de deputados, porta-vozes da elite.

> (...) é princípio rudimentar de higiene, (...), que a grande aglomeração de pessoas de baixa classe em lugares populosos é um inconveniente muito grave, porque esses núcleos de população, de gente mal vestida e mal alimentada, se convertem em centro de propagação de diversas moléstias, como a malária, a febre tífica, (...)[13].
>
> A população corria grande risco, porque esses milhares de indivíduos que ficavam por longo tempo nesta capital, pouco afeitos ao nosso meio social, espalhados pela rua em plena vadiagem, e – diga-se mesmo – pouco escrupulosos como o são em geral, constituíam uma ameaça perene à ordem pública [14].

Aparentemente provocado pela ameaça, que aos olhos da elite representavam os imigrantes à saúde e à ordem públicas, como decorrência das precárias condições em que viviam na Cidade de São Paulo, antagonismo de classe é o que se revela. E, muito provavelmente, acirrava-se diante da ascensão econômica de imigrantes que se estabeleciam por conta própria com pequenos negócios, ameaçando desalojar grupos nacionais mais ou menos bem postos econômica e socialmente.

Paula Beiguelman analisou choques de rua envolvendo brasileiros e imigrantes italianos, ocorridos em 1892 e 1896, em mais de uma cidade do Estado, inclusive em São Paulo. Segundo a autora, para os nacionais, o imigrante aparecia como "açambarcador das novas oportunidades". Daí as manifestações de ressentimento contra o imigrante. Em contrapartida, "os imigrantes desenvolvem uma auto-representação como elementos civilizadores, adotando atitude altamente crítica para com o comportamento econômico do elemento nacional, e o seu conformismo com o baixo padrão que não se esforçava por abandonar" (BIEGUELMAN, 1977:119).

O fato é que a combinação, nos bairros além-Tamanduateí, de elementos muito fortes atuando no sentido de uma integração segregada desse conjunto de bairros à Cidade de São Paulo, leva a pensar em forças de coesão atuando com tal intensidade que levaram à criação, aí, de uma forte identidade.

Constatações feitas ao longo da pesquisa, depoimentos e análises de autores diversos que estudaram esses bairros, não deixam dúvida quanto à constituição de uma unidade urbana particularizada, formada pelos bairros além-Tamanduateí, sem prejuízo de certa diversificação entre os mesmos.

Já foi mencionada a designação "Outra Cidade" atribuída a esse conjunto de bairros operários, traduzindo a complexidade da realidade social que se constituiu a leste do Tamanduateí. O Brás "parece outra cidade, com outra gente e outra vida (...). E como há gente aqui! (...). Como tudo isso é novo! Como tudo isso é diverso do que se vê lá por cima, nos bairros plutocratas da Avenida Higienópolis, Campos Elíseos, ou nos bairros burgueses (...)". [15] A concentração aí da população, da indústria, do comércio, de serviços, de escolas, de atividades culturais diversas (teatros, cinemas), de festas religiosas e profanas com componente lúdico inegável, de formas diversas de associação de trabalhadores em luta por melhores condições de trabalho e de vida, indica a formação de um núcleo complexo de vida social, que se manteve até meados do século XX.

Os moradores, segregados, criaram a leste do Tamanduateí um núcleo de vida urbana, polarizado pelo Brás. Assim definiu-se uma centralidade que acabou justificando a designação de "*Outra Cidade*". Para esse momento da história de nossa industrialização e urbanização, a segregação, negadora do convívio amplo entre grupos e classes sociais e, portanto, negadora do urbano, foi negada na criação do que se poderia considerar um modo de vida operário na Cidade de São Paulo. Ou seja, os bairros além-Tamanduateí, entre outros bairros paulistanos, puderam se definir como totalidade, parte de uma totalidade maior – a Cidade de São Paulo. [16]

A realidade desse conjunto de bairros pode ser melhor compreendida se recorremos a formulações de Henri Lefebvre (1977:207-15) sobre o bairro. O estudo do bairro (este entendido como unidade de vida urbana), na abordagem proposta pelo autor deve partir da Cidade como totalidade (portanto, da sociedade). Considerado "importante mas não essencial, conjuntural mais que estrutural", o bairro possui um maior ou menor grau de realidade como nível de organização da vida urbana (LEFEBVRE, 1977:207-15).

Observa-se, segundo o autor, nas condições atuais da urbanização [segunda metade do século XX], uma tendência ao desaparecimento do bairro como escala de organização da vida urbana. Apesar desta tendência, uma ideologia do bairro, que o toma como essência da vida urbana, continua exercendo influência. A apologia da paróquia e da vida paroquial sustenta essa ideologia, embora a paróquia seja um fato datado[17]. Atualmente, argumenta o autor, não se pode esquecer o Estado. Atualmente,

> (...) as instituições não têm mais nada em comum com o bairro; mais do que nunca elas o ultrapassam, o dominam. (...) O bairro quase não intervem na proclamação dos valores dominantes. (...). Mas, não basta, para o autor, essa abordagem sincrônica. Tomemos a questão no tempo, diacronicamente. O bairro, numa cidade que cresce, pode tornar-se um núcleo de vida social. (...) Um tal bairro, assim consolidado, assim organizado pelas forças sociais que modelaram a cidade e orientaram seu desenvolvimento, pode resistir por muito tempo após a deterioração da escala do bairro no curso do crescimento urbano que o suplanta e diante dos problemas muito mais vastos postos pela prática social (LEFEBVRE, 1977:212-3).

A desestruturação dos antigos bairros "italianos" além-Tamanduateí

A citação acima esclarece não só a realidade do bairro nas condições da urbanização contemporânea, como a abordagem que, sem prescindir da história, permite explicá-lo. A consolidação, mas também a tendência à dissolução dos bairros além-Tamanduateí, ganham contornos mais nítidos a partir dos anos 1940.

Como já foi observado, ações dos grupos dominantes guiaram-se por estratégia que visava segregar os imigrantes. Mas é preciso não esquecer que a ela se contrapunham estratégias dos imigrantes.

No âmbito desta pesquisa, foi analisada a trajetória de imigrantes que viveram a condição operária e que encontraram, nas próprias brechas abertas pela expansão da indústria, a possibilidade de se tornar empresários, começando com pequenas oficinas criadas no início dos anos de 1920 – *Andrighetti e Ribeiro* – atuando na produção de teares destinados a pequenas tecelagens.

A complexa trama de relações que se estabeleceu entre a grande indústria têxtil e uma categoria de trabalhadores qualificados (nos casos analisados, mecânicos que tinham tido acesso a escola profissional), ao que tudo indica, teve um efeito dinamizador, favorecendo o avanço da industrialização, ao propiciar o surgimento de uma produção nacional de teares.

A pesquisa de outros setores industriais teria revelado outros momentos e situações em que imigrantes, ou seus descendentes, estabeleceram-se com pequenas "oficinas de fundo de quintal", muitas delas na origem de empresas que se consolidaram depois. O que, vale lembrar, não deve sugerir que todas as oficinas progrediram, a maioria delas tendo sido eliminadas por não suportar a concorrência das empresas maiores.

Por outro lado, a reconstituição da história das duas fábricas de teares, das suas relações com a grandes empresas do setor têxtil e com as pequenas tecelagens, ao mesmo tempo que mostrava a indústria como forte elemento estruturador de uma realidade social, que se expressava nos bairros industriais e operários nascidos da primeira fase da industrialização paulistana – identificados como "*bairros italianos*" –, revelava o poder desestruturador que a indústria tinha sobre os bairros.

A ascensão de imigrantes à condição de empresários implicava uma ruptura com os bairros, que deixavam de ser o local de moradia. Abandonar o bairro de origem por outro, reconhecido como de elite, parece ter sido a regra entre os novos empresários. A esse respeito, é significativo o depoimento do Sr. Andrighetti referindo-se a vários conhecidos seus, donos de pequenas fábricas no Brás ou no Belenzinho: "porque todo mundo começou a progredir de uma maneira espantosa (...), e, os que cresceram no dinheiro mudaram..., todo mundo andou fugindo de lá". [18]

Naturalmente, por maior que tenha sido o número dos que enriqueceram e, por isso, deixaram os bairros, seu número é irrisório diante da massa de assalariados formada de imigrantes e seus descendentes, que permaneceu nessa condição e, aos quais, logo vieram se juntar contingentes crescentes de trabalhadores nacionais.

E, para os trabalhadores, a consolidação da indústria teve efeitos desagregadores muito fortes sobre o modo de vida, ao levar à dissolução de um elemento fundamental na constituição dos bairros operários - a associação estreita entre moradia e trabalho que caracterizou a industrialização no final do século XIX e primeiras décadas do século XX, período em que São Paulo mostrou um padrão concentrado de urbanização.

Muitos trabalhadores foram expulsos para a periferia, em busca de aluguel mais barato, ou da tão sonhada casa própria na periferia, pela via da autoconstrução. Muitos trabalhadores foram expulsos porque as fábricas, para se expandirem, compravam as residências contíguas a elas e as demoliam.

No âmbito desta pesquisa, situam-se nos anos 40 do século XX os casos constatados, tanto de abandono dos bairros além-Tamanduateí por imigrantes bem sucedidos como empresários, em busca de locais mais prestigiados do outro lado da cidade, como de expulsão de trabalhadores que passam a viver na periferia da Zona Leste.

Como muito bem mostrou o depoimento de uma operária [19], a mudança para a periferia foi acompanhada de uma degradação das condições de vida. Em termos de moradia estrito senso, nada mudou, porque a família trocou um cortiço no Brás por outro na Vila Matilde. Mas o Brás, nos anos de 1940, tinha infra-estrutura urbana – água, esgoto, calçamento, iluminação, transporte público – ausentes num loteamento popular periférico em ocupação. Acrescente-se a isso que, além de lugar de moradia e trabalho, os bairros além-Tamanduateí eram também lugar de encontro e de festa. Todos os entrevistados descreveram o movimento na "*Avenida*" (Rangel Pestana/Celso Garcia) nas noites de sábado e domingo; as vitrinas das lojas; mencionaram as "*passeatas*" do Brás e do Largo São José do Belém (o flerte para os jovens e o passeio para os mais velhos); os cinemas; as festas nas paróquias (Nossa Senhora de Casalucce, São Vito Mártir, São Gennaro); as companhias italianas de ópera que se apresentavam no teatro do Brás; os inesquecíveis carnavais do Brás.

Embora o estudo feito não permita apreender em toda a sua complexidade a realidade dos bairros além-Tamanduateí, já que muitos elementos dessa realidade não foram considerados na pesquisa, do exame mais detido da indústria resultou o entendimento de que o mesmo processo que integrava os bairros à cidade de São Paulo, dissolvia, desestruturava a realidade dos bairros industriais e operários, das primeiras fases da industrialização paulistana. Como elementos dessa estruturação-desestruturação: o abandono dos bairros pelos imigrantes enriquecidos pelo progresso de suas oficinas; a ascensão e o declínio de empresas; a expulsão de moradores que, impossibilitados de pagar os aluguéis em alta procuravam os loteamentos desprovidos de infra-estrutura, que se abriam nas franjas da cidade; o abandono dos bairros por moradores expulsos pelas fábricas que se expandiam às custas da destruição das moradias a elas contíguas. Assim, uma série de elementos são indicadores da dissolução de laços sociais constituidores da realidade dos bairros além-Tamanduateí.

Em outras palavras, ao examinar a indústria na escala micro dos bairros e até de empresas, revelou-se, como sentido mais amplo, a posição de São Paulo como centro do desenvolvimento industrial brasileiro, induzindo a urbanização em um ritmo cada vez mais acelerado. A cidade passa, então, a concentrar o fluxo migratório interno de trabalhadores expulsos do campo. Trabalhadores nacionais integram-se como mão-de-obra industrial.

A presença "nordestina" nos antigos bairros "italianos" além-Tamanduateí é ressaltada nos estudos que examinam sua realidade a partir de meados do século XX.

No âmbito desta pesquisa, em depoimentos colhidos, à presença de nordestinos foi atribuída a, assim designada, deterioração dos bairros.

Para um empresário, filho de imigrantes, que retornou ao Belém nos anos de 1950, depois de alguns anos residindo nos Jardins, "O largo São José do Belém estava assim de pau-de-arara" e os filhos não quiseram ficar, a família tendo retornado aos Jardins. [20]

Tem o mesmo sentido o depoimento de um representante da IRFM-Indústrias Reunidas F. Matarazzo, colhido na sede social da empresa, desde 1972 instalada no Brás. Segundo ele, o Brás encontra-se atualmente muito deteriorado, a proliferação do "comércio de trapos" sendo um dos sinais de degradação. Refere-se à venda de retalhos provenientes das confecções (setor industrial dominante no Brás hoje), em lojas de aspecto improvisado, pertencentes a nordestinos que ascenderam economicamente e estabeleceram-se por conta própria. [21]

No passado, os imigrantes estrangeiros eram discriminados. Atualmente, são os "nordestinos", mas também os imigrantes bolivianos que, há não muito tempo, passaram a trabalhar como operários das confecções.

Como já assinalado, a realidade atual desses bairros é muito diversa da que os caracterizou até meados do século XX. A indústria tradicional (têxtil, metalúrgica, grandes moinhos de trigo...) praticamente desapareceu, embora permaneçam muitos velhos edifícios de fábricas, abandonados ou retomados por outros usos. A confecção e o comércio a ela vinculado, ao contrário, expandiram-se.

Também não se pode esquecer a destruição de antigos quarteirões para a abertura da Avenida Radial Leste e, depois, para a construção do metrô. Em ambos os casos, houve expulsão de moradores, como conseqüência das desapropriações.

|Figuras 3 a 9| Imagens do Brás no final do século XX[22]

|Figura 3| Vila situada na Rua Miller, 193 – Brás. *Foto:* João Carlos Marini, 1989.

|Figura 4| Vila situada no quarteirão compreendido pelas ruas Cons. Belisário, Coronel Trocoso, Barão de Ladário e Miller – Brás. *Foto:* João Carlos Marini, 1989.

|Figura 5| "Pensão" situada nas imediações da Estação Roosevelt – Brás. *Foto:* João Carlos Marini, 1989.

|Figura 6| Edifício do Moinho Matarazzo – IRFM – Indústrias Reunidas F. Matarazzo (Rua Monsenhor Andrade – Brás), inaugurado em 1901. Usado desde a década de 1980, como depósito. *Foto:* Luciana Antonini, 1995.

| Figura 7 | Cine Piratininga (Avenida Rangel Pestana – Brás), transformado em estacionamento. *Foto:* João Carlos Marini, 1989.

| Figura 8 | Edifício de antiga tecelagem de seda – IRFM – Indústrias Reunidas F. Matarazzo (rua Joli – Brás), ocupado, em 1989, por uma editora. *Foto:* João Carlos Marini, 1989.

|Figura 9| Edifício do Cine – Teatro Oberdan (Avenida Rangel Pestana – Brás), ocupado em 1989, por fábrica e loja de artigos têxteis. *Foto:* João Carlos Marini, 1989.

Por outro lado, é muito forte a presença de migrantes nacionais e seus descendentes. Muitos como moradores dos inumeráveis cortiços aí existentes. Muitos como moradores da distante periferia, mas aí trabalhando.

E se, a partir dos anos 1930 e principalmente do segundo pós-guerra, muitos trabalhadores expulsos do campo integraram-se como assalariados na indústria e nos serviços concentrados na metrópole, a partir da década de 1980, a perspectiva de integração ao mercado formal de trabalho tornou-se cada vez mais restrita, levando parcelas crescentes dos que continuam a afluir, bem como de já residentes na metrópole, às situações de desemprego, subemprego, indigência.

Considerando esta nova realidade é que venho pesquisando os modos de (não)inserção à vida urbana de segmentos componentes dos "excluídos". Apoiada, em especial, em entrevistas com abrigados no albergue noturno que ocupa dependências da antiga Hospedaria de Imigrantes do Brás, esta pesquisa procura se deter um pouco mais na realidade atual dos antigos bairros "italianos" além-Tamanduateí.

E, se no passado, os bairros operários além-Tamanduateí se definiram como "espaço social diferenciado", caberia investigar, na complexa realidade atual da metrópole paulistana, a existência, para além da escala e da vida de bairro, de outros núcleos de vida urbana definindo-se como "espaços sociais diferenciados, qualificados". [23]

Notas

[1] A primeira hospedaria data de 1882 e ficava no Bom Retiro. A exigüidade das instalações face à intensificação da imigração levou o governo da província a construir a nova hospedaria. (Governo do Estado, Secretaria de Estado da Cultura, Departamento de Museus e Arquivos, Museu da Imigração. Catálogo. São Paulo, Imprensa Oficial, set/1997, p. 5).

[2] Idem, ibidem.

[3] "Dados para a História da Imigração e da Colonização em São Paulo". In: Boletim do Departamento Estadual do Trabalho. Secretaria da Agricultura, Comércio e Obras Públicas, Ano V, nº 19, 2o trimestre de 1916, São Paulo, p. 181.

[4] Em 1895, um deputado acusa que, dos 74.975 imigrantes chegados em 1893, 37.641 não foram para a lavoura e 5.800 não deram estrada na Hospedaria, tendo se espalhado em São Paulo, Santos, ou nas estações intermediárias entre São Paulo e Santos. (Câmara dos Deputados do Estado de São Paulo, Annaes da Sessão Ordinária de 1895, 78a Sessão Ordinária, 12/08/1895, Deputado Paula Novaes, Projeto nº. 68, em primeira discussão.

[5] Relatório do Presidente da Província João Alfredo C. de Oliveira à Assembléia Legislativa Provincial – 1886. São Paulo, Typ. Jorge Seckler & Cia.

[6] Câmara dos Deputados do Estado de São Paulo, Annaes da Sessão Ordinária de 1895, 78a Sessão Ordinária, 12/08/1895, Deputado Álvaro de Carvalho, Projeto No. 68, em primeira discussão.

[7] Relatório do Presidente da Província João Theodoro Xavier à Assembléia Legislativa Provincial, de 05/02/1873. Typ. Americana, 1873.

[8] Pasquale Petrone abordando a urbanização paulistana na primeira metade do século XX, afirma que, por volta de 1925, "São Paulo era ainda fracionada, (...)". Entre uma dezena de "trechos edificados separados uns dos outros, ora por obstáculos naturais (como é o caso das várzeas e dos vales mais escavados), ora pela presença das vias férreas", duas porções distinguiam-se como completamente edificadas: a área central, com suas extensões "limitada ao Norte pelas vias-férreas, a Leste pelo vale do Anhangabaú, a Oeste pelo vale do Pacaembu e ao Sul pelo espigão da Avenida Paulista"; a porção "a Leste do Tamanduateí, compreendendo o Brás, a Mooca e o Belenzinho, a qual é cortada em três pontos por estrada de ferro". (Pasquale Petrone, "A Cidade de São Paulo no Século XX – São Paulo Transforma-se em Metrópole Industrial", in: Revista de História, São Paulo, ano VI, nº 21 e 22, pp. 127-170, jan-jul/1955).

[9] Para uma população total de 2.308 habitantes, 1705 eram brasileiros, 325 estrangeiros e 278 escravos.

[10] Brás – Espaço e Uso. Cadernos-2, Casa das Retortas. Secr. Municipal de Cultura, Prefeitura do Município de São Paulo, p. 46.

[11] Em 1933, as três fábricas de tecidos de algodão da IRFM nos bairros além-Tamanduateí empregavam, juntas, mais de 4 mil operários. O Cotonifício Crespi empregava, em 1928, 3300 operários (Estatística Industrial do Estado de São Paulo-1928 e 1933. Secr. da Agr. Ind. e Com. do Estado de São Paulo, Typ. Garraux, 1930 e 1935).

[12] Apoio-me aqui na análise feita dos dados reunidos sobre a indústria paulistana por Bandeira Jr., Antônio Francisco, *A indústria no Estado de São Paulo em 1901*. S. Paulo, Typ.do Diário Official, 1901. Das 100 fábricas pesquisadas na capital, cerca de 70 forneceram dados sobre pessoal: empregavam cerca de 8 mil operários, dos quais, no dizer do autor, 90% seriam estrangeiros, principalmente italianos.

[13] Câmara dos Deputados do Estado de S. Paulo, Annaes da Sessão Ordinária de 1895, 80a. Sessão Ordinária, 14/8/1895, Deputado Almeida Vergueiro.

[14] Câmara dos Deputados do Estado de S. Paulo, Annaes da Sessão Ordinária de 1895, 81a. Sessão Ordinária, 16/8/1895, Deputado Carlos Vilalva.

[15] "O Estadinho", 27/01/1919, Apud: Artigas, R.C. e Bayeux, G., "Brás – Espaço e Uso", in: *Casa das Retortas*, IDART-Departamento de Informação e Documentação Artísticas. Secr. Municipal de Cultura, Prefeitura Municipal de São Paulo, p. 53.

[16] Considerando o bairro uma unidade elementar de vida urbana que tende a se dissolver com o avanço da urbanização ao longo do século XX (sobretudo na sua segunda metade) com a ampliação do domínio das relações mediadas pelo mercado, Henri Lefebvre assim discute o bairro, nível de organização da vida urbana inseparável da totalidade que é a cidade: "A totalidade não deve levar a esquecer que a parte e o elemento têm também uma existência distinta. Somente um pensamento animado pelo método dialético permite, parece, atingir essa interação específica das partes no todo". (Henri Lefebvre, "La vie sociale dans la ville", in: *Du rural à l'urbain*. Paris, Anthropos, 3a. ed.,1977, p. 148-9).

[17] O estudo do bairro evidencia como, nas cidades da Europa ocidental, o bairro organizava-se em torno da paróquia que, além de existência religiosa, tinha também existência civil e política (nascimentos, casamentos e óbitos eram inscritos nos registros paroquiais). Com a separação entre o religioso e o civil, a paróquia, antes núcleo estruturador de vida urbana, da constituição de bairros, perdeu funções e a capacidade estruturadora. Assim, não tem mais fundamento a ligação bairro-paróquia. Lefebvre, 1977:209,210).

[18] Entrevista com Rolando Andrighetti (1988).

[19] Entrevistas com Maria Aparecida Alvim (1989 e 1990).

[20] Entrevista com Rolando Andrighetti (1988).

[21] A respeito desta atividade, hoje bastante expandida no Brás, nos seus vínculos com a migração nordestina, ver o estudo feito por Sueli de Castro Gomes *Do comér-*

cio de retalhos à feira da Sulanca: uma inserção de migrantes em São Paulo, Dissertação de Mestrado apresentada ao Departamento de Geografia da Faculdade de Filosofia, Letras e Ciências Humanas-FFLCH da Universidade de São paulo-USP, São Paulo, fotocópia, 2002.

[22] João Carlos Marini e Luciana Antonini gentilmente cederam-me as fotos incluídas neste trabalho que, como alunos de Geografia das Indústrias, respectivamente nos anos de 1989 e 1995, fizeram em trabalho de campo desta disciplina, por mim ministrada no Departamento de Geografia da FFLCH-USP.

[23] O bairro como "espaço social diferenciado, qualificado" é também uma formulação de Henri Lefebvre. O bairro é uma forma de organização do espaço e do tempo na cidade, "importante mas não essencial, conjuntural mais que estrutural. O espaço social não coincide com o espaço geométrico; este último, homogêneo, quantitativo, não passa do denominador comum dos espaços sociais diferenciados, qualificados. (...). Pode ser considerado como "ponto de contato o mais fácil entre o espaço geométrico e o espaço social, o ponto de passagem de um ao outro; a porta de entrada e de saída entre os espaços qualificados e o espaço quantificado, (...) o lugar onde se faz, para e pelos usuários, a tradução dos espaços sociais (econômicos, políticos, culturais, etc.) em espaço comum, isto é, geométrico" (LEFEBVRE, 1977:213).

Bibliografia

BANDEIRA JR., Antônio Francisco. *A Indústria no Estado de São Paulo em 1901*. São Paulo, Typ. Do Diário Official, 1901.

BEIGUELMAN, Paula. *A Formação do Povo no Complexo Cafeeiro: Aspectos Políticos*, 2ª. ed. rev. e ampl.. São Paulo, Pioneira, 1977.

BRÁS – ESPAÇO E USO. *Cadernos 2 - Casa das Retortas*. Secretaria Municipal de Cultura, Prefeitura do Município de São Paulo, s./d..

CÂMARA DOS DEPUTADOS DO ESTADO DE SÃO PAULO. *Annaes da Sessão Ordinária de 1895*: 78ª Sessão Ordinária, 12/08/1895, Projeto nº 68, em primeira discussão; 80ª. Sessão Ordinária, 14/08/1895; 81ª. Sessão Ordinária, 16/08/1895.

CANABRAVA, Alice P.. "As Chácaras Paulistanas". In: *Anais da Associação dos Geógrafos Brasileiros,* vol. IV (tomo I), AGB-SP, 1940/1950.

DADOS PARA A HISTÓRIA DA IMIGRAÇÃO E DA COLONIZAÇÃO EM SÃO PAULO. In: *Boletim do Departamento Estadual do Trabalho*. São Paulo, Secretaria da Agricultura, Comércio e Obras Públicas, Ano V, no 19, 2º trim/1916.

SECRETARIA DA AGRICULTURA INDÚSTRIA E COMÉRCIO. DO ESTADO DE SÃO PAULO. *Estatística Industrial do Estado de São Paulo – 1928 e 1933*. São Paulo, Typ. Garraux, 1930 e 1935.

LANGENBUCH, J.R.. *A Estruturação da Grande São Paulo: Estudo de Geografia Urbana*. Rio de Janeiro, IBGE, 1971.

LEFEBVRE, Henri. *Du rural à l'urbain*, 3 ª ed.. Paris, Anthropos, 1977.

MARTIN, André R.. *O Bairro do Brás e a "Deterioração Urbana"*. Dissertação de Mestrado apresenatda à Faculdade de Filosofia, Letras e Ciências Humanas-FFLCH da Universidade de São Paulo-USP, São Paulo, fotocópia, 1984.

MUSEU DA IMIGRAÇÃO / GOVERNO DO ESTADO / SECRETARIA DE ESTADO DA CULTURA / DEPARTAMENTO DE MUSEUS E ARQUIVOS. *Catálogo*. São Paulo, Imprensa Oficial, set/1997.

PAULA, Eurípedes Simões de. "A Segunda Fundação de São Paulo (da Pequena Cidade à Grande Metrópole de Hoje)". *Revista de História*, Ano V, VIII(17), jan-mar/1954.

PENTEADO, Jacob, *Belenzinho 1910 (Retrato de uma Época)*. São Paulo, Martins, s/d.

PETRONE, Pasquale. "As Indústrias Paulistanas e os Fatores de Sua Expansão". In: *Boletim Paulista de Geografia*. São Paulo, AGB-SRSP, jun/1953.

________________. "A Cidade de São Paulo no Século XX: São Paulo Transforma-se em Metrópole Industrial". *Revista de História*. São Paulo, Ano VI, (21 e 22), jan-jul/1955.

RAFFARD, Henrique,"Alguns Dias na Paulicéia". *Revista Trimestral do Instituto Histórico e Geográfico Brazileiro*,. Rio de Janeiro, Companhia Typográfica do Brazil, Tomo LV, Parte 1, 1°. e 2°. trim/1892.

RÉCLUS, Élisée. *Nouvelle Géographie Universelle*. Paris, Hachette, t. 19, 1894.

RELATÓRIO DO PRESIDENTE DA PROVÍNCIA João Theodoro Xavier à Assembléia Legislativa Provincial – 1873. São Paulo, Typ. Americana, s./d..

RELATÓRIO DO PRESIDENTE DA PROVÍNCIA João Alfredo C. de Oliveira à Assembléia Legislativa Provincial – 1886. São Paulo, Typ. Jorge Seckler & Cia., s./d..

TOLEDO, Benedito Lima de. *São Paulo: em um Século, Três Cidade,* 2ª ed. aum.. São Paulo, Duas Cidades, 1983.

A PERMANÊNCIA DA DETERIORAÇÃO URBANA COMO PROCESSO: O CASO DO BAIRRO DO BRÁS EM SÃO PAULO

Prof. Dr. André Roberto Martin

Introdução

Como tema de investigação, o fenômeno da "deterioração urbana" conheceu um período de apogeu e outro de queda sem que, no entanto, houvessem sido suficientemente esclarecidos os mecanismos mais profundos que o comandam e definem, nem tampouco tivessem sido produzidas experiências históricas e concretas suficientemente consistentes, a ponto de podermos declará-lo como definitivamente superado pelo tempo. Ainda que o foco principal das pesquisas tenha sido deslocado nos últimos anos, em favor das articulações espaciais de envergadura planetária, engendradas pela "globalização", e que novos paradigmas tenham emergido, simultaneamente às novas funções e significados adquiridos pelas "cidades-mundiais" e pela "pós-modernidade", um certo mal-estar permanece afetando o convívio urbano, e sobretudo metropolitano, como a indicar-nos que os problemas sociais sintetizados pelo conceito de "deterioração urbana" ainda sobrevivem, ao menos de forma larvar, podendo vir a irromper novamente, e a qualquer momento, para a surpresa daqueles que o consideravam extinto, ou dele tivessem simplesmente se esquecido.

Se, é bem verdade que os debates das décadas de 1960 e 1970 exauriram relativamente os paradigmas organicista (da "cidade-planta") e dualista (conflito campo-cidade), até então prevalecentes na explicação da realidade urbana, é preciso reconhecer, entretanto, que os esforços subseqüentes não perseguiram o caminho das apreensões holísticas ou integradoras. Muito ao contrário, o que se viu nas duas últimas décadas foi a racionalidade analítica avançar de forma avassaladora, como se o conhecimento pretendesse, por cissiparidade epistemológica, antes imitar o movimento do real do que compreendê-lo.

Reexaminar nesse contexto, um caso concreto de experimento reurbanizador, para a partir dele tentar extrair-se o sentido imanente do processo de "deterioração", requer então necessariamente, que se busque extravasar os limites gnoseológicos um tanto estreitos da monografia, para se tentar, ainda que de forma titubeante, alcançar uma compreensão teórica mais abrangente sobre o mesmo. A fim de se executar tal empreitada com um mínimo de disciplina, uma revisão histórica acerca do conceito de "deterioração urbana" impõe-se, portanto, como um imperativo de clareza e precisão. A seguir, um resumo da trajetória urbanística do bairro do Brás deverá servir como pano de fundo para se tentar discernir o específico do geral: o singular, o particular e o universal. Para tanto lançaremos mão dos ensinamentos obtidos a partir da análise de um movimento social concreto, cuja finalidade era, precisamente, a de combater a "deterioração urbana" por intermédio de um projeto de reurbanização democrático, o qual convencionalmente foi denominado de "recuperação urbana do bairro do Brás". Por fim, uma descrição, ainda que abreviada, do programa de "renovação urbana" efetivamente implantado numa área sensível do bairro nos permitirá sugerir um balanço crítico, histórico, conceitual e político, quem sabe capaz de nos revelar os limites e as possibilidades da intervenção coletiva consciente sobre processos que não são, afinal, inteiramente controláveis.

Qual o significado antropológico da "deterioração urbana"? Como se relacionam urbanismo e política, e por que é tão difícil resistir aos projetos oficiais de reurbanização? O que significa afinal, para o conjunto da aglomeração urbana o processo de "gentrificação" protagonizado por tais projetos, e quais as perspectivas para as metrópoles, em especial as latinoamericanas, nesse início de século e milênio? São estas as indagações cruciais que deverão servir de fio condutor deste trabalho, ainda que, obviamente não se tenha a pretensão de alcançar uma resposta definitiva para qualquer uma delas. Seja como for, as mesmas parecem metodologicamente justificáveis, ao menos para que o autor não se perca afinal, na trama de suas próprias convicções.

O conceito de "deterioração urbana"

Ao que tudo indica, a paternidade da expressão "deterioração urbana" deve ser atribuída ao conhecido biólogo, professor e urbanista escocês Patrick Geddes, que em 1909 publicou um artigo nos Anais da Academia Americana de Ciências Sociais e Políticas tratando do tema (GUEDDES, 1909). Nesse artigo, o autor mencionava o estado de abandono do centro histórico medieval de muitas cidades européias, bem como o caráter depressivo dos bairros operários britânicos, ocupados principalmente por imigrantes irlandeses. Dentre os fatores responsáveis pela "deterioração urbana", segundo Geddes, destacava-se em primeiro lugar o alheamento da burguesia frente ao problema, uma vez que esta classe social passara crescentemente a alojar-se nas asssépticas *"new towns"* erguidas para si; e em segundo lugar, sublinhava que a característica segregacionista do sistema educacional inglês, ao impedir que jovens de classes sociais distintas estudassem na mesma escola, dificultava sobremaneira a compreensão de que a cidade constitui afinal, uma "comunidade".

A estas duas idéias básicas Geddes acrescentaria mais tarde uma outra: a do "obsoletismo tecnológico" como fator determinante na "deterioração". Mais precisamente, ele argumentava que as limitadas possibilidades tecnológicas do primeiro período industrial, baseado no carvão, impunham necessariamente o desperdício de recursos naturais e humanos, produzindo um ambiente urbano congestionado e poluído. Assim colocava todas as esperanças de superação destas condições, no advento de um novo período tecnológico sustentado pelo "carvão branco" da eletricidade, o qual ele batizara de "período neotécnico" (GUEDDES, 1994:65).

As reflexões de Geddes parecem surpreendentemente atuais, sobretudo se levarmos em consideração antes sua "teoria" do que sua "doutrina". Se, de uma maneira sintética, podemos entender por "teoria" aquele discurso voltado para a explicação do real, enquanto a "doutrina" baseia-se num juízo de valor, que portanto está voltado para o "dever ser", então poderemos concluir que a teoria evolucionista e tecnicista de Geddes, apresenta atualmente uma aceitação muito mais generalizada do que sua proposta de utilização do "planejamento urbano" como remédio para os males da cidade. Nesse sentido, é possível localizar no início da década de 1980, com o advento do "ciclo neoliberal", como que uma espécie de retrocesso teórico, e um retorno ao paradigma organicista, o que terminaria por impedir, ou ao menos inibir, a síntese entre as formulações "de direita", consubstanciadas pelo discurso do "planejamento autoritário", com aquelas "de esquerda", voltadas primordialmente para a análise dos "movimentos sociais urbanos".

Tal impasse, ao invés de produzir simultaneamente uma retomada do tema da "deterioração", ao contrário, estimulou uma "fuga para frente", ou melhor, dizendo "para fora", isto é, em direção à rede de "cidades-mundiais", e outra "para dentro", no sentido de se tentar esquadrinhar os efeitos subjetivos da urbanização atual, quer em termos semiológicos ou psicanalíticos. Para tentar explicar as razões para esta espécie de escapismo teórico, partiremos da hipótese de que o tema da "deterioração urbana", em si mesmo, representa um grande perigo para a ideologia dominante. Isto porque de um lado, ele põe a nu o caráter essencialmente desigual do sistema capitalista, ao explicitar a crueldade da "concorrência" e forçar uma análise, ainda que sumária, a respeito dos "perdedores". De outro lado, porque ele ajuda a desmontar o mito do "progresso permanente" que identifica o "novo" como algo sempre superior e melhor do que o "velho", pois ao impelir inapelavelmente que o presente ajuste suas contas com o passado, obriga que este último não seja esquecido, e no caso dos bairros deteriorados, inegavelmente, "o passado era melhor".

É interessante observar como, nesta operação intelectual, é comum vermos determinados "apologetas da modernidade" revelarem-se no fundo profundamente nostálgicos e divulgadores de uma visão idílica do passado, no qual só existiria harmonia e equilíbrio, ambos irremediavelmente perdidos, é certo, já que o passado não volta mais. Em contrapartida, os críticos da modernização, chamados por aqueles de "conservadores" ou até de "reacionários", acabam por garimpar alguma positividade em todo o processo, revelando-se no fundo como "futuristas", ao tentarem penosamente, manter acesa a chama da utopia. Se esta proposição pode parecer um tanto simplista, ao recolocar no centro da discussão um debate ideológico tido por muitos como "superado", convém então penetrar mais a fundo na teoria da "deterioração", a fim de extrair dela, todas as conseqüências possíveis, visando oferecer uma melhor compreensão do fenômeno urbano contemporâneo.

De imediato, retomemos o fio de meada histórico com Patrick Geddes, para quem o início do século XX apontava promissoramente na direção de uma revolução tecnológica que solucionaria, por si só, todos os problemas. Embora crítico do "darwinismo social" que considerava a guerra uma mera transposição para o plano social da "luta entre as espécies", Geddes não deixou de criar para si um outro evolucionismo, como se pode verificar quando o mesmo defende a tese de que a "civilização do carvão", por expressar uma etapa inferior na cadeia evolutiva das cidades, era responsável não só pela "dissipação de energia" através de suas industrias "devastadoras e suas finanças predatórias", como também, pela "deterioração da vida". "Vida" aqui entendida num sentido ambiental como "deterioração física da cidade Paleotécnica", e num sentido moral, como degradação dos costumes através da "luxúria, dos esportes e do alcoolismo" (GUEDDES, 1994:72-3).

Para infortúnio de Geddes, porém, não seria a eletricidade, mas sim o petróleo, o recurso energético que viria a substituir o carvão. E com ele e os automóveis, as cidades experimentaram novos ciclos de renovação e decadência que terminariam por colocar em xeque toda a sua concepção tecnocêntrica da História. Com efeito, se tomarmos o exemplo norte americano como parâmetro de análise, já que os EUA tornaram-se o pólo irradiador dos novos padrões de produção e consumo, veremos como o automóvel pode ser apontado ora como fator de rejuvenescimento, ora como fator de deterioração das cidades, ao menos umas três vezes. No início, durante as décadas de 1910 e 1920, o automóvel serviu como instrumento útil para descongestionar o centro das cidades industriais, que haviam recebido enormes levas de imigrantes europeus, até a primeira Guerra Mundial. Como é sabido, estes novos moradores fixaram-se preferencialmente nos bairros pobres antigos ao redor dos centros comerciais, ou então, criaram novos bairros para si, igualmente empobrecidos. Dado que o hábito norte americano até então, era o de construir casas de madeira, e estas nem sempre recebiam a manutenção adequada, o processo de decadência de áreas inteiras seria bastante rápido. A invenção do automóvel e o subseqüente êxodo dos moradores das residências mais centrais para a periferia, pareceu constituir-se então numa boa solução. Mas à medida em que as velhas habitações eram subdivididas e se transformavam em "casas de cômodos", percebeu-se que o automóvel estava contribuindo na verdade, para a deterioração mesmo daqueles bairros, que em certa época, haviam sido considerados satisfatórios (GARCEZ, 1975:31).

Em seguida, com a Grande Depressão e a Guerra Mundial que lhe seguiu, e os principais centros urbanos do país apinhados, não apenas de gente, mas também de automóveis, passou-se a assistir um grande empenho do governo, em todos os níveis da administração, no sentido de promoverem-se programas de "renovação urbana", cuja pedra angular era a demolição em grande escala das habitações consideradas "inadequadas". O que ao fim e ao cabo, mostrou-se bastante conveniente para a indústria automobilística, uma vez que esses novos espaços "abertos" pelas demolições permitiram a construção de grandes vias expressas, visando facilitar a circulação. Entre 1949, ano da promulgação da "Lei de Habitação", e 1965, quando o programa se esgotou, mais de 300 mil unidades habitacionais foram demolidas nos Estados Unidos nas áreas de "renovação urbana", e apenas pouco mais de 150 mil moradias haviam sido planejadas ou construídas para substituí-las (PALLEN, 1975:293).

As reações a esta modalidade "cirúrgica" de combate à deterioração urbana, adensaram-se ao longo da década de 1960, quando pode ser verificado que a mesma não fora capaz de combater as causas do fenômeno, mas apenas os seus efeitos. Junto à "descoberta" e valorização das "*sub-culturas*" abrigadas nesses bairros deteriorados, desenvolveu-se, a seguir, uma ampla mobilização em favor dos "direitos das minorias", o que viria a repercutir no plano teórico das pesquisas urbanas, no abandono da perspectiva "ecológica", que compara a cidade a um ser vivo, e na busca de novos paradigmas explicativos, capazes de superar a mecânica correlação entre "meio ambiente" e fenômenos sociais "patológicos", visão característica da "Escola de Chicago". [1] Como se pode concluir facilmente pela abundância de termos derivados da biologia, nesta abordagem os planejadores urbanos são encarados como os "médicos" que vão curar os "males das cidades".

O fracasso experimentado pelo "organicismo" terminaria abrindo um novo campo de pesquisas, voltado para a compreensão dos mecanismos sociais que movimentam o espaço urbano. Quando, ao longo da década de 1970, o marxismo apontava para a integração entre os estudos sobre a "economia política da urbanização" e a "sociologia dos movimentos sociais urbanos", uma nova onda de renovação tecnológica, acompanhada de nova vaga de *transnacionalização* econômica, viriam afetar, drasticamente os dados da equação. Operou-se a seguir, por parte da elite dominante, uma verdadeira reviravolta, e o *"survey"* e o "planejamento", que até então haviam resistido como as principais heranças deixadas por Patrick Geddes visando à racionalização da vida urbana, foram solenemente abandonados.

O modelo privatista adotado nos anos posteriores, apoiado de um lado, por uma nova geração de automóveis, e por outro, pela recuperação das finanças internacionais, terminaria aprofundando as tendências que anteriormente vinham sendo criticadas, quais sejam: a verticalização das áreas centrais e subcentrais após as demolições; e o espraiamento ainda maior da periferia, com a novidade agora de que muitos subúrbios passavam a contar também com escritórios e serviços, surgindo assim o conceito de *"urban villages"*, um espaço considerado adequado para a classe média já, que bastante afastado e protegido da "contaminação" vinda das metrópoles deterioradas[2].

Em resumo, abandonou-se o paradigma do intervencionismo estatal da "renovação urbana" e com ele, o interesse governamental em se compreender melhor o fenômeno da "deterioração". Como se costuma dizer, jogaram o bebê junto com a água suja. O resultado combinado disso, como não poderia deixar de ser, foi o alastramento da deterioração, e a produção de um espaço urbano cada vez mais dicotômico, tanto em termos sociais quanto paisagísticos[3].

Os conflitos civis ocorridos em Los Angeles entre os meses de abril e maio de 1992, viriam demonstrar sobejamente, como o modelo elitista e anti-urbano da megalópole pós-moderna encontrava-se na verdade vulnerável aos efeitos da deterioração [4]. De fato, sem se enfrentarem as causas mais profundas que presidem o fenômeno, e que estão ligadas à reprodução ampliada da desigualdade social, é evidente que não se pode combatê-lo com eficácia. Nesse sentido, parece conveniente, em primeiro lugar, conceber os surtos de "deterioração", "renovação", e "revolta", como partes de um mesmo processo, e não como fenômenos estanques que ocorrem isoladamente. O desenvolvimento "em separado", social e urbano das últimas duas décadas, evidenciou, de forma cabal, como o mecanismo essencial de reprodução do sistema capitalista só tende a produzir cada vez mais e mais "deterioração". Isto esteriliza mesmo uma conceituação tecnicamente mais correta do fenômeno, ao defini-lo como uma desproporção entre o "patrimônio edificado" e a "vida de relações"[5]. Porque isto se dá, permanece sendo aqui, uma incógnita.

Por outro lado, a investigação marxista parece haver sido estancada a meio do caminho. Se nos anos 1970 pode-se constatar um significativo avanço na compreensão da economia política da urbanização capitalista, nas décadas posteriores é preciso reconhecer, verificou-se uma fragmentação do objeto que tendeu à pulverização do pensamento e à imobilização da sociedade civil. É, pois na cisão entre a "*macro*" e a "*micropolítica*" que se encontra a determinação última deste processo, o que induziria marxistas e fenomenólogos a colocarem-se não apenas em campos metodológicos distintos, mas freqüentemente, em lados politicamente opostos e hostis. Atualmente, já não se trata mais de pretender deduzir a política a partir da teoria, mas ao contrário, de procurar fazer avançar a teoria a partir das necessidades objetivas da política.

Com efeito, foram as dificuldades em se articular os movimentos sociais urbanos com a grande política o que permitiram à direita, retomar a iniciativa tanto num campo, como no outro. Assim, as cidades ficaram à mercê do grande capital, como de resto, o conjunto da sociedade. Se esta não pode ser assumida como uma conclusão de validade geral, obtida a partir da saturação dos casos empíricos, pelo menos é a lição que se pode extrair a partir da experiência concreta vivida pelo bairro do Brás em São Paulo, lição esta que se tornou ainda mais nítida sobretudo a partir dos ensinamentos trazidos pela luta do "Movimento Pró-Brás" em prol da recuperação do bairro. É o que examinaremos a seguir.

O "Movimento Pró-Brás"

A oportunidade histórica de haver surgido um movimento social urbano com as características do "Pró-Brás", sugere a existência de vínculos bastante estreitos entre as condições políticas gerais e a capacidade de mobilização em torno de reivindicações urbanas específicas. Escorado por um movimento nacional bastante amplo em favor da democracia e do retorno às eleições diretas, em especial para governador em 1982, o "Pró-Brás" surgiu e se desenvolveu em meio a um ambiente político bastante favorável, em que uma repulsa generalizada aos procedimentos autoritários do regime veio somar-se uma situação bastante específica, na qual crescentes dificuldades financeiras e políticas para se levar adiante o programa oficial de reurbanização do bairro, permitiram colocar toda a lógica do projeto em xeque.

Basicamente, o que unia as pessoas em torno do "Pró-Brás" era o carisma do bairro, a aura de romantismo épico que cercava seu nome e seu passado. Berço da classe operária paulistana e foco de irradiação do anarquismo e do socialismo, não era de estranhar que o impasse em torno da reurbanização do bairro viesse a atrair o interesse não só de velhos moradores e antigas lideranças, como também de jovens técnicos insatisfeitos com os rumos do processo de implantação do projeto oficial de "renovação urbana" previsto. Ao mesmo tempo, havia o receio de que, se efetivamente implementado, tal projeto viesse a promover o sepultamento definitivo da memória daqueles movimentos sociais, uma vez que a renovação proposta alterava radicalmente a paisagem do bairro, substituindo o padrão urbanístico horizontal e compacto, herdado do primeiro período de industrialização do país, por outro vertical e disperso, mais compatível com as novas condições da "modernidade". Afora isto, todo o "partido arquitetônico" desenvolvido pelos "*capo mastri*", em combinação com a arquitetura ferroviária e industrial inglesa, estava sendo impiedosamente demolido, como num afã para se chegar ao século XXI, a partir do "esquecimento" do que fora o século XIX.

Tal situação terminaria por despertar várias manifestações de simpatia pelo "Movimento" em outras partes da Cidade, e muitos dos seus membros eram requisitados por vários órgãos da mídia para esclarecer os objetivos do "Pró-Brás". No seu auge, o "Movimento Pró-Brás" chegou a reunir cerca de 150 pessoas e uma das suas características mais interessantes era a de agregar entidades inteiras em seu seio, como clubes de futebol varzeano, paróquias, sindicatos sediados no bairro, diretórios de partidos políticos, o jornal "Seu Bairro-Brás", o que incentivou até o renascimento de uma velha instituição, o "Centro de Cultura Social" dos anarquistas que, por uma felicidade, pôde reinstalar-se na sua antiga sede, na rua Abílio Bairão. O "Movimento" fortalecia assim as entidades, do mesmo modo como extraía a sua própria força e representatividade das mesmas. Além disso, vários técnicos ligados a órgãos de planejamento como Emurb e Emplasa, ou a empresas como o Metrô, encontravam mais liberdade para expressar suas opiniões no "Pró-Brás" do que em seus locais de trabalho. Finalmente, intelectuais interessados pelo bairro e pelos movimentos sociais também participavam, o que permitiu uma troca fecunda de idéias e experiências.

As primeiras reuniões ocorreram no velho edifício do Gazômetro, a "Casa das Retortas", prédio recém-restaurado e transformado em sede do Idart, órgão da Secretaria Municipal de Cultura responsável pelo armazenamento de documentos. Mais tarde os encontros transferiram-se para a Casa de Cultura Mazzaropi, sob responsabilidade da Secretaria de Cultura do Estado. No fundo, embora só mais tarde isto ficasse mais visível, era a Cidade de São Paulo em seu conjunto que estava ameaçada de perder a sua antiga identidade, a partir do momento em que desaparecesse seu bairro mais característico. De fato, ao longo de todo o século XX, São Paulo esforçara-se por fixar uma imagem de vigor e dinamismo ligada essencialmente ao processo de industrialização, cujo epicentro fora precisamente o bairro do Brás. Apagar da paisagem da cidade o velho bairro equivaleria a uma perda da memória coletiva irreparável. Não deixa, a esse respeito, de ser bastante sintomático o fato de que o mesmo prefeito que em 1976 declarara o bairro do Brás "sem História", seja o presidente do banco privado que anos depois promoveria a Avenida Paulista como novo símbolo e cartão-postal da Cidade. [6]

A divisão das forças progressistas, isto é, sua incapacidade em propor e conduzir uma política urbana democrática e incorporadora, acima das dissidências partidárias, iria permitir por duas vezes o retorno dos conservadores ao poder na maior cidade do país. E, é importante sublinhar que, nas duas ocasiões a reurbanização do Brás foi objeto de intensa luta ideológica e programática. Em 1985 foi a vez de Janio Quadros acusar a administração Mario Covas de inoperante, exatamente por, este último, não haver levado adiante o projeto de reurbanização do Brás, previsto desde a construção do Metrô. Isto contribuiria decisivamente para transmitir uma imagem negativa das forças democráticas e levar à derrota o então candidato do PMDB, senador Fernando Henrique Cardoso. Na segunda ocasião, em 1992, seria a vez de Paulo Salim Maluf classificar de "absurda" a proposta da prefeita Erundina de demolir o viaduto em frente ao Palácio das Indústrias, a fim de completar a recuperação do Parque D. Pedro II, e transferir para lá a sede da Prefeitura. Em ambas as ocasiões, o automóvel e a circulação derrotaram o verde e o lazer.

Situado a meio caminho entre o "Centro" e a "Periferia", é realmente bastante difícil fazer convergir para o cinturão subcentral da Cidade pontos de vista tão antagônicos, o que termina por manter essas áreas numa espécie de limbo político e administrativo, só reforçando o estado de abandono e conseqüentemente a deterioração das mesmas. Com efeito, desde que voltaram as eleições, a política urbana para a cidade tem oscilado entre beneficiar um ou outro pólo do espectro *sócio-espacial*. Enquanto uns voltam-se, prioritariamente, para o atendimento das necessidades do capital, em seu contínuo deslocamento em direção à marginal do rio Pinheiros, outros, ao contrário, esforçam-se por encontrar paliativos que amenizem as extremas carências das muitas periferias da cidade. Nesse quadro, a deterioração urbana se alastra, e igual a um câncer, já em estado de metástase, ameaça aniquilar não a um bairro apenas, ou mesmo vários, mas a vida urbana metropolitana em seu conjunto.

O abuso à metáfora organicista, justifica-se aqui pela intenção de ressaltar o sentido de urgência, quanto ao enfrentamento da questão social, na maior metrópole do país. De fato, de nada adiantam os expedientes escapistas usuais da burguesia, como a construção de "condomínios fechados" ou então a fuga para pequenas cidades do interior. À medida que empresas e empregos bem remunerados deslocam-se para esses novos "centros", sub-reptíciamente, neles se instalam, também, os "bacilos" da deterioração, pois enquanto o capitalismo continuar a promover a concentração dos meios de vida, a ela sobrevirá inapelavelmente uma concentração de vidas, sem meios.

É preciso, portanto, buscar uma explicação para a deterioração urbana que vá além da célebre constatação de Friedrick Engels (1975), segundo a qual, a marca da urbanização capitalista é a constante expulsão dos pobres dos centros para as periferias das cidades[7]. Ainda que este mecanismo geral continue existindo, é preciso, atualmente, compreender como e por que os pobres insistem em voltar ao centro e, freqüentemente, ainda mais pobres. Decerto uma das pistas para se compreender este fenômeno é aquela fornecida por Milton Santos, quando ressaltou que a segregação social e a segregação espacial apóiam-se mutuamente. [8] Desse modo, a periferia participa dos custos de reprodução do centro, podendo-se observar, sobretudo nas metrópoles dos países subdesenvolvidos, uma grande proliferação de empregos mal remunerados, acompanhando os surtos de modernização econômica. A obsolescência, portanto, de certas parcelas da cidade "não depende apenas do ritmo autônomo do progresso técnico, mas das condições diferenciais da luta de classes na produção, segundo os ramos, as regiões, os países, ou as fases da conjuntura" (SANTOS, 1994:91). Trata-se assim, de um processo sócio-geográfico e não técnico (SANTOS, 1994).

No caso do Brás, o início da deterioração pode ser localizado em meados da década de 1930, quando este já dispunha de todos os equipamentos urbanos básicos, quase não apresentava mais lotes vazios, e começava a perder população. Mas, se nas três décadas seguintes o processo seguiu com bastante lentidão, em meados dos anos 1960, com a consolidação do regime militar e a avalanche de empréstimos externos, o mesmo passaria a experimentar expressiva aceleração.

Para explicar tal fenômeno, não basta fazer referência aos mecanismos espontâneos da especulação imobiliária, ainda que se reconheça a vulnerabilidade dos bairros antigos aos mesmos. É que, no caso do Brás, como se provaria mais tarde, os edifícios não eram tão velhos, encontravam-se em bom estado de conservação e, além disso, boa parte de sua população trabalhava também no bairro. [9] No entanto, em função de uma série de intervenções do poder público, o bairro passaria a experimentar um processo de decadência, que ainda pode ser observado nos dias de hoje. Sua desfiguração seria completa, não fosse a resistência de algumas edificações quase em ruínas, que permanecem como testemunhas silenciosas de seu passado glorioso.

Dentre as mutilações irreparáveis que podem ser debitadas às ações governamentais, a primeira a ser mencionada é a construção da avenida Alcântara Machado, mais conhecida por Radial Leste, uma "*freeway*" que para ser aberta, exigiu a demolição de vários quarteirões na fronteira entre o Brás e a Moóca no início da década de 1950. Mais tarde, a transformação do Parque D.Pedro II° em terminal intermunicipal de ônibus, e a construção sobre ele de um complexo de viadutos visando atender a opção automobilística do regime militar, selariam o destino não só do Brás, mas também de seus vizinhos: Moóca, Pari e Cambucí. Para completar, a demolição de cerca de mil imóveis visando permitir a construção da linha Leste do Metrô, bem como estocar terrenos para a reurbanização, viria a coroar todo um conjunto de intervenções governamentais calamitosas para o bairro e seu entorno.

Além desses aspectos ligados à escala mais ampla do planejamento urbano municipal e metropolitano, deve-se mencionar também a conjuntura política, pois muitas lideranças comunitárias e sindicais (o Brás é sede de muitos sindicatos) que poderiam opor alguma resistência, estavam presas ou silenciadas pelo regime militar. Não é, decerto, mera coincidência que tais intervenções desfiguradoras tenham ocorrido concentradamente entre os anos de

1968 e 76, isto é, no auge do período de repressão. Por último, vale registrar que em 1966 houve um terrível incêndio que destruiu a maior jóia arquitetônica do bairro, o Teatro Colombo, o que segundo alguns antigos moradores, deveu-se a ação criminosa dos serviços de segurança. Sintomaticamente, atualmente no lugar do Teatro, há uma agência da Caixa Econômica Federal.

A reurbanização do Brás

Sob tais indícios, não há como recusar um forte componente político na determinação do processo de deterioração urbana. Ele não é, portanto nem só "natural", nem só "econômico", mas inclui, de maneira decisiva, uma dimensão "política", ligada à intervenção governamental, e outra "cultural", referida ao componente simbólico e ideológico, intrínsecos a qualquer forma construída. Particularmente nos países em desenvolvimento, aliás, este componente cultural se destaca, uma vez que as elites locais não aceitam "ficar para trás" nas inovações arquitetônicas e urbanísticas, que observam serem criadas nas metrópoles do "Primeiro Mundo". Além disso, para atrair e manter as empresas multinacionais criam-se e recriam-se, permanentemente, novos espaços, adequados ao funcionamento das mesmas, o que implicará obrigatoriamente, na obsolescência prematura de outros tantos espaços.

As operações de reurbanização tornaram-se, portanto, exigências do processo de mundialização das cidades, o que coloca frente a frente atores urbanos muito desiguais: de um lado, o grande capital internacional e seus aliados internos (empresas, mídia e governos); e de outro a fragilizada população local, afetada por projetos que ela nem imagina onde são gestados. Além disso, é muito comum que parte dessa população, notadamente os proprietários de imóveis, venha a apoiar os programas oficiais de reurbanização, na expectativa de receberem do Estado uma boa indenização, que permita a mudança para um bairro mais aristocrático. Todavia, quando a ascensão social vincula-se à mudança de bairro, torna-se quase impossível fazê-la retornar, como propõe a ideologia dos programas oficiais de "*gentrificação*", coisa que ocorre também com os mais pobres, que não podem arcar com os preços mais elevados das habitações novas, ou remodeladas. Em conclusão, a comunidade de vizinhança se desfaz, pois os moradores já não conseguem enxergar um futuro para si, como coletividade, desatando-se os laços afetivos que vinculavam habitantes e lugar. Aí reside precisamente, segundo nosso ponto de vista, a raíz do processo de deterioração. [10]

Por sua vez, as operações de reurbanização podem ser agrupadas em duas categorias básicas: a "renovação" de tipo arrasa-quarteirão, que visa apagar a paisagem anterior; e a "restauração-rehabilitação" que propõe a *refuncionalização* das antigas edificações, preservando, porém, suas fachadas. [11] No caso do Brás, desafortunadamente, prevaleceria a primeira opção. Cerca de 15 mil pessoas tiveram de deixar suas moradias e quase mil habitações foram demolidas num prazo extremamente curto. Numa área de 200 mil metros quadrados, atingindo 17 quarteirões, foram erguidas 28 torres de 20 andares cada uma, num total de 2.500 novas unidades habitacionais. [12] O objetivo era substituir definitivamente as pequenas oficinas, sobrados, cortiços e armazéns até então existentes. Uma decisão "absolutamente técnica" definiu o traçado do Metrô, preservando duas das maiores fábricas do bairro, a Metalúrgica Matarazzo e a Fontoura Weight, fabricante de fármacos.

Esta decisão não deixa de surpreender a teoria, pois é sabido que uma das características da deterioração urbana é a saída também das velhas fábricas, que buscam espaços mais amplos para facilitar o transporte. O fato, no entanto, do Brás situar-se num entroncamento inter-modal (ônibus/Metrô/ferrovia), fez com os atrativos de acessibilidade levassem certas empresas a preferir continuar no bairro, ao menos por mais algum tempo. Por essa razão ainda sobreviveram algumas relíquias da arquitetura fabril de inspiração inglesa, ao lado de casarões de estilo mediterrâneo, mescla que tanto caracterizou os bairros operários de São Paulo no início do século XX. Esta proximidade entre local de trabalho e moradia tende, no entanto, a desaparecer da paisagem urbana não apenas de São Paulo, mas de todas as cidades que experimentaram programas de "renovação". Significativo, ainda, é o fato da "restauração-rehabilitação" concentrar-se nos centros históricos de feição colonial, para efeito de exploração turística.

A arquitetura "pós-moderna" parece conviver pacificamente com o estilo "colonial", mas é interessante observar a recusa veemente que se faz do "ecletismo", típico da industrialização "pré-modernista", e demolido impiedosamente. Talvez isto ocorra porque tal convivência viesse a demonstrar, de forma insofismável, que o "pós-modernismo" não constitui, afinal, um estilo tão inovador assim.

Quanto ao aspecto social, argumenta-se que o aumento no preço das habitações, após a reurbanização, por si só acabará produzindo uma "ascensão" de todo o conjunto. O "efeito-demonstração" da área renovada presume-se, deverá servir de indutor para que, agora através dos mecanismos de mercado, o processo de renovação continue. Dado que a "deterioração" define-se ao contrário, pelo descaso social (no caso do Brás operários qualificados sendo substituídos por desqualificados ou biscateiros), o sucesso da "gentrificação" poderia ser medido pela presença de trabalhadores do terciário, ou proprietários de pequenos negócios, na área renovada.

De fato, seguindo a regra geral, este fenômeno também pode ser percebido no caso do Brás [13]. Pesquisas mais consistentes, no entanto, precisariam demonstrar de forma inequívoca, se o que está ocorrendo é de fato um "aburguesamento do proletariado", ou ao contrário, um processo de "proletarização da classe média". Aspectos não apenas ligados à renda, mas também ao imaginário coletivo, precisariam ser levantados para se chegar a uma resposta conclusiva. No plano teórico, normalmente, aceita-se que a renovação tecnológica responda pelo surgimento das chamadas "classes pretéritas", ligadas a antigas formas de acumulação e processos de trabalho. Isto não basta, porém, para se definir os novos papéis sociais dos vários grupos e indivíduos. O *"status"* e a influência política também constituem elementos importantes, o que torna a análise sociológica bastante complexa.

Quanto ao Brás, ao menos um aspecto de natureza cultural sobressai-se de forma bastante evidente. Morando em altas torres, separadas do resto do bairro por altos muros, os habitantes do conjunto renovado vivem um mundo à parte, reproduzindo-se a lógica do "condomínio fechado". Não é de estranhar, portanto, que ostentem certo ar de "superioridade" com relação aos demais moradores que vivem em habitações degradadas. Estes novos moradores não podem mais ser classificados nem como "italianos" nem como "nordestinos", experimentando, porém, como aqueles, nos seus respectivos momentos, uma forte sensação de *desenraizamento.* Moram *no* Brás, mas não se sentem *do* Brás. Pode-se argumentar de qualquer modo, que este tipo de identificação já não tem mais a mesma importância que teve no passado. Não obstante, no exato momento em que se afirma que a "globalização *desterritorializa*" as pessoas, é surpreendente como as clivagens sociais, por sua vez, se "*geografizam*", como se pode verificar na substituição da expressão "primeira classe" pela designação *espacializada* de "primeiro mundo".

Desse ponto de vista, mesmo a população "*gentrificada*" do Brás sofre um prejuízo, pois a simples menção ao nome do bairro sugere um lugar nada aristocrático, para desespero do *marketing* imobiliário, que compreensivelmente preferiria esquecer este passado. Aí reside precisamente a diferença principal entre a proposta de reurbanização protagonizada pelo "Pró-Brás", e aquela afinal implementada, a do "Projeto CURA-Brás", uma adaptação para o bairro de um programa federal financiado pelo BNH. Enquanto o projeto oficial insistia no modelo norte americano de "renovação" anti-histórica, a posição do "Pró-Brás" se aproximava mais da experiência européia, e notadamente italiana, que previa a manutenção do "*continuum* social e histórico" do bairro [14], donde deriva a adoção do nome "recuperação urbana", para sua estratégia reurbanizadora.

Basicamente, em respeito à metáfora biomédica de Geddes, podemos dizer que o que separa as duas proposições, é alguma coisa semelhante à contradição entre as propostas da alopatia e da homeopatia. Se na alopatia a recomendação é a extirpação cirúrgica do tumor, na homeopatia trata-se de tentar faze-lo recuar mediante o fortalecimento de todo o organismo. Assim, na "recuperação urbana" objetiva-se um procedimento de longo prazo, prioritariamente endógeno, no qual a reconstrução ou fortalecimento das entidades da sociedade civil ocupa um papel ainda mais importante do que a preservação do patrimônio edificado em si mesmo. Mais ainda, acredita-se que a divulgação da memória do bairro para o conjunto da sociedade a predisporia a apoiar outras intervenções, visando-se obter melhorias nas condições habitacionais e urbanísticas em toda a cidade. Em suma, na "recuperação" entende-se que o problema não está circunscrito a um ponto do território e que, portanto, não adianta deslocar a deterioração de um lugar para outro. Ele envolve, isto sim, o conjunto das relações da sociedade com o espaço, donde deriva um processo de politização ascendente dos movimentos sociais urbanos, e não se limita, como se tem verificado com mais freqüência, ao confinamento desmobilizador de uma ação, em torno de reivindicações muito específicas.

A derrota política em 1985, razão principal do esmorecimento do "Pró-Brás" contém a esse respeito uma importante lição. Não se pode, passadas duas décadas daquele momento, deixar de se fazer uma autocrítica, sobretudo quanto às ilusões daquela época. Por um lado, confiou-se em demasia nas lideranças que capitaneavam o processo de democratização. Por outro, subestimaram-se as dificuldades que estas mesmas lideranças enfrentavam tanto no plano nacional quanto internacional, para que um planejamento urbano participativo fosse realmente implementado. Afinal, o "Projeto CURA" e o "Metrô" receberam financiamentos externos que exigiam as respectivas contrapartidas, o que tornava o partido arquitetônico horizontal, preferido pelo "Pró-Brás" inaceitável para aquelas agências. O principal erro do "Movimento" de qualquer modo, foi acreditar que qualquer reurbanização implementada fosse capaz de estancar o processo de deterioração. Dados recentes mostram que, ao contrário, o bairro continua a deteriorar-se, chegando a perder ¼ de seus moradores na última década. [15]

De fato, por um lado, foi preferível a construção dessas novas torres, a permanecerem vazias e abandonadas essas vastas áreas em torno do Metrô, que representavam um incentivo à criminalidade. Mas o tipo de reurbanização adotado não impediu que mais armazéns continuassem desalojando habitações pobres, outros fossem abandonados, e que os imóveis remanescentes continuassem a ser subalugados, deteriorando-os ainda mais. Para piorar, as ações recentes da Prefeitura em nada vêm contribuindo para se alterar este quadro, muito pelo contrário. As mudanças no trânsito, visando acelerar o fluxo de automóveis na Radial Leste, têm dificultado o acesso ao Brás, tornando-o cada vez mais um espaço "ghettificado", o que está sendo reforçado pelo "fura-fila", que representará um verdadeiro "muro de Berlim" separando a Zona Leste do resto da cidade. Por fim a saída da sede da Prefeitura do Parque D.Pedro II°, representa um duro golpe nas aspirações do "Pró-Brás", e um recuo na disposição do poder público em contribuir para a "recuperação urbana" da área.

Com tais indicações, a conclusão inescapável é a de que a "deterioração" permanece como processo, mesmo naquela parcela da cidade em que, através da maior operação de renovação urbana do país, prometia-se elimina-la de uma só vez, e para sempre...

Notas

[1] A "Escola de Chicago", surgida nos anos 30 além de ser responsável por uma sensível especialização nos estudos urbanos, caracterizou-se por relacionar "patologias sociais" e suas respectivas "determinantes ambientais". A respeito, consulte-se M. D. Donna, Teorias sobre a Cidade, São Paulo, Martins Fontes, 1983.

[2] A respeito consulte-se: B. C. Leinberger & C. Lockwood, "How business is reshaping América", in: *The Atlantic Monthly,* Boston, Atl.Monthly Co. 1986.

[3] Veja-se a respeito E. Soja, "O Desenvolvimento Metropolitano Pós-Moderno nos EUA: Virando Los Angeles pelo Avesso". In: Santos, M. et al. (orgs.). *Território, Globalização e Fragmentação.* São Paulo, Hucitec/ANPUR, 1994.

[4] Ibidem, em particular, confira a sua conclusão.

[5] Consulte-se N. G. Reis F°. *São Paulo e Outras Cidades.* São Paulo, Hucitec, 1994.

[6] Trata-se do sr. Olavo Egydio Setúbal, também presidente do segundo maior banco privado do país, o Grupo Itaú.

[7] Veja-se Engels, *A Situação da Classe Trabalhadora na Inglaterra.* Porto, Edições Afrontamento, 1975.

[8] Este raciocínio é desenvolvido por Milton Santos, a partir de indicações de Phliippe Aydalot, na obra *Por uma Economia Política da Cidade,* São Paulo, Hucitec/Educ, 1994.

[9] As boas condições dos imóveis foram constatadas por um pesquisador inglês. Veja-se R. Batley, "Urban renewal and expulsion in São Paulo", in: A. Gilbert; J.E. Hardoy & R. Ramirez (org.) *Urbanization in contemporary Latin Americ,* New York, J.W.&Sons, 1982.

[10] Este argumento é desenvolvido em minha Dissertação de Mestrado, *O Bairro do Brás e a "Deterioração Urbana"* apresentada à Faculdade de Filosofia, Letras e Ciências Humanas-FFLCH da Universidade de São Paulo-USP, São Paulo, fotocópia, 1984.

[11] A respeito veja-se, M. Blanc, "De la rénovation urbaine à la restauration", *Espaces et Sociétés* nº 30-31. Paris, Juillet-decembre, 1979.

[12] As informações sobre o Projeto-CURA, que carrega a visão organicista em seu próprio nome foram extraídas de Batley, 1982.

[13] A vivência pessoal do autor e uma pesquisa informal confirmam qualitativamente esta tese. O próprio preço dos imóveis está além das possibilidades da maioria dos antigos moradores. Pode-se dizer que os antigos operários foram substituídos por quadros da baixa classe média no setor indicado.

[14] O exemplo emblemático é o de Bolonha. A respeito veja-se Cervellati, & Scannavini, "Por que o Centro Histórico?", in, R. Forti (org.) *Marxismo e Urbanismo Capitalista*, São Paulo, Livr.Ed. C. Humanas, 1979.

[15] Pesquisa Mapa da Exclusão/Inclusão Social realizado pela PUC-SP constatou para o ano de 2002, apenas 26 mil moradores no Brás, que chegou a possuir 80 mil nos anos 1930. O declínio da última década foi de 26,9% (Folha de São Paulo, São Paulo, 22/09/2002, pág. C 1).

Bibliografia

BATLEY, R.. "Urban renewal and expulsion in São Paulo". In: GILBERT, A.; HARDOY, J.E. & RAMIREZ, R. (org.). *Urbanization in Contemporary Latin America*. New York, J.W. & Sons., 1982.

BLANC, M.. "De la rénovation urbaine à la restauration". In: *Espaces et Sociétés* nº 30-31, Paris, Juillet-decembre, 1979.

CERVELLATI, P, L. & SCANNAVINI, R.. "Por que o Centro Histórico?" In: FORTI, R. (org.). *Marxismo e Urbanismo Capitalista*. São Paulo, Livr.Ed. C. Humanas, 1979.

DONNA, M. D.. *Teorias sobre a Cidade*. São Paulo, Martins Fontes, 1983.

GARCEZ, L. A.. *O Homem Urbano*. São Paulo, Edições GRD, 1975.

GEDDES, P.. "City Deterioration and the Need of City Survey". *Annals of American Academy of Political and Social Sciences*, Washington, 1909.

__________. *Cidades em Evolução*. Campinas, Papirus, 1994.

ENGELS, F.. *A Situação da Classe Trabalhadora na Inglaterra*. Porto, Edições Afrontamento, 1975.

LEINBERGER, B.C. & LOCKWOOD, C.. "How Business is Reshaping America". In: *The Atlantic Monthly Co.*, Boston, 1986.

MARTIN, A R.. *O Bairro do Brás e a "Deterioração Urbana"*. Dissertação de Mestrado apresentada à Faculdade de Filosofia, Letras e Ciências Humanas-FFLCH da Universidade de São Paulo-USP, São Paulo, fotocópia, 1984.

PALLEN, J, J. *O Mundo urbano*. Rio de Janeiro. Forense/Universitária, 1975.

REIS, F°. N. G.. *São Paulo e Outras Cidades*. São Paulo, Hucitec, 1994.

SANTOS, Milton. *Por uma Economia Política da Cidade*. São Paulo, Hucitec/Educ, 1994.

SOJA, E.. "O Desenvolvimento Metropolitano Pós-Moderno nos EUA: Virando Los Angeles pelo Avesso". In: SANTOS, M. et al. (orgs.). *Território, Globalização e Fragmentação*. São Paulo, Hucitec/Anpur, 1994.

CAPÍTULO 3

FORMAS DE REPRESENTAÇÃO DA CIDADE

AS REPRESENTAÇÕES DA METRÓPOLE EM MAPA

Prof. Dr. Marcello Martinelli

Quando vislumbramos o anúncio de um evento sobre a metrópole sendo apresentado através de uma fotografia da paisagem urbana com a exuberância de seus edifícios apontando para os céus, nós nos indagamos se a metrópole não admitiria também a representação em mapa, não apenas da extensão e morfologia do território ocupado, como também, e principalmente, do seu conteúdo natural, social, econômico, político, histórico, cultural, ideológico, estratégico, étnico, etc.

Por outro lado, quando visualizamos mapas, imediatamente os associamos à geografia. É um aspecto eminentemente cultural. Os mapas, portanto, representariam a geografia, o que é geográfico. Eles seriam a própria geografia. Sinônimos.

Neste sentido, podemos verificar que o mapa sempre surge como representação simbólica da geografia. Isto parece confirmar-se mais ainda, em nossos dias. Organizações geográficas, eventos de geografia, instituições científicas ligadas à geografia, até mesmo empresas que lidam com várias partes do mundo e operadoras de turismo marcam sua presença mediante tal símbolo nos seus logotipos. Tudo o que é geografia, em geral, tem como logotipo básico um planisfério ou globo terrestre, mesmo que não se reflita ou discuta nada sobre mapas, nem acerca de seu conteúdo político, ideológico, temático.

A apresentação do Seminário *As "geografias" de São Paulo* coloca a Cidade no centro de um mundo circular. A projeção azimutal eqüidistante oblíqua elaborada pelo Mestre Soukup para São Paulo atesta matematicamente e geometricamente tal verdade.

Ademais, a geografia sempre se confundiu com o mapa. Na verdade, fazer geografia era fazer mapas. Isto fica bem claro antes do final do século XIX, antes da geografia se confirmar como discurso cultural universal (LACOSTE, 1976).

É expressiva, hoje, a abundância de representações. São criações sociais ou individuais de esquemas pertinentes do real. Elas são produtos da mente humana. Passam por diferentes suportes: o relato, a imagem, o filme. Significam sombras dos ecos das presenças perdidas. Os deuses múltiplos e o deus único dos teólogos são representações do ser oculto. São construções que substituem coisas e resultam de uma atividade. A medição do tempo de trabalho representa a atividade produtiva, assim como uma curva num gráfico cartesiano representa um fenômeno físico. Assim, as representações podem constituir uma etapa, um momento do processo do conhecimento. É aqui que começa nossa defesa em prol das representações da metrópole em mapa.

As representações ocupam, portanto, interfaces – entre o sujeito e o objeto; entre a presença e a ausência; entre o vivido e o concebido. Poderão conter, desta feita, mais conteúdo do que o representado. (LÉFÉBVRE, 1979; ANDRÉ et al., 1989; LENCIONI, 1997).

Entretanto, devemos tomar cuidado para não considerar a representação como substitutiva da realidade, mesmo que ela faça parte dela. Assim, os mapas como representações da realidade são distintos desta. Devemos saber distinguir a realidade da sua representação.

Nesta linha de raciocínio, os mapas passam a ser meios e instrumentos destas representações, lembrando, entretanto, que o conhecimento deve ir além da aparência, além do que está representado, em busca da essência, como também eles em si mesmos, constituem um momento da própria essência.

A geografia tem que aprender a entendê-los e explorá-los com proveito. Como despresá-los? Como aniquilá-los? Sabemos muito bem que alguns mapas podem tapar a vista, porém outros abrem-nos os horizontes. A geografia precisa reencontrar os mapas perdidos.

A essência surge na aparência da representação em mapa e, é nele que a reflexão pode procurá-la e encontrá-la. Não basta ficar apenas nas impressões imediatas, no primeiro momento da apreensão que o mapa manifesta – o abstrato. Ele tem o papel de considerar entre os fenômenos que podem ser representados, aqueles que têm fundamento na essência. Assim, mapa e realidade são contraditórios, porém unidos (LÉFÉBVRE, 1979).

Do ponto de vista da filosofia, a representação consiste no que um objeto está presente no espírito (imagem, conceito).

Basta verificar que as especulações do homem de cada civilização, desde o início de sua existência, ao desejar figurar algo mais que seu meio circunscrito, o mundo além do horizonte, que vai do real ao imaginário, desembocaram em imagens, visões do mundo e do cosmo, as quais se constituíram em verdadeiras representações destas aspirações.

Estas representações do mundo possuem, em geral, traços comuns como: são mapas circulares, quadripartidos, etnocêntricos, com um elemento quase universal, o oceano. Estas figuras concebidas como mapas-múndi teriam apelado para um espírito universalizador, voltado a construir um modelo concreto para representar concepções filosóficas (LIBAULT, 1967; KISH, 1980).

No caso da representação da Terra, é necessário estarmos conscientes de que ela foi elaborada, mais precisamente, durante a Idade Média, do século XII ao século XV, quando seus idealizadores, ao escamotearem as contradições da época, conseguiram conciliar o mito bíblico da Terra plana – pelo menos no nível do ecúmeno – com a concepção grega de uma Terra esférica – no nível da astronomia.

Entretanto, com os resultados práticos das experiências trazidas pelas navegações no Atlântico, principalmente no hemisfério sul, reformularam-se as bases daquela representação e, num curto espaço de tempo, de 1480 a 1520, a imagem medieval de uma Terra plana transformou-se na visão de uma Terra esférica: a do globo terrestre, uma mudança epistemológica fundamental na evolução do homem (RANDLES, 1980).

Outro domínio das representações é o psicológico. Neste, elas passam a ser a percepção, a imagem mental, na qual o conteúdo se reporta a um objeto, a uma situação, a uma cena do mundo no qual vive o sujeito. Dentro deste campo interessa-nos particularmente a questão do espaço representativo relacionado com fatores fisiológicos e psicológicos, associados ao desenvolvimento das percepções de objetos e fenômenos que se dão no espaço. A percepção e o conhecimento dos objetos implicam num contato direto com os mesmos. A representação lastreia-se na evocação dos objetos em sua ausência, duplicando a percepção em sua presença. Estas considerações são básicas para a concepção e entendimento dos mapas, desde aqueles escolares do ensino fundamental.

De inspiração fenomenológica devem ser consideradas, também, as representações do imaginário e das fantasias dos homens. Junto à geografia da década de 1960, a geografia da percepção e do comportamento, mais humanista, que passou a enaltecer a importância da estética e do imaginário na sua análise, instituiu-se a concepção dos mapas mentais. São mapas subjetivos construídos a partir da percepção que os homens têm do espaço, segundo a qual elabora-se a respectiva imagem. Neste sentido, estes mapas passariam a ser reveladores das imagens que as pessoas têm acerca dos lugares, adquirindo grande importância no estudo da construção social destes (DOWNS e STEA, 1973; GOULD & WHITE, 1974; TUAN, 1974).

Devemos lembrar, ainda, que as representações como abstrações em mapas conterão o concreto dos homens, bem como o dos espaços por eles produzidos, tidos em seu conjunto, como objeto de estudo da geografia. Portanto, o geógrafo deve estar consciente de que tais representações permitirão, também, ao poder um melhor controle. Cabe então ao pesquisador explicá-las diante das pessoas que vivem no espaço que ele estudou (LACOSTE, 1976).

Embora o mundo e sua representação sempre tenham contado com uma visão antropocêntrica, a cartografia antes do século XVIII praticamente ignorou o registro de fenômenos das ciências do homem. Apenas registrava a existência, a distribuição e a extensão dos lugares habitados, sem contabilizar a ordem de grandeza e o conteúdo de sua população. Esta solução era típica da Era Clássica da cartografia, na qual havia marcante preocupação com a geometria.

É bom lembrar que, nos alvores de sua existência, o homem gravou em pedra ou em argila, pintou em pele de animais ou armou em estruturas diversas o seu lugar, o seu ambiente e suas atividades. Ao fazer isto, não só representava a prática de suas relações espaciais, em terra ou mar, como também expunha o conteúdo das relações sociais de sua comunidade (KISH, 1980).

Os desenhos ou estruturas apresentavam desde então uma forma original de interpretação acerca de seus territórios ou domínios em mares, sempre servindo para satisfazer necessidades que foram surgindo nas condições do trabalho humano, para demarcar vias de comunicação, definir lugares de ação e outros (SALICHTCHEV, 1979).

Contudo, a finalidade mais marcante em toda a história dos mapas, desde o seu início, com certeza, teria sido aquela de estarem sempre voltados à prática, principalmente a serviço da dominação, do poder. Sempre registraram o que mais interessava a uma minoria, fato este que acabou estimulando o incessante aperfeiçoamento deles.

A apreensão do espaço e a elaboração de estruturas abstratas para representá-lo sempre marcaram a vida em sociedade dos homens. Este afã constante acompanhou o empenho humano em satisfazer também exigências que foram surgindo nas condições de trabalho.

Os mapas, junto a qualquer cultura, sempre foram, são e serão formas de saber socialmente construído; portanto, uma forma manipulada do saber.

São imagens carregadas de julgamentos de valor. Não há nada de inerte e passivo em seus registros (HARLEY, 1988).

Como linguagem, os mapas conjugam-se com a prática histórica, podendo revelar diferentes visões de mundo. Carregam, outrossim, um simbolismo que pode estar associado ao conteúdo neles representado. Constituem um saber que é produto social, ficando atrelados ao processo de poder, vinculados ao exercício da propaganda, da vigilância, detendo influência política sobre a sociedade (HARLEY, 1988; GOULD & BAILLY, 1995).

Sem dúvida alguma, o grande avanço da cartografia se deu centrado na Europa, estando relacionado com o Renascimento (séculos XIV a XVI), época que começaram a surgir relações capitalistas.

Com a intensificação do comércio entre o Ocidente e o Oriente, exigindo o desenvolvimento da navegação, houve grande ímpeto na necessidade de mapas, bem como a criação de meios para a respectiva orientação – a bússola. Confirmaram-se os Portulanos, mapas para navegar, estabelecidos desde o fim da Idade Média, porém, agora, mais corretos, tendo, entretanto, em vez dos hodiernos paralelos e meridianos uma rede de rosas-dos-ventos entrelaçadas.

Com certeza, a invenção da imprensa foi um marco cultural do século XV que teve incisiva influência no progresso da cartografia, porquanto possibilitou a fácil reprodução de mapas, barateando seu custo unitário, permitindo maior difusão. Pode-se perceber, assim, a passagem do mapa registro, do mapa memória, para o mapa mercadoria. Por outro lado, o fato de reproduzir mapas por impressão, reduzindo os erros dos copistas, desencadeou uma marcante revolução nesta atividade. Estabeleceu-se assim, a cartografia como ofício, dando-lhe nova definição: exposição gráfica da informação geográfica (KISH, 1980).

Outro grande impulso à cartografia foi dado na idade das Explorações – séculos XV e XVI – com a epopéia dos Grandes Descobrimentos efetuados por Colombo, Dias, da Gama e Cabral.

Mais um significativo avanço na cartografia foi dado no século XVIII, com a instituição de academias científicas, marcando assim o início da ciência cartográfica moderna. Grandes inovações foram propostas pelo astrônomo francês Cesar-François Cassini de Thury (1714/1784), que elaborou a primeira série sistemática de mapas topográficos para a França.

Entretanto, podemos considerar como o momento mais significativo deste percurso, com marcante avanço dos mapeamentos como apoio aos novos conhecimentos, aquele do fim do século XIX, em que se operou uma decisiva implementação do imperialismo. Os interesses pela expansão do mercantilismo europeu engendraram enorme revolução espacial. As novas rotas marítimas acabaram por motivar uma articulação entre as várias partes do mundo de então. Desta feita, povos de outros continentes tornaram-se submissos ao modo de produção da burguesia européia. Navegantes, colonizadores e comerciantes exigiam mapas cada vez mais corretos. A busca crescente de mapas para registrar o mundo inteiro, bem como a procura de novos tipos de representações para questões especificas forçaram a entrada da cartografia na manufatura, passo decisivo para ela integrar o processo capitalista de produção. Os mapas confirmaram-se como armas do imperialismo, promovendo a política colonial. Cada potência necessitaria de um inventário cartográfico preciso para as novas incursões exploratórias, incorporando assim, também esta ciência, às suas investidas espoliativas nas áreas de dominação (PALSKY, 1984).

Contribuiu também para isto, o florescimento e sistematização dos diferentes ramos de estudos operados com a divisão do trabalho científico, no fim do século XVIII e início do século XIX, fazendo com que se desenvolvesse, mediante acréscimos sucessivos à Cartografia topográfica, outro tipo de cartografia, a Cartografia temática, domínio dos mapas temáticos, dentre eles aqueles da Geografia.

Esta crescente vocação da cartografia em busca de uma especialização vai se operando com uma gradativa libertação do registro eminentemente analógico, passando a considerar temas que paulatinamente se superpõem à topografia. Esta nova construção mental na cartografia fica evidente com a preocupação do mapeamento do uso da terra e cobertura do solo: o mapa topográfico vai sendo enriquecido com acréscimos temáticos (ROBINSON, 1982).

O desenvolvimento da cartografia temática teve muito a ver com o avanço do raciocínio abstrato humano. Um momento inicial, extremamente excepcional, foi aquele da concepção da Terra como esférica feita por Aristóteles. Outro pode ser considerado o que induziu a representar fenômenos geográficos mediante o arranjo de signos no espaço bidimensional de um suporte plano. Porém, foi o grande interesse pela história natural, esboçado desde o século XVII, com pleno desenvolvimento no século XVIII, que promoveu profunda emergência de mapeamentos temáticos. A necessidade de mapas para o estudo e registro de descobertas feitas pelas ciências naturais foi marcante.

Esta persistente busca nas ciências físicas foi acompanhada por um paralelo interesse na estatística e seus métodos. Entretanto, não houve avanços com o mesmo ímpeto nas questões da sociedade.

A aplicação da estatística e respectiva motivação para o mapeamento quantitativo no campo de estudos da sociedade, se daria mais tarde.

Esta inibição deveu-se às posturas herdadas dos clássicos gregos e às idéias cartesianas que estavam enraizadas nos raciocínios intelectuais (até o fim do século XVIII), além da falta de confiança nos dados numéricos da época.

Este descompasso pôde ser constatado pela maior difusão de temas acerca do mundo físico, os quais marcaram presença desde 1650, enquanto que os temas da geografia humana só apareceram a partir de 1820.

Com a afirmação da cartografia temática, desenvolvida, mormente no século XIX, provinda de um amadurecimento progressivo desde os séculos XVII e XVIII, aglutinando posteriormente e paulatinamente, também as representações quantitativas, romperam-se os esquemas clássicos de mapeamento cristalizados desde o Renascimento voltados essencialmente aos registros gerais topográficos e hidrográficos.

O atraso nas representações quantitativas fez com que a transcrição gráfica dos lugares habitados se ativesse, no início, apenas à exatidão de sua extensão e distribuição, sem se preocupar com a ordem de grandeza das gentes que lá morassem.

A quantificação começou timidamente, apondo ao lugar desejado o dígito do número de seus habitantes. Entretanto, as respectivas estatísticas já figuravam em quadros junto ao mapa de localização.

Foi a partir da proposta da representação gráfica das estatísticas por parte de seus estudiosos que, reunindo indistintamente mapas e gráficos, se desenvolveu a cartografia quantitativa. Estas representações constituíram uma etapa histórica e epistemológica essencial.

O motor de todo este movimento foi a invenção da aritmética linear por obra de Playfair, sistema de gráficos estatísticos utilizados para ilustrar suas obras de 1786 e 1801.

Sem dúvida alguma foram os gráficos a abrirem caminho à cartografia das quantidades. Basta ver que certos métodos resultaram da transferência direta daqueles para os mapas.

Definitivamente, foi com a cartografia da Época Moderna que se iniciou o interesse pela representação das atividades humanas, superando a simples geometria. Passou-se, assim, a mapear o uso da terra e cobertura do solo, os lugares de produção. O primeiro mapa de Uso da terra e cobertura do solo foi o de Thomas Milne, que elaborou aquele para Londres em 1800, com 17 rubricas (PALSKY, 1996; FERRAS et al., 1993).

A primeira categoria de mapas temáticos voltados especificamente a questões da sociedade foram aqueles das estatísticas morais, abarcando características das populações quanto à educação, ao crime, à pobreza, quantificando-as. O pioneirismo nesta realização deveu-se a Dupin, que em 1827 elaborou a *Carte figurative de l'instruction populaire de la France.*

Outros tratamentos, como as comparações entre estatísticas, deveram-se a Balbi e Guerry que, em 1829, confrontaram o nível de instrução e a incidência de crimes, contra pessoas e contra as propriedades.

Em 1831, Quetelet elaborou um conjunto de mapas denominado *Cartes figuratives – crimes contre les proprietés – contre les personnes.*

No Reino Unido, Inglaterra e País de Gales, Fletcher (1840) desenvolveu um mapa da ignorância. Foi obtido a partir da verificação de assinaturas dos homens por impressão digital nos registros de casamento, mapa que representava proporções acima e abaixo da média.

Outros temas que marcaram forte presença na época foram os que se incluíram na Cartografia Médica e nas condições de moradia.

Na cartografia das cidades, a do conjunto das mesmas, no interior do território nacional, desponta como precursora a de Duchemin que, em 1777, fez um mapa das cidades da França – planta baixa do arcabouço urbano – suas projeções horizontais. Mesmo visualizando as cidades em planta já poderíamos subentender que também o tamanho populacional estava presente.

A *Carte générale des Sévennes*, de autor desconhecido elaborada em 1726, teria sido o primeiro mapa a quantificar a grandeza das cidades. Não o fez pelo número de pessoas, mas sim, pelo número de habitações, as quais foram representadas mediante símbolos iconográficos de valores unitários cumulativos: uma casinha para cada dez moradias.

No contexto da cartografia dos movimentos, o primeiro mapa publicado que representava a estrutura ou padrão de dinamismo de fatos geográficos deveu-se ao registro da circulação das águas oceânicas, portanto, um fenômeno da natureza. A mobilidade destas decorre dos ventos. Sendo assim, podemos considerar que a circulação atmosférica teria sido objeto para um primeiro mapa temático. Isto tudo se explica, mormente, pela necessidade da navegação oceânica já presente em pleno século XVII.

Mas, foi com a Revolução Industrial que se deu, de forma mais incisiva, o início da busca da avaliação da mobilidade dos homens e das mercadorias. As vias de circulação constituíam um fator básico na geração de riqueza e desenvolvimento. Foi neste contexto que Minard, em 1840, propôs uma cartografia econômica, abordando a dinâmica espacial e temporal dos fenômenos pela representação por fluxos.

Esta contribuição insere-se num importante período da história social da cartografia temática que vai de 1835 a 1855. Praticamente todos os métodos de representação já teriam sido inventados, impulsionados pelas solicitações ligadas ao desenvolvimento das ferrovias, operado ao longo da primeira revolução industrial.

Entretanto, mais marcante ainda, foi o fato de que estes fatores de renovação se incluíam em um novo contexto intelectual: o homem tornara-se objeto de ciência, passando a solicitar sua representação, seja na sua distribuição como em suas atividades (PALSKY, 1996).

A segunda metade do século XIX foi marcada por grande profusão de representações gráficas dos dados numéricos, mediante mapas e gráficos favorecidos pela difusão das fontes produtoras de estatísticas oficiais.

Porém, foi definitivamente no século XX que a cartografia temática teve sua plena confirmação, marcando presença numa multiplicidade de atividades humanas, dentre as quais as da geografia.

Atualmente, a cartografia entra na era da informática. A automação se introduz através das fases mais matemáticas do processo cartográfico, graças ao aparecimento dos computadores, por volta de 1946. As primeiras aplicações são feitas aos cálculos astronômicos e geodésicos, ao estabelecimento das projeções e, mais tarde, aos tratamentos estatísticos de dados. Mas é a partir da década de 1960 que podemos considerar uma cartografia assessorada por computador, atualmente a geomática, a qual passa a ser operacional em todas as etapas da elaboração dos mapas. Na cartografia temática, em especial, ela tem grande avanço em função do sensível progresso da geografia quantitativa, a partir da década de 1950. É pelo fato da crescente necessidade de se trabalhar uma grande massa de dados, bem como uma boa variedade de parâmetros específicos, para uma consciente análise matemática e estatística, que se buscam os processos computacionais (JOLY, 1976).

Apesar de toda esta evolução com constante acréscimo de tecnologia, na atualidade, a quantificação representada em mapas esbarra em pontos críticos que estudiosos da geografia hodierna colocam, tendo em vista que os mapas apresentam deficiências quando o propósito é ir a fundo à busca de uma compreensão mais completa sobre o conteúdo social de certas questões que poderão se tornar temas cartográficos.

Porém, é preciso entender de uma vez por todas, que os mapas vão até onde os dados fornecidos, para apresentar certa realidade, possibilitam fazer as respectivas representações. Um mapa da distribuição quantitativa da população nunca revelará a essência qualitativa de suas gentes, porquanto os dados levantados não contemplam tais quesitos. Tratar-se-ia, agora, de organizar outra estratégia de coleta e tratamento dos dados para alcançar informações nesta nova direção.

As representações da metrópole em mapa tiveram suas origens na participação da cartografia junto aos estudos de Geografia Urbana. Elas possibilitaram a análise morfológica, a quantificação numérica, a expressão gráfica coordenada mentalmente do conteúdo das fotografias aéreas e imagens orbitais para a compreensão das formas e da qualidade da ocupação do solo da cidade.

Tais estudos provieram das grandes transformações advindas da Revolução Industrial, quando as cidades passaram a surgir por obra da economia industrial, introduzindo novas formas de uso e consumo de bens, exigindo reorganização funcional em seu uso territorial.

Não é atinente somente ao mapeamento da planta baixa das áreas construídas, mas muito mais na consideração de um fenômeno tido como contemporâneo resultante da globalização, que existe a proposta de mapas e mapas das metrópoles mundiais organizados de forma sistemática nos ditos *atlas metropolitanos*. Eles já têm também sua história. Podemos vê-los até como clássicos.

Sem ir em busca de uma apurada cronologia do desenvolvimento dos Atlas Metropolitanos, depois do de Berlim, podemos nos referir ao de Paris – *Atlas de Paris et de la Region Parisienne* – editado em 1967, seguidos pelos de Moscou, Londres e Washington. O de Paris veio substituir um clássico, o *Atlas de Statistique Graphique* de 1888-1889, do período áureo das representações gráficas das estatísticas, porém cobrindo apenas o núcleo central urbano, na época com 2,5 milhões de habitantes.

Seu temário estruturava-se num consistente sumário de grandes títulos, que se desdobrava num denso escalonamento de mapas temáticos para cada subtítulo daqueles primeiros:

1. Generalidades;
2. Aspectos físicos;
3. Estrutura urbana;
4. População;
5. Transportes e energia
6. Agricultura;
7. Indústria;
8. Terciário;
9. Papel nacional e internacional de Paris;
10. Plano diretor.

No Brasil, os Atlas metropolitanos se inserem no contexto do *Sistema de Atlas* que contempla em vários níveis de abordagem, desde o nacional até o local, articulando um *embutimento* de escalas e de temas (BARBOSA, 1977).

O que fica claro nesta cartografia é a multiplicação da proposta de tópicos que representam indicadores quantitativos lucubrados pelos estudiosos das questões metropolitanas.

Portanto, a representação da metrópole em mapa está estritamente vinculada ao raciocínio de escala temporal-espacial da pesquisa geográfica, que se articula num *embutimento* de escalas de abordagem, para as quais podemos definir escalas cartográficas adequadas.

Uma expressão espacial e territorial que encontra facilidade de registro em planta é a extensão da área urbanizada, contínua e descontínua – a própria planta das cidades conurbadas pela metropolização em escala apropriada. A classificação de forma empírica dos espaços ocupados também é possível. Os SIG's permitem até um monitoramento permanente das transformações havidas em intervalos regulares de tempo.

Uma cidade se estende num território e constitui uma forma de poder; a metrópole ocupa também um território, agregando vários níveis e formas de poder. O termo metrópole foi instituído para designar mais o aspecto cartográfico do que um organismo social vivo (MCHARG, 1980).

Estudos clássicos consideravam que a metrópole era composta de uma cidade central que gerava e organizava um entorno. Entretanto, atualmente, esta realidade toma um sentido bem particular e distinto do que classicamente entendíamos como aquela dinamizada pela cidade dominante. Nestes estudos cabiam facilmente os mapas que descreviam sua forma e quantificavam o número de habitantes e o dinamismo das atividades desenvolvidas.

Esta cartografia encontra dificuldade no momento em que ela exige uma delimitação territorial. A própria definição do limite contornando a área de edificação contínua apresenta problemas, pois nestes bordos podem coexistir áreas complexas como, loteamentos, sejam ainda não ocupados, sejam em processo de ocupação e fragmentos de área edificada, que podem ou não se articular funcionalmente a todo o corpo metropolitano (LANGENBUCH, 1971).

Indo mais longe com as representações, dentro de uma concepção neopositivista era possível representar o centro metropolitano exercendo sua influência em vasta área do território nacional, como um sistema gravitacional colocado em épura no mapa mediante isopotenciais.

A partir da década de 1970, com Castells, Santos, Harvey e outros, a metrópole passou a ser vista como um grande centro que acumula poder e capital, produzindo bens e serviços, local onde se realiza a gestão e consumo com a decorrente acumulação territorial de renda (LEMOS, 1992).

Para o IPGH (1971), metrópole é um sistema urbano espacial que inclui ao menos um núcleo – cidade central – densamente povoado e uma área ocupada contígua que, consideradas em conjunto, evidenciam alto grau de interação e interdependência social interna.

Em 1973, foram instituídas no Brasil, as Regiões Metropolitanas, através da Lei Complementar Federal nº 14 de 8 de julho. Foram estabelecidas oito. No ano seguinte foi criada a do Rio de Janeiro. Hoje as Regiões Metropolitanas totalizam 22. No estado de São Paulo são três: São Paulo, Baixada Santista e Campinas. Não é só o estado paulista a ter mais de uma região metropolitana. O estado de Minas Gerais conta com duas, o do Paraná, com três e o de Santa Catarina também com três. Entretanto, São Paulo se destaca numa situação de primazia, fruto da sua produção material, intelectual e tecnológica. Tem presença em nível nacional, de onde despontam também expressivas relações internacionais. Atualmente, é uma metrópole global. Na divisão do trabalho territorial acumula atividades intelectuais voltadas a setores de ponta garantindo-lhe a característica proeminência com fluxos de toda natureza (SANTOS, 1994).

Para o IBGE (2002), as Regiões Metropolitanas são constituídas por agrupamento de municípios limítrofes, instituídas por legislação estadual, com vistas ao planejamento e execução de funções públicas e de interesse comum.

Atualmente, metrópoles são grandes realizações, objetos culturais construídos pelo homem no ritmo da globalização. É onde o mundo e o lugar são intermediados pela formação socioeconômica e territorial, onde o estado tem seu papel no processo de urbanização, conferindo-lhe uma historicidade singular. O caso de São Paulo é o de uma metrópole corporativa, onde o Estado dirige seus recursos para a dinamização de setores econômicos hegemônicos em vez de atender às necessidades sociais e do bem estar coletivo. É também uma metrópole fragmentada com um centro muito populoso, deixando os moradores pobres de bairros longínquos isolados, mostrando claramente a descontinuidade no urbanizado com vazios retidos para fins especulativos, dificultando o atendimento de serviços básicos (SANTOS, 1990).

A metrópole é um agregado de diferenças, de desigualdades, de contradições marcadas na paisagem que foram se cristalizando ao longo do tempo. No conjunto também expõe a seqüência superposta ou justaposta dos vários momentos do passado compondo sua história (CARLOS, 1999).

Com a divisão social do trabalho, o espaço metropolitano mostra grande concentração de habitantes dinamizando atividades concorrentes ou complementares, marcando a paisagem com um mosaico de elementos bem diferenciados. Com isto, a produção do espaço vai difundir evidentes contradições.

Atualmente, a Região Metropolitana de São Paulo, em particular, apresenta um desenvolvimento urbano distinto daquele que configurava o clássico modelo centro-periferia. Em sua forma, a configuração urbana não segue uma disposição radial concêntrica, desde um centro rico para uma borda pobre, com precariedade de serviços.

A dinâmica da ocupação é de reprodução contínua: há deslocamento de atividades e pessoas, com a incorporação de novas áreas, ao mesmo tempo em que se opera deterioração de certos bolsões centrais que adquirem funções específicas. O movimento no espaço produz uma periferia onde convive, contraditoriamente, a busca de terrenos mais baratos pela população mais pobre e pela indústria, com a seleção de áreas, que são verdadeiros enclaves, para empreendimentos fechados de alto padrão, sem contato com os demais grupos sociais, localizadas principalmente no oeste paulistano, seguindo o eixo rodoviário Castelo Branco, alvo de antigos moradores das áreas residenciais citadinas, que se tornaram centrais em franco processo de degradação socioambiental. Ao mesmo tempo, observa-se uma difusão de focos de pobreza, por toda a área urbanizada, engendrando uma nova difusão de favelas, agora ocupando, mais especificamente, áreas exíguas junto às pontes, às margens dos rios, aos flancos de rodovias e ferrovias.

A cartografia da franja periférica das metrópoles, em particular a de São Paulo, adquire uma conotação bastante delicada. Para registrar a filigrana de seus contornos temos que considerá-los como envolventes de espaços socialmente homogêneos, à margem das atenções políticas, ocupando áreas tentaculares da mancha urbana conurbada. São constituídas predominantemente por loteamentos irregulares, onde se amontoam casas auto construídas (TORRES et al., 2003).

A diversidade do urbano se conjuga à concentração, seja de pessoas, construções, meios de transportes, etc., que se vinculam ao processo de reprodução do capital, em atendimento às necessidades sociais do capital combinada com os anseios da melhoria da qualidade de vida das pessoas.

Se a paisagem revela as oposições condizentes com o processo de elaboração do espaço em determinado instante do percurso da história da sociedade humana, a acurada representação em mapa, da materialidade dos componentes naturais e sociais deste movimento, instaura-se como um consistente primeiro passo do processo do conhecimento (CARLOS, 1999; MARTINELLI, 1998, 1999, 2003).

Para as representações que tentam captar o conteúdo da sociedade, cada vez mais se multiplicam os índices e indicadores que através de números caracterizam, qualificando as pessoas que constituem a vida das metrópoles. Na atualidade, outras áreas de pesquisa que não a geografia[1], também lançam mão de variáveis específicas, bem como da construção de indicadores complexos e respectiva representação em mapa, seja no campo das ciências naturais, como das ciências sociais e das humanidades. São eles, o índice de pobreza humana, o índice de desenvolvimento humano, o índice de exclusão social, a distribuição de renda, o índice de privação, a vulnerabilidade social, a mortalidade de jovens, os chefes de família sem rendimento, os homicídios de jovens, as ofertas de serviço público, a infra-estrutura citadina, a qualidade da água, a qualidade ambiental, o conforto térmico. Corroborando com estes dados, aparece com grande eloqüência um indicador sintético - a qualidade de vida. Como podemos ver são sempre números que contam ou medem algo quantitativo, sendo atribuídos às unidades espaciais de observação, de preferência, cada vez menores, que as estatísticas oficiais estabelecem para os levantamentos e que a cartografia topográfica traça como mapa-base.

Fica evidente que, na cartografia da metrópole sobrepujam os temas voltados à sociedade, sem dúvida alguma, o maior e mais importante componente daquela realidade, por ser um organismo complexo composto de vidas humanas. Parece que se deixa para um segundo plano qualquer interesse para os temas que se dedicam aos componentes da natureza, como se eles não compusessem a realidade com a sociedade humana. Porém, nem tudo está perdido, atualmente parece despontar uma evidente preocupação de visão holística, de síntese, a respeito da qualidade de vida, como já apontamos.

No entanto, o conhecimento deste outro campo de estudos é essencial para se ter uma completa compreensão da conjugação entre elementos naturais e sociais em permanente movimento: são bem conhecidas as questões acerca do aumento da densidade e da urbanização, que devem ser equacionadas frente às características dos terrenos e de sua capacidade de suporte. Os escorregamentos de encostas nas favelas atestam à necessidade deste conhecimento.

Os problemas ligados à água exigem um estudo em base científica consistente para orientar a gestão deste bem natural. A expansão urbana tem impacto direto sobre mananciais superficiais, principalmente quando o tecido urbano desenvolve-se em áreas favoráveis à sua expansão, junto às cabeceiras das bacias envolvidas. Neste contexto entra em jogo, também, a impermeabilização do solo urbano, que produzida pelo alargamento da superfície habitada, tem sérios impactos sobre a drenagem citadina, agravando a problemática vinculada às cheias locais.

As representações em mapas, perfis, cortes e blocos-diagrama para o conhecimento das bases físicas, podem contribuir para garantir um ambiente urbano desejável. A base geológica assegura as implantações de fundações firmes a qualquer tipo de construção civil e obra de infra-estrutura. As zonas de alimentação dos aqüíferos são registros vitais. O estudo do impacto pluvial, do conforto térmico, da qualidade do ar e da ventilação na cidade, que configuram o clima urbano, tem papel fundamental na promoção de uma qualidade ambiental desejável aos seus habitantes (MONTEIRO, 1976; LOMBARDO, 1986; MONTEIRO, 1990).

A base topográfica é uma representação fundamental, a qual dá apoio a inúmeros estudos do meio natural, bem como permite a derivação para variadas visualizações: os mapas das declividades, das exposições das vertentes, além de permitir também a construção do modelo digital do terreno, o clássico bloco-diagrama, porém agora, com uma liberdade imensa para a seleção de pontos de vista definidos pela altura e azimute do ponto em que se coloca o observador, ou para a escolha das linhas de secção para perfis ou cortes geomorfológicos e geológicos.

O mapa geomorfológico é imprescindível. O Atlas de Paris e da região parisiense, de 1967, abria o leque temático com esta representação. Para o caso da Cidade de São Paulo, contamos com o clássico mapa elaborado pelo Professor Dr. Aziz Nacib Ab'Saber, em 1958.

O registro de recursos minerais, que o conhecimento geológico oferece, tem fundamental pertinência, porquanto aqueles não metálicos, donde deriva, calcário, areia e brita, têm pronto aproveitamento na edificação da Cidade.

A cartografia da vegetação nativa e atual, bem como de sua dinâmica, pode subsidiar estudos para a composição do urbano com a natureza: recenseamento dos resíduos de florestas nativas, das áreas adequadas para abrigar a fauna, de áreas para a exploração paisagística e recreativa, de espaços e relictos [2] a proteger.

Recursos do solo, ar, água são indispensáveis à vida, básicos para a sociedade. Os fenômenos naturais implicam em interações dinâmicas, as quais respondem a leis e oferecem ao homem citadino potencialidades e impedimentos.

Para a recomendação de usos para os recursos naturais é necessário reconhecer os valores da natureza para a sociedade. Definições dos componentes do espaço natural numa classificação, por ordem de valor, para o bom funcionamento do ambiente podem revelar, na inversão desta hierarquia, uma ordem aproximativa para a aptidão à urbanização.

É neste contexto que se inserem estudos que conjugam o espaço natural com o social e onde a cartografia pode oferecer representações da metrópole, em mapas, capazes de revelar o conteúdo da informação em busca da compreensão, confirmando a participação dos mapas na produção do conhecimento.

Notas

[1] Dentre elas conta-se com: Núcleo Estudo da Violência (USP), Estatística, Sociologia, Ciência Política, Estudos da metrópole, Arquitetura, Urbanismo, Engenharia Hidráulica e Sanitária.

[2] Relicto é qualquer espécie vegetal encontrada em determinado lugar de características singulares, rodeado por vários trechos de outro ecossistema (AB'SABER, 2003).

Bibliografia

AB'SABER, A. N.. "O Sítio Urbano de São Paulo". In: *AGB. A Cidade de São Paulo: Estudo de Geografia Urbana.* São Paulo, Cia. Editora Nacional, 1958.

ALEGRE, M. *Brasil: Análise quantitativa do Fato Urbano nas Unidades da federação 1940/ 1960 (Ensaio de Geografia Retrospectiva)*. Presidente Prudente, Unesp/FCT, 2002.

BARBOSA, R. P... "O Sistema de Atlas Complexos de Planejamento do Brasil". *Revista Brasileira de Geografia*, 39(3): 144-150, 1977.

CARLOS, A. F. & Lemos, A. I. G.. *Dilemas Urbanos. Novas Abordagens sobre a Cidade.* São Paulo: *Contexto, 2003.*

CARLOS, A.F.A.. "Apresentando a Metrópole na Sala de Aula". In: ___________ (org). *A Geografia na Sala de Aula.* São Paulo: Contexto, 1999.

GOULD, P. e Bailly, A. *Le pouvoir des cartes. Brian Harley et la cartographie.* Paris: Anthropos, 1995.

HARLEY, B. "Maps, Knowledge and Power" In: COSGROVE, D. & DANIELS, S. *The Iconography of Landscape: Essays on the Symbolic Representation, Design and Use of Past Environments.* New York: Cambridge University Press, 1988.

IBGE (INSTITUTO BRASILEIRO DE GEOGRAFIA E ESTATÍSTICA). *Anuário Estatístico do Brasil – 2002.* Rio de Janeiro, IBGE, 2003.

KISH, G.. *La Carte, image des civilisations.* Paris, Seuil, 1980.

LACOSTE, Y.. *La g.éographie, ça sert, d'abord, à faire la guerre.* Paris, Maspero, 1976.

LANGENBUCH, J. R.. *A Estruturação da Grande São Paulo: Estudo de Geografia Urbana*. Rio de Janeiro, IBGE, 1971.

LÉFÉBVRE, H.. *Lógica Formal, Lógica Dialética*. 2ª ed. Rio de Janeiro, Civilização Brasileira, 1979.

LENCIONI, S.. *Região e Geografia. Uma Introdução ao Estudo da Noção de região*. Tese de Livre-Docência, apresentada ao Departamento de Geografia da Faculdade de Filosofia, Letras e Ciências Humanas-FFLCH, da Universidade de São Paulo-USP, São Paulo, fotocópia, 1997.

LIBAULT, A.. "Tendências Atuais da Cartografia". In: *Boletim Paulista de Geografia*, São Paulo, (44):5-14, 1967.

LOMBARDO, M.A.. *Ilha de Calor nas Metrópoles: o Exemplo de São Paulo*. São Paulo, Hucitec, 1986.

MARTINELLI, M.. *Mapas e Gráficos: Construa-os Você Mesmo*. São Paulo, Editora Moderna, 1998.

______________. *As Representações Gráficas da Geografia: os Mapas Temáticos*. Tese de Livre-Docência apresentada à Faculdade de Filosofia, Letras e Ciências Humanas-FFLCH da Universidade de São Paulo-USP. São Paulo, fotocópia, 1999.

______________. *Cartografia Temática: Caderno de Mapas*. São Paulo, Edusp, 2003.

______________. *Os Mapas da Geografia e Cartografia Temática*. São Paulo, Hucitec, 2003.

MCHARG, I. L.. *Composer avec la nature*. Paris, Cahiers de l'IAURIF, 1980.

MONTEIRO, C.A.F.. *Teoria e Clima Urbano*. São Paulo, IG-USP, 1976.

________________. "A Cidade como Processo Derivador Ambiental e a Geração de um Clima Urbano – Estratégias na Abordagem Geográfica". *Geosul*, (9): 80-114, 1990.

PALSKY, G.. "Des représentations topographiques aux représentations thématiques Recherches historiques sur la communication cartographique". *Bulletin Association des Géographes Français*, (506): 389-398, 1984.

___________. *Des chiffres et des cartes. La cartographie quantitative au XIXe siécle*. Paris, Comité des Travaux Historiques et Scientifiques, 1996.

ROBINSON, A. H.. *Early Thematic Mapping in the History of Cartography*. Chicago, The University of Chicago Press, 1982.

SALICHTCHEV, K. *A. Cartografía*. La Habana, Editorial Pueblo y Educación, 1979.

SANTOS, M.. "Materiais para o Estudo da Urbanização Brasileira no Período Técnico Científico". *Boletim Paulista de Geografia*, São Paulo, 67: 5-16, 1989.

__________. *Metrópole Corporativa Fragmentada. O Caso de São Paulo*. São Paulo, Nobel, 1990.

__________. "São Paulo, Metrópole Internacional do Terceiro Mundo". *Revista do Departamento de Geografia*, São Paulo, (7): 7-24, 1994.

SILVA, R. T. & PORTO, M. F. A. "Gestão Urbana e Gestão das Águas: Caminhos da Integração". *Estudos Avançados*, São Paulo, 47:129-146, 2003.

TARIFA, J. R. & AZEVEDO, T. R. *Os Climas na Cidade de São Paulo. Teoria e prática,* São Paulo, USP, 2001.

TORRES, H. G. et al.. "Pobreza e Espaço: Padrões de Segregação em São Paulo". *Estudos Avançados*, (47):97-128, 2003.

TUAN, Y. *Topophilia: a Study of Environmental Perception, attitudes, and values*. New Jersey: Prentice-Hall Inc. Englewood Cliffs, 1974.

IMAGENS DA METRÓPOLE

*Ailton Luchiari**

Introdução

No período de cinco anos aproximadamente, a evolução do sensoriamento remoto orbital atingiu níveis tecnológicos importantes. Novos sistemas sensores lançados recentemente fornecem dados com resoluções compatíveis com estudos de diversas áreas do conhecimento, principalmente aqueles voltados aos estudos urbanos. A principal limitação desses produtos era a resolução espacial, muito pequena para a identificação de elementos no interior do espaço urbano.

O espaço urbano consiste em um lugar em que os grupos sociais vivem e se reproduzem, possuindo uma dimensão simbólica que varia conforme a cultura, o gênero, a faixa etária, e etnia, etc.. Assim, o espaço urbano torna-se o local dos conflitos, das lutas e dos movimentos sociais (CORRÊA, 1995).

As formas espaciais criadas, no interior do urbano, muitas vezes, condizem com as diversas funções de interesse ao homem. Essas formas não têm existência própria, pois nelas se realizam as funções de produção e de troca de mercadorias, de prestação de serviços, ou ainda, a função simbólica, tais funções estão vinculadas aos processos sociais (CORRÊA, 1995).

Algumas formas urbanas, diferentemente das funções, são discerníveis, perceptíveis, por meio de seus edifícios. As formas relacionadas à produção são destinadas às indústrias, compreendendo edifícios de grandes dimensões, como galpões e barracões. A mineração, quando tem sua ocorrência na área urbana, deixa traços marcantes no meio ambiente, como a remoção de acidentes geográficos (morros), locais destinados aos rejeitos e às cavas. Os escritórios governamentais ou privados, que desempenham a função de gestão, geralmente estão localizados próximos às casas comerciais, as quais possuem a função de troca (SERRA, 1987).

Algumas funções possuem formas marcantes, como o sistema viário, centros comerciais e bancários. As formas destinadas à gestão, algumas vezes também, possuem formas características, como grandes edifícios governamentais, instalações comerciais, sedes de grandes empresas e os novos centros empresariais (SERRA, 1987).

Deve-se lembrar que o agrupamento de formas com funções predominantes pode definir zonas dentro do espaço da cidade. Assim, pode-se definir zonas residenciais, zonas comerciais, zonas industriais, e assim por diante.

É necessário salientar que o agrupamento de edificações artificiais causa alterações no meio ambiente. Christofoletti (1994) faz menção a cinco grupos de impactos gerados pelo adensamento de edificações na área urbana, a saber: os que modificam o clima, os que influenciam as condições hidrológicas, os que modificam as condições das águas subterrâneas, aqueles que alteram o equilíbrio morfológico e os que provocam alterações na flora e na fauna.

O processo de metropolização gera modificações no espaço, e este pode ser representado em mapas e cartas. Os geógrafos têm preocupações com essas representações, pois se preocupam com a distribuição espacial dos fenômenos que ocorrem na superfície da Terra. Para tanto, utilizam-se da ciência cartográfica como suporte aos seus estudos, desenvolvendo métodos especiais de combinação de cartas e mapas.

Em vista disto, a caracterização das formas e suas funções constitui um procedimento fundamental na elaboração de produtos cartográficos, os quais se destinam a apoiar os estudos e os planos de intervenção em áreas metropolitanas.

A técnica do Sensoriamento Remoto vem se constituindo num instrumento imprescindível aos planejadores, geógrafos, ambientalistas e pesquisadores de outras ciências que possuem o ambiente urbano como objeto de estudo. Esta técnica possibilita a obtenção de informações a respeito de determinada área da superfície terrestre, bem como a respeito dos fenômenos e das feições que nela ocorrem.

Os sensores são dispositivos idealizados para captar a energia eletromagnética proveniente de objetos e feições naturais da superfície da Terra; tais como casas, edifícios, rodovias, rios, rochas e matas; e transformá-la em dados, imagens ou outro produto compreensível ao homem. Esses sensores são colocados a bordo de aviões e satélites, os quais passam a exercer a função de plataformas que, situadas a determinada distância da superfície da Terra, obtêm esses dados. Esta fase da tecnologia do Sensoriamento Remoto pode ser definida como a etapa da aquisição dos dados.

Após a etapa de aquisição, os dados são interpretados. A interpretação consiste na extração das informações a respeito dos objetos e feições naturais representados nos produtos. O resultado desta etapa se dá sob a forma de mapas, relatórios, tabelas, etc.. O profissional que desenvolve a interpretação dos dados submeteu-se a um treinamento específico, que envolve conhecimento do sensor e das características dos produtos, além de conhecimentos específicos inerentes à sua formação profissional.

Imagens obtidas pelos sistemas orbitais permitem a representação de grandes áreas, com dimensões da ordem de milhares de quilômetros quadrados, isto se deve à elevada altitude em que se encontra o satélite e do sistema de coleta de dados. De cada área pode-se obter imagens com defasagem de poucos dias, caracterizando a repetição do processo de aquisição de dados.

As imagens orbitais podem ser obtidas em diversas faixas do espectro eletromagnético, o que define seu caráter "multiespectral". Essas faixas compreendem parte do ultravioleta, estendendo-se até o infravermelho termal, passando pelo visível, pelo infravermelho próximo e pelo infravermelho médio. Alguns sensores permitem o imageamento na faixa das microondas como, por exemplo, o radar.

As características das imagens orbitais permitem a sua utilização em diversos ramos do conhecimento. Em geologia, as imagens fornecem indicações sobre o tipo de rocha presente no solo e no subsolo, permitindo inferir a existência de jazidas minerais. As informações extraídas das imagens permitem identificar vários tipos de cobertura vegetal, como florestas, cerrados, campos e áreas destinadas à agricultura. No campo da hidrologia, os principais corpos d'água, como rios, reservatórios e baías, são passíveis de serem delineados, assim como a qualidade de suas águas.

Devido à capacidade de repetição dos sistemas sensores, alguns fenômenos podem ser acompanhados em intervalos de horas, ou intervalo de dias. O uso mais comum atualmente consiste na previsão meteorológica, evidenciada pelo avanço de "frentes-frias", que podem ser acompanhadas por uma série de imagens orbitais. Fenômenos catastróficos, como as enchentes e queimadas em florestas, também podem ser avaliados por meio das imagens. Transformações desencadeadas pelo homem, tais como expansão urbana, o desmatamento e o depauperamento de áreas agrícolas, o assoreamento e a poluição de lagos, reservatórios e estuários podem ser detectados nas imagens, ampliando sua gama de aplicações.

História do Sensoriamento Remoto Orbital

Os sistemas sensores colocados em nível orbital sofrem melhorias qualitativas em relação à resolução espacial e a resolução espectral. Esses avanços possibilitam ampliar, cada vez mais, o rol de aplicações dos produtos do sensoriamento remoto voltados aos estudos de natureza urbana e metropolitana. Entretanto, pouco mais de um século foi necessário para se chegar ao nível tecnológico atual do sensoriamento remoto.

As primeiras aplicações das técnicas de sensoriamento remoto reportam-se às fotografias tomadas de aeronaves e balões. O grande avanço na aplicação das fotografias reporta-se às grandes guerras mundiais. No período foram desenvolvidas câmaras métricas, os filmes preto e branco, os coloridos e os infravermelhos. A partir da fotografia aérea é possível elaborar plantas cadastrais de cidades, mapas de áreas de risco, mapas de uso do solo e cobertura do terreno, para fornecer estimativas populacionais em períodos intercensitários e para elaboração de cartas topográficas. As fotografias aéreas convencionais fornecem ao intérprete, além da resolução espacial, uma estreita relação com a percepção visual, pois obtém imagens na faixa do visível do espectro-eletromagnético.

O final dos anos 1950 e o início dos anos 1960, as primeiras experiências para a obtenção de imagens em nível orbital foram realizadas. Os programas espaciais Mercury, Gemini e Apollo forneceram as primeiras fotografias da terra adquiridas em nível orbital. A missão Apollo 9 realizou o primeiro experimento para a aquisição de fotografias *multiespectrais* da superfície terrestre, utilizando filmes infravermelho preto e branco e filmes infravermelhos coloridos. Um total de 140 imagens foi produzido em um período de quatro dias. Apesar dessas missões serem tripuladas, elas forneceram as bases científicas para a construção dos modernos sistemas sensores.

Em 1960, em meio ao período de experiências, foi lançado o satélite Tiros-1, o primeiro sistema orbital não tripulado de sensoriamento remoto que forneceu as primeiras imagens, tendo com base o sistema de televisão, e as primeiras imagens no infravermelho. Esse sistema, além de ser o pioneiro, fez nascer o termo sensoriamento remoto. Apesar do sistema fornecer imagens com baixa resolução espacial, destinadas aos estudos e às previsões meteorológicos, o fato causou intensas discussões na ONU envolvendo o tema espaço aéreo. As duas grandes potências mundiais da época, os Estados Unidos da América e a União das Repúblicas Socialistas Soviéticas foram as promotoras dessas discussões.

Com o sucesso das primeiras experiências, em 1967 inicia-se o programa ERTS (Earth Resources Technology Satellites), resultando em uma série de sete satélites artificiais que transportam sensores projetados para aquisição de imagens destinadas ao estudos dos recursos da superfície terrestre. O primeiro satélite da série, o Erts-1, foi lançado em 23 de julho de 1972 e operou até 6 de janeiro de 1978, fornecendo imagens com média resolução espacial, de uma maneira repetitiva (intervalo regular de dezoito dias para a obtenção de imagem de um mesmo local), em base *multiespectral* (várias imagens de um mesmo local, sendo cada uma delas correspondente a uma faixa do espectro-eletromagnético), e de maneira sistemática. O satélite levou a bordo um sistema de televisão, o RBV (Return Beam Vidicon), e um sistema *imageador* de varredura, o MSS (Multispectral Scanner *System*), destinados a fornecerem imagens da superfície terrestre.

Pouco antes do lançamento do segundo satélite da série, em 22 de janeiro de 1975, o programa sofreu a mudança de nome para Landsat, então o sistema ERTS-1 passou a ser denominado de Landsat-1, assim como todos os demais satélites da série.

Os satélites Landsat 1 e 2 foram sistemas idênticos, equipados com dois tipos de sensores. O RBV, composto de três câmaras de televisão, forneceu imagens em três bandas espectrais correspondentes ao verde (0,475 a 0,575 μm), ao vermelho (0, 580 a 0,680 μm) e ao infravermelho próximo (0,690 a 0,830 μm), com resolução espacial de 80 m, sendo que a superfície *imageada* do terreno correspondia a uma área de 185 por 185 km As faixas espectrais deste sistema foram denominadas de banda 1, banda 2 e banda 3, respectivamente. O RBV não continha um filme para registrar a cena, como os sensores fotográficos, a imagem era registrada em uma superfície fotossensível e, posteriormente, varrida por um feixe de elétrons, seu funcionamento era semelhante a uma câmara de televisão convencional. Devido ao fato o desse sistema captar a cena instantaneamente, as imagens produzidas possuíam grande fidelidade cartográfica (LILLESAND & KIEFFER, 1999).

O MSS, um sensor de varredura, gerou imagens em quatro bandas espectrais diferentes no visível, correspondentes a faixa do verde (0,5 a 0,6 μm) e do vermelho (0,6 a 0,7 μm), e no infravermelho próximo, na faixa de 0,7 a 0,8 mm e a na faixa de 0,8 a 1,1 mm. Essas faixas espectrais foram designadas de banda 4, banda 5, banda 6 e banda 7, respectivamente. As imagens produzidas possuíam 79 m de resolução espacial e abrangiam uma área de 185 por 185 km na superfície da terra.

O sistema Landsat 3, lançado em 5 de março de 1978, levou a bordo os mesmos sistemas sensores, mas com pequenas modificações na produção de imagens. O sensor RBV passou a operar em uma única banda espectral de 0,505 até 0,750 μm, compreendendo a faixa do verde até o infravermelho próximo. A modificação na resolução espectral possibilitou um aumento na resolução espacial das imagens, passando de 80 m para 30 m, devido à duplicação da distância focal do sistema de lentes do sensor. O sistema passou a operar com duas câmaras alinhadas lado a lado, produzindo imagens com 98 km de lado, sendo necessárias quatro delas para recobrir a cena anterior que era de 185 por 185 km (que foram designadas por A, B, C e D). Cada imagem correspondente ao par obtido simultaneamente (A e B), possuíam um recobrimento lateral de 13 km, e entre essas imagens e as do par subseqüente (C e D) havia um recobrimento de 17 km.

O sensor MSS passou por pequenas modificações, a ele foi incorporada à banda termal, denominada de banda 8, que operava na faixa de 10,4 a 12,6 μm. Entretanto, devido a problemas operacionais, o sensor produziu poucas imagens nessa faixa espectral.

As alterações significativas ocorreram nos Landsat 4 e 5, pois foi incorporado o sensor TM (*Thematic Mapper*) esses satélites do programa, em detrimento do sensor RBV que foi desativado, devido ao mal funcionamento nos três satélites anteriores. O LANDSAT 4 foi lançado em 16 de julho de 1982, e logo houve falha na transmissão de dados, motivo pelo qual esse satélite logo deixou de funcionar. O Landsat 5 foi lançado em 01 de março de 1984 e gerou imagens por um longo período.

O Landsat 5 carregou a bordo os sensores MSS e o TM, o primeiro destes possuía as mesmas características de seus predecessores enquanto que a grande novidade foi o sensor Thematic Mapper. Este sensor, mais aprimorado tecnologicamente que os outros, opera gerando imagens em sete bandas espectrais diferentes: a banda 1(0, 45 a 0,52 μm), a banda 2 (0,52 a 0,60 μm), a banda 3 (0,63 a 0,69 μm), a banda 4 (0,76 a 0,90 μm), a banda 5 (1,55 a 1,75 μm), a banda 6 (10,4 a 12,5 μm) e a banda 7 (2,08 a 2,35 μm), correspondentes às faixas do azul, verde, vermelho, infravermelho próximo, infravermelho médio, infravermelho termal e infravermelho médio, respectivamente. O sensor produz imagens *multiespectrais* com 30 m de resolução espacial, exceto a banda termal que é de 120 m., *imageando* uma cena no terreno de 185 por 185 km, com a "repetitividade" de 16 dias.

Em 21 de fevereiro de 1986 é lançado o satélite SPOT (Système Pour L'Observation de la Terre), programa encabeçado pelo governo francês, tendo como países colaboradores a Suécia e a Bélgica. O programa iniciou uma nova era no sensoriamento remoto orbital, principalmente por levar a bordo um sistema *imageador* composto de uma matriz linear de detectores, também o sistema possibilitou a obtenção de dados em visada lateral, ou seja, *imageando* em ambos os lados paralelos à sua órbita – *off-nadir* (NOVO, 1988). Os satélites SPOT 1, 2 e 3 foram equipados com dois sensores *imageadores* idênticos, o HRV (Haute Resolution Visible). Cada um desses sensores operava de duas maneiras, produzindo imagens no intervalo espectral de 0,51 a 0,73 μm com 10 m de resolução no terreno, a denominada banda pancromática, e produzindo imagens *multiespectrais*, nos intervalos de comprimento de onda de 0,50 a 0,59 μm, a banda 1, de 0,61 a 0,68 μm, a banda 2, e de 0,79 a 0,89 μm, a banda 3. As imagens das bandas *multiespectrais* possuíam a resolução espacial de 20 m. Para a banda pancromática e para as bandas *multiespectrais* a cena *imageada* consistia em uma área de 60 km por 60 km da superfície da Terra, com *repetitividade* de 26 dias. Os dois sensores, quando *imageando* cenas de órbitas vizinhas, produziram imagens com estereoscopia.

Devido ao aumento da resolução espacial da banda pancromática, muitos cientistas vislumbraram sua aplicação para os estudos do meio urbano, principalmente. Em vista disso, muitas pesquisas foram desenvolvidas com o intuito de gerar produtos híbridos, combinando as imagens pancromáticas com as imagens *multiespectrais* do HRV SPOT e as imagens do TM Landsat (FORESTI & HAMBURGER, 1997).

Em 23 de março de 1998 foi lançado o SPOT 4, desenhado para suprir a continuidade de dados do programa, este sistema apresentou algumas modificações técnicas em relação aos seus predecessores. O satélite foi equipado com dois sensores HRVIR (Haute Resolution Visible *et* Infrarouge) e um instrumento para monitorar a vegetação do planeta. As principais transformações do HRVIR, em relação ao HRV, foram a incorporação da banda espectral do infravermelho médio, para operar na faixa de 1,58 a 1,75 μm, e a substituição da banda pancromática pela banda do vermelho, 0,61 a 0,68 μm, que produz imagens com 20 metros de resolução espacial quanto com 10 metros de resolução espacial.

O sensor destinado ao monitoramento da vegetação do planeta opera com 04 bandas nos mesmos intervalos espectrais do HRVIR, relacionadas às faixas do vermelho, infravermelho próximo e infravermelho médio. A quarta banda, destinada a produção de dados para aplicações oceanográficas, gera imagens na faixa espectral do azul, no intervalo de 0,43 a 0,47 μm. O instrumento foi projetado para produção de imagens em órbitas com 2250 km de largura e a uma resolução de 1 km, fornecendo diariamente uma cobertura global.

Um grande avanço no sensoriamento remoto orbital, principalmente para a aquisição de dados para aplicações urbanas que requerem uma boa resolução espacial, foi conseguido pelo programa indiano de sensoriamento remoto IRS (Indian Remote Sensing). O programa iniciado em 1988 produziu os seus dois primeiros satélites o IRS 1A, lançado em 1988, e o IRS 1B, lançado em 1991, os quais apresentaram baixa resolução espacial em comparação aos sistemas Landsat e SPOT. A segunda geração dos satélites indianos culminou com o lançamento do IRS 1C e do IRS 1D nos anos de 1995 e 1997, respectivamente. A grande novidade do programa foi a geração de imagens da superfície da Terra com 5,8 metros de resolução espacial, no intervalo *espectral* de 0,5 a 0,75 μm, abrangendo cenas com 70 km por 70 km de área. Este avanço, a melhora na resolução espacial, animou os especialistas interessados no estudo do ambiente urbano.

O Landsat 6 já não obteve sucesso em seu lançamento em 05 de outubro de 1993. Para suprir a continuidade da série, este satélite iria carregar o sensor ETM (*Enhanced* Thematic Mapper) o qual incorporaria as mesmas bandas espectrais do TM e mais uma banda pancromática abrangendo os comprimentos de onda de 0,50 a 0,90 μm, para produção de imagens com 15 m de resolução espacial. Esse sucesso só foi obtido em 05 abril de 1999 com o lançamento do satélite Landsat 7, o qual carregou o sistema ETM+ (Enhanced Thematic Mapper Plus), com as 8 bandas espectrais de seu predecessor. Neste sistema houve uma melhora na resolução espacial na banda do infravermelho termal de 120 m para 60 m.

Ainda em 1999, o programa SPOT lança o quinto satélite da série, com alguns aperfeiçoamentos na resolução espacial do sensor HRVIR e com a incorporação do sensor HRG (Haute Resolution Stereoscopique). De maneira similar aos seus predecessores, o HRVIR fornece imagens com 10 m de resolução espacial nas bandas *multiespectrais* correspondentes ao verde, ao vermelho e ao infravermelho próximo. A resolução espacial de 20 m das imagens do infravermelho médio foi mantida, devido às limitações impostas pelas características geométricas do sensor. A banda pancromática (0,51 a 0,73 μm), utilizada nos três primeiros satélites da série, voltou a ser incorporada no sensor, entretanto a sua resolução espacial foi ampliada para 5 m. O instrumento HRS foi projetado para fornecer imagens estereoscópicas, utilizadas na preparação de modelos digitais de elevação, com uma resolução espacial de 10 m.

Dentre esses sistemas de sensoriamento remoto orbital, destaca-se o programa sino-brasileiro que colocou em órbita o satélite CBERS (China-

Brazil Earth Resources Satellite). O satélite carrega um sistema sensor, o CCD, para a produção de imagens *multiespectrais* em faixas correspondendo ao azul (0,45 a 0,52 μm), ao verde (0,52 a 0,59 μm), ao vermelho (0,63 a 0,69 μm), ao infravermelho próximo (0,77 a 0,89 μm) e uma banda que opera no modo pancromático (0,5 a 0,73 μm), com 20 m de resolução no terreno, abrangendo uma área de 113 por 113 km da superfície da Terra.

Ainda leva a bordo um sensor de varredura para executar *imageamento* em quatro bandas espectrais: a pancromática (0,5 a 1,1 μm), as do infravermelho médio (1,55 a 1,75 μm e 2,08 a 2,35 μm), essas com 80 metros de resolução espacial, e a banda termal (10,4 a 12,05 μm), com resolução espacial de 30 metros. Todas as imagens são tomadas em intervalos de 26 dias e recobrem uma área de 120 por 120 km no terreno.

O *imageador* de largo campo de visada (WFI) opera em duas bandas, uma na faixa do vermelho (0,63 a 0,69 μm) e outra na faixa do infravermelho próximo, as imagens geradas possuem resolução espacial de 260 metros e recobrem uma área com dimensões de 890 por 890 km a cada 3 a 5 dias (FLORENZANO, 2002).

O grande avanço do sensoriamento remoto orbital ocorre entre o final do século XX e início do século XXI, com o aparecimento dos sistemas destinados a fornecer imagens com alta resolução espacial. Dentre as suas características, as imagens mostram um enorme potencial para estudos de natureza urbana, além, é claro, de fornecer dados para outras áreas do conhecimento.

Sob o patrocínio militar da Rússia, o SPIN 2 (Space Information *2* Meter) foi lançado em 18 de fevereiro de 1998. O satélite foi projetado para produzir imagens fotográficas pancromáticas (0,51 a 0,76 μm), obtidas com uma câmara panorâmica que empregava uma objetiva com 1 metro de distância focal, possibilitando a geração de dados com resolução espacial de 1m, no centro da fotografia. A área da cena *imageada* compreende um retângulo com dimensões de 40 km por 160 km no terreno. Após a aquisição das fotografias, as imagens são digitalizadas, obtendo-se assim uma resolução espacial em torno de 1,56 m.

Desenvolvido pela Space Imaging, o Ikonos teve o seu lançamento em 24 de setembro de 1999. O sistema produz imagens *multiespectrais* nas faixas do azul (0,45 a 0,52 μm), do verde (0,51 a 0,60 μm), do vermelho (0,63 a 0,70 μm) e infravermelho próximo (0,76 a 0,85 μm), com resolução espacial de 4 m. Na banda pancromática (0,45 a 0,90 μm) são obtidas imagens com 1 m de resolução no terreno. A resolução radiométrica dessas imagens é de 11 bits, o que gera 2048 níveis de cinza. A cena de cada imagem compreende uma área de 11 por 11 km da superfície da terra, adquiridas de

11 em 11 dias na órbita do satélite. O Ikonos possui a característica que lhe permite realizar o *imageamento* for a de sua órbita, em uma visada lateral de 45 graus, diminuindo o intervalo de *repetitividade*. As suas imagens podem ser combinadas em composições coloridas, de modo a aproveitar a resolução espectral e a resolução espacial de suas bandas.

No final de 2000, a EarthWatch Inc. lançou o satélite QuickBird, capacitado para produção de imagens *multiespectrais* e pancromáticas, equivalentes às do satélite IKONOS. Os seus dados possuem uma resolução espacial de 0,68 m para a banda pancromática e 3,4 m para *repetitividade*. As suas imagens podem ser combinadas em composições coloridas, de modo a aproveitar a resolução espectral e a resolução espacial de suas bandas.as bandas *multiespectrais*, sendo a resolução radiométrica de 11 bits (2048 níveis de cinza). A cena *imageada* no terreno possui dimensões de 22 por 22 km, sendo revisitadas a cada cinco dias. O sistema, também, possui a capacidade de obtenção de imagens fora de sua órbita original, em uma visada lateral em um ângulo de 30 graus

Potencialidades do Sensoriamento Remoto para análise da Metrópole

Considerando a importância das técnicas de sensoriamento remoto, e as potencialidades de uso desses dados para a avaliação de problemas metropolitanos, principalmente aqueles voltados ao adensamento populacional nos grandes centros urbanos, faz-se urgente a necessidade de geração de novas metodologias que associem as análises qualitativas às possibilidades de quantificação, combinação de dados e mapeamentos precisos de infra-estrutura urbana e dos riscos ambientais para a população.

Ainda que de forma genérica, apresentam-se, a seguir, algumas possibilidades que podem ser efetuadas por meio da utilização desta tecnologia. Essas aplicações estão em estreita relação com as características dos dados fornecidos pelos sensores colocados em nível orbital (JENSEN, 2000). Algumas dessas aplicações referem-se aos estudos de expansão urbana, ao mapeamento uso da terra e cobertura do terreno em áreas intra-urbanas, aos estudos de qualidade de vida e às estimativas populacionais em períodos intercensitários.

O crescimento da mancha urbana ocorre em áreas de transição urbano/rural que apresentam usos diversificados, como locais com cobertura florestal e herbácea, áreas destinadas às atividades agrícolas, chácaras, aglomerações rurais e loteamentos recentes, com alguma ou nenhuma ocupação. Portanto, o conhecimento das transformações ocorridas nessas áreas constitui informação importante que visa nortear a tomada de decisão pelos planejadores.

O acompanhamento anual, por meio de imagens orbitais, permite avaliar a dinâmica das transformações que ocorrem nessas áreas. O conhecimento desta dinâmica resulta na identificação de setores sujeitos às maiores alterações, ou seja, locais onde a mancha urbana apresenta uma tendência ao crescimento, como também os locais sujeitos aos processos de conurbação.

Por meio do tratamento das imagens tomadas em diversos anos pelos sensores como SPOT-PAN, o ETM+ Landsat, O Cbers, por exemplo, podem ser identificadas as áreas em expansão da metrópole. Essas imagens com média resolução espacial (inferior a 20 m) permitem a identificação de áreas urbanizadas, de áreas agrícolas, das áreas destinadas às pastagens, áreas cobertas por florestas e grandes corpos de água. Nas áreas urbanizadas, é possível identificar, ainda que grosseiramente, áreas com maior adensamento de edificações (figura 1).

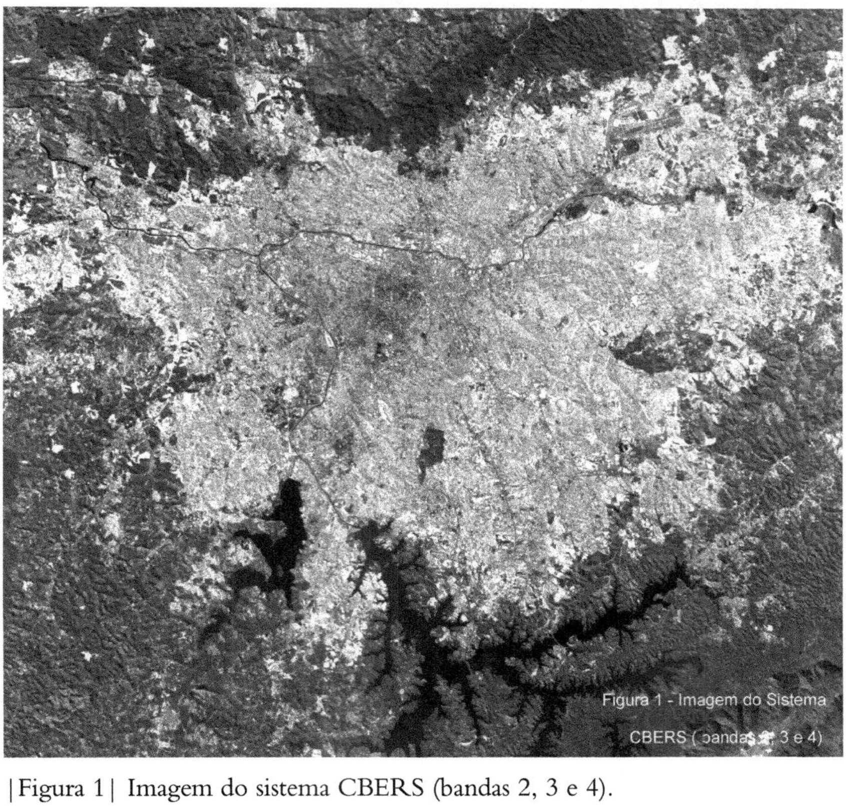

|Figura 1| Imagem do sistema CBERS (bandas 2, 3 e 4).

Os mapas de uso da terra e cobertura do terreno são muito utilizados pelos órgãos de planejamento. Esses mapas servem para orientar ações implementadas pelo governo nos casos de zoneamentos e cobrança de taxas e impostos, por exemplo. Para execução desses mapeamentos são necessários dados que permitam identificar elementos, feições e formas que permitam ao intérprete associá-los aos diversos usos exercidos pelo homem sobre a superfície da Terra. Os sensores atuais, como o SPOT, o ETM+ e o IRS, fornecem imagens, com resolução espacial variando entre os 5 e os 20 metros, adequadas para estudos de uso da terra dos espaços intra-urbanos. Por meio das imagens é possível identificar áreas residenciais, as comerciais, as industriais e aquelas destinadas aos serviços de transportes (figura 2).

| Figura 2 | Imagem do sistema SPOT-5. *Cortesia:* INTERSAT.

No passado, os estudos de qualidade de vida basearam-se, quase que exclusivamente, em levantamentos de dados socioeconômicos da população. As imagens obtidas pelos sensores remotos foram pouco utilizadas em estudos voltados para a sociedade. Em vista disto, as imagens de alta resolução figuram como documentos básicos para os estudos de qualidade de vida (JENSEN, 2000).

As imagens de alta resolução possibilitam a identificação, a qualificação e a obtenção de índices a respeito do adensamento das áreas construídas em relação às áreas verdes. Para tanto, são considerados as dimensões das áreas efetivamente edificadas, as dimensões dos espaços destinados ao lazer (quintais), ou espaços não edificados. Por meio dessas relações pode-se inferir sobre a qualidade ambiental do espaço intra-urbano, principalmente a respeito dos espaços privados (figura 3). Os atributos sobre a qualidade dos espaços construídos, obtidos com base na interpretação das imagens, devem ser correlacionados aos dados censitários para a avaliação da qualidade de vida.

|Figura 3| Imagem do sistema IKONOS. *Cortesia:* ENGESAT.

As estimativas populacionais podem ser efetuadas em nível local, regional ou nacional, com base em contagem de moradias individuais, na extensão das áreas urbanizadas e nas estimativas derivadas dos mapas de uso e cobertura do terreno.

As técnicas de Sensoriamento Remoto Orbital podem suprir estimativas populacionais que se aproximem daquelas alcançadas pelos métodos censitários tradicionais. No caso de estimativas associadas à contagem de moradias individuais, as imagens devem possuir uma resolução suficiente para diferenciar as estruturas individuais, variando em torno dos 5 metros ou maior.

As imagens produzidas pelos sensores atuais, que captam dados com resolução variando entre o metro e dezenas de centímetros, mostram-se apropriadas para esses estudos. As imagens permitem a contabilização, não só, de residências individuais como a contabilização de edifícios com vários pavimentos (figura 4). Esses estudos geram estimativas mais precisas quando acompanhados por dados levantados em campo, ou por dados levantados pelos órgãos oficiais.

| Figura 4 | Imagem do sistema QuickBird. *Cortesia:* INTERSAT.

Agradecimentos

Agradecemos a cortesia das empresas Intersat pela cessão das imagens do sistema QuickBird e do SPOT, e a empresa Engesat pela cessão das imagens do Ikonos.

Bibliografia

CHALINE, C. & DUBOIS-MAURY, J.. *La ville et ses dangers.* Paris, Masson, 1994.

CHRISTOFOLETTI, Antonio. "Impactos no Meio Ambiente Ocasionados pela Urbanização Tropical". In: SOUZA, Maria Adélia; SANTOS, Milton; SCARLATO, Francisco & ARROYO, Maria Mónica (org.). *Natureza e Sociedade de Hoje: uma Leitura Geográfica.* São Paulo, Hucitec, pp. 127-138, 1994. (O novo mapa do Mundo).

CORRÊA, Roberto. *O Espaço Urbano*. 3ª ed. São Paulo, Ática, 1995. (Princípios).

FLORENZANO, Teresa. *Imagens de Satélites para Estudos Ambientais*. São Paulo, Oficina de Textos, 2002.

FORESTI, Celina. *Avaliação e Monitoramento Ambiental da Expansão Urbana do Setor Oeste da Área Metropolitana de São Paulo: Análise através de Dados e Técnicas de Sensoriamento Remoto*. Tese de doutorado, apresentada à Faculdade de Filosofia, Letras e Ciências Humanas-FFLCH da Universidade de São Paulo-USP, São Paulo, fotocópia, 1986.

_______________ & HAMBURGER Diana. "Sensoriamento Remoto Aplicado ao Estudo do Uso do Solo Urbano". In: TAUK-TORNISIELO, Samia; GOBBI, Nivar & FOWLER, Harold. *Análise Ambiental: uma Visão Multidisciplinar*. Cap. 7. São Paulo, Unesp, pp. 143-149.1995.

JENSEN, J. R.. *Remote sensing of environment: an earth perspective*. Upper Saddle River, N. J., Prentice Hall, 2000.

LILLESAND, T. M. & KIEFER, R.. *Remote sensing and image interpretation*. New York, John Willey, 2000.

NIERO, M.. *Utilização de Dados Orbitais do Landsat 1 na Classificação do Uso do Solo Urbano de São José dos Campos*. São José dos Campos, INPE, 1983.

SERRA, Geraldo. *O Espaço Natural e a Forma Urbana*. São Paulo, Nobel, 1987. (Espaços).

BUSCA DO CENTRO – O REENCONTRO COM A CIDADE

Dr. Francisco Capuano Scarlato

Introdução

São Paulo é uma cidade que, desde o século XVI até a segunda metade do século XIX, viveu o paradigma do "tempo lento". A partir de então, com a modernização das novas relações capitalistas empreendidas pela sociedade do café, aceleraram-se profundas transformações *sócioespaciais*, não somente no centro urbano da Cidade, como em todo o Estado, ficando estas transformações marcadas pelo paradigma da velocidade.

Em poucas décadas, o centro extrapolou seu antigo sítio histórico – região do triângulo localizado entre as ruas São Bento, XV de Novembro e Rua Direito – para expandir-se em todas as direções. Em 1877, a Companhia Carris de Ferro de São Paulo já havia inaugurado linhas ligando o Largo do Carmo à Estação da Luz. Ampliou-se, então, a ligação com os bairros do Brás, Mooca, Campos Elíseos, Santa Cecília, Consolação e Liberdade. Em 1900, com a inauguração do bonde elétrico pela Light, o Centro passa a definir ligações cada vez mais amplas com os outros bairros. Criou-se, assim, em seu centro um território complexo com alto índice de concentração de funções terciárias. Convivendo com esse setor, existiam residências de uma classe média, morando na região do triângulo, como comprovam, até hoje, os casarões antigos lá existentes. Aos poucos esta classe média, principalmente a partir das primeiras décadas do século XX, foi se deslocando do núcleo central para além do Vale do Anhagabaú, ocupando o que são, atualmente, os degradados bairros de Santa Efigênia e Campos Elíseos, lugares que, em sua época, abrigaram parte significativa da aristocracia do café.

Na década de 1940, as ruas que concentravam o comércio e os serviços da burguesia paulistana já haviam se expandido para a Rua Barão de Itapetinga e suas transversais, no Centro Novo. Até a década de 1930, os Campos Elíseos ainda sobrevivia como bairro de elite, já sendo atingido, no entanto, por um desenvolvimento comercial que começou a partir do centro novo e se desenvolveu em sua direção. Até essa década, a rua Santa Efigênia foi uma rua de elegantes lojas e edifícios de apartamentos (VILLAÇA, 1998).

Neste mesmo período de início de século, a Avenida Paulista, distante do centro, já se consolidava como um conjunto residencial de grandes palacetes da aristocracia paulista, tornando-se o símbolo do prestígio da nova classe social. O mesmo acontecendo com a Rua da Consolação, Avenida Brigadeiro Luís Antonio, Avenida Higienópolis e Avenida Angélica, em direção à Avenida Paulista.

Nos anos 50 podíamos observar uma territorialidade definida nas formas de uso do espaço da cidade. Era possível mapearmos alguns grandes contornos: o Centro Histórico (ou região do triângulo) e o Centro Novo estendendo-se desde o Vale do Anhagabaú até a região do Arouche. Aos dois passaremos a chamar de Centro Antigo. Aí se fixou todo aquele setor terciário, anteriormente referido. No entorno a este centro, vários bairros residenciais de caráter popular que guardavam em si formas de identidades étnicas e culturais oriundas da imigração como a Bela Vista-Bexiga, com os italianos, a Liberdade com os japoneses, Bom Retiro como bairro judeu, Brás, Mooca e Pari também com os italianos, etc. Vale lembrar que os elegantes bairros jardins localizados além da Avenida Paulista e o Bairro do Pacaembu a oeste da cidade, já estavam consolidados.

Aqueles bairros populares do entorno, que tiveram sua história intimamente ligada à do antigo centro de negócios, eram lugares que exerciam funções residenciais, onde o comércio e os serviços ali realizados respondiam mais diretamente às necessidades imediatas do cotidiano de sua população. Somente os bairros do Brás, Mooca e Barra Funda eram aqueles que além da função anteriormente referida, abrigavam as indústrias da primeira fase do século XX. O Brasil já se destacava como um importante bairro comercial e industrial. De todos, era o Brás que mais autonomia apresentava em relação ao centro. Possuía um importante comércio e vida cultural.

Como já foi sinalizado, a consolidação dos bairros do entorno do Centro Antigo teve sua história profundamente ligada às transformações ocorridas com este centro. Nele residiu, por muito tempo, tanto a maior parte da força de trabalho da emergente indústria da Cidade como aquela que trabalhava nas

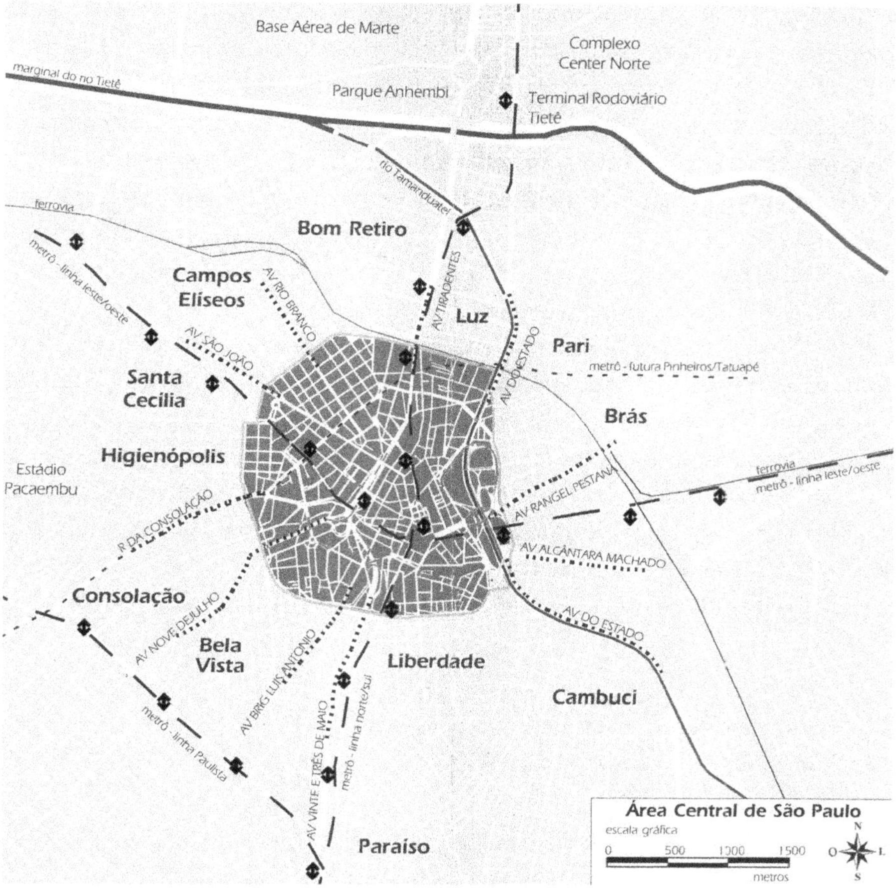

| Figura1 | Mapa da área central de São Paulo e seus bairros *Fonte:* REVISTA URBS, 2000, p. 18.

atividades de comércio e de serviços. Eram bairros em sua maioria formada por contingentes de imigrantes, sendo grande parte deles artesãos. Neles, as relações comunitárias eram alicerçadas por uma forte identidade cultural.

A partir da década de 1950, com a implantação da grande indústria fundamentada no capital multinacional, ocorreram profundas mudanças *socioespaciais* na Cidade de São Paulo. O centro passou a perder sua vitalidade como espaciais na Cidade de São Paulo. O centro passou a perder sua vitalidade como centro financeiro e de serviços. As exigências então impostas pelo capital monopolista demandavam uma nova espacialidade. Novas centralidades foram criadas. Como decorrência, a Cidade foi se expandindo em todas as direções. Grandes investimentos foram aplicados em novas infra-estruturas várias. Bairros inteiros foram mutilados pela abertura de grandes vias expressas. Podemos dizer que a cidade passou a sofrer um acelerado processo de fragmentação e segregação espacial.

São Paulo, transformada no principal pólo econômico e de mercado de trabalho, passou a receber enormes contingentes de migrantes vindos de regiões mais pobres do país, inflacionando a questão da moradia. Os novos bairros que se expandiam pela periferia eram marcados por uma profunda desordem urbana. Sem qualquer orientação do poder público, as moradias de autoconstrução passam a ocupar áreas de risco nos fundos de vales e encostas. Os cortiços e favelas aumentam pela cidade.

Neste contexto, os bairros centrais, acabam sofrendo um acelerado processo de empobrecimento e mesmo de degradação na qualidade de vida. Dificilmente poderemos compreender todas estas transformações sem relacioná-las à natureza do novo capitalismo monopolista, que se consolidou na metrópole paulista.

Neste trabalho, além de apresentar os resultados de uma pesquisa teórica, nos propomos lançar um desafio – resgatar a memória da cidade. Movidos por uma ânsia de liberdade queremos revisitar seus lugares, com os quais compartilhamos nossa existência e pudemos vivenciar suas transformações.

O monocentrismo e os bairros centrais em São Paulo na década de 1950

Quando analisamos o papel de São Paulo no contexto da formação socioespacial brasileira, percebemos que já desde os anos 30 do século XX, o Estado de São Paulo já se colocava como eixo motor da integração dos mercados nacionais, e a capital já representava o grande centro polarizador. Vale lembrar que este dinamismo foi gestado no interior de uma sociedade alavancada pelo processo de exportação, principalmente do café. A modernização das técnicas, serviços e, principalmente, o pioneirismo da adoção do trabalho livre e assalariado, na segunda metade do século XIX, passaram a definir um novo dinamismo na economia capitalista de mercado, que fizeram do Estado, e em especial da sua capital, um dos paradigmas da nova sociedade urbana industrial que emergia no Brasil.

Definida por Pierre Monbeig como Capital dos Fazendeiros, São Paulo já se apresentava como o mais importante pólo industrial do país. A força do seu mercado de consumo urbano estimulou o crescimento de um importante parque industrial de bens de consumo duráveis de alimentos. Em 1907, São Paulo representava 16% do valor da produção nacional para, em 1930, aproximar-se dos 32%. As sucessivas crises cambiais verificadas desde então, estimulando o processo de substituição de importações, contribuiu para aquecer a industrialização de São Paulo, que já possuía condições privilegiadas no conjunto do cenário nacional, tais como: mercado interno dinâmico e diversificado e relativa autonomia para suprir com matérias-primas muitas de suas indústrias de bens de consumo. São Paulo, cada vez mais, polarizava uma "*hinterland*" que se diversificava na produção destas matérias-primas, grande concentração de força de trabalho com boa qualificação para ser absorvida nas indústrias, com significativa presença e contribuição dos contingentes oriundos da imigração européia.

A partir da segunda metade da década de 1950, quando o país se abriu aos grandes investimentos capitalistas multinacionais, revertendo a natureza do processo da acumulação, centrando-se na grande indústria. São Paulo apresentou-se como o *locus* privilegiado para prosseguir na liderança do processo de acumulação produtiva do país.

Até a primeira metade do século XX, as principais funções de serviços e comércio da Cidade, que sustentavam aquela sociedade agro-exportadora, permaneciam no Centro Antigo, situado no interior de um grande anel de irradiação formado pela interligação da Avenida Ipiranga, Rua São Luiz, Viaduto Dona Paulina e Maria Paula, Praça João Mendes, Rua do Gasômetro e Avenida Senador Queiroz. Algumas grandes vias radiais que cortavam ou partiam do centro faziam as ligações com os bairros do entorno – Brás, Mooca, Barra Funda, Pari, Liberdade e Bela Vista. Vale lembrar que bairros aristocráticos como Pacaembu, Higienópolis e os Jardins já formavam um novo cinturão de bairros de alto padrão de moradia na direção oeste e sudeste da cidade.

Todo o sistema viário de bondes e vias voltadas para o uso do automóvel, agora em maior quantidade, era orientado por uma estrutura urbana radial concêntrica, que cortava aquele anel de irradiação, estreitando os fluxos entre o centro e os bairros. Este fato reforçava o grau de polarização que o Centro representava para a vida e o cotidiano das pessoas e da Cidade, que rapidamente se expandia para lugares cada vez mais distantes.

Já foi dito que a Cidade de São Paulo, desde o final do século XIX passou a ser marcada pelo paradigma da velocidade. Em 1880, sua população era de 65 mil habitantes, passando em 1900 para 239.820 e na transição dos anos 1930 para 1940 chegar à marca de um milhão de habitantes. Este acelerado crescimento fortaleceu o dinamismo daquela centralidade do terciário.

A consolidação da sociedade agro-exportadora do café, que elegeu a Cidade de São Paulo como sua capital política, econômica, financeira e cultural, em razão de fatores históricos e geográficos que escapam da possibilidade de uma análise mais aprofundada neste trabalho, se expressou na vitalidade das funções exercidas naquele centro, tanto de natureza econômica como cultural.

A presença do Teatro Municipal, inaugurado em 1911, representou o grande símbolo da "modernização conservadora" empreendida pela aristocracia do café, marco histórico do grande movimento renovador da cultura brasileira – a Semana da Arte Moderna, de 1922.

Os anos 1950 representam a época de maior esplendor para os cinemas de São Paulo. Entre os muitos que foram construídos de grandes proporções, destacava-se o *Art Palácio*, inaugurado em 1936.

> Nele foram empregadas técnicas de acústica na arquitetura de auditórios que até então se desconhecia no Brasil. Foi o primeiro cinema de São Paulo a ser concebido dentro dos princípios racionalistas da arquitetura moderna. Possuía despojadas linhas arquitetônicas, residindo sua beleza nas exatas proporções dos volumes e nos efeitos de iluminação indireta sobre as paredes de cores neutras, despidas de qualquer decoração. (...) Sua capacidade de lotação era de 3.139 lugares (EMPLASA, 1984).

Ele representava um símbolo que fortalecia, no imaginário da população, a força daquela centralidade.

Muitos outros poderiam ser descritos que rivalizavam entre si em luxo e conforto. Porém, destacaremos os mais representativos. No Cine Marrocos as pessoas eram recepcionadas por funcionários com elegantes uniformes. O interior de suas grandes e requintadas salas de espera, todas acarpetadas, mobiliário de luxo, serviço de bar, possuía três planos servidos por elevadores. Os cines Ouro e Olido, o primeiro no Largo Paissandu e o segundo na Avenida São João, possuíam antes do início das sessões, apresentações musicais com orquestras ao vivo. Por muito tempo era exigido dos espectadores, o uso da gravata. Outros, como os cines Marabá, Ipiranga, Metrópole e Metro, disputavam entre si os espectadores que procuravam o centre na busca do lazer. Quase todos estavam situados nas imediações da Avenida São João e Avenida Ipiranga.

Era comum a população dos bairros "ir à cidade" para passeios públicos, freqüentar cinemas, restaurantes de boa qualidade, bares, e salões de chá – como o Vienense, onde se podia ouvir música com piano e violino ao vivo, localizado na Rua Barão de Itapetininga. Pessoas de todos os bairros encontravam-se no "Centro da Cidade". Para os moradores daqueles bairros do entorno, era comum irem de pé, ou então usar os bondes para algum percurso e os automóveis, para os quais ainda havia algum espaço nas ruas.

Não menos importante era a infra-estrutura hoteleira. Todos os grandes hotéis e restaurantes de luxo localizavam-se no Centro Antigo, como o Lord Hotel, na Praça do Patriarca, onde se localizava uma elegante casa noturna de São Paulo, O Grande Hotel Esplanada, na Praça Ramos de Azevedo ao lado do Teatro Municipal, o Hotel São Paulo, na Praça das Bandeiras, o Hotel Jaraguá, na Rua Major Quedinho, o Hotel Excelsior, na Avenida Ipiranga, entre outros.

Sua estrutura monocêntrica também se revelava pela grande concentração das atividades do comércio. A maior parte dos bairros da cidade, até então, não eram providos de um comércio mais especializado. Somente a partir dos anos 60 é que começam a surgir os shoppings e supermercados pelos bairros. Muitos outros serviços eram procurados na zona central, desde luxuosas joalherias, magazines famosos, livrarias, materiais e reproduções fotográficas – eram exclusividade do Centro. O pagamento das contas de água, gás, telefone e energia elétrica tinham que ser pagas nas próprias empresas localizadas no centro. Eram muito raras agências descentralizadas pelos bairros. Assim também os bancos raramente possuíam agências distribuídas pela cidade. A rede dos grandes bancos concentrava-se na zona do triângulo nas ruas XV de Novembro, Boa Vista e Álvares Penteado, ao que o Professor Aziz Ab´Saber chamou de "monolítica City Bancária". Ainda hoje se destaca na paisagem, dois dos maiores edifícios da cidade de grande valor simbólico do poder financeiro e da paisagem do Centro Antigo – o edifício do Banespa, atual Banco Santander, e o do Banco do Brasil, o primeiro na Praça Antonio Prado e o segundo na Avenida São João.

Toda esta centralidade era ainda fortalecida pela presença das mais importantes instituições públicas, representadas pela Assembléia Legislativa do Estado de São Paulo no Parque Dom Pedro II entre 1947 e 1958, pela Secretaria da Justiça de São Paulo no Parque Dom Pedro II entre 1947 e 1968, pela Secretaria da Justiça, no Pátio do Colégio, pela Secretaria da Fazenda na Avenida Rangel Pestana e pelo Tribunal da Alçada Civil, também no Pátio do Colégio, ainda hoje lá localizados. Atualmente, o antigo Palácio das Indústrias, no Parque Dom Pedro II, é ocupado pela sede do poder executivo da Prefeitura de São Paulo. O antigo Fórum, na Praça Clóvis Bevillacqua, e o novo, na Praça João Mendes, justificam até hoje uma enorme concentração de escritórios de advocacia, de cobrança de títulos e protestos e de cartórios nesta região. Assim também a presença da Bolsa de Valores (Bovespa) e a Bolsa de Mercadorias e Futuros, na região do Triângulo também se tornaram um pólo de atração de um número muito grande de corretoras financeiras que ainda rivaliza com a região da Avenida Paulista.

O Centro Antigo, além de concentrar ainda hoje, todas estas instituições, foi sede dos escritórios de importantes empresas industriais, a exemplo das Indústrias Reunidas Francisco Matarazzo (IRFM), representando o maior complexo industrial brasileiro e que ocupou por muito tempo, até sua insolvência, um edifício que é marco simbólico da paisagem do centro, localizado na Praça do Patriarca, atualmente destinado a sediar em um futuro breve o poder executivo da Prefeitura do Município de São Paulo. Juntamente com o Teatro Municipal, o edifício da extinta Light (empresa fornecedora de energia elétrica para São Paulo) atualmente um *shopping center*, e o Viaduto do Chá representam um dos principais cartões postais da cidade.

Mais que uma concentração de comércio e de serviços fundamentais para a vida da Cidade, o centro também representava, e ainda representa, aquele universo lúdico de forte representação simbólica. Em São Paulo, a população também se apropriava de suas vias e praças como território de lazer. O intenso uso desse espaço, pelo comércio e serviços, não expulsava as pessoas, que se apropriavam das calçadas como passarelas, fazendo das ruas largas um lugar de convívio seguro e prazeroso nos feriados e finais de semana. Estes lugares eram verdadeiros roteiros turísticos para os paulistanos e aqueles que visitavam a cidade. Até então, praticamente não havia a exploração do lazer fora do Centro Antigo da Cidade.

Assim, para melhor compreender a natureza de uma cidade como espaço de realização humana, temos que buscar nas formas de interação entre os espaços construídos e seus significados, a essência desta natureza. Espaços interiores e espaços públicos, a maneira como eles se abrem e se fecham sobre si mesmos, criando um universo multifacetado de situações que nos revela seus códigos e normas de comportamentos e seu grau de interação social, maior ou menor permeabilidade nas relações sociais, são elementos que demonstram como a memória e o imaginário transforma uma massa de concreto inerte em coisas vivas, capazes de transcenderem gerações.

Por mais que as funções do Centro tenham perdido a sua importância e grande parte de suas edificações, a sua magnitude, é possível reencontrar nas formas e na estética urbana a memória do que ele foi, pois ele não está morto, guardando ainda, as potencialidades de um possível renascimento.

Com certeza isso acontecerá com outras bases, pois antes ele era o único centro e hoje é parte de uma cidade policêntrica e complexa. Dificilmente, porém, se poderá retirar do Centro Antigo, o que ele sempre foi: mais do que um centro cívico que existe na memória, ele é o coração da cidade, a parte mais íntima e que lhe dá identidade.

Um olhar mais atento do observador, à luz de uma perspectiva histórica do espaço verá que a estrutura urbana da Cidade contemporânea foi construída como continuidade de uma territorialidade que remete às décadas de 1930 e

| Figura 2 | Vista do Vale do Anhangabau. *Fonte:* Lita Cerqueira, Maio de 1997.

1950, quando então, se consolidou o grande sistema radial concêntrico e já estavam consolidados os seus bairros centrais e muitos de seus bairros nobres.

Por muito tempo, o centro teve um papel de grande importância como referência para população. Isto, em grande parte, residia no fato de que os bairros possuíam uma fraca autonomia para se abastecerem de bens de consumo e serviços urbanos estratégicos, criando fluxos contínuos de relações com o Centro. Esses fluxos eram predominantemente realizados pelo bonde, por algumas linhas de ônibus e menos pelo automóvel. O uso deste último era até a primeira metade do século XX, um privilégio da burguesia e das classes médias emergentes. Os moradores dos bairros centrais, formados em sua maioria por contingentes de camadas mais populares, serviam-se dos transportes coletivos, ou então, pela proximidade com o Centro, se deslocavam em grande número, a pé. Não podemos esquecer que até os anos 1950, o Centro – ou como se dizia: "a Cidade" – era um espaço mais democrático vivenciado pelos diferentes segmentos sociais, diferentemente da São Paulo de hoje, que vivencia um verdadeiro "*apartheid* social".

Não era ainda muito significativo o número de automóveis que circulavam pelo interior dos bairros. Era ao longo de algumas vias radiais que se concentrava seu maior fluxo, a exemplo da Avenida Liberdade, Avenida Brigadeiro Luis Antonio, Rua da Consolação, Avenida São João, Avenida Celso Garcia e Avenida Nove de Julho, que ligavam os bairros à zona central. A circulação pela maior parte dessas vias era relativamente bem menos do que a de hoje, o que garantia certa tranqüilidade para o cotidiano dos seus moradores.

Assim, o baixo nível de tensão sobre o espaço físico, acarretado pelo menor fluxo viário, garantia para a possibilidade de apropriar-se mais facilmente dos espaços públicos das ruas. Era comum nos bairros centrais, principalmente nos finais das tardes, observar pessoas sentadas em cadeira nas calçadas, revelando estreitos laços de relações com a vizinhança, enquanto crianças e adolescentes realizavam suas partidas de futebol e outras brincadeiras. Eram espaços públicos e privados, como já observamos, abrindo-se e fechando-se sobre si.

O Centro Antigo e os bairros do entorno eram, até 1950, duas temporalidades diferentes. O Centro, com seu dinamismo, vivia o tempo veloz. O grande fluxo de transeuntes que demandavam o Centro na busca do comércio e dos serviços, o tornava um local onde toda a Cidade se encontrava, fosse para trabalhar, pois era o grande mercado empregador, ou para lazer, compras e serviços. Era interessante que sua dinâmica de jornada de trabalho era caracterizada por dois grandes pêndulos de fluxos: um pela manhã, quando o Centro da Cidade tornava-se um grande aglomerado de usuários e funcionários que chegavam aos locais de trabalho, e o outro, no final da tarde, quando estes, no final do turno de trabalho, atropelavam-se nas ruas, buscando o caminho para casa. A partir desse momento, o grande Centro ia se esvaziando, cedendo lugar para aqueles que buscavam a boemia e as diferentes formas de lazer que o centro oferecia.

Se o Centro era o espaço do tempo veloz, os bairros representavam os do tempo lento. Não raro se observava aquele ritual de deslocamento de muitos trabalhadores do centro a pé pelos caminhos rotineiros de retorno às suas moradias nos bairros próximos. Criava-se com freqüência a possibilidade das mesmas pessoas se encontrarem regularmente no percurso. Já desfrutando da tranqüilidade das ruas em seus bairros, surgia um sentimento de intimidade e uma consciência de pertencimento com o lugar. Enquanto o Centro, após o período de trabalho, transformava-se num espaço de encontro para realizarem alguma forma de lazer, nos bares, restaurantes, choperias, os bairros mergulhavam na sua tranqüilidade de fim de tarde. Ruas sem movimento de automóveis, cadeiras nas calçadas, reforçando sua vida comunitária. Era quando aqueles imigrantes e trabalhadores, na busca do repouso, procuravam reforçar suas identidades, conversando nos dialetos dos países de origem, o que também era freqüente entre seus filhos e netos. Não raro eram aqueles que retornavam para o Centro em busca de um bom restaurante ou do lançamento de um novo filme. Os grandes lançamentos sempre ocorriam nos cinemas da "Cidade".

É difícil falar do Centro Antigo e de seus bairros tradicionais do entorno sem falar dos cortiços como lugar de moradia neste período da história de São Paulo. A questão da moradia, nascida com a industrialização em São Paulo, acabou sendo resolvida de diferentes maneiras. Nas primeiras décadas do século XX, os empresários industriais construíram habitações para seus operários – eram as vilas operárias localizadas predominantemente nos bairros centrais –, respondendo a uma demanda que eles mesmos haviam criado. Por outro lado, expandiu-se também uma forma peculiar de moradia que foram os cortiços, que colaboraram com a sociabilidade e fortalecimento da vida comunitária.

Os cortiços surgiram como contribuição dos imigrantes europeus que não somente vieram resolver o problema da demanda de mão-de-obra qualificada, mas também colaboraram para resolver o problema de moradia. Italianos, espanhóis e portugueses que se distribuíam pelo entorno acabaram fazendo destes pequenos empreendimentos imobiliários uma fonte de renda, além de se permitir reforçar os elos de solidariedade cultural no interior dessas comunidades, alugando os cômodos para os conterrâneos que chegavam e também alojar os filhos que iam se casando.

Bairros como Bela Vista-Bexiga, Mooca, Santa Efigênia e Liberdade já representavam áreas com grande concentração de cortiços. Nessas habitações eram fortes os laços de vizinhança, onde os inquilinos viviam por muitos anos. Essa proximidade fortalecia aquela solidariedade orgânica no interior desses bairros. Por sua vez, os proprietários, que viviam no mesmo prédio nas partes mais privilegiadas, exerciam uma significativa vigilância sobre os costumes e sua conservação.

Os imigrantes que ocupavam um número bem significativo, talvez a maior parte dessas moradias, impelidos pela vontade de aqui ficar, forjaram suas raízes de forma mais sólida que o sistema ensina: a propriedade privada. Construíram suas casas ocupando lotes de testada estreita, criando aquela paisagem de um casario baixo, geminado. As casas guardavam uma escala humana no seu conjunto edificado. Rua e casa se completavam numa dialética de complementaridade. Estes ainda não haviam sido mutilados pelas investidas das grandes obras urbanísticas e pela entrada da verticalização dos edifícios. As fortes relações de vizinhança permitiam, ainda, uma maior integração do homem com seu espaço. Para Lewis Munford,

> (...) compartir el mismo lugar es quizás el más primitivo y elemental de los vínculos sociales, como la forma más simple de asociación de estar cada vecino a la vista del otro. El barrío se compone de gente que forman parte de él por el sólo hecho de nacer allí y de elegírio como lugar habitual de su residencia (...) (MUNFORD, 1969).

Não raro eram as pequenas oficinas que se distribuíam ao redor do Centro, onde se localizavam grandes artesãos, quase sempre imigrantes, trabalhando como alfaiates terceirizados para os elegantes ateliês da Cidade. Outros que também prestavam seus serviços para os estabelecimentos do centro, como tipografias que atendiam aos pedidos daqueles estabelecimentos e serralharias, marcenarias, carpintarias, vidraçarias que eram contratadas para atenderem serviços de instalações de mobiliária e decorações daqueles estabelecimentos. Neles se associava a função de bairros residenciais a uma significativa presença de atividades artesanais, as chamadas "oficinas de fundo de quintal". Eram pequenas unidades familiares de produção onde se associava o ato de morar e trabalhar. Este fato contribuía para fortalecer as raízes de seus moradores com o lugar.

A possibilidade de se trabalhar e morar próximo do Centro é um fato que deve ser considerado para explicar a força que o mesmo representava no imaginário de seus moradores. Mais que a proximidade física, o grau de interação entre estes espaços representou um forte papel. Vale lembrar, também, que sendo lindeiros à área central, as relações se faziam mais diretamente.

Com o acelerado processo de urbanização, e a mutilação, provocadas pelas grandes obras viárias, o aumento do fluxo de imigrantes para São Paulo, associado à perda de importância do Centro Antigo, os cortiços também sofreram mudanças significativas. A saída dos imigrantes e seus descendentes, procurando novos lugares para morar, abriram os espaços destas moradias para uma perversa especulação imobiliária. Os trabalhadores recém chegados a partir dos anos 1950, passaram a lotar os antigos casarões, fragmentados em vários cômodos, rendendo gordos aluguéis entre aqueles que exerciam o papel de intermediários e os proprietários dos imóveis. A pobreza, e muitas vezes a miséria, acabou invadindo aqueles antigos cortiços. Pensar na revitalização do Centro Antigo deverá também passar pela recuperação da qualidade de vida das moradias destes antigos bairros.

Atualmente, a Cidade de São Paulo, com sua enorme mancha urbana e sua estrutura policêntrica, a realidade se tornou outra. A relação dos bairros entre si, muitas vezes é mais forte do que com o centro, visto a desconcentração ocorrida com as funções. Tanto o Centro como os bairros tradicionais acabaram se desagregando frente às mudanças ocorridas na natureza do capitalismo brasileiro que, em São Paulo, impôs uma renovação urbanística e mudanças significativas no seu sistema viário, transformando o centro e seu entorno basicamente em pontos de passagem. Até que isto acontecesse, e enquanto o centro significou o ponto de partida e de chegada dos fluxos de comércio e de serviços com os bairros, ele permaneceu forte como fator de identidade para eles e para a cidade como um todo.

Podemos mesmo dizer que apesar do esvaziamento sofrido pelo Centro, ele ainda é o símbolo mais forte da memória da Cidade. Atualmente, quando um grande número de países investe em políticas de revitalização de seus centros históricos, estão não somente procurando responder aos interesses urbanísticos, mas também recuperar ou reforçar sua identidade cultural.

O crepúsculo da área central da Cidade

> En cada movimiento social, posibilitado por el proceso de la división del trabajo, se establece una nueva geografia, sea para crear nuevas formas para atender nuevas funciones, sea por la alteración funcional de las formas ya existentes. De ahí la estrecha relación entre división social del trabajo responsable por los movimientos de la sociedad y su repartición espacial (...) (SANTOS, 1996).

A partir dos anos 1960, a Cidade de São Paulo passou por profundas transformações *socioespaciais*. Durante este período, estruturou-se a grande região metropolitana concentrando em seu interior dezenas de municípios em processos contínuos de conurbação. Entre 1930 e 1950, a mancha urbana de São Paulo possuía entre 180 a 420 km² para atingir atualmente aproximadamente 2.000 km². Com a implantação das grandes empresas multinacionais, indústrias, bancos e agências de propaganda e publicidade, esta região tornou-se o lugar privilegiado para estes investimentos. No cenário brasileiro foi o capitalismo nacional, associado e dependente ao internacional, que construiu todas as condições para um novo momento do seu desenvolvimento. A partir desse período, aquelas grandes empresas vêm se instalar no país, em especial em São Paulo. Seu comando passou a ser feito no interior do nosso próprio território. Com isto se alavancou todo o processo de uma nova modernização da cidade para atender às exigências da gestão político-administrativa do novo capitalismo de grandes corporações.

As novas concepções de administração empresarial, prevalecendo o espírito do trabalho em grupo, vieram a substituir as decisões de executivos geniais pelas discussões entre os quadros de funcionários. Uma nova dinâmica de trabalho onde se estimulava o trabalho em grupos interativos, exigia plantas com espaços amplos e divisórias baixas, flexíveis, garantindo visibilidade e comunicação no conjunto da repartição ou departamento das empresas. As novas concepções arquitetônicas fundamentadas na planta livre passaram a representar uma solução mais adequada às exigências da nova administração empresarial:

> As divisões parietais interiores já não correspondem às funções, podem alargar-se, curvar-se, mover-se livremente, e isso permite a possibilidade de conjugações de ambientes, de unir entre si os múltiplos cubos do século XIX, de passar do plano estático da casa antiga ao livre e elástico do edifício moderno" (ZEVI, 1978).

A modernidade tinha que se revelar não somente pela sua organização e novas engenharias de poder de decisão, como também pela visibilidade plástica de seus grandes e geométricos edifícios. O novo capitalismo precisava também construir uma nova imagem urbana. Assim, o novo espírito modernizador foi realizando a metamorfose de transformar o antigo em "velho". Isso ocorreu com os antigos edifícios do Centro, menos pela inadequação dos seus espaços para se enquadrar às novas formas de organização e mudanças nos fluxos de serviços e linhas de comando, e mais em razão de outros fatores relacionados ao sistema de circulação viária, e pela ação do capitalismo imobiliário na construção do Novo Centro da região da Avenida Paulista. Era mais lucrativo construir o novo do que reciclar o antigo ou o "velho".

Sem querer radicalizar dizendo que o automóvel foi o grande vilão do esvaziamento da importância do centro, devemos, porém, afirmar que foi uma de suas grandes causas.

Com a implantação das grandes montadoras de automóveis em São Paulo, a partir da década de 1950, o crescimento e diversificação do setor terciário, ao qual se associou uma classe média de maior poder aquisitivo, o automóvel passou a ser um bem de consumo, incorporado fortemente no seu cotidiano e integrando-se à rotina de trabalho como forma de transporte.

É fácil compreendermos que este fato acabou acarretando uma forte pressão física sobre o território do Centro. Quando observamos aqueles edifícios, da quase totalidade do Centro Histórico e da maioria do centro novo, sem estacionamentos, onde ônibus, bondes e automóveis disputavam espaço pelas estreitas ruas, gerando enormes e infindáveis congestionamentos, podemos deduzir os enormes transtornos que eram gerados.

Foi neste contexto que a região da Avenida Paulista, impulsionada pela exploração do grande capital imobiliário, passou a concentrar aqueles edifícios com projetos concebidos na moderna arquitetura. Abrigava também, no seu subsolo, enormes estacionamentos para atender à nova classe média, grande usuária do automóvel. A "Nova Paulista" veio assim, substituir os antigos símbolos de poder, os palacetes da burguesia industrial e cafeicultora por outros, como os grandes bancos nacionais e internacionais, rede de multinacionais e associações patronais como FIESP (Federação das Indústrias do Estado de São Paulo), CIESP (Centro das Indústrias do Estado de São Paulo), SESI (Serviço Social da Indústria), FCES (Federação do Comércio do Estado de São Paulo), Sesc (Serviço Social do Comércio), etc., e o terciário de ponta, intrínseco às exigências do grande capital monopolista:

> (...) no capitalismo, portanto, há uma luta perpétua em que o capital constrói uma paisagem física apropriada à sua própria condição, em determinado momento do tempo simplesmente para ter que destruí-la, geralmente durante situações de crise, num momento posterior do tempo. O fluxo e refluxo temporal e geofísico do investimento no meio ambiente construído, só pode ser entendido em termos deste processo (...) (HARVEY, apud: SOJA, 1993).

Assim, rapidamente o Centro Antigo foi se transformando no símbolo do "arcaico", do "velho", da "deterioração", uma forma preconceituosa de se qualificar este espaço pelo fato de que as funções nobres migraram para a Paulista e nele permaneceram os negócios menos dinâmicos para o grande capital monopolista, além da economia informal, que passou a ocupar uma grande parte de suas ruas, e as casas de comércio mais popular. Aquele comércio mais qualificado já migrara para os grandes shoppings que se instalaram por outros bairros, principalmente aqueles de maior poder aquisitivo. Outro estímulo ao esvaziamento do Centro foi a implantação dos grandes sistemas viários de circulação, que aumentava a fluidez entre as áreas que concentravam as novas funções.

Dos anos 1960 até os dias de hoje, a metrópole de São Paulo estendeu sua mancha urbana, incorporando em seu interior 39 municípios. As mudanças não se restringiram somente em suas proporções territoriais. Para Helena K. Cordeiro, em seu artigo "A Cidade Mundial de São Paulo",

> (...) o novo capitalismo com fundamentos na acumulação flexível, onde ocorreu o fortalecimento do poder financeiro e do processo de terceirização da produção, definiu novos padrões locacionais para os empreendimentos industriais, rompendo assim, com as formas de produção fordista. Isto acabou acarretando uma desconcentração dos estabelecimentos industriais, financeiros e comerciais parar dentro e para fora da RMSP (CORDEIRO, 1993).

Isto nos permite melhor compreender como esta desconcentração acabou definindo novas territorialidades. Uma delas foi a que Helena K. Cordeiro chamou de "rearranjo da nucleação do seu centro metropolitano". Primeiramente, com a consolidação do novo centro da Avenida Paulista nos anos 1970, como já assinalamos anteriormente. Posteriormente, sempre em direção aos bairros nobres da cidade como os Jardins e outros a sudoeste da cidade, que já vinham se consolidando desde os anos 1940, surgem os novos centros como o da Avenida Faria Lima, Avenida Luiz Carlos Berrini e o da Marginal Pinheiros.

Porém, já se vislumbra uma mudança na dinâmica destes novos centros. A Avenida Luiz Carlos Berrini, que até recentemente era vista como a grande proposta urbanística da pós-modernidade, tanto pela sua arquitetura arrojada como pelas funções que abriga, parece que vem perdendo parte de sua vitalidade. Frúgoli, um dos atuais pesquisadores da questão das centralidades em São Paulo, assim se coloca:

> Ainda que com potencial de crescimento, a Berrini já enfrenta forte competição com o setor terciário moderno mais próximo à Marginal Pinheiros, numa área mais periférica do 'quadrante sudoeste', para onde se desloca a centralidade 'terciária' em São Paulo, cujo representante mais forte é a empresa multinacional de consultoria Richard Ellis, principal defensora e difusora da expansão urbana nessa região e para a qual a própria Berrini já estava, de certa forma, 'obsoleta'. Tal área como um todo, com a presença condensada de multinacionais, configura um território conectado a um mercado globalizado, típico de uma fase de acumulação do capitalismo – identificado como pós-fordista (FRÚGOLI, 2000).

Para os novos centros como o da Luiz Carlos Berrini e da Marginal do Pinheiros, poderíamos quando comparados com o Centro Antigo, a Avenida Paulista e a Avenida Faria Lima, acrescentar um fator que pesa negativamente para aqueles dois novos centros: neles é pouco significativa a infra-estrutura de serviços e de lazer para atender localmente a grande quantidade de funcionários do conjunto de escritórios ali localizados. O cotidiano daquelas avenidas apresenta-se desprovidas de formas atrativas de convívio, o que pode ser observado nos momentos em que se encerram as atividades de trabalho.

O processo de desconcentração/concentração das atividades financeiras, comerciais e de serviços, permitiu o surgimento de grandes redes de supermercados e shoppings, localizados em pontos estratégicos do sistema viário de ligação entre os diferentes bairros da Cidade de São Paulo, passando a garantir um acesso mais fácil entre os consumidores e os grandes estabelecimentos. Este feito veio a fortalecer a nova natureza da estrutura urbana. Quanto aos bairros centrais, nesse processo de desconcentração das funções comerciais, passaram a possuir um maior grau de autonomia, rompendo com aquela relação umbilical ao antigo Centro da Cidade. Todo esse processo criou uma metrópole policêntrica de proporções gigantescas, ampliando as possibilidades de acesso da população a esta multiplicidade de centros de consumo.

Os *shoppings centers*, neste contexto, assumiram um papel de grande magnitude na nova territorialização. Na verdade, eles passaram a representar verdadeiras cidadelas no interior da Cidade. Podemos mesmo dizer que eles são atualmente "cidades dentro da cidade". Além dos supermercados e lojas, onde se vende todos os bens de consumo duráveis, possuem ainda, agências de serviços públicos, caixas eletrônicos, correio, casas autorizadas de conserto de produtos eletrônicos, etc.. Neles, estão localizados os mais modernos cinemas onde ocorrem os lançamentos de filmes na cidade. Mais do que um local de compras, seus corredores acabaram se transformando em passarelas, lembrando muito do que ocorria no Centro Antigo da Cidade quando este ainda possuía seu prestígio. A segurança que estes *shoppings centers* passam a oferecer, quando a Cidade vive cada dia mais sob o signo do medo, dotados de grandes estacionamentos acabaram fazendo deles um "paraíso" de consumo e de lazer para a consumista classe média.

Podemos dizer que São Paulo implodiu. Criaram-se cidades dentro da Cidade, intensificando e redirecionando os fluxos viários, invadindo todos os espaços, assim como os líquidos em vasos comunicantes. Aquelas monolíticas pirâmides de consumo e de lazer tornaram-se grandes pólos geradores de fluxos, cortando a Cidade em todas as direções como verdadeiras "rotas turísticas" no seu interior.

O automóvel redimensionou não somente seu espaço físico, mas também o seu espaço social. Tornou-se cada vez mais um fator de *status* e ao mesmo tempo um dos grandes inimigos do homem urbano. É atualmente um dos instrumentos de violência urbana. A quantidade de mortes por atropelamentos e desastres, cresce enormemente em São Paulo. Se de um lado ele aproximou os espaços, por outro lado os separou no interior da cidade. O ingresso contínuo de automóveis no trânsito forçou o espaço físico a uma necessidade de alargamento de vias públicas, roubando, muitas vezes, dos pedestres, suas calçadas. Criou a necessidade de vias expressas, mutilando e destruindo, para sua construção, partes significativas da memória e das paisagens urbanas.

A década de 1960 marcou novos tempos para os bairros tradicionais. A população se viu sacudida e acordada de seu sono tranqüilo. São Paulo tinha que vestir roupa nova pra receber o "progresso". O Estado passou a interferir cada vez mais no espaço urbano. Este capitalismo, no qual Estado e empresas multinacionais se associavam, passou a executar políticas públicas de reurbanização, fundamentadas em grande parte na adoção de um moderno sistema viário. O Brás, Bela Vista-Bexiga e Liberdade foram retalhados por viadutos e avenidas. Um número muito grande de desapropriações para construção de grandes obras não somente desfiguraram aquelas paisagens como acabaram expulsando parte significativa de sua população tradicional.

Os anos 1960 e início dos 1970 transformaram grande parte desses espaços em verdadeiros canteiros de obras. Quarteirões inteiros foram separados por viadutos e vias expressas. Entrevistas realizadas com as populações tradicionais remanescentes apontavam aquela retirada em massa dos antigos moradores, tanto pelas desapropriações relacionadas com as grandes obras, como pela ação muitas vezes voluntária, como um dos fatores pela mudança. Antigas relações de vizinhança e comunitárias foram destruídas.

> O dinheiro e a energia foram canalizados para as novas auto-estradas e para os vastos sistemas de parques industriais, *shoppings centers* e cidades-dormitórios que as rodovias estavam inaugurando. Ironicamente, então, no curto espaço de uma geração, a rua, que sempre servira à expressão da modernidade dinâmica e progressista, passava agora a simbolizar tudo o que havia de encardido, desordenado, apático, estagnado e obsoleto – tudo aquilo que o dinamismo e o progresso da modernidade deviam deixar para trás (BERMAN, 1990).

O reencontro com São Paulo

A aceleração transformadora vivida por São Paulo a partir dos anos 1960 fez com que aqueles antigos territórios, registro da memória e da identidade da cidade, sob o impulso da ideologia da pós-modernidade, revelada nos novos espaços construídos, fossem transformados em símbolos do "arcaico e do obsoleto". Os grandes condomínios fechados construídos para a classe média, a sofisticação dos espaços que se expandiam a sudoeste da cidade, bairros e centros empresariais modernos, por mais que representem a vitalidade do sistema, não é neles que encontraremos as raízes da memória de São Paulo. É no seu Centro e bairros centrais que estão registrados no tempo e no espaço o momento da nucleação e gênese da dinâmica e policêntrica Cidade.

Por mais fortes que sejam os argumentos que colocaram a paisagem urbana da Avenida Paulista, eleita como símbolo da identidade de São Paulo, nenhum deles poderá superar a paisagem do Vale do Anhangabaú como seu grande símbolo. A visão que se vislumbra desse vale onde a suavidade de suas colinas e a imponência das grandes e magníficas obras arquitetônicas, em especial o simbólico Viaduto do Chá, distribuídas de forma harmoniosa em um amplo espaço aberto, nos permite um sentimento de beleza e liberdade. Poucos são os lugares onde natureza e obra, convergem para oferecer esta identidade única para São Paulo. Por mais que ele tenha sido remodelado, desde quando sofreu as primeiras interferências urbanísticas em sua paisagem, nas primeiras décadas do século XX até os anos 1970, o vale com sua unidade harmoniosa e plasticidade, apresenta-se inquestionavelmente como o grande monumento da Cidade. Ele sempre representou um lugar estratégico de circulação e ligação de áreas da Cidade. O Viaduto do Chá e de Santa Efigênia unificaram o Centro Histórico e o Centro Novo em um único espaço. Ainda hoje, sob a superfície de seu parque circula um grande fluxo de automóveis, fazendo a ligação da região norte e sul da Cidade. O Vale do Anhangabaú é um dos marcos significativos a revelar que o Centro Antigo continua vivo: "Uma cidade antiga guarda um acervo de fatos nos quais sucessivas gerações de cidadãos podem se inspirar e recriar sua imagem de lugar" (TUAN, 1977).

A verdade é que todas as transformações que atingiram estes espaços, impelidos por uma concepção capitalista na produção do espaço urbano, onde os interesses públicos se submeteram aos interesses do grande capital imobiliário, acabaram deixando como herança problemas de espaços públicos e edificações com sérios problemas de degradação, porém, nenhum que não possa ser revertido. Vale lembrar que estas regiões são dotadas de boas qualidades de infra-estrutura urbana e bons meios de transportes coletivos, que comprovam a irracionalidade do processo, como ocorreu a expansão do tecido urbano de São Paulo. O Centro e os bairros centrais que poderiam absorver um número maior de moradores, entre 1980 e 1991, viram em grande parte sua população decrescer, enquanto os bairros periféricos presenciaram números significativos de crescimento. Isto nos leva a pensar que os problemas que estas duas regiões passaram a apresentar, as quais preferimos chamar de "empobrecidos" e não "deteriorados" , como os discursos progressistas e conservadores costumam chamar, escondem uma realidade, ou seja, assumir a incompetência do poder público nas políticas de urbanização. Ao mesmo tempo, revelam uma miopia histórica na compreensão do potencial que elas possuem em interagir de forma viva e dinâmica com a cidade, como uma totalidade *socioespacial*.

> Em determinado momento, estruturas que foram enunciadas submergem nas profundidades, para aí continuarem uma visão não essencial (...) e outras se elevam, passando da não essencialidade à significatividade (...) mas gostaríamos ainda de sublinhar que o desaparecimento ou a ascensão de tais

> entidades deve ser entendida como alterações internas na esfera básica. As próprias esferas heterogêneas surgidas no curso da história têm as capacidades de uma vez constituídas de jamais perecerem (HELLER, 1985).

Entenda-se, no pensamento de Agnes Heller, o significado de esferas heterogêneas como sendo o da produção, relações de propriedade, estrutura política, vida cotidiana, moral ciência e arte. São elas túmulo e berço do processo histórico sustentado nesta posição teórica. Qualquer leitura que se faça da formação sócioespacial da Cidade de São Paulo que ignore esta posição teórica redundaria em discursos mágicos e manipuladores da realidade. Centro Antigo e bairros centrais são estruturas vivas e significativas daquelas esferas heterogêneas da Cidade. Empobrecidas, porém vivas.

Atualmente, São Paulo deixou de ser a trepidante cidade industrial para tornar-se o maior centro de serviços do país e uma das chamadas *cidades mundiais* dos países emergentes. Ao mesmo tempo, passou a sediar grandes eventos científicos, empresariais e culturais em nível nacional e internacional. Este fato veio garantir-lhe uma posição privilegiada no país, como roteiro do chamado turismo de eventos, atraindo populações de várias regiões do mundo. Foi neste contexto que veio à tona o abandono da região do Centro Antigo e daqueles bairros tradicionais, marco importante da história de São Paulo. Devemos lembrar que a revitalização dos centros históricos das principais cidades do mundo já eram movimentos consolidados, quando em 1991 se institucionaliza o movimento de revitalização "Viva o Centro" em São Paulo. Fora as críticas que são feitas a este movimento, como, muitas vezes, são elaboradas as estratégias para resolver o problema da pobreza, vista como poluidora da paisagem, ele veio a bom tempo para ajudar a resgatar a identidade destes lugares e da Cidade e recolocar nos questionamentos teóricos a importância do imaginário da população que nunca deveria ter sido relegada. O que nos interessa neste momento é entender este movimento como uma sinalização dos descaminhos da nossa urbanização, que transformou o antigo em velho e o novo como paradigma das virtudes do progresso.

Portanto, mais do que se inserir num movimento mundial de revitalização dos centros das cidades, o "Viva o Centro", com representantes da sociedade civil, empresarial e do poder público, colocou como objetivo básico oferecer o antigo centro de São Paulo e seus bairros tradicionais como cenário para o circuito daquele turismo de eventos.

> Mas o memorizar, produzir memórias, não se faz sem um longo percurso contraditório que começa pela constatação de que a permanência depende

do reconhecimento da mudança para termos, enfim, a possibilidade de uma leitura coerente da cidade onde, livremente, poderão dialogar as cidades de ontem e de hoje" (FERRARA, 2000).

A única forma de evitar que o movimento de revitalização "Viva o Centro" transforme-se em operações de maquiagem na paisagem urbana, ou em programa de remoção das populações pobres dessas áreas, será pensar que não se poderá resolver seus problemas sem pensar nas mudanças de estrutura social da cidade, principalmente em relação às questões do emprego e da moradia. Já dissemos anteriormente que o esvaziamento das populações do Centro e dos bairros centrais significou uma grande perda. A instalação de famílias em moradias recuperadas poderia significar a consolidação de laços de vizinhança e solidariedade perdidas no interior daquela urbanização tecnocrática, impulsionada pela especulação imobiliária, garantindo, novamente, o direito à moradia na zona central, e forçosamente significaria transformar estes moradores em vigilantes do pedaço. Garantir que os bairros tradicionais possam recuperar a qualidade de vida de suas moradias, integrando imigrantes e brasileiros vindos de outras regiões, e buscando intensificar as forças solidárias e comunitárias de convívio.

> Se é possível afirmar que as sociedades em seu conjunto aprendem alguma coisa, as sociedades modernas dos anos 1970 parecem ter aprendido com a identidade étnica – não apenas a própria mas a de todos – é essencial à profundidade e à plenitude próprias que a vida moderna proporciona e promete a todas as pessoas (BERMAN, 1990).

A análise dos trabalhos que vêm sendo realizados pelo "Viva o Centro" nos têm revelado algo bastante positivo que é associar o processo de revitalização do Centro Antigo aos bairros que se colocam em seu entorno. Para um grande número de teóricos que pensam na revitalização das áreas centrais, a monofuncionalidade seria um fator lesivo à sua recuperação. Historicamente, como já sinalizamos no início deste trabalho, o centro da cidade sempre representou o lugar de um terciário bem diversificado. Portanto, será de vital importância que se fortaleça essa vocação. Observe-se, também, que o Centro já representou um importante lugar de moradia que se foi perdendo ao longo do tempo, o que nos permite pensar que ele sempre teve essa vocação multifuncional, fato este que lhe garantiu manter, ainda viva, parte significativa de sua vitalidade.

Apesar dos bairros tradicionais terem sofrido uma acentuada degradação, na maior parte de suas moradias eles são e sempre foram locais residenciais.

|Tabela 1| População residente por Distrito Municipal

Distritos*	População		Taxa de crescimento***	Pop. estimada	Área (km²)
	1991	1996		1999**	
Mun. de S. Paulo	9.646.185	9.839.436	0,4	9.957.234	1.508,9
Barra Funda	15.977	14.338	- 2,14	12.499	5,6
Bela Vista	71.825	64.895	- 2,01	60.182	2,6
Belém	49.697	42.584	- 3 04	37.482	6,0
Bom Retiro	36.136	27.788	- 5,12	21.494	4,0
Brás	33.536	26.665	- 4,48	21.274	3,5
Cambuci	37.069.	32.089	- 2,84	28.182	3,9
Consolação	66.590	58.588	- 2,53	53.148	3,7
Liberdade	76.245	64.349	- 3,34	56.660	3,7
Mooca	71.999	63.844	- 2,38	58.360	7,7
Pari	21.299	15.434	- 6,24	9.988	2,9
República	57.797	49.666	- 2,99	44.039	2,3
Sta. Cecília	85.829	75.826	- 2,45	69.320	3,9
Sé	27.186	21.255	- 4,80	16.232	2,1

Fonte: IBGE, *Censo Demográfico*, 1991 e *Contagem da População*, 1996.
* Lei Municipal nº 11220/92.
** Sempla / Deinfo, 1999.
*** Taxa de Crescimento Geométrico Anual.

Recuperar estas moradias e estimular seu adensamento com qualidade de vida deverá estar contemplado nas estratégias de revitalização da zona central da Cidade. Mesmo porque, como já afirmamos, estas duas áreas centrais sempre estiveram umbilicalmente unidas, tanto pelos fáceis meios de transportes coletivos, e dada a proximidade, pelo fluxo de pedestres.

O processo de expansão desordenado da região metropolitana de São Paulo, gerando uma intensa fragmentação do seu espaço, mais do que dispersar fluxos e relações de solidariedade acabou criando uma cidade amnésica. O Centro Antigo, mesmo esvaziado da importância que já possuiu, continua resistindo como um importante conjunto arquitetônico e urbanístico, marco simbólico da vida de São Paulo; mais do que isso, ele ainda é o lugar de grande vitalidade. Vitalidade expressa na sobrevivência daquele importante terciário aí localizado.

Sabemos que a Cidade de São Paulo necessita muito mais do que um movimento como o "Viva o Centro" para que possa oferecer aos seus habitantes uma qualidade de vida, no mínimo, digna. Este nosso artigo, como já se afirmou em sua introdução, se apresenta mais como um ensaio do que um texto conclusivo. Mesmo assim, sabendo-se do muito que se têm para pensar e resolver sobre problemas cruciais da falta de moradia, emprego, transportes, serviços de saúde e educação, optamos por escolher também um outro caminho de reflexão. Talvez não tão importante, e quase sempre marginalizado, é a possibilidade de, junto com seus habitantes, criar a oportunidade de reencontrar um significado e uma identidade para a Cidade. Transcender a visão e um sentimento desnorteante de fragmentação, como se fosse impossível encontrar algum referencial que permita pensá-la como uma totalidade e dialogar no plano imaginário com sua existência. Para nós, cidadania é também um sentimento de pertencimento com o lugar. Isto somente será possível pelo estabelecimento desse diálogo.

Assim, a revitalização das áreas centrais coloca-se como um fator estratégico para a reconstrução desta totalidade, permitindo que a população se aproprie destes espaços e consolide este sentimento de pertencimento com o lugar.

> Vale lembrar que a vida urbana metropolitana, com qualidade, depende em grande parte da possibilidade de autêntica vida coletiva. E esse é um dos atributos da centralidade metropolitana. Historicamente, a experiência de vida urbana coletiva tem encontrado em São Paulo, nos espaços públicos da área central, o seu lugar natural de manifestação (MEYER, 2001).

Bibliografia

BERMAN, Marshall. *Tudo o que é Sólido Desmancha no Ar – Aventura da Modernidade*. São Paulo, Cia das Letras, 1990.

CORDEIRO, Helena Kohn. *O Centro da Metrópole Paulistana. Expansão Recente*. Instituto de Geografia / USP, São Paulo, 1980.

EMPLASA/SEMPLA. *Bens Culturais Arquitetônicos no Município e na Região Metropolitana de São Paulo*. Governo do Estado de São Paulo, 1984.

FERRARA, Lucrécia D'alessio. *Os Significados Urbanos*. São Paulo, Edusp, 2000.

FRUGOLI JR., Heitor. *Centralidade em São Paulo. Trajetórias, Conflitos e Negociações na Metrópole*. São Paulo, Cortez Editora, 2000.

HELLER, Agnes. *O Cotidiano e a História*. Rio de Janeiro, Paz e Terra, 1985.

MEYER, Regina Maria Prosperi. "O Espaço da Vida Coletiva". In: "*Os Centros das Metrópoles. Reflexões e Propostas para a Cidade Democrática do Século XXI*". Editora Terceiro Nome, Viva o Centro, Imprensa Oficial do Estado de São Paulo, São Paulo, 2001.

MUNFORD, Lewis. *Perspectivas Urbanas*. Buenos Aires, Emecé Editores, 1969.

REVISTA URBS. *Viva o Centro*, São Paulo, nº 18, ano III, Set/Out de 2000.

SANTOS, Milton. *De la Totalidad al Lugar*. Barcelona, Oikos-Tau, 1996.

SOJA, Edward W. *Geografias Pós-Modernas. A Reafirmação do Espaço na Teoria Social Crítica*. Rio de Janeiro, Jorge Zahar Editor, 1993.

VILLAÇA, Flávio. *Espaço Intra-Urbano*. São Paulo, Livros Studio Nobel Ltda., 1998.

YI - FU -TUAN. *Espaço e Lugar*. São Paulo, Difel-Difusão Editorial S. A., 1997.

ZEVI, Bruno. *Saber ver a Arquitetura*. São Paulo, Martins Fontes, 1978.

SÃO PAULO: A CIDADE, OS BAIRROS E A PERIFERIA

Profa. Odette Carvalho de Lima Seabra

> Fazendo explodir seu velho espaço, a cidade se expandiu sobre o entorno chegando a constituir, em certos casos, regiões urbanas, algumas se estendendo sobre países inteiros sobre superfícies onde toda utilização do solo tanto quanto as ocupações são derivadas do fato urbano. [1]

A Cidade de São Paulo chegou a sua mais exuberante forma nos anos 1950 quando, nitidamente integrada por uma coroa de bairros, foi ficando imersa num processo de *implosão-explosão* para as periferias. Formou-se uma enorme extensão de urbanização contínua e os moradores, já então metropolitanos, viveriam novas experiências de espaço e de tempo.

É por isso que as metamorfoses da Cidade com seus bairros encerram um importante capítulo da geografia e da história urbana as quais servem de suporte para muitas das representações sociais da Cidade e dos bairros de São Paulo.

A seqüência temporal das formas urbanas (cidade-bairros-subúrbios-metrópole-periferias) se configurou por desdobramentos sucessivos, sempre sob os imperativos de aceleração das formas de uso do tempo e sem, necessariamente, apagar os traços do que veio antes. A incorporação de novas frentes de expansão do espaço urbano em decorrência da concentração industrial e da conseqüente formação e diversificação dos mercados de bens, de produtos e de trabalho, além de tornar muito denso o espaço urbano, discriminavam modalidades de uso, segundo as determinações do valor econômico da terra, à medida que o urbano se configurava como quadro de vida. As demandas crescentes de áreas de uso público (a infra-estrutura material do urbano) e de uso privado (conjuntos residenciais, condomínios verticais, cortiços, favelas) implicavam, sempre, em novos conteúdos da urbanização, a medida que se configurava a metrópole. Foram, sobretudo, o Estado e os empreendedores privados os agentes interessados nesse processo.

O essencial é compreender que a aparência caótica da metrópole guarda uma diversidade de formas as quais correspondem às metamorfoses do tempo vivido no cotidiano. Tempo que foi sendo transformado por estipulações de diferentes teor e qualidade, em função de um tempo social (abstração do valor) até o ponto que, sob o primado do econômico, se estabeleceu a supremacia do tempo sobre o espaço. [2] Tanto que o tempo sem conexão social tornou-se exclusão absoluta e, como tal, a ausência de espaço e de lugar. Isto que impõe, às camadas urbanas de excluídos do tempo produtivo, uma luta por territórios no urbano.

A idéia principal aqui esboçada é de que a morfologia social do espaço urbano traduz tendências lógicas e sistêmicas da reprodução da sociedade e que traduz, também, a ação consciente dos agentes que se movem no urbano a procura de negócios, de trabalho ou de lugar, num confronto que se torna muito aberto e no qual se verifica a territorialização das práticas. O que equivale a aceitar que o suposto caos da metrópole foi sendo constituído no confronto de interesses, segundo a lógica dos atores urbanos.

A propósito de São Paulo foi possível detectar certas tendências de expansão e foi distinguido preliminarmente, nesta região urbana, o próprio Município de São Paulo:

a) As áreas internas do município, delimitadas pelos núcleos de povoamento antigo: Penha, Nossa Senhora do Ó, Santana, Santo Amaro e Pinheiros. Área que corresponde ao domínio da cidade com os velhos bairros e que, hoje, perde população. Nos seus interstícios abriga, de modo crescente, as favelas e ocupações clandestinas de imóveis e de terrenos. Aqui, mais do que em outras unidades de espaço, a diferenciação interna é acentuada. Pois que, integram-na o centro propriamente dito, (a cidade) formado por um conjunto de bairros centrais. As áreas de industrialização ao longo das ferrovias, com os bairros industriais de São Paulo, os diversos centros de comércio e de serviços especializados, os edifícios públicos que guardam as concepções, os padrões estéticos de diferentes épocas, os velhos bairros residenciais de São Paulo e, inclusive os bairros Jardins.

Mais precisamente, corresponde à face interna da junção dos rios Pinheiros e Tietê em São Paulo, onde os investimentos em infra-estrutura material e básica da Cidade foram concentrados, durante um século.

b) A periferia urbana de São Paulo, onde o crescimento populacional é positivo e que se estende para além dos velhos núcleos. Na atualidade, há uma mobilidade territorial de populações em direção à Cantareira e à Região das represas, ao sul do município.

Portanto, a partir da constatação de que a área dos bairros perde população e de que a periferia continua crescendo, trato neste trabalho de refletir sobre São Paulo, considerando a hipótese de que os bairros que se estruturaram ainda em simbiose com a Cidade (área interna aos núcleos de povoamento antigo) puderam dispor de um tempo comum e cotidiano, que permitia as inclusões produtivas (o conjunto dos trabalhadores) sem necessariamente produzir as exclusões absolutas, se consideradas de um ponto de vista da lógica capitalista. A cidade de bairros esteve a meio caminho, entre a cidade dos tempos lentos e a aceleração expressa nas formas de uso do tempo na metrópole. Num processo que faz confundir a pobreza real de ontem (dos tempos lentos) com a mal dissimulada miséria de hoje.

Os bairros funcionaram na história urbana como formidáveis suportes de valores de uso. Formavam um domínio doméstico de elaboração social que, de certa forma, puderam ajustar os desencontros do movimento da reprodução social. E a família, mesmo carregando muitas contradições, chegou ser o nível social mais evidente dessa possibilidade, porque os bairros configuravam a maior territorialidade das famílias, graças a uma estruturação da vida que combinava o trabalho produtivo com a reprodução dos indivíduos em âmbito doméstico, coisa que a modernidade iria consumir.

Necessário será considerar que São Paulo, a cidade das ordens religiosas com seus mosteiros, dos bacharéis de direito que dela faziam seu espaço de representação, era ainda essa Cidade dos tempos lentos, os quais, não desapareceram de uma vez. Foram esses atributos que, como continuidades históricas, integraram o processo de modernização geral da vida e que, creio terem sido, inclusive, por eles e através deles que a industrialização de São Paulo não foi estritamente um processo de reprodução capitalista da riqueza social como capital mas, também, um vigoroso processo de formação de capital.

São Paulo, uma metrópole

Com perto de dezenove milhões de habitantes, submetida a um complexo movimento de massas em todas as direções e com uma estrutura material de enorme complexidade, sem fronteiras ou limites, a metrópole de São

Paulo é formada por uma superfície de urbanização contínua que, no sentido Leste-Oeste, tem mais de cem quilômetros de diâmetro e que, no sentido norte – sul alcança, de modo inexorável, áreas tidas até bem pouco tempo como inabitáveis, tais como a região das represas situada ao sul de São Paulo e a vertente sul da serra da Cantareira. Essa densidade do urbano estende-se, também, pelos eixos viários que ligam a região com o interior do Estado e com outros estados: ao longo da via Anhanguera em direção a Campinas, da Regis Bitencourt em direção ao Estado do Paraná, pela via Anchieta em direção a Santos e pela via Dutra adentra no vale do Paraíba. Afinal, o que se pode pensar sobre os bairros de São Paulo neste *tecido* de urbanização que proliferou em todas as direções nos últimos cinqüenta ou sessenta anos, e no qual a paisagem que predomina é uma sucessão infindável de bloco e laje, bloco e laje, bloco e laje?

Esta enorme estrutura de urbanização contém as virtualidades e as negatividades do processo de urbanização brasileira. Veja-se, o Município de São Paulo tinha 1% de sua população vivendo em favelas no início de 1970 e quase 20% no início dos anos 1990. Logo, não foram apenas os migrantes nacionais constrangidos a morar em favelas, também contingente de população proletária perdia condições e qualidade de vida em São Paulo. Pois, aumentavam as favelas mesmo quando a população diminuía.

Uma ligeira retrospectiva repõe os termos do problema.

A Cidade de São Paulo ficou no centro de um processo de divisão territorial do trabalho depois de 1930, processo que teve por fundamento a industrialização brasileira. A partir de então, São Paulo e sua região formaram o *hardcore* da acumulação e da reprodução capitalista com características endógenas, centralizando por mais de quatro décadas, os investimentos produtivos e gerando economias de aglomeração.

O conjunto dos trabalhadores estrangeiros, que desde as últimas décadas do século XIX eram trabalhadores de indústrias em São Paulo[3], seria acrescido dos contingentes de migrantes nacionais, sobretudo depois de trinta, fenômeno que propiciou o encontro de matrizes culturais muito diversas na região urbana de São Paulo.

Aqui, estrangeiros de diferentes regiões da Itália, da Espanha e de Portugal, em levas sucessivas, integraram o fluxo de força de trabalho industrial, de comércio e de serviços urbanos desde as primeiras décadas do século vinte. Tanto que, São Paulo dos anos vinte é uma cidade moderna que embora não sendo ainda, sob muitos aspectos, comparável à Capital Federal, já era centro de acumulação capitalista do Brasil.

A industrialização por substituição de importação expressa no Plano de Metas (1956) implicou numa acentuada mobilidade do trabalho e numa maior desarticulação das economias regionais. Em decorrência cresceram os fluxos migratórios para as regiões industrializadas e também para as frentes de expansão agrícola, nas décadas seguintes. Em conseqüência, nos anos 1970, houve, inclusive, um processo de formação de cidades nas franjas das áreas expansão da agricultura no Brasil central. Na verdade o movimento rural urbano foi adquirindo uma base diversificada, fosse em decorrência da concentração da propriedade rural ou da modernização da agricultura, ou ainda de uma integração funcional com movimentos migratórios sazonais, de abrangência nacional. [4]

Fato é que São Paulo ficou no centro da mobilidade do capital e do trabalho nacional. As migrações rural urbano, em todo território nacional e nos seus diversos estágios, até anos setenta, dirigiam-se sobretudo para São Paulo. Mas já as políticas territoriais dos governos militares, mesmo antes dos I e II PNDs- Planos Nacionais de Desenvolvimento, no início dos anos setenta, que visavam integração nacional, implementaram projetos e incentivos visando alocação de investimentos em outras regiões do País. Abriram-se, assim, outras frentes de expansão.

De todo modo, a região de São Paulo continuou a receber o maior fluxo migratório do País porque concentrava o parque industrial que respondia, em 1970, por 58% do valor da transformação industrial nacional.

Ao final dos anos setenta começaram a ser visíveis os efeitos de desconcentração econômica, sendo que há certa concordância em aceitar que o País dos anos sessenta e setenta é muito diferente do País que sobreviveu a crise dos anos oitenta pois, a década de oitenta iniciou-se com recessão econômica, desemprego e com evidente desconcentração da atividade industrial na região urbana de São Paulo.

Mas se a desconcentração concentrada não chegava ser problema inclusive porque os investimentos produtivos nas atividades industriais cresciam ainda na região de São Paulo, tendo sido direcionados para as extensões da região urbana era, sim, o conjunto de problemas ligados a reestruturação produtiva com a precarização do trabalho que configuravam uma problemática nova, correspondendo a um novo padrão de acumulação.

A economia da metrópole não se traduz mais, de imediato, por sua base industrial. A crise dos anos 1980 concentrou neste território transformações importantes as quais têm levado ao desenvolvimento de uma economia de serviços que, por sua incapacidade de absorver o trabalho na magnitude que é gerado, é marcada por instabilidade crônica.

| Quadro 1 | Estado de São Paulo, Regiões Administrativas selecionadas: decisões de investimento industrial (1995\2000).

Estado/RA selecionadas	Valor (US$-milhões)	%
RMSP	5.399	22,38
Campinas	7.567	31,37
S. José dos Campos	5.188	21,50
Outras regiões	6.111	24,75

Fonte: Governo do Estado de São Paulo, Secretaria de Ciência, Tecnologia e Desenvolvimento Econômico-1998. Apud: *Configuração Atual e Tendências da Rede Urbana*, IPEA, v.1, 2002.

Mas, sobretudo, interessa constatar que São Paulo foi transformada em elo de articulação, em um espaço estratégico para a crescente internacionalização dos fluxos de bens, serviços e informações nos circuitos internacionais. Processo que dá origem a uma rede mundial de metrópoles onde são geradas e por onde transitam decisões financeiras, mercadológicas, tecnológicas, capazes definir e redefinir estratégias. São as cidades globais. [5]

Nestes termos logo vem a questão. Como pensar os bairros da Cidade tendo como pressuposto a metamorfose da Cidade de São Paulo em metrópole, agora, esta metrópole mundial do século XXI, uma das praças do capitalismo globalizado?

Mesmo sem poder alcançar o conjunto de problemas concernidos, cabe indicar que a uma estrutura global evidente, domínio do capital financeiro internacional, corresponde à fragmentação dos conteúdos sociais com as novas frentes de valorização, dentre as quais a memória e a história se constituem em "matérias primas" da mercantilização da cultura, na economia simbólica das cidades. Assunto que interessa particularmente às políticas de revitalização das áreas centrais.

Portanto, a essa nova economia interessa recolher, selecionar e reelaborar, mesmo que seja em forma de fragmentos dispersos, elementos objetivos (objetos e produtos) e subjetivos (histórias, lendas, récitas, cânticos, e todas as habilidades de fazer) muito dos quais permanecem no repertório das coisas do povo e que são fruto de histórias singulares, distinguíveis entre os diferentes grupos sociais, segundo suas próprias tradições.

Os acúmulos culturais traduzidos pelas diferentes qualidades ou propriedades das formas de emprego do tempo, desde que possam ser distinguíveis e valorizados, constituem uma forma de riqueza virtual desta época. Parece mesmo que nunca foram tão evidentes as contradições entre a lógica que homogeneíza as formas de emprego do tempo e aquela que valoriza a particularidade.

É nesse sentido que o estudo da diversidade histórico-cultural dos bairros de São Paulo leva a indagar sobre aquilo que é próprio de uma geografia e da história. Sobre aquilo que, no presente, esteja ainda guardado como singularidade que possa articular novos sistemas de relações, através das representarções sociais que vagam pela sociedade. Como diz Eric Hobsbawm, podem até fundar a invenção de novas tradições.

O processo de urbanização, expressando-se como um fluxo de tempo, segue em direção às formas mais complexas de vida social e materializa certas formas (inclusive de espaço) que estão destinadas a serem superadas. Na *São Paulo cidade de bairros*, cujo apogeu, como disse, se deu pelos anos 1950, a periferização já estava lá como latência e mesmo como realidade pois, a literatura informa que pelos anos 1940 já haviam loteamentos populares, nos quais os trabalhadores começaram fazer suas próprias casas.

A relação cidade-bairro, abrigava a convergência (os bairros eram, cada um deles, a parte que confirmava o todo) e a divergência, o "alhures" (perfil próprio) nos processos urbanos, sempre reproduzindo a segregação *socioespacial*, inerente à cidade moderna.

Mas acontece que pobres e segregados, aqueles que não encontravam lugar nos lugares estruturados pela propriedade, quase sempre escondidos nas razões do iluminismo, cresceram muito mais e em ritmo acelerado, em progressão geométrica e ampliadamente, aliás, no mesmo processo e da mesma forma como cresce o capital como forma de riqueza da sociedade.

São Paulo realizou-se como uma cidade de bairros nos anos cinqüenta. Tanto que entre 1950 e 1980, implodiam as estruturas internas da cidade a medida que explodia o tecido urbano na formação das periferias que davam configuração, propriamente, à metrópole. Depois dos anos 1980, mal se distinguem as parte do todo na justaposição de formas desconexas que caracterizam a morfologia da metrópole. Agora são os pontos\nexos de redes que se inscrevem numa textura indiferenciada, ao mesmo tempo homogênea (estruturas de circulação) e quebrada (espaços do viver) do espaço da metrópole.

Um momento analítico

Os atuais *bairros centrais* são dos primeiros tempos. Formaram propriamente o *Centro da Cidade* e são ainda reconhecidos por bairros centrais: Sé, Santa Efigênia e Liberdade.

Estas localidades distinguiram-se na história urbana por terem sido o lugar de nascimento das instituições da Cidade: o fórum para a justiça, a catedral como sede da Igreja; o Teatro Municipal sede da arte; enfim dos bacharéis, dos bancos, das casas comerciais. Esse conjunto foi sendo circundado por uma outra coroa de bairros localizados no ângulo interno da confluência dos rios Pinheiros e Tietê.

Os *bairros do centro expandido*: Higienópolis, Campos Elíseos e Jardim América serviram essencialmente para moradias. Enquanto o Brás, o Pari e o Bom Retiro abrigavam fábricas e trabalhadores; Higienópolis, Campos Elíseos e Jardim América já nasceram como estratégia, destinados ao consumo de classe. Os dois primeiro das elites cafeeiras ainda no século XIX e o outro pela incorporação de capital inglês nos negócios urbanos de terra (Companhia City).

Além desse conjunto, a uma distância variável, estavam os núcleos de povoamento antigo, os quais chegaram ser núcleos de importantes bairros da cidade.

Ao final dos anos 1950 tinha-se, ainda, os últimos vestígios dessa separação (a cidade com seus bairros), mas, tanto as obras viárias interessando à difusão do automóvel como o processo de periferização da população trabalhadora ganhavam força e começariam ser os estruturadores do espaço da metrópole.

Tanto que, pela forma como foram sendo transformados estes núcleos dos velhos bairros, começou a ser configurada a policentralidade da metrópole. Os núcleos de povoamento antigo em algumas décadas perderiam os traços de origem tal como acontece hoje com Santo Amaro, com Pinheiros, com Santana, com a Penha, com Nossa Senhora do Ó. [6]

O conjunto de bairros acima referidos circunscreve, na atualidade, uma área bastante vasta da metrópole na qual atuaram os processos gerais, próprios à industrialização de São Paulo, com a conseqüente estruturação e diversificação dos mercados de trabalho e de produtos, mas, sobretudo onde teve lugar um vigoroso movimento de especulação imobiliária, assunto já bem conhecido. Acontece que em cada localidade combinavam-se, pode-se dizer, o geral e o específico. Isto que era na verdade as particularidades pelas quais se inscreveram os bairros na história urbana de São Paulo. Particularidades socioculturais que fizeram de cada uma dessas localidades, uma unidade sociocultural de reprodução da vida (os bairros étnicos, os bairros das profissões, dos artesãos, assim por diante).

Nas circunstâncias de uma urbanização avassaladora, estes bairros tornaram-se não mais do que fragmentos da metrópole. No entanto cresce em importância e significação, a representação social destes mesmos bairros, já então integrados à metrópole, num processo que os reintroduz na prática social através de discursos evocadores de memória e de história. Nestas condições, os velhos bairros são integrados, como que num segundo nível, às práticas sociais. Isso não é tudo. A história urbana acumulou nestes lugares resíduos de outros tempos: os escombros da urbanização.

Na atualidade, o conjunto desta área que integra aquilo que foi a *cidade de bairros,* apresenta taxas negativas de crescimento. No entanto é exatamente nela que a propriedade territorial tem o mais alto preço, que há maior tendência à legalização da propriedade, e que são experimentados novos modelos de urbanização pelas investidas da indústria imobiliária ao abrir as frentes de valorização do espaço, com a produção de edifícios de apartamentos.

Expansão, estagnação e deterioração urbana são os atributos destacáveis quando o movimento demográfico é examinado mais de perto, a partir das taxas geométricas de crescimento em São Paulo (1991-2000), nos subdistritos do Município. Essas taxas negativas de crescimento demográfico que ocorrem nessa área atingem, inclusive, aquelas em que dominam as rendas alta e média alta da população, nelas, como já disse, a propriedade está mais regularizada, também o número de homicídios é menor e a escolaridade da população também é maior.

Por outro lado, as políticas de espaço se aplicam preferencialmente nestas áreas. Aqui, o capital imobiliário estabelece suas frentes de expansão e valorização.

Agora, a perda absoluta de população nestes subdistritos permite supor que a segregação *socioespacial* tomou uma forma exacerbada. As separações que estavam na origem da cidade capitalista se territorializaram no espaço da metrópole.

O esvaziamento das áreas centrais tem sido abordado, há muito tempo, a partir da constatação desse fenômeno em cidades americanas. Entre nós, a abrangência chega assustar. Ultrapassa de longe a área dos bairros centrais e, ao mesmo tempo, indica uma mobilização de população residente em direção aos limites externos da região de São Paulo. Integram esse movimento os mais pobres que vão para cada vez mais longe, onde formam a periferia do urbano, mas também, os mais ricos que se dirigem aos condomínios fechados do entorno de São Paulo. [7]

A expansão da periferia (taxas positivas de crescimento) ocorre por meio de loteamentos irregulares e ocupações de terrenos, principalmente em duas áreas: nos contrafortes da face sul da Cantareira e na região das represas, ao sul do Município. Áreas que estão sob salvaguarda da legislação de proteção ambiental. Fato que não tem impedido o processo de parcelamento clandestino do solo.

Na região das represas, ao sul do Município de São Paulo, os loteamentos ilegais começaram nos anos 1970 em resposta a legislação de preservação ambiental (1975) que visava manter o uso vigente nas áreas de chácaras, com sentido de assegurar baixa densidade de ocupação.

Atualmente esta região tem mais de um milhão de habitantes. A forma como foi e continua sendo ocupada compromete os mananciais de modo que parece irreversível, em que pese o esforço de entidades ambientalista e da ação do poder público visando controlar esse processo que ainda continua. Lotear à revelia dos preceitos legais foi essa a resposta prática dos proprietários de chácaras para as políticas públicas e em recusa ao ônus que lhes recairia com a imobilização das formas de uso do solo.

Por outro lado, nos distritos centrais do Município, onde estagnação e deterioração urbana seguem juntas, são visíveis as orientações e estratégias que visam reestruturar o espaço e com isso criar possibilidades para novos usos, por meio das políticas de espaço.

Espaço urbano metropolitano: estruturação genética

A idéia principal que move nosso raciocínio é de que a forma urbana corresponde a conteúdos sociais concretos. Que a metamorfose das formas está em correlação ao desenvolvimento desta formação social, em que pese o fato de que nessa sucessão temporal (cidade-bairro-subúrbio, periferia-metrópole) acumulem-se, necessariamente, o velho e o novo.

Os bairros, na história urbana se definem em relação à cidade. Também não se constituem como uma unidade censitária. Antes, constituem-se em ambiência de vida marcados por enraizamentos locais e por isso guardam um amplo espectro de práticas perpassadas por relações singulares que são distinguíveis como próprias de tal ou qual matriz sociocultural ou, ainda, por ser a tradução de sincretismos diversos. Nas relações internas da vida de bairro contam especialmente as relações de vizinhança, de parentesco e de compadrio. Estas relações são mais ou menos profundas, articulam certo repertório de hábitos e de costumes, que integram níveis importantes da prática socioespacial dos sujeitos.

Mas exatamente porque se trata de São Paulo, está sendo pensada uma problemática própria que é a desta Cidade com seus bairros num embate que daria lugar à metrópole, esta que ganhou realidade em meio a conflitos e sob as circunstâncias de um processo avassalador que subssumia a estrutura física e normativa da cidade, ao mesmo tempo em que a periferização da população progredia. [8]

Industrialização e urbanização formavam um único processo no qual a vida de bairro foi um suporte imediato e real! Pois, no curso da industrialização, os bairros funcionaram como um âmbito de produção de valores de uso fundados em formas diversas de cooperação porque a sociabilidade da vida de bairro estava afeita a tais processos. Ali, em meio às relações de vizinhanças de compadrio e de parentela, iam sendo articuladas resoluções para muitas e diversas necessidades que eram próprias da vida social neste ambiente que era da sociedade do trabalho em curso. Os bairros, em todo ocidente, apresentaram uma estreita correlação com as paróquias. Constituíram-se num âmbito de vivências compartilhadas que os tornaram um espaço de representação, um teatro da vida. Nestes termos, como um complemento da hipótese, fomos levados a refletir sobre o fato de que os elementos do capital (a riqueza que se aplicava na industrialização) têm limites estruturais para a própria reprodução porque há uma tendência a mercantilização de todos os elementos e momentos da vida social. É neste sentido que os bairros podem ter funcionado, na história urbana, como uma condição necessária à urbanização porque formaram como uma base de produção de valores de uso que integravam a reprodução capitalista da sociedade a custo zero. [9]

Uma primeira aproximação:

Retomando argumentos, sabe-se que em São Paulo, ainda hoje, é possível distinguir os bairros centrais, os bairros fabris, os bairros dos núcleos de povoamento antigo, os bairros periféricos consolidados, os bairros jardins e a periferia mesmo. Estes bairros foram ficando imersos na metrópole, como parte de uma massa amalgamada de urbanização, com grande extensão contínua e que mais parece uma justaposição de mosaicos desconexos, sem organicidade, como se referiu Pierre George às grandes aglomerações urbanas.

O ponto de vista aqui adotado é o de que embora não se trate de organicidade alguma, há sim, uma unidade pressuposta que move o conjunto e o articula abstratamente, cujo sentido é o da *valorização do tempo e do espaço.*

Assim sendo, é possível insistir em uma explicação sobre a morfologia social no urbano metropolitano, que constitui o quadro de vida na modernidade. Esse amalgama guarda diferenciais de tempo. São diferentes tempos sociais e históricos. Através deles se pode refletir sobre os bairros a partir dos seus processos específicos, os quais foram desde sempre pautados pelo sentido da modernidade. E, como se trata da espacialidade de um processo social contraditório nos seus fundamentos é possível apreender na configuração dos bairros a desigualdade pressuposta desta sociedade. Mas, muito mais que isso, é possível compreender que as contradições evoluíram a tal ponto que os processos sociais integram o tempo separado do espaço.

Os paradoxos são inúmeros afinal, que pensar de uma sociedade do trabalho que desemprega sem poder liberar o tempo daquele que não é imediatamente produtivo? É nesse sentido que a noção de território como jogo de força e domínio de uso ajuda compreender como evoluem as formas urbanas. Pois, não sendo produtivo há que ser sujeitado aos espaços institucionais (por ex. os albergues). Diversos são os movimentos que lutam por um lugar no espaço urbano. Que demarcam seus *territórios urbanos* em meio a conflitos sem fim.

Exemplifico meus raciocínios abordando, adiante: o Centro, os bairros jardins, os bairros de povoamento antigo e as periferias urbanas de São Paulo.

Políticas de espaço

Posto o problema do esvaziamento das áreas centrais e a desvalorização que isto implica, surgem as estratégias para recuperar o Centro, já identificado como centro histórico. Em decorrência, surgem concepções e planos de intervenção de longo prazo que combinam ação do governo municipal, dos empresários e da sociedade civil. As ações que interessam atualmente ao centro de São Paulo expõem, com toda veemência e sem comiseração, os termos pelos quais pode chegar os processos de privatização da esfera pública e, além do mais, se propondo como necessidade de um bem público.

A descentralização de atividades administrativas, de comércio e de serviços gerou, por correspondência, o fenômeno do seu esvaziamento, com perda de população residente nesses bairros ditos centrais. Ao mesmo tempo, o comércio de luxo com boutiques, lojas especializadas, livrarias e os cinemas luxuosos foram se deslocando para os diversos *shoppings* que surgiam em São Paulo. O suporte material desse movimento foi a cultura automotiva que o acompanhou em paralelo.

Logo, o fenômeno de perda de população nas áreas centrais da cidade resultou num grande número de imóveis vazios e também na generalização do comércio de rua por "ambulantes" que cresceu a ponto de configurar a periferização do centro de São Paulo. Em pesquisa recente [10] foi contabilizado um total de 8.706 homens de rua na Cidade de São Paulo, dos quais 4.676 encontravam-se na área compreendida pela Regional da Sé. Entre albergados, não albergados e catadores de papelão, tratava-se de uma população cuja renda mensal média era de 1,5 salários mínimos.

Apesar disso tudo o Centro de São Paulo concentra 400 bens tombados pelas instituições do patrimônio. Nisto está o conflito, pois a popularização do centro coloca o desafio de trazer os empreendedores, mas sem expulsar o povo, disse Raquel Rolnik no exercício de suas funções na Secretaria de Planejamento do Município.

Relativamente ao centro

Forças sociais que incluem empresários, políticos e o poder público, todos interessadas na preservação do patrimônio imobiliário, numa suposta imagem da cidade, em nome de um *ethos* que na verdade já não existia mas que, de todo modo, se lançavam a produzi-lo, fundaram uma entidade civil, a Associação Viva o Centro, (AVC) para exercitar certas políticas de recuperação dos bairros centrais à título de *requalificação do centro.*

Por outro lado, enquanto essa área demarcada do centro de São Paulo se tornava objeto de políticas específicas, articuladas às *âncoras culturais*[11] (intervenção pontual) a área dos *bairros do centro expandido* era, virtualmente, objeto das políticas de Operação Urbana (OU).

Trata-se de ação coordenada entre o poder público, o sindicato das empresas de construção e a sociedade civil, envolvendo numerosos agentes que articulam projetos de reestruturação urbana.

Leis específicas correspondendo a projetos específicos circunscrevem áreas e as congelam por um prazo estipulado também em lei e, obviamente, para os fins projetados. A reestruturação urbana implica, portanto, ação política e investimentos cujo resultado é a definição de vetores de expansão e reestruturação urbana de longo prazo, com o estabelecimento de um novo patamar de valorização monetária e simbólica do espaço, traduzidas em termos de rentabilidade econômica.

Por outro lado, uma política que pode congelar e descongelar as modalidades de uso do espaço urbano, em função do movimento dos mercados de fatores e de produtos, com grande mobilidade espacial, consegue gerir a principal contradição do setor capitalista de edificações, qual seja, a de manter um estoque (matéria prima) de terrenos urbanos.

Interessam essas ações tanto à produção de infra-estruturas modernas, super modernas, como em certos casos às políticas habitacionais, principalmente agora que o setor público negocia com o setor empresarial contrapartidas que redefinem o potencial construtivo das áreas sujeitas a legislação de uso do solo. [12]

A Operação Urbana (OU) Água Branca, a OU Faria Lima, a OU do Largo de Pinheiros, compõem ações coordenadas de reestruturação urbana, com grande impacto. Estão destinadas a mudar a história e a geografia dos lugares, instaurando um novo tempo, um novo espaço.

De modo que os bairros da Cidade embora estagnados e deteriorados, se constituem numa frente de valorização e de expansão do setor imobiliário com seus diversos negócios.

Mas, exatamente a mesma medida que os agentes da produção do espaço urbano configuram seus territórios de gestão urbana, essa enorme área de bairros perde população e o valor imobiliário desses espaços citadinos continua alto para a população pobre e quando uma diretriz de investimento define um vetor de expansão, mesmo quando é ainda uma concepção em projeto, gera alta especulativa dos terrenos. A área que circunscreve uma OU é um território de gestão, palco de conflitos: ali se encontram todos os agentes.

Relativamente aos bairros centrais, face ao esvaziamento do Centro e a exemplo de como os americanos enfrentaram o esvaziamento de suas cidades, planeja-se agora à volta ao Centro. *Gentrification* implica em ocupar novamente o Centro, selecionando os moradores.

Segundo Paul Singer,

> (...) o quadro é imobilista, sem mudança possível, a não ser de forma radical (sic): combater a pobreza, tornar essas pessoas menos pobres mediante um salário mínimo maior ou renda cidadã. A outra possibilidade é, elas serem expulsas da região, entregando o Centro a especuladores imobiliários que fazem a chamada renovação urbana, como em grandes cidades americanas (REVISTA URBS, 2000:18).

Nesse campo de disputas foi sendo articulada uma questão do Centro tanto que o Secovi (Sindicato das Empresas de Compra, Venda, Administração, Comercialização de Imóveis Comerciais da Cidade de São Paulo), entendeu ser preciso "enfrentar a máfia que explora os camelôs, mas também limpar ruas e espaços públicos, resolver o problema da habitação" (INFORME AVC, 2000).

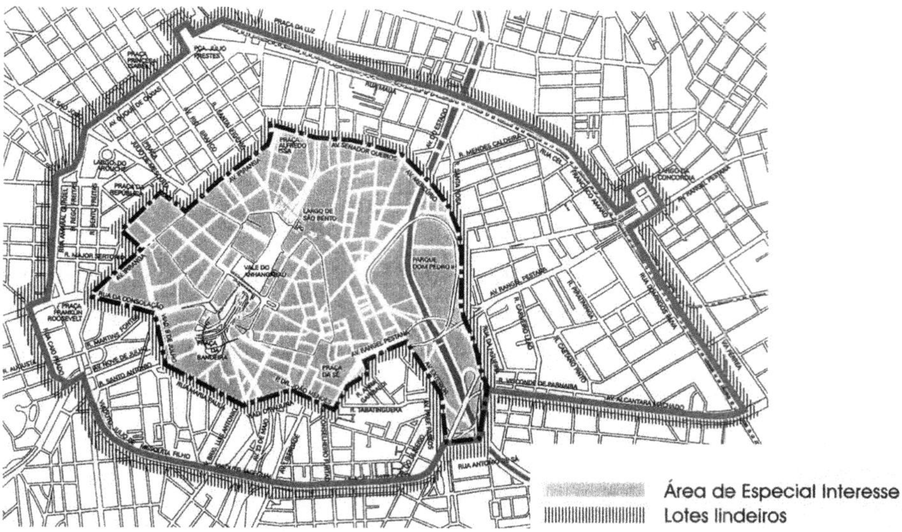

| Figura 1 | Área de Especial interesse e lotes. *Fonte:* Emurb.

Isto significa que para enfrentar o problema da deterioração urbana a questão é propor a preservação dos bens patrimoniais dos bairros centrais. Há, no momento, uma combinação de estratégias imobiliárias com os circuitos urbanos de valorização do capital, nas suas novas frentes de expansão, como disse, na nova economia simbólica da cidade. Tanto que os investimentos feitos por meio de parcerias com a iniciativa privada, por meio de Leis de Incentivo à Cultura no Centro, eram de 343,8 milhões de reais em 2001 (ANDRADE, 2001:19).

Numa articulação engenhosa, a AVC é ainda veiculada como logomarca por uma rede de influências junto ao poder público que inclui conselhos de segurança (Conseg) com policiamento comunitário e as "Ações Locais" ou zeladoria urbana, forma uma rede que converge para a Associação por *franchising* da logomarca junto aos comerciantes. Existem atualmente articulados 43 pontos de rede que formam unidades de ação no Centro.

Em suma, o Centro renasce como fruto de políticas de espaço, a partir de uma concepção que visa o seu ordenamento para viabilizar as conexões sistêmicas em escala nacional (o imobiliário), mas, sobretudo internacional (economia simbólica).

Os bairros jardins

Estes bairros de São Paulo indicam que há um século existe um tempo conectado às conquistas da modernidade no campo do urbanismo. Que o ideário do conforto e os bens materiais que o sustentam formaram entre nós um universo sócio cultural próprio.

Quem quer que veja São Paulo pelo alto saberá imediatamente distinguí-los no conjunto da massa edificada. Formam grandes extensões de casas térreas assobradadas com amplos jardins e ruas, igualmente, arborizadas e floridas. Pela vertente oeste do espigão central estes bairros foram ocupando o vale do rio Pinheiros. São eles: o Jardim América, o Jardim Paulistano, o Jardim Europa, o Alto de Pinheiros, o Alto da Lapa. O Pacaembú foi planejado na vertente leste-norte do espigão central e o Butantã além do rio Pinheiros. Como foram planejados a partir de uma concepção que se destinava desde a origem para uma demanda específica, tiveram estes bairros um alcance social limitado. A abertura de ruas e vendas de lotes pela companhia se fez por muitas décadas, ainda após cem anos. Isto não evitou, no entanto, que ao longo do tempo fossem produzidos certos efeitos que se traduziram em condições mais gerais da urbanização. Pois, como o uso dos terrenos sempre esteve assegurado a uma demanda específica (média alta e alta renda) de uso, o entorno desses bairros sempre foram muito valorizados em São Paulo, para estabelecimentos de comércio e de serviços diversos em toda extensão. O entorno dos bairros jardins de São Paulo são as localizações preferenciais dos serviços urbanos, por isso são caros.

Inclusive o setor imobiliário integra os efeitos paisagísticos dos jardins nos seus projetos de produção de apartamentos. Todos esses bairros estão completamente circundados por muitas muralhas de edifícios altos. Moradores tanto do Pacaembú como do Jardim Europa, recorreram ao Instituto do Patrimônio com vistas a conseguir o tombamento dos seus respectivos bairros face à pressão do setor imobiliário.

Fato extraordinário é que estes bairros, tal como existem hoje em São Paulo, concretizam estratégias de longo alcance que foram se realizando durante um século, quando ainda a demanda teria que ser estruturada.

Na primeira década do século, tempo destas concepções, os seus usos correspondentes ainda estavam por vir, não eram mais do que estratégias empresariais imobiliárias. Pois, São Paulo era um conjunto de bairros fabris ao longo das ferrovias e no além Tamanduateí, que circundavam a cidade. A cidade mesma, a alvenaria burguesa que substituíra totalmente, o conjunto edificado, data do final do século XIX (LEMOS, 1985).

Em alguns bairros foram erguidas as casas senhoriais, para as quais eram importados materiais de construção e, em certos casos, até arquitetos experientes para executá-las. Mas claro, os empreendimentos dos bairros jardins nada tiveram a ver com esse padrão estético. A presença da City of São Paulo Improvements Freehold Land Company Limited e os seus negócios com terra na cidade faziam ainda parte da presença inglesa na modernização da cidade.

Mas na mesma e exata medida que os bairros-jardins eram uma produção de longo prazo para setores sociais específicos, o inverso ou o reverso desse processo também seguia seu curso e resultava nos loteamentos suburbanos ao longo das ferrovias. Assim, áreas rurais foram sendo incorporadas à cidade em expansão e nos subúrbios-estação juntavam-se fábricas e trabalhadores, nessa primeira fase da industrialização de São Paulo. Esta estruturação formal do espaço foi sucumbindo nos processos de formação das periferias urbanas que envolveriam as partes e o todo.

Tanto que, inversamente, enquanto os bairros jardins obedeciam a concepções, regras de ordenamento espacial que, como se verá, resultariam numa acentuada homogeneidade urbanística, os outros bairros e as periferias seriam muito diferenciados. A industrialização, como processo que se reproduz reproduzindo os fundamentos desiguais dessa sociedade, pelos seus conteúdos econômicos e políticos, induzia a uma urbanização que reproduzia os compradores, moradores dos bairros jardins, na mesma medida que induzia a expulsão dos trabalhadores para as mais longínquas periferias do urbano.

Como se sabe, Henri Lefebvre identificou com anterioridade esta morfologia do urbano reconhecendo-a como um *tecido urbano que prolifera*, resultado da implosão-explosão da cidade.

A metrópole de São Paulo, em maior grau do que as outras metrópoles brasileiras, traduz de modo cabal essa qualidade específica da urbanização capitalista, porque, como já disse, ficou no centro desse processo. E não poderia ser de outra forma, pois, a cidade em todo ocidente, mostrou ser uma estrutura física e normativa incapaz de aplacar a mobilidade territorial do trabalho de modo a poder preservar-se do turbilhão da modernidade.

A maior das distinções formais do espaço em São Paulo opõe de um lado os conhecidos Bairros Jardins com os seus similares, estes que mesmo não tendo sido concebidos a exemplo do modelo anglo-americano, exatamente como os primeiros, em conjunto configuram verdadeiros *oasis* na textura do espaço urbano. Sob qualquer ponto de vista destaca-se na paisagem de São Paulo esse conjunto de bairros que integraram o projeto imobiliário da empresa inglesa. Foi por volta de 1910 que essa empresa adquiriu quatorze milhões de metros quadrados de terras, com intento de produzir lotes urbanos, segundo os princípios dos subúrbios ajardinados e das cidades-jardins européias. Esse empreendimento que funcionava de certa forma como um enclave, pautou-se por regras e compromissos contratuais cuja finalidade era a valorização do próprio empreendimento.

Por outro lado a concepção urbanística valorizava os elementos do sítio urbano no traçada das ruas em curva de nível, na hierarquização das ruas em conformidade com a circulação viária e intensidade de fluxo. As ruas e o ajardinamento procuravam tirar partido do potencial paisagístico da natureza e buscavam acomodar-se a ela, usufruindo dos acidentes naturais para criar vistas e potencializar aspectos de efeitos pitorescos, tal como se vê na forma de implantação do loteamento do Pacaembú. Que, aliás, foi combinada com a localização do estádio nas cabeceiras do ribeirão Pacaembú, criando uma paisagem de grande beleza. Da mesma forma, o traçado do Alto de Pinheiros e do Alto da Lapa, com suas inúmeras praças e densidade da arborização, mostram essa concepção.

Os urbanistas lamentam que São Paulo não tenha tido um plano de conjunto que controlasse e impedisse as práticas que aconteciam ao acaso, ou melhor, em função de interesses imediatos de proprietários urbanos. Em geral reconhecem que a forma como a companhia City organizou seus empreendimentos acabou por garantir aquilo que o poder público não chegou fazer em outras áreas da Cidade. Afinal, São Paulo era muitíssimo maior do que os terrenos da Companhia.

Quando em 1974 foi aprovada a legislação de uso do solo, em São Paulo, os bairros jardins foram enquadrados como zona 1, o que quer dizer zona estritamente residencial. Portanto, São Paulo já possuía uma vasta área de uso estritamente residencial que correspondia a estes bairros planejados da city. A concepção do Bairro Jardim já segmentava, discriminava o segmento social a que se destinava. Os lotes eram grandes para os padrões da classe trabalhadora e não poderiam ser divididos entre parentes ou amigos porque eram de uso estritamente unifamiliar. Em todos esses bairros a empresa configurou uma paisagem de casas soltas no meio de jardins e ruas arborizadas ocupadas pelas classes altas ou médias altas.

Mas, os bairros-jardins, com exceção do Jardim América, só deslancharam depois de 1940. O sistema de venda na Lapa é de 1921, no Pacaembú de 1925, no Alto de Pinheiros de 1925 e no Butantã 1935.

Estas ilhas ou oásis de São Paulo hoje, conforme previsto nos planos formam bairros de baixa densidade. A forma de morar responde às necessidades que as separações da vida moderna impõem, proporciona e mesmo requer, pois o anonimato fica preservado. Nestes bairros praticamente não há circulação de pedestres. O convívio social se dá entre criados, guardas noturnos e vigias diversos. O elo possível entre moradores está resumido a uma questão de segurança que tratam em mais de uma frente: formam segurança comum de trechos de ruas com guardas contratados; pagam segurança privada às empresas de segurança e mantém conexão direta com os postos de delegacia de polícia. Mas, pelo momento, a violência urbana está induzindo as classes altas ou média alta, como referido, a uma retirada estratégica que se verifica em direção aos condomínios fechados no entorno da metrópole. Processo que configura uma problemática própria.

Os núcleos de povoamento antigo

São Paulo vista de longe, (possivelmente do Jaraguá) era como uma cidade circundada por outras "pequenas cidades" na expressão do viajante que por aqui passou. Referia-se, obviamente, aos núcleos de povoamento antigo que dariam origem aos velhos bairros de São Paulo: Penha, Santana, Nossa Senhora do Ó, Pinheiros, Santo Amaro.

Estes bairros foram centros de alguma atividade ainda na colônia. Alguns, simples paragem de tropas com uma ermida, outros chegaram ser núcleos coloniais. Eles foram sendo transformados em centros de uma vida de bairro a partir do momento que São Paulo começou a receber imigrantes e a ter indústrias, desde o século XIX.

Nestas localidades se desenvolveu a forma classicamente consagrada de bairro no ocidente, ou seja, aquela que faz coincidir o bairro com a paróquia. Era um nível de relações imediatas, uma ordem de proximidade, em que se deu o confronto entre agentes e processos modernizadores da sociedade com os sujeitos portadores dos modos de vida tradicional.

Assim é que os velhos bairros de São Paulo guardaram certas características, sendo que, neles, melhor se pode observar como certas continuidades históricas puderam integrar o processo de modernização da sociedade, mesmo quando a industrialização já seguia seu curso.

Estas continuidades advinham, sobretudo, da religião, da religiosidade e integravam um complexo processo que sintetizava a reza e a festa no interior da cultura tradicional, tida por rústica e que correspondia ao universo cultural do caipira de São Paulo.

Foi em meio aos caipiras que as indústrias e os imigrantes se estabeleceram. E, se o trabalhador imigrante ficava ligado a indústria e a produção, a sua família, no que se incluía todos os aspectos da sua reprodução, tinham que se realizar no meio urbano em formação, ali onde era o domínio do caipira do entorno de São Paulo.

De Caio Prado Jr., de Pasquale Petrone, de Antonio Candido temos um importante legado sobre as particularidades antropológicas e históricas do universo sócio cultural do caipira.

> Vivendo em casas de pau-a-pique ou de taipa, sempre modestas e pouco confortáveis, cultivando um pouco de milho e de feijão, algumas touceiras de cana de açúcar e um ou outro pé de fumo; queimando anualmente uma área sempre maior do que a cultivada de fato; praticando a coleta onde ainda era possível; recolhendo lenha ou fazendo carvão e vestindo pobremente, de pé no chão, calças pula-brejo, camisas de algodão, barbinha rala e toco de cigarro de palha na orelha, conforme o estereotipo, o morador dessas áreas representava bem o caipira dos arredores de São Paulo (PETRONE, 1995:374).

Era uma população residual, legado dos processos de conquista territorial, que durante os séculos de colonização formou um universo cultural próprio. Um universo que a modernidade revelaria pelas diferenças. Tanto que o encontro dos imigrantes estrangeiros que por aqui chegavam em quantidades, a partir da segunda metade do século XIX, com essa população então dispersa pelos sítios e chácaras do entorno da cidade, se constitui num capítulo que desperta o maior interesse. José de Souza Martins que estudou sob muitos aspectos a imigração de italianos para São Paulo, ressaltou a pobreza dos imigrantes que foram viver entre os caipiras nos arredores da Cidade. Estudando os velhos bairros da zona norte de São Paulo enfrentei essa temática discutindo-a como "o encontro dos diferentes", e isso exigiu abordar texturas muito finas de relações.

Foi lenta a dissolução dos modos de vida tidos por tradicionais. A perda dos meios de vida não se traduzia imediatamente, em mudanças nos modos de vida entre os caipiras. Por isso tiveram eles que viver como perda de condições objetivas as mudanças que remexiam o seu modo ser. Eles empobreciam materialmente à medida que perdiam as roças, os meios de coleta e comercialização dos seus parcos excedentes. Alguns estudos mostraram inúmeros casos de caipiras proprietários que se tornavam trabalhadores assalariados em suas antigas propriedades, no entorno de São Paulo.

Os bairros que sediavam indústrias tais como o Brás, a Barra Funda, o Bom Retiro, a Lapa e a Água Branca tinham uma numerosa população residente de imigrantes que eram sobretudo de italianos. Nas fábricas do início do século XX, localizadas ao longo das ferrovias que cortavam a Cidade, segundo Bandeira Jr. (1901), dois terços da força de trabalho era de estrangeiros, sobretudo italianos.

Comprar terreno barato e ir morar entre os caipiras, no início do século foi um expediente adotado por muitas famílias que saíram do Bom Retiro, da Barra Funda e da Água Branca. E não há porque recusar a hipótese de que o mesmo tenha acontecido em outras direções tal como em direção à Penha, a Santo Amaro, outras localidade do entorno da Cidade.

Fato é que os núcleos antigos foram revigorados com a presença dos imigrantes e se constituíram rapidamente em bairros da Cidade, com ou sem indústrias. O que equivale dizer que era a própria cidade alargando os seus domínios porque era a partir das necessidades de uma vida social mais complexa que esses bairros entravam em conexão entre si através da Cidade.

A forma como a vida se organizou nestes bairros que eram tradicionalmente centro de romarias e procissões, acabou por trazer para dentro da sociedade do trabalho em formação a reza e a festa. Estes que são atributos da sociedade tradicional.

A literatura dos primeiros tempos da industrialização de São Paulo, sem minimizar o que foi o trabalho duro dos turnos das fábricas do Brás, da Barra Funda ou do Bom Retiro, por exemplo, mostra que os outros momentos da vida eram prenhes de realizações inusitadas tais como as festas da Penha descritas por Jacob Penteado, em *Belenzinho 1910*, ou a vida no Brás, mostrada no romance Pedro Maneta. Nele, a dor e a alegria da vida operária no Brás, vem com muita força.

Os velhos núcleos de povoamento, porque afastados da cidade foram lugar de população trabalhadora. A densidade das edificações nas imediações das fábricas, o infindável número de pequenas casas geminadas e de beira de rua, nos inúmeros quarteirões inteiramente fabris, ainda testemunham nas muitas ruas do Brás, um ritmo de uso do espaço ditado inteiramente pelas fábricas. Era assim também para os moradores da Barra Funda, de parte da Lapa, embora não fossem as fábricas os únicos elementos estruturadores dos bairros.

Também a literatura sobre os bairros faz referência aos imigrantes que enriqueceram e que mantinham a aspiração de se juntarem aos patrícios que também enriquecidos habitavam áreas mais nobres da cidade. Italianos do Brás aspiravam morar na Bela Vista à rua Treze de Maio. Deixar os casarões, mas ficar divididos entre o Brás da família, da infância, do trabalho era uma vontade que alguns realizaram e dos quais os cortiços nos casarões do Brás são testemunha. Deixar e, sistematicamente, voltar para reencontrar amigos e parentes, o clube ou a turma, era o que acontecia.

Estes bairros formaram núcleos de vida social quase completa sendo que o quase era a abertura para aquilo que vinha de fora, notadamente para o novo que geralmente vinha da cidade. E, exatamente, pelos elementos que reproduzem o conjunto como um ambiente de vida e de relações (o vivido) que este universo sociocultural que é o bairro, inscreve na história suas singularidades.

Os velhos núcleos de população antiga foram redefinidos nos seus conteúdos socioculturais com a presença dos imigrantes e da indústria em São Paulo, desde o final do século XIX. Mas não o foram da mesma forma e nem com a mesma intensidade.

Os núcleos da zona norte, Santana e Nossa Senhora do Ó, experimentariam mais lentamente os efeitos da modernização de São Paulo. Ernani da Silva Bruno, historiador de São Paulo, refere-se ao velho caipira de Nossa Senhora do Ó que, ainda em 1910, seguia semanalmente com sua carrocinha até a cidade para vender a Caninha do Ó.

Em verdade era uma vasta região, entre Guarulhos e Perús que ficara à margem dos fatores de localização definidos pela implantação das ferrovias que cortaram São Paulo (1867), como mostrou Juergen Langenbusch.

Nesta região estes efeitos de modernização que a industrialização implicava parecem ter sido menos impactantes tanto que o caipira demorou um pouco mais para desaparecer; muitos deles ainda ao final dos anos quarenta pescavam nas lagoas e riachos e vendiam o peixe na cidade e em outros bairros.

De todo modo, em toda extensão da Cidade, por estes núcleos de povoamento que já eram muito antigos se assentou uma vida de bairro que funcionou como complemento da modernização pela indústria, e cuja singularidade foi a de desfrutar de um tempo próprio comum e cotidiano. Nem pensar em *tempo livre*. Não se pode confundir as coisas. *Tempo livre* é tempo que já não é livre. É um tempo que reproduz estruturas do cotidiano inseridas materialmente e subjetivamente na reprodução social.

Refiro-me a um tempo elaborado e construído na espontaneidade do mundo, fruto e experimento de relações de criação.

Só para sinalizar este entendimento, sugiro indagar sobre o que pode ter sido para esses moradores de São Paulo a liberação das energias e práticas lúdicas que estavam circunscritas nos enquadramentos religiosos que vinham da sociedade tradicional. A religiosidade mantinha-se como cultura e ganhava um complemento quando começaram a ser liberados os impulsos que convergiram no futebol de fábrica, de escola, de rua, de bairro, de clube dos italianos e dos espanhóis, de negros, de comunistas. O futebol foi, em São Paulo, a primeira grande festa do povo fora da perspectiva da Igreja.

Mas no decurso do processo de industrialização, principalmente a cidade se moderniza. Ela espelhava os processos complexos que alcançavam a sociedade inteira, tanto que é possível identificar a realidade de cada bairro como também do conjunto de bairros, no contexto da Cidade.

Pode-se dizer que, nos anos 1940, quando os bairros fabris já constituíam, por várias décadas, uma realidade de vida e trabalho muito complexa, os bairros centrais da Cidade se organizavam com funções de comércio e serviços altamente concentrados e especializados. Época na qual a oposição formal e funcional entre a cidade e seus bairros era muito nítida. Por essa época, os bairros-jardins ainda não deslancharam e, estes, oriundos dos núcleos de povoamento antigo, já estavam numa fase de reprodução. Formavam outros bairros. Por exemplo, no Brás, uma outra geração de moradores teve que ir para frente.

Mas, veja-se, enquanto os bairros-jardins para *deslancharem* precisavam que se estruturasse uma demanda (que, aliás, estava rigorosamente calculada, pois que se tratava de projeto previsto para, pelo menos, cem anos), a reprodução, se pode dizer, espontânea dos bairros que se formaram nos núcleos de povoamento antigo simplesmente seguia alargando os domínios da Cidade.

É certo que na história urbana acabou sendo preservada também certa hierarquia local, em torno da qual se organizava a vida de bairro. Em geral, os comerciantes, profissionais liberais, os maiores proprietários exerciam uma certa liderança na vida local. Pelos anos 1940, os padres tinham menor ascendência nas questões locais, e a entidade clube comandava a sociabilidade no cotidiano dos bairros de São Paulo. Foi muito mais por meio dos clubes de bairro do que dos padres que os políticos populistas, à caça de votos, começaram a chegar até às populações pobres do entorno da Cidade, com o fim do Estado Novo em 1946.

A periferização metropolitana

Para além do corpo principal da Cidade, dessa porção compacta compreendida pelo conjunto dos bairros centrais já aludidos e, também, seguindo além dos núcleos de povoamento antigo, um fenômeno de grande proporções, definido pela combinação do loteamento irregular com auto construção, segundo Nabil Bonduk (1998), configurou um processo específico de produção do espaço urbano muitas vezes maior do que os espaços consolidados da Cidade até os anos 1940.

Mas, nessa textura de urbanização contínua que se configurava, que era a própria periferia e imiscuindo-se nela, aqui e ali, como *bolsões,* unidades formais de espaço começaram a configurar os condomínios fechados do entorno de São Paulo.

Lembrando Le Courbusier em "A Poesia de Argel", no entorno de São Paulo, as duas tendências atuais da urbanização inscrevem-se no espaço: a miséria e a riqueza encontram-se, vêem-se mutuamente. Descrevo essa oposição.

Os condomínios fechados

Na contrapartida da periferização dos pobres urbanos e do esvaziamento dos bairros centrais, os condomínios fechados que circundam São Paulo, formam conjuntos de espaços *autosegregados*, *autoadministrados* e planejados segundo apelos que vem de diferentes direções, revelando mudanças profundas nos modos de vida.

A partir dos anos 1960-1970, quando a indústria automobilística permitiu extraordinária mobilidade do urbano, as atividades de comércio e de serviços encontraram nos *shoppings centers* uma forma plausível de viabilizar essa mobilização para fora das cidades. Os *shoppings* transformaram-se em lugares de compra e de entretenimento e as auto-estradas começaram ser a localização preferencial desse comércio concentrado.

Esse impulso de deixar a Cidade, que ganhou força por volta de três décadas, parecia ser a alternativa ao alto custo dos terrenos disponíveis no mercado, tanto nos bairros-jardins como em outras reservas que ainda existiam. Na verdade a questão era mais ampla. Nos anos 1970, começou ser estrategicamente estruturada uma classe média com poder de compra para as indústrias de bens duráveis, a qual seria o motor desse conjunto de atividades que, na verdade, configurava um novo modo de vida.

Foi contra o universo concentracionista da cidade, contra a fadiga e mais tarde contra a poluição que os novos hábitos de morar ganharam realidade.

Por isso que a evasão da cidade comportou uma idealização do bucólico, sem contudo, poder ser comparável a suburbanização da população inglesa, na época que evadir-se da cidade era muito mais difícil e caro.

O deslocamento dessa classe média para loteamentos residenciais foi natural e prazeroso, porque capaz de propugnar que a vida fora da cidade oferecia qualidade superior.

O ponto de vista do morador é de que morar um pouco longe de tudo é o preço que se paga por uma vida melhor e, além disso, tem verde, tem ar puro!

Mas os condomínios fechados são fechados mesmo. O *slogan* que os justifica é cada vez mais a segurança a qualquer pretexto, pois, entre nós, os condomínios só podem usufruir de amplos jardins entre muros.

Na verdade aquilo que atrai é a vontade da separação e a certeza de encontrar no vizinho (na representação do vizinho) um padrão social aceitável segundo certo ponto de vista.

Até oitenta quilômetros de São Paulo, ao longo das auto-estradas, entre São Paulo e o interior do estado, localiza-se um infindável número de condomínios de tamanho e *estatuto social* muito variável. Seja na direção de Campinas, de Atibaia, de Cotia, pelo Vale do Paraíba, assim por diante. [13]

Apenas para ilustrar, tomamos o empreendimento Alphaville, certamente o de maior êxito, este que foi concebido como uma pequena cidade, como exemplo. Alphaville comporta atualmente vinte blocos ou conjuntos de residências; três centros empresariais e várias áreas de comércio e de serviços.

Estão localizadas em Alphaville, 1632 empresas, com uma população flutuante de 170 mil pessoas; conta com quarenta restaurantes, 16 agências bancárias; dois pronto-socorros e um *shopping center*.

Alphaville está imerso na periferia do espaço urbano metropolitano. A esta expressão social e formal do espaço têm-se denominado "enclave urbano".

A periferia, propriamente dita

A periferia de São Paulo é de uma extensão que parece incalculável, um mar de casas e de barracos construídos muito precariamente, muitas vezes até sem ruas abertas, que começou aparecer na paisagem urbana de São Paulo nos anos 1940. A expansão do mercado de lotes urbanos, em cuja origem estava o parcelamento de áreas ainda rurais, de chácaras e sítios do entorno da

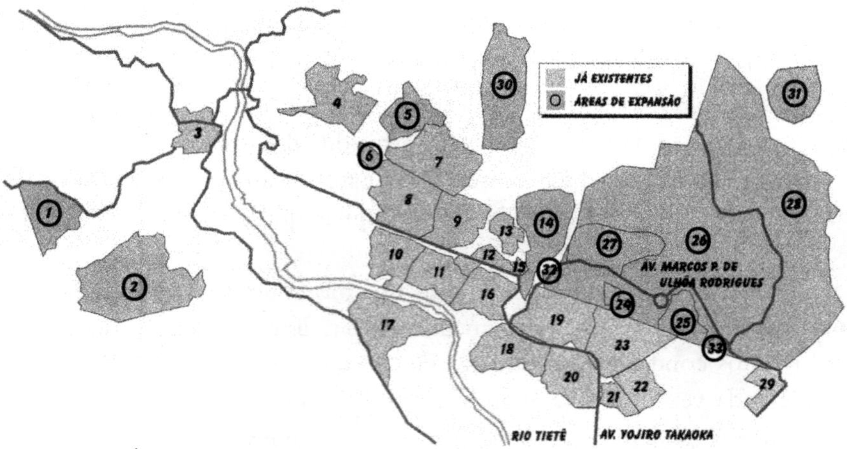

| Figura 2 | Áreas de expansão.

Empreendimentos na outra margem do rio Tietê:
(1) loteamento previsto no atual Sítio de Baixo, no bairro do Suru, em fase de aprovação
(2) loteamentos Mirantes de Santana 1 e 2, onde existia a Fazenda São José. Em fase de aprovação

Para além do Residencial 11 (já em comercialização):
(5) loteamentos Valville 1 e 2
(6) residenciais Scenic

Com acesso pela avenida que leva ao Alphaville 10:
(30) Residencial Gênesis I (já comercializado) e, possivemente, Gênesis II

Empreendimentos que se utilizam do eixo da av. Marcos Penteado de Ulhôa Rodrigues:
(14) Alphasitio (lotes residenciais e comerciais)
(32) Parque Tamboré (prédios residenciais)
(33) Bosques do Tamboré (prédios residenciais)
(24) e (25) Residenciais Tamboré Villaggio 4 a 7, em implantação
(26) Área da antiga Fazenda Tamboré onde estão destinados, por acordo judicial, 3 km^2 à preservação ambiental
(27) Área futura do Tamboré 10, em fase de aprovação municipal

(28) Tamboré Empresarial, que pretende interligar-se à Anhangüera. Em implantação
(31) Área da Fazenda Itayê, ainda sem definição de aproveitamento urbano

Ocupação já existente:
(3) Centro de Santana de Parnaíba
(4) Condomínio Vila Velha
(7) Alphaville 10
(8) Alphaville 11
(9) Alphaville 9
(10) Alphaville 12
(11) Alphaville 6
(12) Centros de Apoio 1 e 2
(13) Alphaville 8
(15) Uptown
(16) Alphaville 5
(17) Condomínio Tarumã, na outra margem do Tietê
(18) Alphaville 4
(19) Tamboré 3
(20) Alphaville 3
(21) 18 do Forte
(22) Melville
(23) Tamboré 2
(29) Alphaville Zero

Cidade, em grande medida, acabou sendo organizada como um grande negócio por empreendedores imobiliários que se puseram a produzir lotes e a vendêlos, mesmo com documentação muito precária e sem responder aos requisitos legalmente interpostos a esse mercado.

> A área estava como uma chácara, aliás, quando eu comprei aqui ela não estava ainda nem desmembrada, não tinha nem convênio com a Prefeitura. A gente pagava impostos da área, agente dividia a área pra cada um, até alguns a gente pagava assim. Depois é que foi indo, o pessoal queria legalizado, você tinha seu documentado, só que pro Estado, pra Prefeitura que é órgão de legalização, não existia. Foi uma coisa que a Companhia fez clandestinamente.
>
> Hoje é que todo mundo paga seu imposto e tem seu lote legalizado. Eles falavam que antigamente era assim: você que tinha mais condições, você aproximava de uma área de terra, você chegava lá, tirava documentação, dizia que era seu, legalizava, tinha dinheiro pra fazer aquilo, se apoderava daquilo. Cercou lá, é meu, acabou. Porque na verdade, ninguém comprava, a maioria se apoderava daquilo. Aí, conforme ia crescendo, eles não podiam continuar tendo aquilo como uma chácara, daí faziam loteamento, e eles faziam isso. E até hoje muitas imobiliárias fazem isso (BURGOS, 2001:47).

Fenômenos deste tipo perpassaram todo o processo de expansão e formação da periferia e continuam existindo exatamente onde as taxas de crescimento da população são positivas.

Bonduki (1998) interpretou a autoconstrução como a desmercantilização do processo de produção da moradia popular e Kowarick (1994) identificou a ausência de investimentos públicos ou privados na formação do espaço que constitui a periferia metropolitana.

Nestes dois autores compreende-se como a exploração no trabalho foi combinada com um sobre trabalho, entendido como parte da espoliação urbana, porque expropriava os trabalhadores de suas condições de vida no urbano. O que quer dizer que à exploração no trabalho se sobrepunha uma expropriação geral e social. Mas demonstraram também que essa expropriação definia uma situação que era geradora de uma sociabilidade singular, pois, se fazia por compromissos diversos entre os participantes do processo. É Bonduki que descreve o processo:

> "A autoconstrução consistia na compra de lote, na abertura de poço. Compra de tijolos, alguns loteamentos até ofereciam uma quantidade de tijolos que viabilizava a venda de lotes. Aos domingos uma turma que incluía parentes e amigos, trabalhavam na construção do quarto e cozinha [...] o espaço da casa em construção, (do) lote bagunçado, da quadra clandestina, da rua semi oficializada, do ponto de ônibus sempre cheio, do tempo infinito até o trabalho, formou a base do que chamo modo de vida paulistano, tornando-se uma referência cultural estruturadora do cotidiano dos habitantes da cidade (BONDUKI, 1998:283).

Isto que podia parecer, em princípio, um expediente, foi a forma generalizada pela qual o espaço urbano, metropolitano, ganhava configuração entre nós e de fato integrava o modo de vida de seus moradores. No centro cultural do Itaim, em São Miguel (1989) alguns jovens que se organizavam para ir ao baile, ao mesmo tempo organizavam-se para ir "bater uma laje" ao amanhecer do dia. "Bater laje" é trabalho pesado e contínuo. Parece ser um momento que exige mais trabalhadores e como no final de semana é que se faz normalmente esse trabalho, integrar esses grupos significava participar da cerveja e, quem sabe, até da feijoada. A periferia progredia tanto pelo fluxo migratório nacional como porque muitos dos moradores dos bairros já bem estabelecidos perdiam condições de neles permanecer. Mobilizavam-se, assim, no espaço urbano.

Sobre aos migrantes nacionais empobrecidos, sabe-se que eles penetravam os poros da cidade desde os anos 1920. Mas foi nos anos 1950, que os caminhões conhecidos por "pau-de-arara" chegavam repletos de migrantes vindos dos estados do nordeste.

| Figura 3 | Autoconstrução, Vila Airosa, vertente sul da Cantareira\2003.

Lotes urbanos irregulares e autoconstrução marcaram a paisagem urbana e configuraram o crescimento de São Paulo em direção à zona leste até anos 1970, quando se consumou a ocupação daquela região. Por essa época o metrô chegou até Itaquera e foram construídos os conjuntos habitacionais da Cohab. A chegada do metrô permitiu estender ainda mais a periferia urbana, com irradiação de linhas de ônibus a maior distância.

A autoconstrução em lotes adquiridos no mercado formal, e divididos entre parentes e amigos, produziu a paisagem dos bairros populares por quase toda extensão da zona leste de São Paulo até por volta dos anos 1970. Mas a periferização dos pobres prosseguiu nas duas últimas décadas de modo agravado.

> (...) as casas existentes foram construídas segundo a lógica do possível (refere-se ao Jardim Ângela, localizado ao sul do Município de São Paulo) e não da legislação e dos códigos de segurança. O tamanho dos cômodos, sua localização, o material utilizado, a ventilação, a insolação não garantem salubridade ou privacidade. As famílias são obrigadas a compartilhar espaços exíguos com múltiplas funções (...) o lazer fica restrito a parte externa da casa se esse espaço existir; caso contrário, ruas, vielas e passagens são utilizadas (...) existindo muita violência as crianças ficam mantidas fechadas dentro de suas casas. Quando existem áreas coletivas, que são escassas, há uma forte competição por elas. Crianças jogam bola competindo com carros, motocicletas, bicicletas e pedestres. Roupas secam em varais que atravessam ruas e vielas dificultando a passagem das pessoas. Os espaços são exíguos e ficam piores com o adensamento provocado pela formação de novos grupos familiares: os jovens que formam famílias, com freqüência, são obrigados a continuar morando com os pais, o que aumenta o congestionamento das moradias, a tensão familiar e as disputas dentro das famílias criam condições também para violência física (SOUSA, 2003:07).

A centralidade da periférica

Estudos têm mostrado que a população da periferia vive certos confinamentos, sendo que para essas populações a mobilidade é muito mais teórica do que prática. Uma evidência desse fato é que a periferia está produzindo uma cultura própria, expressa na manifestação tanto de uma cultura material como simbólica. A duras penas, de modo intersticial, aparece ora aqui, ora ali, no universo sociocultural das camadas médias urbanas de São Paulo, a linguagem da periferia pelo gosto musical e pela poesia.

Trata-se de um vasto mundo muito homogêneo e de grande extensão que mesmo assim se aglutina em certos pontos do espaço urbano da metrópole. Pois, é a disposição dos transportes de massa no urbano que condiciona todos os trajetos de uma população que vive as experiências da cultura do automóvel, participando dela apenas marginalmente. De tal forma que, na disposição da estrutura dos transportes facilmente observa-se que existem pontos de convergência onde são articulados módulos de transportes. Ao sul do Município, a periferia na região dos mananciais ou das represas, abriga atualmente mais de um milhão de pessoas, caracterizando uma ocupação massiva que se formou nestas últimas três décadas. Santo Amaro, bairro antigo, em grande medida, serve de porta de entrada e de saída dos habitantes daquela região.

Da mesma forma, mas ao norte do Município, o velho bairro de Santana serve na atualidade de centro de articulação de módulos de transporte para as extensões das áreas de loteamentos populares e ocupações na zona norte.

Em suma, toda a área que correspondeu a *cidade de bairros,* tal como vimos analisando (área que perde população) tem uma estrutura de bairros e de cidade que ficou submersa na expansão do tecido urbano para as mais longínquas periferias. Na atualidade alguns desse núcleos de povoamento antigo são pontos de intercessão. Nestas condições, pode-se compreender a natureza social do espaço. Ou, como os espaços sociais se implicam mutuamente observando o Largo Treze de Maio em Santo Amaro ou, o Largo de Pinheiros em Pinheiros ou, ainda, a estação do metrô em Santana.

Reunir compradores e fundar uma associação de moradores para dialogar com poder público está sendo um expediente comum na periferia de São Paulo. Essa é uma variante da forma do loteamento ilegal, que leva a formação de associação organizada pelo movimento de moradia, visando a compra de gleba para parcelar entre os compradores.

Os urbanistas de São Paulo, mesmo discordando dos números, por mais de duas décadas têm chamado a atenção para a existência de uma *cidade ilegal,* a qual corresponderia, na atualidade, muito mais de 50% da moradia em São Paulo. Ilegal porque produto da transgressão de proprietários loteadores, produtores de lotes urbanos, os quais operam em contradição com os dispositivos do parcelamento territorial. Mas também pela contínua ocupação de áreas públicas, beira de rios, de córregos e riachos, vertentes íngremes inabitáveis e sujeitas sempre a riscos e a catástrofes.

Mas são exatamente as contingências desta cidade ilegal que definem os termos de uma urbanização por demais restritiva entre nós, mas que continua progredindo.

A ela antecedeu uma outra cidade a qual, num certo sentido, correspondia ao ideário das elites como obra e promessa da modernidade capitalista no Brasil, com cidadania plena, direitos civis, direitos políticos e o trabalho com dignidade. Esta urbanização nos afasta daquilo que fora preconizado como um direito à cidade porque as exclusões, as separações e a violência definem um quadro de vida problemático.

| Figura 4 | Terminal de ônibus de Santo Amaro no Largo Treze de Maio, onde se faz a conexão dos transportes por ônibus que circulam na região dos mananciais de São Paulo, com os sistemas de transportes públicos, ônibus, metrô e trens metropolitanos.[14]

A representação social dos bairros

Parece existir uma mística em relação ao bairro como fenômeno histórico e social que, por vezes, o reintroduz na prática social como objeto de discurso. Ele se torna portador de ideologia com a qual, supostamente, seria possível produzir uma opinião visando determinadas práticas. Isto aparece seja nos argumentos preservacionistas visando qualificar um patrimônio, seja nos argumentos de segurança visando o estabelecimento de territórios, seja nas estratégias do *marketing* político que visam articular pelo localismo, políticos e eleitores. Não obstante, estudos mostram que na linguagem própria da cidade foi caindo em desuso tanto a designação *bairro* como a de *subúrbio,* em favor das *vilas e jardins.* A nosso juízo, não se trataria de uma diferenciação sem importância. Pois, o bairro corresponderia ainda aos tempos lentos da urbanização ao passo que as vilas e os jardins à produção em massa de lotes urbanos, com ou sem legalidade. Circulam, semanalmente, em São Paulo mais de 100 jornais de Bairro. Neles, pode-se ver estratégias dos agentes do comércio local e de políticos populistas e vê-se, também, que domina um tom saudosista, cheio de nostalgia.

Mas já não há como confundir os bairros da cidade com a periferia do urbano, por isso, serão ainda retomados alguns argumentos.

As fontes de água, as ferrovias com suas enormes estruturas e pátios de manobras. As vilas operárias, depois os bairros inteiros de operários contíguos às fábricas, com suas ruas, vielas e praças, que serviram aos percursos e trajetos domicílio-trabalho, tecidos diuturnamente no ir e vir de contingentes sempre crescentes de trabalhadores, formam a base concreta daquilo que depois seria uma representação. Basta procurar que logo sobressai a história inteira de homens, de mulheres na faina que lhes valeu viver seus próprios tempos numa cidade cuja monumentalidade devia-se, ainda, muito ao primado da religião e onde se confundiram por muito tempo o apito das fábricas com os sinos das igrejas, ritmando o tempo do cotidiano.

Assim foram o Brás, desde as duas últimas décadas do século XIX, a Barra Funda, a Lapa, a Água Branca até os anos 1930. Gradativamente, a moradia de trabalhadores foi sendo liberada dos condicionantes das ferrovias, principalmente quando os bondes elétricos, desde os primeiros anos do século XX, começavam a transportar trabalhadores a maiores distâncias e assim eram criadas possibilidades novas para formação de bairros no entorno da Cidade, desde a primeira década do século XX, quando foi sendo formada aquela coroa de bairros de que falei. Manifestamente nesses bairros foram sendo acomodados contingentes de trabalhadores cuja existência era uma função das necessidades da Cidade. Alguma modalidade de emprego urbano, fosse nas fábricas ou no comércio, que justificava os contingentes de trabalhadores dos mais diferentes ofícios morando nos bairros da cidade.

Bairros de proletários para os trabalhadores. Primeiro para aqueles que pudessem pagar os aluguéis que mantinham o rentismo urbano das primeiras décadas do século em São Paulo, fosse nas casas de vila ou nos cômodos em cortiços, modalidades muito comuns de morar. Mas o lote urbano apareceu bem cedo.

Bastava ter um trabalho e associar-se a um parente ou a um amigo para dividir um lote e consorcia-se num trabalho que poderia levar a vida toda.

Pronto, estavam dadas as condições para começar a construção da casa própria. Assim, da necessidade objetiva de morar, passava-se suavemente para a ideologia da casa própria que alimentou e alimenta processos singulares entre nós. De um lado, a oportunidade do especulador pequeno médio ou grande. De outro, a reprodução de uma elite atrasada porque ainda ligada à propriedade territorial e com os pés fincados no judiciário.

Uma Cidade como São Paulo, que na segunda metade do século XIX, era ainda uma cidade monacal, (Ernani da Silva Bruno), em tempo muito curto teve que acomodar os processos de modernização (infra-estrutura material), mas, sobretudo, acomodar as levas de novos moradores que aqui chegavam. E, a forma como as famílias de moradores usufruem do seu lugar varia segundo seus costumes, suas tradições, seu repertório de habilidades diversas, da sua linguagem com o mundo. De um modo geral os habitantes da cidade que se industrializava se reuniam segundo suas nacionalidades e mesmo segundo regiões de origem. Ao que consta formavam mosaicos socioculturais, lingüísticos.

É por demais conhecido que os italianos em maior número, entrados em São Paulo desde as últimas décadas do século XIX, formaram bairros muito homogêneos. Alcântara Machado os associou ao Brás, Bexiga e Barra Funda. Juó Bananére (Alexandre Ribeiro Marcondes Machado) ao (Bom Retiro). Eduardo Maffei os viu como operários engajados na luta do trabalho no Brás.

Igualmente válido, no sentido de ter produzido muitos efeitos, foi o percurso de portugueses e espanhóis em São Paulo.

É certo que os italianos foram em maior número, mas será isso suficiente para explicar que história guarda preferencialmente deles uma memória?

A metrópole atual fora gestada exatamente no desencontro dos tempos sociais e históricos do desenvolvimento capitalista no Brasil, à medida que a industrialização brasileira mobilizava o trabalho na direção de São Paulo e ganhavam realidade algumas ordens de questões que necessariamente começariam integrar os quadros de vida na metrópole. Nesse processo se estabelecia a problemática da reprodução da força de trabalho e isto consistia na disposição de meios materiais de vida dos trabalhadores.

A autoconstrução que era construção da casa própria de fim de semana, os deslocamentos diários domicílio-trabalho por longas horas (quatro e cinco horas), as doenças mal curadas, tudo isso traduzido como uma profunda distância dos bens de civilização compõe um quadro de carências acumuladas entre nós, pois, o capitalismo como formação social é também a reprodução ampliada das desigualdades tanto que os fundamentos desiguais dessa sociedade traduzir-se-iam nas estruturas *socioespaciais* da metrópole. E, por outro lado, a modernização dos modos de vida desencadeava necessidades sempre renovadas, mas, aprofundando as separações entre o viver (experiências concretas) e o vivido (o social, o imaginário).

Porém, no que diz respeito às condições sociais e materiais da urbanização, há que ser pensado um movimento ou um fluxo contínuo, que integra conforme as necessidades lógicas e sistêmicas todos os elementos num único processo. Pois, para produzir riqueza há que organizar o trabalho, dispor de condições materiais para fazer fluir tais processos, tudo ao mesmo tempo, sendo que isso sempre foi uma exigência. E, desde que o capitalismo como formação social é também reprodução de desigualdade, uma clivagem profunda seguia opondo novas e sucessivas levas de migrantes moradores, uns em relação aos outros. Claro que fatores de conjuntura ou políticas específicas tiveram que ser levadas em conta na inserção sócio espacial dos migrantes. Não obstante, as clivagens mostraram-se também cada vez mais profundas. Aqueles que com anterioridade integraram os quadros da urbanização de São Paulo até meados do século, por exemplo, desfrutaram de algumas condições de urbanização que se já não eram boas, pioraram muito depois. Os limites estruturais, as condições de reprodução da força de trabalho configuraram, entre nós, a espoliação urbana. Os trabalhadores e os pobres urbanos, em geral, têm pagado *essa conta* com *sobretrabalho* e até com a vida, para conseguirem se reproduzir no urbano, face ao quadro de violência urbana generalizada.

É sob tais pressupostos que interessa pensar sobre as representações sociais dos bairros entre nós. Pois que não se tratará de *folklore* indagar sobre a acumulação dos diferentes tempos sociais e históricos, que como resíduos permanecem retidos na estrutura funcional e técnica da metrópole contemporânea.

Os bairros de São Paulo estruturaram-se em simbiose com a cidade porque não existe cidade sem bairro. E, neste trabalho, tratei de mostrar que a estruturação dos bairros se deu em estreita correlação com a modernização da sociedade pela indústria.

Nem é preciso insistir sobre o fato de que a reprodução das periferias e a perda de população em certos distritos correspondem a um único processo que, no entanto, merece diferentes perspectivas e níveis de análise.

A hipótese aqui perseguida era de que o modo de vida, traduzido e qualificado pelas formas de emprego do tempo, mas, em correspondência com o uso do espaço, poderia revelar no todo ou por partes, a lógica fundamental que move o processo de reprodução da sociedade. Que, as formas de emprego do tempo são históricas e, portanto, o tempo e o espaço do cotidiano nas suas metamorfoses, oferecem um caminho metódico para tratar das peculiaridades da urbanização, considerando que os espaços de representação, tal como os bairros, nas suas metamorfoses servem de suporte e explicam às representações sociais do espaço. Seria o mesmo que dizer que as práticas de espaço, práticas simples, comuns e cotidianas, são transformadas em "proposições teóricas".

Estas observações foram as premissas necessárias ou um suporte necessário para pensar a temática de que nos ocupamos, cujo sentido é o do poder distinguir a metrópole do século XXI, tal como se nos apresenta São Paulo neste momento, da cidade com seu conjunto de bairros. Afinal, havemos que saber como e porque se elaboram, como nascem e renascem as representações sociais dos bairros de São Paulo. As representações indicam ausências, portanto remetem, necessariamente, a memória e a história da Cidade com seus bairros enquanto prática socioespacial inscrita no urbano.

É por isso que, quando os bairros já não eram enquanto tal, espaços de representação, começaram a vagar pela sociedade as representações sociais dos bairros. E, exatamente, porque foram eles (os bairros) na história urbana, uma realidade empírica vivida que experimentou a fragmentação do espaço e do tempo. [15] A partir de tais indagações se pode constatar que o curso da urbanização entre nós foi dilacerante. Que a formação social e política da Cidade com seus bairros serviu aos desígnios de uma vida urbana em formação e que a urbanização de São Paulo, se encarada de um ponto de vista lógico, já mostrava os seus limites dada a impossibilidade de reproduzir, em sincronia, todos os elementos\momentos do seu próprio processo.

| Figura 5 | Arena localizada ao lado do paço municipal de Jandira. Antigo brejo que foi recentemente aterrado e que ainda não recebeu nome, vem sendo chamado de "centro de eventos de Jandira".

|Figura 6| Multidão reunida durante o bingo beneficente de Jandira. *Fonte:* Rocha, 1998.

Periferia de Jandira

A textura do espaço da periferia tem grande homogeneidade. Não obedece a inscrições formais e aos localismos que foram os fundamentos da urbanização até na modernidade. É por isso que o cheio e o vazio são contingentes, podendo o mando e comando vir de muitas direções!

Notas

[1] Jean Gottmann "Megalópolis, região laboratório". In: *Cahiers de la République*, Paris, 7 année, n° 46, juillet 1962. Apud Roncayolo, Marcel et alli, Villes & Civilisation Urbaine XVIII-XX siècle, Larrousse, 1992, Paris, p 587.

[2] A economia política, desde seus alvores, trata da relação entre a propriedade territorial como direito, (o direito de propriedade) com as formas da riqueza. Nesse sentido demonstrou que a propriedade territorial chegou ser uma expressão da riqueza capitalista porque, no seu desenvolvimento, chegou ser um equivalente de valor expresso através da renda capitalista da terra. Demonstrou que um direito foi sendo transformado em uma variável econômica do capitalismo. Mas, o espaço produto tomado para uso, (em segundo grau) condensando valores objetivos e subjetivos da vida social, impõe à sociedade inteira estratégias espaciais, que são estratégias de sobrevivência na condição do urbano metropolitano.

[3].Antonio Francisco Bandeira Jr. *A Indústria no Estado de São Paulo em 1901*. São Paulo, Typographia do Diário Oficial. 1901.

[4] Ver: Sérgio Manoel Merêncio Martins, *A Cidade sem Infância no Universo Pioneiro da Soja*. Dissertação de Mestrado apresentada à Faculdade de Filosofia, Letras e Ciências Humanas-FFLCH da Universidade de São Paulo-USP, São Paulo, fotocópia, 1992.

[5] As políticas para os centros históricos das cidades visam tal articulação. Em São Paulo a substituição dos casarões da Avenida Paulista pelas as sedes bancárias que são, sobretudo, de bancos internacionais, abria espaço para implementação de uma nova cultura para a cidade que tem por fundamento marketing e incorporação imobiliária.

[6] Não muda nosso raciocínio o fato de que Santo Amaro tenha sido até 1934, sede do Município de Santo Amaro e que depois dessa data tenha sido anexado à São Paulo como um bairro.

[7] Estabeleço uma distinção entre Região Metropolitana de São Paulo, espaço programático de ação pública que reúne 39 municípios, com a Região de São Paulo. Esta é muito mais vasta, pois corresponde a integração vertical e horizontal de atividades e processos. A partir de São Paulo, há continuidade espacial evidente de processos que integradores de espaço. A noção de Macro-metrópole corresponderia melhor aos fenômenos de espacialização social no presente. Mas, pelo momento, raciocino com base numa Região de São Paulo.

[8] Nabil Bonduki estudou a formação da periferia urbana de São Paulo, através das questões da habitação popular. Recusou a compreensão de que os processos de periferização da população, movidos pelo loteamento irregular e pela autoconstrução de casas populares de trabalhadores, pudessem traduzir uma defasagem, um desencontro estrutural (política, economia e sociedade) entre a necessidade de meios (habitação) destinados a reproduzir a classe trabalhadora e a reprodução capitalista. Ele quem diz: "Seria ingenuidade supor que o Estado, que antes de 1930 montou uma estrutura militar para eliminar o que considerava como ameaça à ordem sanitária e que, a partir de 1930, interferiu de forma autoritária nas relações econômicas, alterando ou promulgando Constituições, reformando a administração pública, restringindo o direito de propriedade, desapropriando sem pagamento prévio etc., seria ingenuidade supor esse Estado incapaz de criar instrumentos jurídicos e administrativos para controlar o parcelamento e o uso do solo na periferia das grandes cidades. Se isto ocorreu foi porque não houve vontade política para conter o processo ou, até mesmo, porque havia a intenção de deixá-lo correr solto e não só em benefício dos que especulavam com os terrenos." Nabil Bonduki. *Origens da Habitação Social no Brasil*. São Paulo, Estação Liberdade-Fapesp, 1998 p.288.

De nossa parte, sem negar as evidências da expropriação que a produção da casa própria, pelo próprio trabalhador esconde, parece-nos mais correto pensar que a casa da classe trabalhadora, estruturalmente não chega a se concretizar a partir do mercado porque a valorização dos terrenos urbanos, traduzida no preço dos terrenos,tem um componente estrutural: é função da expansão do sistema como um todo. Se a economia apresenta crescimento, o preço da terra sobe. O mesmo não é válido para o salário que compra lugar de moradia. Não existe ai uma correlação direta. O mais dramático é que se a economia não apresenta crescimento, o preço da terra sobe também porque imobilizar capitais em terra é a forma de salvaguardar capitais das intempéries do sistema econômico.

Sob o capitalismo, só políticas sociais de grande alcance, fundadas em pacto entre as elites proprietárias podem enfrentar esse problema. É por isso que excedentes da propriedade vagam pela sociedade.

Sem nenhuma ingenuidade se é forçado a admitir que no Brasil, uma particular combinação de rentismo e autoritarismo, configurou aquilo que Caio Prado Junior, em *A Revolução Brasileira*, denominou de capitalismo burocrático e José se Souza Martins, em *O Dilema das Classes Subalternas*, denominou de capitalismo rentista.

O processo de formação das periferias urbanas indica uma autonomização do nível político a tal ponto que a estrutura jurídica, como saber ex-machina, apareceu entre nós como segmentos autonomizados no interior do próprio Estado. Por exemplo, isso acontecia relativamente às questões de legalização da propriedade, pré-condição para parcelar o território, ou para produzir lotes urbanos. A propósito de tais questões chegam ser dramáticos os depoimentos do jurista Paulo Coe, em *Paraíso dos Grileiros*.

[9] Ronda o conhecimento e parece exigir uma explicação o fato de que são muitas e enormes as necessidades que o desenvolvimento do capitalismo como formação social não consegue resolver. Entre elas, estão as demandas de serviços sociais, como aquelas dos bens de salário, tal como a moradia da classe trabalhadora. Tudo parece indicar que os elementos do capital não se reproduzem de maneira capitalista. Existe uma contradição lógica entre a remuneração do trabalho e a valorização dos bens de salário pelo montante do produto social.

Quando os mercados se tornaram mundiais, em que pese o diferencial tecnológico e de produtividade das diversas praças de mercado, diferentes elementos do capital tinham que ser reproduzidos. Como, nos fundamentos do processo de modernização foi sendo restringida a possibilidade de usufruir da espontaneidade do mundo (a natureza, a arte) e preciso reproduzir com intenção e sentido tudo, literalmente tudo, porque, por exemplo, a família foi deixando de ser suporte da produção de valores de uso. O tempo e o espaço da família foi se tornando cada vez mais funcional, permanecendo no irrisório. Literalmente tudo tem que ser aprendido e ensinado como função especializada, desde nadar, cozinhar, dirigir ou tocar piano! O capitalismo como formação social mostrou sua impossibilidade ao ter que reproduzir muitos dos elementos e momentos que consumiu sem nenhum custo porque vinham das profundezas da espontaneidade do mundo ou porque consumia como se fossem suas as continuidades históricas relativas aos acúmulos no uso do tempo. Ao esgotar a herança antropológica e histórica mergulha numa profunda crise. É uma crise de reprodução; a propriedade e os mercados se estabeleceram em todos os domínios.

[10] Silvia Shor, *Pesquisa sobre o Centro de São Paulo*, São Paulo, FIPE, 2000.

[11] "As grandes vedetes do start da revalorização, as âncoras culturais (que) embora apareçam como empreendimentos privados todos esses lançamentos não puderam se dar senão mediante os incentivos especiais oferecidos pela Lei de Operação Urbana Centro(...) cujo princípio básico é o estabelecimento de parcerias entre o poder público e a iniciativa privada". Júlia Andrade, *Da cultura da intervenção à Intervenção da cultura*, Trabalho de Graduação Individual, apresentada ao Departamento de Geografia, Faculdade de Filosofia, Letras e Ciências Humanas-FFLCH da Universidade de São Paulo-USP, 2001, p.18.

[12] A "Operação Urbana" é um instrumento de gestão destinado a coordenar um processo de renovação urbanística em uma área da cidade e inspira-se no conceito de "solo criado". Isto é, na possibilidade de um empreendedor obter um estoque adicional de área construída além do permitido pela legislação regular de uso e ocupação do solo, Lei de Zoneamento, por meio da concessão onerosa, que pode ser o pagamento de contrapartida financeira, a doação de terrenos ou a realização de obras de interesse da municipalidade: sistema viário, áreas livres. O conceito de Operação Urbana foi formulado desde 1985, no projeto de Lei do Plano Diretor da gestão do Prefeito Mário Covas, dando origem à Lei das Operações Interligadas (Lei nº 10.209 de 1986, posteriormente suspensa), pela qual a venda do potencial construtivo em uma área era revertida na construção de habitações de interesse social. Esse instrumento foi incluído no Plano Diretor de 1988, na gestão Jânio Quadros e na Lei Orgânica do Município, de 1989. A primeira Operação Urbana foi a OU Anhagabaú em 1991, seguida das OUs Faria Lima 1995 e Centro 1997. Todas coordenadas pela Empresa Municipal de Urbanização, EMURB.

[13] Embora com dados ainda preliminares, fornecidos por operadores no mercado imobiliário, consta que: no entorno de São Paulo existem 300 condomínios fechados; no entorno de Curitiba existem 176, no entorno de Goiânia 10 e no entorno de Manaus são 10 os condomínios.

[14] Duas pesquisas abordaram diretamente moradores das áreas de expansão periférica na pré Cantareira.

Fábio Manente, em *A Moradia Popular sob a Cantareira*, Dissertação de Mestrado apresentada à Faculdade de Filosofia, Letras e Ciências Humanas-FFLCH da Universidade de São Paulo-USP, São Paulo, fotocópia, 2002 e Reginaldo Elias Ferreira em *Os sem Terra Urbanos*, TGI Departamento de Geografia 2000.

Constataram que o movimento pró moradia de São Paulo, atua na região e deixaram evidente o interesse dos proprietários de glebas em lotear suas propriedades contando com a colaboração dos compradores para obter, junto ao poder público, a legalização do parcelamento e os serviços de infra-estrutura que são pré-condição para os loteamentos.

[15] Será preciso explicar o que aconteceu com a centralidade da cidade, afinal os bairros se definem em relação à cidade porque a urbanização é um processo de tempo em aceleração, desde que seja compreendida como função da industrialização. Assim, é possível que certas periferias jamais cheguem a se configurar como âmbito de rela-

ções imediatas capazes de fundar certos localismos, fundamento dos sentimentos de pertencer, tal como ocorreu com os bairros na história urbana. As periferias que proliferam sobre os escombros da cidade com seus bairros, exigem uma outra perspectiva de entendimento, os raciocínios clássicos sobre a urbanização começam a ficar sem lugar diante dos fenômenos concentração urbana.

A sociedade de mercado generalizada conduz a uma apreensão mais teórica do mundo, já que as trocas generalizadas movem as relações. Do ponto de vista da espacialização do processo social essa generalidade rompe os localismos e enfraquece os pertencimentos. Assim, a reprodução social ocorre num fluxo de apropriação descentrada, mas que se pode recentralizar, a qualquer tempo, num fluxo de sentido. É por isso que a metrópole é âmbito e domínio de centralidade móvel e contingente. Exatamente aquilo que a cidade e os bairros não chegavam ser, porque o houve um período de formação da sociedade do trabalho, no qual se pode dispor de espaço e de tempo. Quando os pobres não tinham espaço tinham ainda o tempo para serem agregados, e quem os assumisse como tal. Na formação dos bairros de São Paulo encontrei inúmeros casos de agregação de negros e pobres que eram acomodados em quartinhos de casas de comércio e mesmo residências em troca de pequenos serviços, sem salário. À universalidade abstrata da religião que ligava o céu e a terra, se interpôs gradativamente o Estado e o mercado. Mas enquanto a lei chegava parcialmente entre os pobres, o mercado chegou e impôs a sua lógica. A implosão da cidade com a formação das periferias urbanas obedece a essa lógica.

O processo social segue no sentido de colonizar o tempo, mas para fazê-lo incorpora e qualifica o espaço por suas especificas modalidades de uso. Como esta sociedade guarda em si uma desigualdade fundamental, quando o tempo já é social emerge uma luta inexorável por território: aqueles que não têm inserção no espaço (como momento dos circuitos de reprodução) fazem valer com seus corpos, suas presenças nos espaços sociais.

Bibliografia

ANDRADE Júlia. *Da Cultura da Intervenção a Intervenção da Cultura.* Trabalho Graduação Individual, apresentado ao Departamento de Geografia da Faculdade de Filosofia, Letras e Ciências Humanas-FFLCH da Universidade de São Paulo-USP, São Paulo, fotocópia, 2001.

BANDEIRA JR., Antonio Francisco. *A Indústria no Estado de São Paulo em 1901.* São Paulo: Typ. do Diário Oficial. 1901

BONDUKI, Nabil. *Origens da Habitação Social no Brasil.* São Paulo, Estação Liberdade 1998.

BRUNO, Ernani da Silva. *História e Tradições da Cidade de São Paulo*, 4a.edição. São Paulo, Hucitec/Prefeitura do Município de São Paulo [1954], 1991.

BURGOS, Rosalina. *O Processo de Desorganização Espacial do Itaim Paulista no Contexto da Metropolização da Cidade de São Paulo.* Trabalho de Graduação Individual apresentado ao Departamento de Geografia da Faculdade de Filosofia, Letras e Ciências Humanas-FFLCH da Universidade de São Paulo, 2001.

CALDEIRA, Tereza Pires do Rio. *A Cidade de Muros.* São Paulo, EDUSP, 2000.

FERREIRA, Reginaldo Elias. *Os sem Terra Urbanos.* Dissertação de Mestrado apresentada à Faculdade de Filosofia, Letras e Ciências Humanas-FFLCH da Universidade de São Paulo-USP, São Paulo, fotocópia, 2000.

GOTTMANN Jean. "Megalópolis, Região Laboratório". In: *Cahiers de la République,* Paris, 7 année, n° 46, juillet 1962. Apud: RONCAYOLO, Marcel et alli. Villes et *Civilisation Urbaine XVIII-XX siècle,* Larrousse, Paris, 1992.

KOWARICK, Lúcio. *As Lutas Sociais e a Cidade.* Rio de Janeiro, Paz e Terra, 1994.

INFORME AVC, 10/2000.

LANGENBUCH, Jüergen Richard. *A Estruturação da Grande São Paulo: Estudo de Geografia Urbana.* Rio de Janeiro, IBGE, 1971.

LEMOS Carlos A. C.. *A Alvenaria Burguesa,* São Paulo, Nobel 1985.

MAFFEI, Eduardo. *A Greve.* Rio de Janeiro, Paz e Terra,1978.

MANENTE Fábio. *A Moradia Popular sob a Cantareira.* Dissertação de Mestrado apresentada à Faculdade de Filosofia, Letras e Ciências Humanas-FFLCH da Universidade de São Paulo-USP, São Paulo, fotocópia, 2002.

MARICATO, Ermínia. *Metrópole na Periferia do Capitalismo.* São Paulo, Hucitec, 1996.

MARTINS, José de Sousa. *Caminhada no Chão da Noite.* São Paulo, Hucitec, 1989.

MARTINS Sérgio Manoel Merêncio. *A Cidade sem Infância no Universo Pioneiro da Soja.* Dissertação de Mestrado apresentada à Faculdade de Filosofia, Letras e Ciências Humanas-FFLCH da Universidade de São Paulo-USP, São Paulo, fotocópia, 1992.

PATARRA, Neide et al.. *Migração, Condições de Vida e Dinâmica Urbana. São Paulo, 1980-1993.* Campinas, Unicamp, 1997.

PENTEADO, Jacob. *Belenzinho, 1910.* São Paulo, Martins Editores, 1962.

PETRONE, Pasquale. *Aldeamentos Paulistas.* São Paulo, Edusp, 1995.

PRADO JUNIOR, Caio. *A Revolução Brasileira.* São Paulo, Brasiliense, 1966.

ROCHA, Alexandre Souza da. *Morar na Periferia da Grande São Paulo.* Dissertação de Mestrado apresentada à Faculdade de Filosofia, Letras e Ciências Humanas-FFLCH da Universidade de São Paulo-USP, São Paulo, fotocópia, 1998.

REVISTA URBS, 03-04/2000.

RONCAYOLO, Marcel & PAQUOT, Thierry. *Villes et civilisation urbaine XVIII-XX siècle.* Paris, Larousse, 1992.

SHOR; Silvia. *Pesquisa sobre o Centro de São Paulo.* São Paulo, FIPE, 2000.

SOUZA, Jessimarques Martins. *Tensão e Violência na Escola Pública.* Trabalho de Graduação individual – DG. FFLCH, 2003.

CAPÍTULO 4

SÃO PAULO – A GESTÃO METROPOLITANA

ISOTIMAS: UMA METODOLOGIA PARA A REPRESENTAÇÃO CARTOGRÁFICA DO VALOR DA TERRA E IMÓVEIS NAS METRÓPOLES LATINO-AMERICANAS UTILIZANDO TÉCNICAS DE GEOPROCESSAMENTO

Prof° Dr. Reinaldo Paul Pérez Machado

Introdução e Objetivos

Sistemas de informações geográficas; cartografia automatizada, tratamento digital de imagens de satélite; integração estatística de dados ambientais e socioeconômicos; superposição de mapas virtuais e geração de mapas digitais temáticos e sintéticos; análise espacial computadorizada: aí se apresentam instrumentos modernos do meio técnico-científico passíveis de serem aplicados ao estudo e entendimento do fenômeno da urbanização, suas causas e conseqüências.

O grande problema dos estudos urbanos, que têm como cenário as megalópoles (especialmente no caso dos países do chamado Terceiro Mundo), advém da dificuldade em se obter uma visão de conjunto de todos os fatores e variáveis envolvidos, que permitam realizar uma leitura crítica, global e concorrente desses mesmos fatores, hierarquizando-os qualitativa e quantitativamente.

A metrópole paulistana apresenta-se gigantesca, não somente por suas estruturas visíveis, sua afirmação como cidade mundial, a terceira maior do planeta, mas também pela imensa cidade subterrânea que é, aquela das estruturas invisíveis, das redes de infra-estrutura urbana, esta simetria alimentadora do funcionamento e existência do mundo do cidadão.

O principal objetivo do presente estudo, é mostrar uma metodologia que, valendo-se de um conhecido método de representação cartográfica, o das isohipsas ou isaritmias, tradicionalmente geradas a partir da interpolação de valores conhecidos, permita desenhar no mapa as curvas de igual valor (de terreno). Selecionamos o termo isotimas, a partir da raiz Grega ektimo, que equivale a avaliar, apreciar, calcular, estimar, reconhecer, respeitar, e sua derivação timi, que indica valor, preço, custo. Então a metodologia foi aplicada em um ambiente estritamente cartográfico e ao mesmo tempo computacional, o que hoje em dia se denomina Geoprocessamento.

O termo Geoprocessamento surgiu no Brasil, aparentemente, em meados da década de 1980. O conceito de Geoprocessamento pode ser assim definido:

> Tecnologia de tratamento dos dados espaciais, utilizada para gerar geoinformações, integrando os Sistemas de Informações Geográficas, o Sensoriamento Remoto, a Cartografia Digital, a conversão e modelagem de dados, a Aerofotogrametria, a geocodificação e demais disciplinas e procedimentos correlatos. Pode ser considerado também, como o processo mais amplo de aquisição de dados georeferenciados, criação de bases cartográficas digitais e análise espacial, integrando soluções de hardware, software e peopleware (KUBRUSLY, 2001).

A referência ao desenvolvimento de aplicações urbanas com a aplicação das facilidades técnicas e analíticas oferecidas pelo Geoprocessamento pode ser resumida em alguns tópicos importantes, como os que seguem: localização espacial das edificações e outros eventos urbanos, melhorando as tarefas de manejo dos cadastros; utilização de uma base cartográfica digital, associada aos bancos de dados corporativos; planejamento e gerenciamento de redes de infra-estrutura, proporcionando maior eficiência na coordenação de obras públicas; melhoria no trato das informações geoespaciais referentes ao uso do solo, facilitando o trâmite de consultas e processos, e/ou estabelecimento de bases para análise quanto ao aproveitamento de equipamentos urbanos existentes e para localização de outros a serem implantados.

O estudo das configurações espaciais como São Paulo, na sua totalidade, ou seja, o espaço social ou humano em conjunção com o espaço material é o objeto de nosso interesse científico. Compartilhamos, integralmente, da tese de que a,

> (...) compreensão estrutural do processo interativo e dinâmico formador das grandes cidades, dada a escala do fenômeno e elevado número de variáveis a serem observadas, não descarta nem prescinde, ao contrário, necessita do apoio de novas tecnologias capazes de absorver e processar com agilidade os dados disponíveis, ou os ainda a serem coletados e tratados como informação (KUBRUSLY, 2001).

Para isto, utilizam-se diferentes técnicas de espacialização dos dados sócio-econômicos, demográficos e das mais diversas índoles, assim como para análise das informações geográficas em diferentes modelos de dados espaciais.

Um dos componentes do alicerce técnico e metodológico de toda implantação de um Sistema de Informações Geográficas é a existência de uma Base Cartográfica Digital Contínua. Na pesquisa que nos ocupa, este quesito torna-se uma premissa fundamental, na qual a palavra Base pode e deve ser empregada em todas as suas acepções.

No caso de São Paulo, a questão adquire dimensões extraordinárias, à altura do gigantismo da Cidade. Como muitas outras fontes de informações em São Paulo, a base cartográfica tem uma tradição e uma história, que se inicia, muito provavelmente, nos séculos XVI e XVII, com os primeiros planos e cartas criados para a ocupação dos territórios que deram origem à Cidade de São Paulo. A Cidade já aparece consolidada, e com pontos notáveis em destaque na cartografia urbana de finais do século XVIII e início do século XIX (Ver Figura 1).

Além dos mapas, cartas e croquis históricos, especificamente para São Paulo, destacam-se o Plano de Avenidas, elaborado em 1929 por Prestes Maia, publicado na administração do Prefeito Pires do Rio em 1930 e, posteriormente, os mapas da Pesquisa Urbanística "Sagmacs" do Padre Lebret em 1956 (SAGMACS & SÃO PAULO, 1958), ratificada pela Lei Municipal 5.104 de 28 de dezembro de 1956.

O primeiro vôo aerofotogramétrico de São Paulo se realizou no ano 1930, e sua restituição plani-altimétrica foi conhecida como levantamento SARA Brasil. Este excelente trabalho deu origem ao primeiro mapa cadastral conhecido da Cidade de São Paulo. Posteriormente, em 1954, a companhia VASP Cruzeiro completou outro vôo aerofotogramétrico da Cidade.

Em 1967, antes mesmo do reconhecimento federal das regiões metropolitanas (Constituição de 1967/69 e Lei Complementar n° 14, de 1973), o Governo de São Paulo subdividiu o Estado em 11 Regiões Administrativas [1] uma das quais, seria a da Grande São Paulo, e criou para esta o Conselho de Desenvolvimento da Grande São Paulo (Codegran) e o Grupo Executivo da Grande São Paulo (Gegran), este último ligado à Secretaria de Economia e Planejamento. Pela primeira vez, a ocupação da Região Metropolitana foi colocada como uma questão a exigir uma política territorial coordenada e toda a atuação do Gegran baseou-se na criação de instrumentos para a aplicação dessa política. Em pouco tempo o Gegran conseguiu, não só reunir um considerável acervo técnico, como também disponibilizar esse acervo como um conjunto de instrumentos de ação. Entre eles, com certeza o mais Importante foi o levantamento aerofotogramétrico de toda a região e a implantação do Sistema Cartográfico Metropolitano (SCM). O Sistema Cartográfico Metropolitano é formado por um conjunto articulado de cartas nas escalas 1:2.000 e 1:10.000 e, desde 1972, constitui a base cartográfica cadastral analógica usada no Município de São Paulo. Este importante levantamento aerofotogramétrico contratado pelo Gegran, constituiu-se em um serviço cartográfico completo, com aerofotografias, restituição, reambulação e impressão dos mapas.

O Gegran foi transformado na Empresa Metropolitana de Planejamento da Grande São Paulo S.A.-Emplasa, que passou a assessorar municípios de pequeno porte e a controlar uma parte da legislação urbanística na Região Metropolitana de São Paulo.

Entre 1974 e 1978 a Secretaria de Finanças da Prefeitura elaborou um mapa de quadras [2], com os limites dos setores fiscais e a numeração dos setores e das quadras, o qual, instituído como Mapa Oficial da Cidade (MOC), é a base de referência para os trabalhos da Prefeitura. Esse mapa foi feito em conjunto com a Emplasa, a partir do Sistema Cartográfico Metropolitano, por sua vez originado a partir dos levantamentos aerofotogramétricos do Gegran.

Segundo Battaglia (1995), "O MOC é completado pelas plantas de quadras, desenhos esquemáticos de cada quadra com os lotes de terreno e a indicação dos lotes fiscais em cada terreno."Infelizmente, as plantas de quadras são documentos de uso restrito, sob a custódia da Secretaria de Finanças do Município de São Paulo, e não é permitida sua utilização. Por sua vez, o Mapa Oficial da Cidade serviu de base para a *geocodificação* das quadras e ruas, formando o banco de dados do Geolog".

O Geolog, desenvolvido pela Companhia de Processamento de Dados-Prodam e a Secretaria de Finanças do Município de São Paulo, iniciou-se em 1978, com o objetivo de criar um mapa digital com todos os logradouros, quadras fiscais e áreas municipais da parte urbana da cidade da Cidade de São Paulo. Este mapa digital, posteriormente, seria ligado a todos os cadastros existentes na Prodam, como o Cadastro de Logradouros-Cadlog, Impostos Sobre Serviços-ISS, Cadastro de Áreas Municipais-Carem, e Imposto Predial Territorial Urbano-IPTU, para mencionar alguns.

O projeto, de alta tecnologia, iniciou-se a partir de um convênio de colaboração entre a Prefeitura do Município de São Paulo e a Municipalidade de Marselha, na França. No seu auge, chegaram a trabalhar 22 pessoas, em uma equipe multidisciplinar, integrada por analistas, digitadores e estagiários. O custo total do projeto foi de aproximadamente US$ 4 milhões, e utilizaram-se por volta de 300 programas e *sub-rotinas*, 250 deles escritos em Cobol e 50 em Fortran. Dados os recursos técnicos da época o sistema foi desenvolvido para computadores funcionando em modo "*batch*", isto é, operado através de programas sem interação com o usuário e sem saída em monitor. Seu banco de dados continha as coordenadas dos cantos das quadras e dos cruzamentos de ruas, além dos códigos de identificação das quadras e ruas, permitindo assim sua ligação com outros cadastros.

O primeiro passo foi a implementação da Base Cartográfica Digital. Este processo envolvia a utilização de computadores de grande porte (*Main Frame*) e a digitalização das folhas cartográficas constantes do MOC (Mapa Oficial da Cidade na escala 1:5.000). Estas folhas eram convertidas para o formato digital, utilizando-se mesas digitalizadoras; a seguir eram impressas ou "*plotadas*" por um traçador gráfico ("*plotter*") da marca Calcomp, localizado nas dependências da Companhia do Metropolitano de São Paulo-Metrô, para finalmente serem conferidas, por observação visual, superpondo-se o produto impresso a partir dos arquivos digitais, aos originais analógicos (folhas do MOC) em mesas de luz, com o objetivo de descobrir os erros ou discordâncias. Este processo repetia-se até que não existissem mais diferenças entre o original analógico e a versão "*plotada*" da "cópia" digital.

A base cartográfica digital, era composta de um único arquivo, com mais de 3 *Megabytes*, o que constitui um arquivo de dimensões extraordinárias considerando a época de execução deste projeto, foi desenhada e implantada no formato do Banco de Dados IMS [3] da IBM. Este arquivo encontrava-se armazenado em um conjunto de três discos rígidos, no computador Main Frame, modelo 3270, depois transferido para o modelo 4341, também IBM, da Prodam.

O processo de entrada de dados gráficos mal chegou a ser concluído quando, em 1982, o projeto Geolog foi desativado sob a alegação de que sua manutenção era muito dispendiosa.

O Geolog foi retomado em junho de 1990 (a Portaria 201 da Sempla, constituiu um Grupo de Coordenação "para implantar e informatizar a Base Cartográfica do Município"), já com novas perspectivas de utilização, graças a um início de integração com outros serviços municipais, e contando com profundas alterações na forma de manipulação, dados os avanços técnicos na área da computação gráfica e das redes de microcomputadores. Este mapa digital, nomeado como Geolog 2, foi fracionado em 52 arquivos correspondentes às folhas do Sistema Cartográfico Metropolitano na Escala 1:10.000, e disponibilizado para venda pela Secretaria Municipal do Planejamento-Sempla, e pela Companhia de Processamento de Dados do Município de São Paulo-Prodam, desde 1992.

Em 1996, foi criada, desta vez em formato digital (CD Rom), mais uma versão do MOC, aproveitando os avanços tecnológicos e a disponibilização dos arquivos digitais do Geolog. Esta publicação foi regulamentada pelo Decreto n° 36.658, de 27 de dezembro de 1996.

Tanto o Geolog como o MOC (analógico e digital) foram as sementes de várias bases cartográficas digitais existentes no mercado na atualidade e, embora a compilação e implementação de alguns desses mapas por parte de empresas privadas e autarquias tenha sido criticada, na realidade não é possível deixar de reconhecer que o advento da microinformática em primeiro lugar, e depois as necessidades do setor privado, que culminaram com a difusão dos sistemas de telefonia celular e o aparecimento das chamadas "teles", sem dúvida contribuiu, e muito, para que se confeccionassem boas bases cartográficas, utilizando-se, inclusive, fotos aéreas em escalas médias e grandes (1:20.000 até 1:4.000) e mais recentemente, imagens de satélite de alta resolução, como as do satélite Norte-americano Ikonos, que pode chegar a uma resolução espacial de até 1 metro ou maior.

A base cartográfica utilizada neste trabalho tem sua origem no Geolog. Foi enriquecida, modificada e atualizada até compor um produto complexo, em evolução, e que com certeza nunca estará completo, pois o território que representa também não está "congelado", pelo contrário, aparece muito vivo, em constante transformação, crescendo e mudando de forma absolutamente dinâmica.

Material e Métodos

1. Os cadastros como fontes de dados primários

Entre os principais entraves na implantação de um Sistema de Informações Geográficas, e consequentemente na sua plena utilização, constam na aparente ausência de dados, sua desatualização, ou no mínimo, na dificuldade em encontrar tais componentes da informação [4] quando são necessários. A falta de dados e coordenação são agravados se o ambiente em que se pretende utilizar as facilidades do geoprocessamento é o de uma metrópole como São Paulo.

A implantação viável e realista de um sistema de informações geográficas, ou até de qualquer conjunto de rotinas de geoprocessamento, passa por uma fase, importante, de organização e padronização dos dados descritivos tabulares existentes, encontrados, interna ou externamente ao ambiente de processamento dos produtores e gerentes de sistema.

No caso da Cidade de São Paulo, pode-se afirmar que o acervo cadastral disponível, ainda que não tenha sido concebido para ser compartilhado na análise espacial computadorizada, é rico e de grande abrangência, criando a possibilidade de *georeferenciamento* e relação topológica entre os variados temas representados.

A seguir, listam-se alguns dos cadastros que direta ou indiretamente foram utilizados neste trabalho, tanto para suporte da informação geográfica como para a espacialização do valor da terra, que de qualquer maneira é o tema central deste estudo, em sua condição de elemento primário das *isotimas*.

2. *Cadastro de logradouros: Cadlog*

O Cadlog foi desenvolvido entre 1974 e 1978 [5] com a principal finalidade de se reduzir o espaço gasto com os nomes das ruas (aproximadamente 44.000), constantemente repetidos a cada registro de propriedade, substituindo a denominação, ou nome completo do logradouro (formado por Tipo, Título, Preposição e Nome), por um código seqüencial. Para isto foi criado o arquivo de logradouros com os respectivos códigos (Codlog), sua denominação por extenso, a localização do trecho inicial na articulação de plantas do MOC (Folha e Quadrícula) e CEP (apenas 5 dígitos na época).

O Cadlog tem um potencial de utilização muito maior do que a simples codificação dos logradouros, pois sua estrutura permite armazenar dados sobre cada trecho de via, como numeração das extremidades, valor, padrão construtivo, largura, redes de serviço existentes, etc.. Ele se constitui no Índice Mestre de Logradouros (IML), ao qual se relacionam todos os bancos de dados do sistema cadastral. Sem lugar para dúvidas, o Cadlog digital é a base fundamental de quaisquer aplicações cartográficas que pretendam tratar detalhadamente o território urbano da Cidade de São Paulo.

A estrutura de uma rede viária inteligente, ou topológica [6] envolve uma série de detalhes complexos e exigências da forma de organização interna dos dados, tanto gráficos como seus atributos descritivos, que estão orientados, fundamentalmente à possibilidade de realizar localização automática pelo endereço postal (*geocodificação*) e também a modelagem de transportes. Entre estes detalhes, encontra-se a orientação e seqüência dos segmentos, que devem ser numerados consecutivamente, para permitir a interpolação correta das coordenadas atribuídas a cada endereço postal. Geralmente, esta seqüência se subordina à posição do centro geométrico, comercial ou político da cidade. No caso do Município de São Paulo, utiliza-se a coordenada geográfica do Marco Zero (46° 38' 1,6" de Longitude Oeste e 23° 33' 0,2" de Latitude Sul), que equivale a 333.233 e 7.394.590 metros no sistema de coordenadas Universal Transverso de Mercator, mais conhecido por UTM. Esta posição, assinalada por um monólito decorado com placas comemorativas em bronze, indica o ponto de origem para todas as estradas do Estado (e para todos os Logradouros da Cidade de São Paulo), encontra-se localizado na Praça da Sé.

O papel dos Segmentos e Trechos de Logradouros na base cartográfica digital é muito relevante. Os Trechos de Logradouros provêm da listagem oficial da Prefeitura do Município de São Paulo, o Cadastro de Logradouros ou Cadlog. Este cadastro constitui um valioso instrumento para o gerenciamento e controle de todas as vias da Cidade de São Paulo, facilitando sua manipulação, mediante o uso de um código único (Codlog), que viabiliza, e garante a unicidade de cada nome presente no cadastro, facilitando a identificação e diminuindo a possibilidade de erros de digitação, já que, a cada nome na lista corresponde apenas um código, e quando existem dois nomes iguais, estes não podem acontecer no mesmo bairro, nem possuem o mesmo código de endereçamento postal (CEP).

No exemplo da Figura 2, destaca-se a presença do Código Individual do Logradouro, ou Codlog, que substitui, para todos os efeitos, a Denominação do Logradouro.

3. *Cadastros para tributação: TPCL*

A sigla TPCL corresponde às iniciais dos tributos previstos pelo sistema: (imposto) Territorial, (imposto) Predial, (taxa de) Conservação e (taxa de) Limpeza. É formado por diversos bancos de dados e uma centena de programas e está estruturado de forma hierarquizada. Esta forma de estrutura é eficiente (ou pelo menos o era ao tempo de sua concepção) para manipulação de grandes arquivos, mas pouco flexível e de difícil operação para quem não for especialista no assunto. Foi implantado no início da década de 1970, época em que ainda prevalecia a preocupação com o máximo aproveitamento da máquina (computador de grande porte), mesmo a custo de muito trabalho humano direto. Trinta anos depois, os recursos eletrônicos são incomparavelmente mais potentes e mais baratos e, portanto, desenvolvem-se programas que minimizam o trabalho ou a necessidade de especialização humana, mesmo a custo de grande "desperdício" de "espaço" na memória, e recursos de máquina. Mesmo assim, a eventual substituição do atual sistema por outro de manipulação mais fácil esbarraria, além do problema de manutenção do histórico, nas dificuldades oriundas do volume de dados a serem tratados: cerca de 2.500.000 unidades lançadas, distribuídas em 60.000 quadras, acessadas por mais de 60.000 ruas.

A inscrição dos imóveis no cadastro é obrigatória, seguindo as condições estabelecidas pela Lei 6989/66: "Art. 11 Todos os imóveis construídos, inclusive os que gozem de imunidade ou isenção, situados na zona urbana do Município, devem ser inscritos, pelo sujeito passivo, na repartição competente, de acordo com a legislação municipal".

Cada unidade lançada constitui um lote, ou melhor, um lote fiscal, visto que esse não corresponde necessariamente ao conceito corrente de lote, qual seja, de parcela de terreno. O lote no conceito fiscal é qualquer propriedade imobiliária passível de ser tributada como unidade: pode ser uma casa, um apartamento, um prédio, um terreno, uma vaga de garagem, uma gleba de 50 ha, etc.

Os lotes são agregados em quadras, normalmente delimitadas por ruas. No entanto, uma quadra pode também ser delimitada por uma propriedade tipo gleba ou por um córrego, assim como pode haver diversas áreas delimitadas por ruas, formando uma única quadra. No fundo trata-se apenas de um código de localização, sem vínculo essencial com o conceito físico de quadra ou quarteirão.

Pela mesma lógica de código de localização, cada quadra, por sua vez, faz parte de um setor fiscal. Todo o Município está dividido em 310 setores, sendo em princípio, os setores de número menor, aqueles mais próximos do Centro da Cidade, e os de número maior, mais periféricos.

Assim cada unidade tributada pode ser localizada através de um código composto de três números que identificam sucessivamente o Setor, a Quadra dentro do setor e o Lote dentro da quadra. Esse código é conhecido pela sigla

SQL e corresponde ao número do contribuinte isto é, ao número pelo qual a unidade a ser tributada é identificada no cadastro e relacionada a um proprietário em nome do qual será lançado o imposto.

	081	128	0004	9
Setor	081			
Quadra		128		
Lote			0004	
Dígito de Controle				9

A cada lote do Cadastro (Lei 10.235/86) são associados os dados de endereço e proprietário e os atributos (área, tipo, uso, padrão, código de cobrança e de regularidade, entre outros), necessários para o lançamento do imposto.

De fato, no TPCL para cada combinação de uso, tipo e padrão podem ser estabelecidos valores venais unitários e alíquotas diferentes para cálculo dos impostos.

Conforme já citado anteriormente, o TPCL está armazenado num Banco de Dados hierárquico, cujo arquivamento segue critérios de mínima redundância. Por exemplo, se o valor venal unitário for constante para todos os lotes de uma quadra, esse valor será guardado num banco por quadra e cada lote da quadra terá uma ligação com esse banco para buscar ali o valor venal. O valor venal será arquivado por lote (ou por face de quadra) apenas nos casos em que não for constante por quadra.

A Planta genérica de valores

A planta genérica de valores é publicada todo ano, no dia 31 de dezembro, no Diário Oficial do Município de São Paulo. Esta publicação constitui-se simplesmente em uma tabela, a Listagem de Valores, que contém os valores venais por metro quadrado para todas as quadras fiscais do Município de São Paulo. Na realidade, esta forma de publicação não foi sempre assim. Existia um verdadeiro mapa ou planta da Cidade, na qual constava graficamente a anotação destes valores. Na referida publicação da Prefeitura aparecem listados também todos os logradouros da Cidade, e cada um deles relacionado à quadra fiscal correspondente a cada lado (esquerdo e direito), por trecho de logradouro.

A manutenção do cadastro fiscal e a atribuição dos valores venais, dentro do Município de São Paulo são de responsabilidade da Secretaria de Finanças. Os valores venais são consolidados e aprovados anualmente num documento conhecido como PGV - Planta Genérica de Valores.

Os valores unitários de terreno, definidos em função da localização, eram de fato mapeados (por zonas de igual valor), e a Lei Municipal 6.986/66 refere-se à Planta Genérica de Valores.

Já a Lei Municipal 10.235/86 substituiu a PGV (mapa) por uma Listagem de Valores Unitários, por face de quadra (resultado do cruzamento de quadras com ruas: uma quadra X, limitada pelas ruas A, B, C e D, terá quatro faces de quadras: XA, XB, XC e XD).

A seguir, fragmento selecionado da Lei Municipal 10.235/86, em que se faz referência ao valor venal e também à Listagem de Valores:

> Art. 1° A apuração do valor venal, para fins de lançamento dos Impostos sobre a Propriedade Predial e Territorial Urbana, será feita conforme as normas e métodos ora fixados.
>
> Parágrafo único. Fazem parte integrante desta Lei as Tabelas I a VI e a Listagem de Valores. (...)
>
> Art. 4° O valor venal do terreno (...) resultará da multiplicação de sua área total pelo correspondente valor unitário de metro quadrado de terreno, constante da Listagem de Valores(...)

A partir da informatização dos cadastros a planta analógica foi substituída, para efeitos operacionais, por uma listagem das faces de quadra e seus respectivos valores venais, até por que não se contava na época com computadores com capacidade de processamento gráfico, e os Sistemas de Informações Geográficas apenas começavam a ser utilizados nos países mais desenvolvidos. Via de regra os valores venais dos terrenos, isto é, os valores que refletem diferenças de localização, são atualizados linearmente, o que significa apenas uma correção monetária. A valorização em função de alterações de fatores de localização como acessibilidade a sistema viário, transporte ou redes de serviços, só se reflete em termos de valores venais com anos de atraso, por meio de pesquisas de valor de mercado.

Dentro das condições legais estabelecidas é da Secretaria de Finanças da Prefeitura do Município de São Paulo a atribuição de manter o cadastro das propriedades imobiliárias; estabelecer os valores venais de cada propriedade e calcular os impostos.

A legislação é ao mesmo tempo muito detalhada em certos aspectos e omissa em outros, deixando dúvidas. Isto é, de fato as atribuições se resolvem pela prática dos funcionários e pelas rotinas e sistemas implantados. As leis fornecem alguns critérios gerais, justificativas e parâmetros de cálculo, além de constituírem as bases para discussões e negociações.

Pela Lei Municipal 6.989/66, o imposto era calculado mediante aplicação de alíquotas fixas sobre os valores venais apurados:

> Art. 7° O imposto [predial] calcula-se à razão de 1,2% sobre o valor venal do imóvel. (...)
>
> Art. 27 O imposto [territorial urbano] calcula-se sobre o valor venal do imóvel, à razão de:
>
> I quando situado na 1ª subdivisão da zona urbana, 4,2%;
> II quando situado na 2ª subdivisão da zona urbana, 3,0%;
> III quando situado além do perímetro desta última, 2,4%.

A partir da Lei Municipal 10.235/86 os dois impostos passaram a serem tratados em conjunto, num único Imposto Predial e Territorial Urbano (IPTU), o que gera uma certa confusão com a possível interpretação de que o IPTU resultaria da soma dos dois. De fato, sem considerar o caso de excesso de área, como definido no inciso III do Artigo 24, os dois impostos são alternativos isto é, aplica-se um ou outro, conforme o imóvel seja ou não construído (terreno vago). No entanto o Imposto Predial é calculado sobre um valor venal obtido pela soma dos valores venais do terreno e da construção: o do terreno depende da localização e o da construção é definido para todo o município em função do uso, tipo e padrão. Obviamente, essa forma de cálculo de valor venal do imóvel pela soma de valores venais de imóveis inexistentes (um terreno vazio com determinado uso e uma construção sem terreno) não corresponde a nenhum critério de avaliação de mercado. No entanto, é uma forma bastante eficaz de distribuir a carga tributária e, apesar dos problemas pontuais comuns num cadastro tão grande como o de São Paulo, não parece haver grandes distorções, ou ao menos as distorções apresentam-se com uma defasagem constante para o valor de mercado ou constante dentro da região ou zona de valor.

O tema do valor venal é abordado convenientemente pelo Eng. Osório Accioly Gatto, em seu estudo *Variação de Preços de Terrenos Urbanos em São Paulo-SP no Plano Real* (GATTO, 1996). O Eng. Gatto utiliza em sua publicação o termo "Índice Fiscal", quando se refere ao Valor Venal do Imóvel, publicado na Listagem de Valores da Secretaria de Finanças, prática muito comum no campo das avaliações imobiliárias, no qual o Instituto Brasileiro de Avaliações e Perícias de Engenharia-IBAPE, destaca-se profissionalmente. As apreciações do Eng. Gatto, diretor do IBAPE na época, apontam, por tanto, para a relação entre o valor venal, e o valor real de mercado (chamado de "Valor Unitário" pelo referido autor), e com outras variáveis, com forte componente espacial, como a Lei de Zoneamento, e a distância dos centros comerciais.

A seguir, transcrevem-se alguns exemplos destas afirmações, publicados à página 7 do citado estudo:

> VERIFICA-SE
> - correlação forte, positiva (0,84) entre UNITÁRIO e ÍNDICE FISCAL
> - correlações fortes, positivas (> 0,63) entre ÁREA e TESTADA, PROFUNDIDADE
> - correlação média, positiva (0,38) entre UNITÁRIO e ZONA DE USO;
> - correlação fraca, positiva (0, 04) entre UNITÁRIO e ÁREA;
> - correlação fraca, positiva (0,04) entre UNITÁRIO e DATA.

Também no mesmo estudo, especificamente na página 11, é descrito o "Fator Social" do Índice Fiscal (Valor Venal) e sua conseqüente influência nos valores cobrados pelo IPTU nas regiões menos favorecidas da Cidade. Posteriormente, na página 13, menciona-se a relação entre o Índice Fiscal e a Lei de Zoneamento:

> (...) Nas zonas Z1 (estritamente residenciais, geralmente de melhor padrão), a defasagem do índice fiscal é menor, confirmando o fator social. (...)
>
> (...) A grande semelhança entre as zonas comprova que em São Paulo o valor do índice fiscal já embute o fator zoneamento.

Finalmente, na página 34, o autor faz um resumo das observações, a título de conclusões ou considerações finais:

> 8) RESUMO DAS OBSERVAÇÕES
>
> Dos presentes estudos podemos destacar como relevantes as deduções
>
> 8a) Quanto ao ÍNDICE FISCAL:
>
> 8a1) a medida índice fiscal, a despeito das defasagens, ainda é significativa em nível global para fins de transposição;
>
> 8a1) nas áreas mais carentes de infra-estrutura o índice fiscal encontra-se mais defasado em relação ao unitário de terreno – é o fator social do índice fiscal, base para cobrança do IPTU – e nas zonas Z1 (estritamente residenciais, geralmente de melhor padrão), a defasagem do índice fiscal é menor;

8a3) ante a amplitude de variação de K, a transposição entre regiões de índice fiscal de ordem muito discrepante resta desaconselhada, corroborando a NORMA.

"8.2.2.15.4 Tanto quanto possível, deverá ser evitada a utilização de valores oriundos de locais cujos índices de transposição discrepem excessivamente daquele para o qual a pesquisa deve ser feita (aquém da metade ou além do dobro).

8a4) a convergência de variação e valor mediano de K entre as zonas comprova que em São Paulo o valor do índice fiscal já embute o fator zoneamento.

Por outro lado, a Lei Municipal 10.394/87 estabeleceu alíquotas diferenciadas, em função do uso e do Valor Venal do Imóvel (VVI), em substituição à alíquota única de 1,2% para imóveis construídos e às três alíquotas em função da localização para os terrenos vagos.

As Leis Municipais 10.805/89 e 11.152/91 alteraram não apenas os valores das alíquotas, mas principalmente a estrutura de distribuição dos impostos, aumentando-os para as propriedades de valores venais mais altos.

A partir de 1990, a Prefeitura do Município de São Paulo passou a fazer tentativas de cobrar o imposto em valores constantes. Até 1989, o IPTU era calculado em moeda corrente, "corrigida" por uma estimativa de inflação futura. O resultado era parcelado em prestações e se recebia um "desconto" para pagamento à vista. Em 1990, a Prefeitura conseguiu a autorização para "atualizar o valor a pagar em 70% da variação do BTN[7] entre o mês base e o do vencimento". Isto não era, ainda, uma atualização plena do valor, mas o reconhecimento da necessidade de se ter as contas públicas em uma moeda constante, e foi um passo importante no sentido do controle sobre o orçamento. No ano seguinte (1991), a atualização foi estabelecida pelo valor total do BTN. Em 1992 e 1993 os valores em moeda corrente foram transformados em UFM (Unidade Fiscal do Município), com variação mensal e, finalmente, em 1994, a Prefeitura adotou a UFM diária para pagamento dos impostos municipais.

Esta questão das formas de pagamento do IPTU, e as discussões que a acompanham, é sempre tema polêmico. Notadamente, tendo-se em conta o fato de que grande parte dos imóveis existentes em uma metrópole como São Paulo, encontra-se em situação total ou parcialmente irregular, sem dúvidas este aspecto deverá apontar situações inconvenientes, ou no mínimo injustas (tanto por excesso como por subestimativa) na cobrança dos impostos municipais urbanos. O governo atual do Município, eleito em 2000, optou por implantar uma política de isenção fiscal tributária para imóveis de baixa renda.

Então, uma vez conhecida a situação real do cálculo do valor venal, os detalhes de aplicação do IPTU para o Município de São Paulo, e reconhecendo também que, mesmo que se tivesse acesso pleno à Planta Genérica de Valores original (o que apresentava dificuldades), esta com certeza encontrar-se-ia totalmente desatualizada, tomou-se a decisão, de produzir uma nova Planta Genérica de Valores, que tivesse, merecidamente, o caráter de "Planta". Para lograr este objetivo, a única forma possível seria iniciar o trabalho com a referida Listagem de Valores, publicada na íntegra no dia 31 de dezembro de 1996.

O procedimento completo e detalhado de conversão da PGV para a nova Planta Genérica de Valores em formato cartográfico digital, encontra-se descrito no Capitulo 4 da tese de Doutorado do autor (PÉREZ MACHADO, 2001).

Mediante a utilização das facilidades de cartografia temática, presentes no sistema de informações geográficas utilizado (Maptitude, produzido pela Caliper Corporation), efetuaram-se testes iniciais com diferentes formas de representação numa região piloto. O sistema permite a definição manual de intervalos de classe, ou sugere valores para cada classe a partir de um número indicado pelo usuário. Já desde o início, optou-se pela utilização de sete intervalos de classe, por ser este, a nosso juízo, um número apropriado e também consagrado pela prática. A tarefa de decidir exatamente quais seriam os intervalos de cada classe, consumiu muito mais tempo e esforços do que o imaginado. Percebeu-se, neste ponto, uma limitação do sistema em relação a sua capacidade de analisar mais de 200.000 elementos e construir um histograma, para poder selecionar a partir deste, as sete classes desejadas. Por tal motivo, foi necessário que, após o ordenamento em forma crescente de todos os valores venais, fosse estudado, cuidadosa e manualmente, o conteúdo desta coluna na tabela, para poder perceber as eventuais quebras na seqüência de valores, indicativas do início ou fim de um intervalo de classe.

Depois de efetuados os procedimentos acima descritos, foram separados os sete intervalos mencionados, e ao se observar o mapa obtido, nele se destacavam, perfeitamente, as diferentes zonas de valor, inclusive corredores associados à presença de vias principais, com intenso uso comercial (ver Figura 3).

Posteriormente, foi possível apreciar que um mapa elaborado com sete intervalos de classe, porém utilizando no lugar do método manual de seleção, o método do desvio padrão calculado pelo sistema para as sete classes indicadas, proporcionava como resultado um mapa temático muito parecido ao elaborado pelo método de seleção manual de intervalos.

Este mapa de pontos, ou melhor, este arquivo geográfico digital, tem a vantagem de ser bem leve, já que o ponto é a entidade gráfica com o conceito topológico mais simples, pois um ponto não tem volume, forma, área nem dimensão. Porém, pode ser utilizado na confecção de vários mapas temáticos, utilizando diferentes formas de representação cartográfica (ícones ou símbolos geométricos proporcionais), permitindo ainda a utilização das variáveis visuais tamanho e cor.

No mapa temático resultante mostra-se claramente a utilização dos pontos de valor venal. Na visualização em menor escala, os efeitos apreciados para as diferentes zonas de valor devem-se, fundamentalmente, ao uso da variável visual cor, nas quais as tonalidades mais claras de amarelo correspondem aos terrenos de menor valor e, na medida em que este aumenta, as cores tornam-se mais escuras, passando pelo amarelo intenso, ocre até chegar aos tons de marrom, nas regiões mais valorizadas. Esta forma de tratamento das cores em *degradé* é bem conhecida na cartografia temática tradicional, porém uma das vantagens da utilização de um Sistema de Informações Geográficas é a de que, além de poder utilizar simultaneamente vários métodos de representação cartográfica no mesmo nível temático ou *layer* (neste caso contendo os pontos de valor venal), isto pode ser feito de forma automática e tratando uma grande quantidade de entidades geográficas, sem perder velocidade nem capacidade de processamento.

Em uma visão de maior detalhe (aumentando-se a escala), poder-se-á observar que, além das variações de tonalidade, existe outra variável visual diretamente vinculada ao valor. Esta variável é o tamanho do símbolo utilizado, neste caso um quadrado, que na medida em que o valor aumenta, torna-se maior e mais escuro, reforçando assim a idéia da proporcionalidade já transmitida pelo degrade, ou gradiente de cor.

Aumentando-se ainda mais o detalhe (até se chegar a uma escala cadastral), aparecerão automaticamente etiquetas para cada um dos pontos representantes das faces de quadra, que mostram exatamente o valor venal individual de cada um deles.

É importante ressaltar que, desta forma, o usuário do mapa estaria consultando diretamente a tabela que deu origem à cartografia temática, ou seja suas fontes primárias, contendo os dados puros, sem nenhum tipo de agregação, na realidade o sonho de todo cartógrafo. Ainda, usufruir todas estas facilidades de forma inteiramente automática, e utilizando uma base cartográfica digital contínua, sem folhas separadas nem emendas. Assim mesmo, existem outras vantagens decorrentes da utilização de um sistema de informações geográficas (DUFFAT; MACHADO & VÉLIS, 1989), tais como a possibilidade de experimentar diferentes formas de representação, e também a de realizar análise espacial, obtendo-se resultados significativos, em curtíssimo tempo.

Geração das Isotimas

Uma vez obtido o mapa fonte com os pontos de valor venal, procedeu se à interpolação de uma superfície de valor venal, procedimento conhecido como Modelo Numérico de Terreno, ou Modelo Digital de Elevação, pois as primeiras aplicações desta metodologia estavam orientadas à produção de mapas hipsométricos, cartas de declividade e de exposição de vertentes, todas baseadas nas curvas de nível, daí o nome vinculado à elevação. Como produto direto da interpolação de qualquer valor que mude continuamente no espaço, é possível obter curvas de igual valor, cuja denominação varia de acordo com o tipo de variável utilizada. Assim surgem as isoietas (de precipitação), as isotermas (de temperatura) e assim por diante, no presente caso denominamos estas curvas de *isotimas*, pois elas indicam pontos de igual valor (neste caso venal).

Cabe ressaltar que. embora o valor aqui utilizado para gerar as *isotimas* foi o venal, temos testado esta metodologia para criar curvas (e regiões) de igual valor de mercado (Almeida et al., 2001), por meio da aplicação de uma equação complexa, em que se ponderaram diferentes variáveis, todas com dependência espacial. A equação utilizava variáveis amplamente conhecidas, como o valor de mercado (levantado junto a corretoras de imóveis e empresas de avaliação de patrimônio imobiliário), a distância do centro ou pólo comercial regional, a distancia das vias principais, centros comerciais e estações do metrô como variáveis a serem consideradas positivamente, também se utilizavam variáveis que trabalhavam negativamente na formulação, como a declividade acentuada o a possibilidade de enchente e, também, a concordância do uso pretendido com o permitido pela Lei de Zoneamento.

Posteriormente, com o objetivo de se adensar a quantidade de pontos de coleta de dados, que era muito heterogêneo e pouco regular, por razões obvias (muitas variáveis com diferente comportamento espacial), criou-se uma malha de pontos, com um espaçamento regular de 150 m no sentido N-S e também W-E. Esta malha de pontos foi superposta ao primeiro mapa de isotimas, e os dados primários de valor (presentes em cada face de quadra), assim como os dados de valor venal interpolados para cada ponto do território municipal de São Paulo, foram transferidos mediante procedimentos de análise espacial presentes nos programas de Geoprocessamento, conhecido como "tagging". Finalmente, sobre esta grade regular, se geraram os modelos tridimensionais que permitiram a obtenção de perfis e a interpolação definitiva das curvas de igual valor (isotimas) escopo principal do trabalho.

A título de comparação, sobre a mesma malha de pontos se alimentaram os valores das cotas de terreno, utilizando como fonte, um mapa hipsométrico, no qual as curvas de nível apresentavam um espaçamento (eqüidistância) de 5 m. Os resultados desta comparação se mostram no mapa e gráficos da Figura 4.

Na Figura 6, apresenta-se uma amostra da utilização da metodologia das *isotimas* para o cálculo de curvas de igual valor comercial. Neste caso, o território estudado compreendem duas regiões selecionadas no centro do Município de São Paulo. (Almeida et al,, 2001).

No mencionado estudo, o método das *isotimas* foi utilizado para subsidiar a tomada de decisões, por parte de instituições públicas, em relação à aquisição de lotes de terreno urbano para implantação de programas de habitação popular. Observe-se (Figura 6 e 7) como a mesma metodologia foi empregada com sucesso, para analisar duas variáveis espaciais (valor comercial e densidade de edificações), ambas tratadas pelo conceito apresentado. Na figura 5, mostra-se uma tabela com a lista dos pontos da grade adensada, e várias colunas, exemplificando algumas das possibilidades de aplicação da metodologia, incluindo fenômenos não naturais, como a densidade de população e a exclusão social.

Conclusões

Das fontes de dados primários

Os resultados da modelagem indicam que dados cadastrais de diversas origens podem ser utilizados para estimativas de valores em diversas áreas da cidade, mesmo que os valores calculados sejam diferentes dos valores de mercado, em principio se guarda certo grau de proporcionalidade entre ambos. Por outro lado, ainda que as estimativas obtidas possam ser consideradas limitadas do ponto de vista do mercado imobiliário, elas podem ter outra importante utilidade do ponto de vista operacional: apontar aquelas áreas onde os cadastros encontram-se mais defasados e, conseqüentemente, estabelecer prioridades para sua atualização.

Longitude	Latitude	Cota (m)	Valor (R$)	Densidade Pop. (hab/ha)	Exclusão Social	Expectativa de Vida	Renda Média	Tempo de Viagem
-46805801	-23938845	800,00	4,56	0,4698				
-46805801	-23937345	795,00	4,56	0,4698				
-46804301	-23938845	785,00	4,56	0,4698				
-46804301	-23937345	770,00	4,56	0,4698				
-46802801	-23937345	765,00	4,56	0,4698				
-46801301	-23937345	780,00	4,56	0,4698				
-46799801	-23938845	775,00	4,56	0,4698				
-46799801	-23937345	780,00	4,56	0,4698				
-46798301	-23938845	760,00	4,56	0,4698				
-46798301	-23937345	760,00	4,56	0,4698				
-46796801	-23938845	765,00	4,56	0,4698				
-46796801	-23937345	765,00	4,56	0,4698				
-46793801	-23941845	780,00	4,56	0,4698				
-46795301	-23938845	785,00	4,56	0,4698				
-46795301	-23937345	800,00	4,56	0,4698				
-46793801	-23940345	770,00	4,56	0,4698				
-46793801	-23938845	770,00	4,56	0,4698				
-46793801	-23937345	765,00	4,56	0,4698				
-46805801	-23934345	785,00	4,56	0,4698				
-46807301	-23931345	785,00	4,56	0,4698				
-46805801	-23932845	780,00	4,56	0,4698				
-46805801	-23931345	790,00	4,56	0,4698				
-46805801	-23929845	765,00	4,56	0,4698				
-46804301	-23935845	775,00	4,56	0,4698				

| Figura 5 | Tabela com a lista dos pontos da grade adensada, que são localizados pelas coordenadas geográficas (Longitude, Latitude). Esta grade pode ser utilizada em vários trabalhos de interpolação, com esse objetivo foram criadas novas colunas com contextos diferentes.

Isotimas. Alternativas de utilização da metodologia proposta

Este trabalho apresenta características inovadoras, seja pelo instrumental técnico-teórico utilizado, seja por aprimorar características de avaliação em massa e geração da Planta de Valores Homogêneos, tanto para sua direta utilização no lançamento tributário, como para a engenharia de avaliações e perícias imobiliárias. E, ainda, a metodologia como um todo, incluindo a criação de uma malha de pontos adensada, é passível de ser empregada com quaisquer variáveis quantitativas, que se manifestem com continuidade no espaço, tais como densidade de ocorrência de qualquer fenômeno natural ou social.

No futuro, o cruzamento da informação legislativa *geoespacial* com dados de valor, socioeconômicos e ainda *físico-geográficos*, na forma proposta, pode depurar e auxiliar, significativamente, o trabalho de revisão das normas de uso e ocupação do solo, simulando adensamentos e efeitos de grandes operações urbanas, com extensa área de influência. Igualmente deverá contribuir ao estabelecimento de melhores relações de comparação entre os valores e preços praticados no mercado imobiliário e aquele presente nos cadastros municipais, como por exemplo, o TPCL.

A metodologia desenvolvida neste estudo permitirá, também, os seguintes avanços:

a. Produzir estimativas de valor da terra (valor venal e também comercial) para aquelas áreas do território municipal que sejam importantes ou prioritárias do ponto de vista da estratégia de localização de programas de habitação popular, de equipamentos públicos como escolas, postos de saúde e privados, tais como bancos, supermercados, entre outros, especialmente quando são necessárias ações específicas para a aquisição dos lotes onde esses programas e equipamentos serão construídos.

b. Corrigir e atualizar cadastros e bases de dados públicas ou privadas, que tenham distorções de valor significativas para áreas específicas, aprimorando desta forma os instrumentos de arrecadação de impostos e a qualidade e confiabilidade das informações geradas.

c. Identificar áreas urbanas suscetíveis a serem incorporadas a planos habitacionais, onde as pesquisas de valor da terra muitas vezes constituem agravantes ou até impedimento para o andamento dos projetos.

d. Facilitar a criação de novas variáveis necessárias em estudos urbanos e regionais, tais como índices de mercado, potencial de consumo e outros, incluindo *fenômenos sociais*. A aplicação da metodologia seria possível, sempre que as variáveis tratadas tivessem as características já assinaladas, de serem valores numéricos *contínuos*, nunca discretos, e apresentar uma forte *dependência espacial*.

A metodologia proposta aceita o tratamento de dados especiais e a modelagem sócio-econômica de uma forma que tradicionalmente era aplicada unicamente a variáveis naturais. A combinação do método das isotimas com outros, como os provenientes da geografia estatística, permitirá a detecção de correlação espacial entre variáveis não negativas, apontando tendências e a previsão de cenários em territórios heterogêneos e de alta complexidade, como são as cidades.

É importante ressaltar que uma das principais dificuldades na elaboração e implementação de políticas públicas, bem como de muitas ações do setor privado ou empresarial, diz respeito à dificuldade de se encontrarem dados e informações claras que subsidiem a execução destas ações, principalmente se considerarmos territórios com a magnitude e complexidade do Município de São Paulo, com mais de 10 milhões de habitantes.

Notas

[1] Na atualidade quinze.

[2] Originalmente na escala 1:5.000 e conhecido como o "MOC Azul" (publicado em janeiro de 1978), foi obtido por ampliação fotográfica do mapa 1:10.000 Gegran. A segunda versão deste mapa, o "MOC Marrom" foi feita na escala 1:7.500, e publicado em 1985. Unicamente a terceira versão do MOC (lançada em dezembro de 1996), foi executada em formato digital.

[3] O sistema de gestão de banco de dados IMS, foi originariamente desenvolvido pela NASA, para o projeto Apollo de tecnologia espacial, e divulgado para uso civil no início da década de 1980. A forma de relacionamento das entidades no IMS seguia o chamado modelo hierárquico, em que as entidades eram acessadas em virtude de sua importância na estrutura (relação pai-filhos). Num sistema hierarquizado os dados são arquivados por critérios de mínima redundância, esta forma de relacionamento foi a precursora dos atuais bancos de dados relacionais.

[4] Tradicional e coloquialmente, existe uma tendência a utilizar como sinônimos os termos "dado" e "informação". Na realidade, Dado é a matéria prima da informação ou, expressado de outra forma, a Informação está composta por dados processados, tratados. Assim, por exemplo, a data de nascimento de uma pessoa constitui um dado, e sua idade seria a informação.

[5] Implantado definitivamente em 1979, existe ainda hoje, conjuntamente com os outros cadastros da Prefeitura no computador de grande porte IBM 9672R63, que possui 6 processadores com capacidade de execução de 115 MIPS (milhões de instruções por segundo) e 550 Gb (gigabytes) de "espaço" disponível no disco rígido.

[6] De topologia. Refere-se às relações de adjacência, contenção, conectividade e vizinhança existentes entre as diferentes entidades geográficas do mapa. Graças às relações topológicas, os Sistemas de Informações Geográficas podem realizar análise espacial. Os sistemas mais simples, chamados CAD-Computer Aided Design (Desenho Assistido por Computador), por carecerem da topologia, são incapazes de efetuar qualquer tipo de análise computadorizada.

[7] BTN Bônus do Tesouro Nacional.

Bibliografia

ALMEIDA, S. de et al.. "Renovação Urbana através da Re-ocupação com Moradias de Baixa Renda. A aplicação combinada de modelos hedônicos de valor e SIG-Sistema de Informações Geográficas, como ferramenta de planejamento". In: *Primeiro Congresso da International Real Estate Society* (IRES). Alaska, do 25 ao 28 de Julho de 2001.

BATTAGLIA, L.. *Cadastros e Registros Fundiários. A institucionalização do descontrole sobre o espaço no Brasil.* Tese de Doutorado em Estruturas Ambientais Urbanas, apresentada à Faculdade de Arquitetura e Urbanismo-FAU da Universidade de São Paulo-USP. São Paulo, fotocópia, 1995.

DUFAT, R. CANDEAU; MACHADO, R. P. PÉREZ & VÉLIS, P. NÚÑEZ ."Sistemas Automatizados de Cartografía Temática como Caso Particular de Sistemas de Información Geográfica". In: *Anales de la II Conferencia Latinoamericana sobre Tecnología de los Sistemas de Información Geográfica.* Mérida, Venezuela, pp. 211-235, 1989.

GATTO, O. A.. *Variação de Preços de Terrenos Urbanos em São Paulo/SP no Plano Real.* Instituto Brasileiro de Avaliações e Perícias de Engenharia de São Paulo-IBAPE/SP. São Paulo, apostila, 1996.

KUBRUSLY, V. S.. *Gestão sócioambiental urbana e o geoprocessamento como apoio estratégico para análise do território: o caso da Bacia Hidrográfica do Guarapiranga.* Tese de Doutorado apresentada ao Departamento de Geografia da Faculdade de Filosofia Letras e Ciências Humanas-FFLCH da Universidade de São Paulo-USP. São Paulo, fotocópia, 2001

MACHADO, R. PEREZ. *Um modelo Geoespacial de Uso do Solo e Demografia. O caso do Município de São Paulo.* Tese de Doutorado apresentada ao Departamento de Geografia da Faculdade de Filosofia Letras e Ciências Humanas-FFLCH da Universidade de São Paulo-USP. São Paulo, fotocópia, 2001.

SAGMACS & SÃO PAULO (cidade) Comissão Municipal da Pesquisa Urbana - Estrutura urbana da aglomeração paulistana. Relatório da pesquisa dirigida pelo Padre Lebret. São Paulo, (não publicado), 1958.

INTRODUÇÃO A UM NOVO DESAFIO: GESTÃO DEMOCRÁTICA DA CIDADE

Sandra Lencioni

O processo de produção do espaço vem apresentando novas dinâmicas, muitas delas promovidas pela atual reestruturação do capitalismo, na qual as metrópoles se expandem territorialmente, assumem hegemonia maior e se hierarquizam globalmente. Essa realidade coloca novas questões sobre o processo de urbanização, sobre a relação entre o urbano e o regional e, principalmente, sobre como enfrentar o desafio de se buscar caminhos que permitam conduzir a uma gestão democrática das cidades.

O espaço urbano da contemporaneidade aparece caótico; no entanto, trata-se, somente, de uma aparência, pois ele contém uma ordem, muito embora essa seja de difícil apreensão. Como decorrência dessa percepção, nos angustiamos frente ao enigma de como proceder à gestão do espaço metropolitano. Enigma que necessita ser decifrado em busca de formas democráticas de gestão urbana que ampliem a cidadania, mesmo num quadro de concentração de riqueza e de extrema desigualdade social.

O desafio não é de pequena monta, mas é necessário para barrar o desenvolvimento da *anti-cidade,* da *não-cidade*, produzido no próprio interior da cidade.[1]

Tudo parece indicar que a *transição conservadora* presente na ofensiva neoliberal, característica das últimas décadas, vem encontrando sérios limites que inflexionam para a necessidade de se pensar na montagem de um novo quadro político institucional. Aquela transição que pregou o desmonte do aparelho estatal e das formas de gestão pública não respondeu a que veio, a não ser que se acredite nas preocupações explícitas e nos projetos declarados.

Essa realidade aponta para a necessidade de aperfeiçoamento do aparelho de Estado e, não, a sua negação, bem como da modernização da administração urbana. Entende-se que a última Constituição Federal e os instrumentos de atuação urbanística presente no Estatuto da Cidade sejam capazes, embora insuficientes, de direcionar os compromissos, as finalidades e as prioridades das ações públicas e privadas com o objetivo de defender a vida democrática e a função social da propriedade.

Este é o cerne dos desafios do presente, em que a gestão urbana tem que assumir outras escalas e dimensões (do *espaço-tempo* da cidade) para assegurar acesso aos meios de vida básicos do viver nas cidades e, igualmente, garantir a convivência dos vários grupos sociais.

Não resta dúvida nenhuma que o paradigma de gestão urbana no qual as cidades devem servir à produção industrial está superado. Esse tipo de gestão urbana, mais ou menos atrelada à reforma e renovação urbana que subordinam a cidade à fábrica, mostra-se, claramente, insuficiente. Esta gestão da cidade *coisificou* o urbano na sua subordinação à industrialização e descaracterizou o urbanismo. Além disso, fez pensar que administrar a cidade é administrar a produção abstraindo as relações entre pessoas, porque elegeu as técnicas de planejamento urbano como os princípios e as normas da vida na cidade.

Cabe, então, o desafio de resgatar a humanidade presente nas cidades; trata-se, agora, de resgatar a dimensão da produção social do espaço, ampliando o peso da participação da população no planejamento urbano, que mesmo tradicionalmente, fundado em propósitos técnicos do urbanismo, não deve se restringir àqueles limites impostos pela reprodução do capital. Atualmente, frente a esse desafio, tornou-se necessário considerar que o urbano é mais que o *locus* da reprodução da força de trabalho e que o circuito do capital não se circunscreve numa região.[2]

Torna-se, assim, indispensável colocar o planejamento urbano e regional num campo político que ultrapasse a idéia de um planejamento técnico, como fábrica de ilusões sociais fundadas na homogeneização industrial. Ilusões que o modelo fordista de regulação social propôs homogeneizar, embora não tenha conseguido. Por isso, o planejamento atual torna-se, por excelência, a gestão da diferença. Não importa aqui, adjetivar essa gestão de 'urbana' ou 'metropolitana', pois o urbanismo tendo como questão política a diferença, independe da escala territorial. Nesse quadro novo, os princípios da participação e da descentralização para a moderna gestão urbana devem recuperar para todos os habitantes a idéia de direito à cidade, com a defesa da eqüidade e da sociabilidade face às diferenças sociais inerentes à nossa sociedade.

Como bem observou Boisier (1992), a descentralização sem o protagonismo da participação dos diferentes segmentos da sociedade constitui-se numa outra forma de criar poder e não pode ser entendida sem a participação dos vários segmentos da sociedade, sendo imprescindível que projetos políticos de gestão urbana – não importando a escala do urbano –, vinculem-se aos esforços de redemocratização. [3]

O caminho, produto da crítica permanente, indica que a redefinição e renovação da gestão da cidade devem ultrapassar os limites da concepção técnica e da "racionalidade" de cada um dos agentes que participam da produção do espaço urbano, para incorporar a questão estratégica e, também política, da produção social e coletiva do espaço. O desafio é de conceber um novo formato de gestão urbana que deve ser institucionalizado e efetivado na defesa, como dissemos, de melhores condições de vida com equidade social e, sobretudo, na defesa do respeito às diferenças.

Diante das transformações temos vivido novas experiências de gestão urbana. Torna-se importante reafirmar que estamos diante de um novo cenário para a vida nas grandes cidades, que não só redimensiona as escalas territoriais de intervenção como, também, torna mais complexa a escala dos problemas a serem enfrentados.

Como bem expressou Jorge Mattoso (2001):

> Trata-se, sim, de admitir que o combate à exclusão também pode e deve ser feito a partir das cidades (...) para favorecer a inserção cidadã, o desenvolvimento de projetos sociais integrados, a elevação de uma voz própria no cenário regional e internacional e, não menos importante, para possibilitar a articulação de um novo projeto nacional e favorecer a busca de uma agenda de reformas capazes de ancorar uma outra globalização.

A solidariedade entre os lugares deve ser afirmada e em São Paulo algumas experiências se desenvolveram buscando uma forma de gestão urbana fundada em estruturas horizontalizadas e cooperativas. Busca-se assim, então, construir alternativas para responder à experiência vivida e à necessidade sentida de que "o problema é que existe um barril de pólvora chamado Grande São Paulo, com 39 municípios, onde 18 milhões de pessoas, vivendo em extremos de riqueza e de pobreza, espremem-se em 8.000 km^2" (DIMENSTEIN, 2001).

Prefeitos e planejadores falam de um novo regionalismo e diversas são as forças que se organizam em torno de outros tipos de consórcios municipais e de fóruns regionais. Primeiros passos em direção à construção de um novo quadro institucional que traga integração social e territorial com eqüidade, na qual a participação social deve emergir como condição e possibilidade de restituição do direito à cidade.

Notas

[1] O sentido de anti-cidade é de Henri Léfèbvre, na sua obra: *O Pensamento Marxista e a Cidade*, Lisboa, Ulisseia, 1972.

[2] Manuel Castells, no clássico, *La Question Urbaine*, de 1972, propunha a seguinte cisão: o urbano, como locus privilegiado da reprodução da força de trabalho, e a região, como o do capital.

[3] Sergio Boisier, *El Difícil Arte de Hacer Region*, Cuzco, Centro de Estudos Regionales Andino Bartolomé de las Casas, 1992.

Bibliografia

BOISIER, S. *El Difícil Arte de Hacer Region*. Cuzco, Centro de Estudos Regionales Andinos Bartolomé de las Casas, 1992.

DIMESNTEIN, G.. *Em São Paulo, até Papai Noel Anda Armado*. Folha de São Paulo, 23.12.2001.

LÉFÈBVRE, H.. *O Pensamento Marxista e a Cidade*. Lisboa, Ulisseia, 1972.

MATTOSO, J.. *Efeitos da Globalização nas Cidades*. Gazeta Mercantil, 28.02.2001.

CAPÍTULO 5

SÃO PAULO – OUTROS OLHARES

A *INTERCULTURALIDADE* NA METRÓPOLE: OS VELHOS E NOVOS MIGRANTES INTERNACIONAIS

Rosa Ester Rossini

> Migrar... é mais do que ir e vir –
> É viver em espaços geográficos diferentes...
> É ser duas pessoas ao mesmo tempo...
> É viver como presente e sonhar como ausente.
> É ser e não ser ao mesmo tempo...
> É estar em dois lugares, ao mesmo tempo,
> e não estar em nenhum.
> É, até mesmo, partir sempre e não
> chegar nunca. (MARTINS, 1986: 45)

Nova Granada, Nova Odessa, Novo Hamburgo, Americana, Pompéia, Óbidos, Filadelfia, Santarém, cidades no Brasil e Lausane Paulista, Brooklin são bairros da cidade de São Paulo, que evocam a lembrança de um passado distante, mas presente no coração do imigrante.

O Brasil se fez graças à presença desta brava gente que ousou, que ocupou espaços, que conquistou a nova terra e criou novas raízes, mas com o coração em terras distantes do próprio país ou de além mar.

O migrante "é portador de uma memória, espécie de consciência congelada, provinda com ele de um outro lugar. O lugar novo o obriga a um novo aprendizado e a uma nova formulação" (SANTOS, 1996:264).

Passagem para o desconhecido

Historicamente, o migrante era medido pelo número, pelo tempo de permanência, pela relação entre ele e os naturais, definindo assim áreas de atração e repulsão da população (BEAUJEU-GARNIER, 1980; GEORGE, 1978). A atração que as novas áreas ofereciam representava um grande impulso às migrações, segundo Beaujeu-Garnier e George. Algumas hipóteses eram formuladas no sentido de que à medida que ia havendo a fixação dos migrantes, haveria uma sensível melhoria nas suas condições socioeconômicas. Outras ainda consideravam que os mais afoitos empreendiam o movimento no sentido da mudança, da melhoria de *status*.

Avançando na discussão Gaudemar afirma que o movimento de pessoas, isto é, da força de trabalho, no espaço geográfico é uma falsa liberdade que o capital propicia ao migrante. A liberdade de se deslocar espacialmente está condicionada à possibilidade que os migrantes terão e poderão vender sua força de trabalho, isto é, sua mercadoria (GAUDEMAR, 1977).

Martine, estudando o fenômeno migratório avança, nas suas análises, no sentido de ver a migração tanto como um fenômeno de "migrações repetidas" como de um processo social (MARTINE, 1984).

Becker, revendo os trabalhos sobre o tema, verifica que as "áreas metropolitanas deixavam de ser, pois, o ponto final da escala migratória..., para se constituir em mais uma etapa entre as inúmeras desenvolvidas por uma população forçosamente tornada itinerante" (BECKER, 1986:63).

Para Singer a migração não é um fenômeno individual, mas, ao contrário, é um movimento de classe social "deixa-se de ter sentido investigar-se a migração como um movimento de indivíduos num dado período entre dois pontos (...) Quando uma classe social se põe em movimento, ela cria um fluxo migratório que pode ser de longa duração e que descreve um trajeto que pode englobar vários pontos de origem e de destino" (SINGER, 1975:33). Segundo Singer, a primeira onda de migrantes é constituída pelos sem terra, a seguir pelos pequenos proprietários e assim sucessivamente. Os últimos a migrarem são os detentores do capital que, ao se deslocarem, levam consigo o seu capital. Assim é que, segundo Singer, a migração deve ser vista não tanto como deslocamento de pessoas no espaço, mas seu deslocamento entre modos de produção.

Sabendo-se que o modo de produção capitalista exige, para sua manutenção, a existência de excedentes de trabalhadores para viabilização da expansão da produção, a mão-de-obra excedente existe no sentido de favorecer a reprodução do capital. Na realidade, a migração se constitui, também, em um movimento "necessário" ao desenvolvimento capitalista. "É característico da sociedade capitalista, desde a sua origem, a exclusão, isto é, o desenraizamento (...) O problema está neste fato social problemático: o tempo, a demora para reincluir o excluído está ficando cada vez mais longo (MARTINS, 2002:120-2). Martins ressalta, também que, quando incluído, ele o é precariamente.

No decurso do tempo as migrações assumem forma e características específicas.

> Vale a pena mencionar que as migrações internacionais, seja a curta ou longa distâncias, fazem parte do cenário internacional hoje, assim como o fizeram há cem anos atrás. Só que no final do século passado e princípio deste, as migrações tendiam a ser permanentes e os migrantes se integravam econômica e socialmente nos países de destino. Eram, sem dúvida, fluxos socialmente desiguais que se inseriam desigualmente nas sociedades (...) Atualmente, a realidade migratória é distinta: fruto da internacionalização do mercado de trabalho e da profunda desigualdade entre as nações, a maioria das migrações tende a ser cada vez mais temporária e os migrantes, meros trabalhadores que circulam internacionalmente (...) Hoje eles são como atores convidados a desempenhar um papel secundário no mercado de trabalho, por um tempo determinado. E, logo após, são convidados a se 'desfazer' da América, da Europa ou do Japão (BRITO, 1995:32-3).

É necessário reforçar que é inegável que a pobreza, desemprego, etc. possibilitam as migrações, é também importante identificar os processos que conduzem a essas situações: a reorganização da economia mundial nas últimas décadas resultando na formação de um espaço transnacional, na qual a circulação de pessoas/força de trabalho é apenas um dos fluxos dentre outros, tais como os de capital, de mercadorias, de serviços e de informações (SASSEM, 1988). Torna-se significativo acrescentar, para reforçar, que

> (...) os processos atuais de desenvolvimento das relações sociais são caracterizadas pela globalização – conseqüência direta do desenvolvimento científico e tecnológico, atributo essencial deste período da história da humanidade – e pela fragmentação, que explode os territórios, amplia as ideologias, faz surgir regionalismos e interfere na vida humana, na vida cotidiana (SOUZA, 1995:68).

A força movente da migração das pessoas para os lugares é o trabalho, isto é a migração da força de trabalho que leva as pessoas à passagem para o desconhecido. O novo lugar para o migrante significa a "busca do futuro sonhado como carência a satisfazer – carência de todos os tipos de consumo, consumo material e imaterial, também carência de consumo político, carência de participação e de cidadania (SANTOS, 1996:262).

Pressupostos históricos para a compreensão da multiculturalidade na metrópole

No tempo da descoberta, era o Brasil habitado por uma população nativa, cujo número é difícil conhecer. As estimativas de viajantes, historiadores e antropólogos carecem de dados empíricos para seu embasamento, entretanto, segundo vários autores, elas variam de 1 a 3 milhões.

Os portugueses, "os colonizadores", inicialmente viviam da exploração extrativa e, mais tarde, também da lavoura canavieira.

Por vários motivos recorreu-se à mão de obra escrava – africana – para o trabalho na terra. Este segundo contingente imigratório era duplamente forçado: primeiro, não havia "escolha" por parte dos imigrantes; segundo, vieram contra a vontade. Segundo estimativas este total chegou a 3 milhões.

Desde 1808, que a entrada de estrangeiros para o país se tornou livre. Os fluxos de migrantes começaram a chegar no Brasil por volta de 1812, provenientes da Europa. Os primeiros núcleos de colonização aqui estabelecidos eram de suíços, alemães e austríacos (correntes do centro e do norte da Europa) os quais foram instalados no Espírito Santo, Rio de Janeiro, Rio Grande do Sul e Santa Catarina. Em dezembro de 1827, chegaram a Santos os primeiros colonos destinados a São Paulo e foram instalados no "sertão" de Santo Amaro em 1829.

Os promotores nacionais da imigração punham grande esperança nesta como fator de desenvolvimento, mas também se "precavinham contra a possibilidade de prejudicarem" a sociedade nacional (formação de quistos étnicos). Assim o movimento migratório foi orientado pela camada dirigente ainda ligada culturalmente à Europa, em função da idealização da gente e das coisas daquele continente.

Em 1840, o senador Vergueiro instituiu a imigração patrocinada por particulares, instalando 80 portugueses do Minho na fazenda Ibicaba em Limeira. Em 1847, Vergueiro & Companhia instalaram na fazenda Ibicaba a Colônia Vergueiro com alguns portugueses da primeira leva e 423 suiços-alemães. Em 1859, a Prússia proibiu a propaganda em favor da imigração para o Brasil devido aos maus tratos aos colonos alemães na Província de São Paulo.

Em 1866, inicia-se a construção da Hospedaria dos Imigrantes na Cidade de São Paulo e o financiamento do transporte marítimo de estrangeiros pelo

Governo Provincial, sendo que eram considerados imigrantes somente os passageiros que viajavam na 3ª classe. A migração subvencionada é instituída em 1888 pelo governo paulista, e consistia no custeio da propaganda feita no exterior e da viagem, além da colocação na Hospedaria dos Imigrantes. Nesta época havia verdadeiros leilões de migrantes por parte dos fazendeiros paulistas para o trabalho nas fazendas de café que se expandiam prosperamente pelo interior paulista.

No período compreendido entre 1888 e 1920 vários acontecimentos marcaram a presença dos estrangeiros no Estado de São Paulo, sobretudo de italianos e japoneses.

Em 1902, o governo italiano baixou o Decreto Prinetti proibindo a imigração subvencionada para o Brasil devido aos maus tratos aos imigrantes por parte dos fazendeiros de café. O decreto proibia o transporte de emigrantes com passagem gratuita, porém não impedia a emigração por meios próprios.

Em 1908, desembarcaram no Porto de Santos os primeiros imigrantes japoneses destinados ao trabalho na lavoura cafeeira paulista. Entre 1908 e 1914 São Paulo recebeu 10 levas de japoneses totalizando 14.892 pessoas (YOSHIOKA, 1995).

Até 1901, a migração subvencionada predominou sobre a espontânea e esta força de trabalho assegurou o pleno desenvolvimento do ciclo do café em São Paulo até a crise de 1929/1932. Com a crise ocorre a superprodução do café, a proibição de novos plantios e a destruição dos excedentes das safras. Ainda na década de 1930, o governo Vargas temendo a formação de quistos étnicos que poderiam ameaçar a "segurança nacional", instituiu o regime de cotas, que além de restringir a migração procurou manter a mesma composição étnica, permitindo, por ano, a entrada de 2% do total de imigrantes de cada nacionalidade que tivesse entrado nos últimos 50 anos no Brasil. Ressalte-se, entretanto, que nenhum país atingiu o limite estabelecido pelos decretos de limitação (LEVY, 1974).

Após a 2ª Guerra Mundial, o regime de cotas foi suspenso, entretanto não se restabeleceu a mesma dinâmica das correntes imigratórias anteriores. A Europa se reorganizava, a insegurança para a vinda dos estrangeiros era grande. A esta época a frente pioneira paulista avançava vertiginosamente em direção ao Oeste, agora com a presença marcante do migrante nacional que já se fazia presente a partir de 1930. A Capital paulista se industrializava e a grande demanda era para a mão-de-obra especializada para suprir a Cidade. Os estrangeiros tanto migrantes da agricultura como vindos diretamente do país de origem para a nascente Metrópole foram os grandes responsáveis pela expansão da atividade industrial.

Ao lado dos principais grupos de imigrantes constituídos de portugueses, italianos, espanhóis, alemães e japoneses o Brasil recebeu quase um milhão de imigrantes de outras nacionalidades – poloneses, iugoslavos, austríacos, turcos e mesmo americanos, franceses, holandeses, etc.. São Paulo estado, região metropolitana e capital assumem a liderança na recepção dos migrantes estrangeiros e a *multiculturalidade* é evidente (Vide tabelas, em anexo, após a bibliografia, no final deste texto).

A partir de 1960, intensifica-se um período de dificuldade econômica devido a presença do governo autoritário. Cai sensivelmente a entrada de estrangeiros e cresce a migração interna. De 1980 até o presente, a revoada de brasileiros para o exterior torna-se uma realidade.

A presença do imigrante estrangeiro na metrópole

> São Paulo é uma das grandes encruzilhadas do Globo,
> cadinho de raças, nacionalidades, línguas e
> religiões diferentes (Pasquale Petrone, 1956:69).

A migração estrangeira marcou de maneira significativa a metrópole paulistana. O seu cosmopolitismo era mais evidente na distribuição espacial do estrangeiro até a década de 1970.

A metrópole explodiu em crescimento e a concentração por raça, etnia e origem tendeu, com o tempo, a se dissipar, guardando, entretanto, na paisagem a marca da presença histórica do imigrante através dos edifícios históricos, das festas, dos nomes das ruas, praças, viadutos, estações, etc. As redes de parentesco, amizade entre os estrangeiros possibilitou concentração de pessoas nos lugares. "Cada lugar é definido pela sua própria história, ou seja, pela soma de influências acumuladas, provenientes do passado e dos resultados daquelas que mantém maior relação com as forças presentes" (SANTOS, 1987:86).

O estabelecimento das redes sociais contribui não apenas para possibilitar ao *chegante* uma certa segurança *psicoemocional* como para fornecer referências do local de destino, como acomodação inicial e sua inserção no mercado de trabalho (REIS & SALES, 1998).

São Paulo já foi uma cidade de italianos. A industrialização principalmente de têxteis caracterizava-se no Brás e na Mooca pela presença italiana como força de trabalho e de moradia. O bairro do Bexiga e do Bom Retiro guardam também a memória da presença deste contingente migratório.

A festa da Santa Achiropita, no bairro do Bexiga, traz a alegria do italiano. A comida "típica" atual não só abrasileirada como apaulistanada aproxima e une os imigrantes italianos com sua alegria contagiante. Hoje em dia se faz pizza na Itália à moda paulista, isto é, mais delgadas e com bordas crocantes. O bairro do Bexiga, além de manter viva a memória italiana, tornou-se cartão de visita para restaurantes típicos, para a compra do macarrão da *mamma*, do pão italiano, etc., embora não seja mais o lugar de residência evidente desta brava gente. É voz corrente que, até hoje, boa parte dos açougues são controlados pelos italianos e seus descendentes na metrópole paulistana.

Os italianos, conforme o referido, inseriram-se desde cedo nas atividades urbano industriais, aumentando esta participação no decorrer do tempo. Tiveram bom desempenho, quer como trabalhadores quer como proprietários de fábricas. A participação deste contingente no parque industrial paulista revelou-se significativamente: constituíram-se na imensa maioria dos operários e em uma parcela considerável dos proprietários fabris, sobretudo de pequeno porte. São inúmeras, entretanto, as famílias que foram consideradas grandes empreendedoras como os Matarazzo, os Crespi, etc. Desde o início marcaram também a presença nas atividades comerciais e de serviços nos locais em que se fixaram. Mais tarde, pelo esforço familiar para que os filhos freqüentassem os bancos escolares e se profissionalizassem, firmaram-se também como profissionais liberais. A sua integração/assimilação mais rápida do que da maioria dos imigrantes não significou, de forma alguma, condições de vida e trabalho ou de ascensão social fáceis para os italianos e para todos os outros imigrantes e nem mesmo a perda automática da identidade nacional (PATARRA, 1995).

A imigração espanhola para o Brasil é pouco estudada e a bibliografia é rara. Assim sendo, podemos dizer que há um enorme vazio sendo encontrados trabalhos preliminares, em sua maioria, e perspectivas globais, apesar de terem se constituído no terceiro maior contingente migratório. A falta de documentação da sua presença talvez seja justificada pelo fato de que, entre os imigrantes estrangeiros estes se constituíram como os menos alfabetizados o que certamente deve ter contribuído para aumentar a carência de fontes (PATARRA, 1995). Sabe-se, entretanto que dos mais de 700.000 espanhóis entrados no Brasil entre 1872 e 1972, mais de 3/4 se estabeleceu no Estado de São Paulo. Até 1930, foram trabalhar nas prósperas fazendas de café e nos anos de 50 a 60 a indústria e o comércio da capital foram seu principal destino. A rede de solidariedade desempenhou significativo apoio a vinda dos migrantes para o Brasil e para São Paulo, independente da ideologia pró ou anti-franquista para trazer os que "queriam" ou necessitavam sair da Espanha.

Assim é que a presença dos espanhóis, na região metropolitana marcou menos a paisagem. No mercado central a visibilidade deste contingente é expresso nas bancas de embutidos assim como nos inúmeros restaurantes típicos distribuídos pela Cidade.

No final da década de 1990, a política do governo federal incentivou a privatização através de leilões de muitas empresas nacionais. A expansão das empresas globais levou, por exemplo, os espanhóis a realizar grandes arrematações. Adquiriram a Telesp-Telefonica, bancos oficiais – como o Banespa, que passou para a administração do Banco Santander, etc. (SACHS, WILLEIM & PINHEIRO, 2001). Em função das aquisições dessas e de outras empresas a migração recente é de profissionais qualificados para exercerem postos de chefia e de confiança na administração das novas empresas (ZARZA, 2001).

Para garantir a identidade étnica os espanhóis mantém escolas em todos os níveis de ensino e no ensino universitário destaca-se a Universidade Ibero-Americana.

A corrente imigratória portuguesa foi a mais numerosa tendo como grande característica a persistência no tempo. A afinidade da língua, os vínculos históricos entre a ex-colônia e a ex-metrópole, as complexas e duradouras relações econômicas e comerciais além de contar com uma comunidade local significante de comerciantes. Foram as marcas que tornaram a presença deste contingente marcante no Brasil e em São Paulo. De todos os imigrantes foram os mais urbanos, apesar de sua presença também ter marcado a atividade hortifrutícula sendo os responsáveis pela introdução do hábito do consumo e da comercialização de hortaliças e legumes. Mais tarde este hábito foi intensificado pelos italianos e reforçada a difusão do consumo pelos japoneses.

Os portugueses embora tivessem preferido concentrar-se espacialmente em cidades litorâneas como Santos, entretanto sua presença era e é notada em toda a Cidade de São Paulo. As chácaras proliferavam em todos os espaços não ocupados com residências. Os chacareiros portugueses vendiam seus produtos no próprio local ou nas feiras livres. As mulheres portuguesas circulavam pela Cidade com cestas de flores vendendo aos fregueses cativos. As boas empregadas domésticas eram as portuguesas. Enquanto que os homens eram conhecidos como bons motorneiros, no tempo em que os bondes circulavam pela cidade. Torna-se emblemático que as padarias em São Paulo, em grande parte, tenham como proprietário o sisudo português enquanto que as mulheres, portuguesas, sorridentes e afáveis ficam no caixa controlando os recebimentos e garantindo, com sua amabilidade, a freguesia.

A imagem das mulheres imigrantes transmitida através dos tempos foi a de incansáveis, fortes, trabalhadoras e corajosas. Eram consideradas boas donas de casa, trabalhadeiras e econômicas. Como esposas desempenhavam na família um papel ativo, contribuindo para a renda, participando das decisões familiares e formando outras mulheres. Nesse sentido, tiveram um papel ativo e de destaque como trabalhadoras e como mantenedoras das tradições e conhecimentos de transmissão oral (MATOS, 2002).

Os japoneses foram os últimos a chegar em relação às diversas e principais correntes migratórias que se dirigiram ao Brasil.

Com a restauração Meiji (1868) a massa de desempregados cresceu em virtude da crise econômica, do desemprego real e potencial intensificada pela baixa produtividade agrícola e industrial. As medidas de modernização tomadas provocaram tensões sociais que redundaram na saída dos excluídos. A política migratória brasileira convocava braços para a lavoura cafeeira enquanto que a política japonesa era a de apoiar os migrantes como pequenos proprietários. Os primeiros *chegantes* eram basicamente de origem rural para as fazendas de café. O segundo período (1924-1941) foi o de destinação principal para núcleos coloniais e com forte apoio do governo japonês. O terceiro e último período nos meados do século XX, foi realizado via imigração planejada ou livre viabilizada pela iniciativa particular de japoneses residentes no Brasil, por meio das redes de parentesco e amizade e pela chamada de órgãos diversos como a Sociedade Paulista de Sericicultura, a Cooperativa Agrícola de Cotia, etc..

As rígidas restrições impostas nos anos de guerra aos japoneses residentes no Brasil, no entanto, tinham sido apenas um capítulo a mais no calvário de provações vivido por eles desde o dia 18 de junho de 1908, quando aportou em Santos o navio Kasato Maru, trazendo do Japão as primeiras 165 famílias de agricultores, num total de 786 pessoas.

> Levados para triagem na Hospedaria dos Imigrantes, na capital paulista, elas experimentaram ali o primeiro de incontáveis choques culturais: a comida brasileira era intragável para um asiático. Habituados a uma alimentação à base de legumes, cereais, verduras e peixes de água salgada, os japoneses sentiram náuseas diante da comida gordurosa que lhes ofereciam. Temperar com sal o feijão, que eles só conheciam como ingrediente de doces, por exemplo, parecia uma dieta feita sob encomenda para produzir diarréia (MORAIS, 2000:24-5).

Bastaram algumas semanas para os japoneses perceberem que o país que haviam escolhido pouco ou nada tinha a ver com o "Eldorado" que lhes haviam prometido no Japão pelas agências encarregadas de organizar a imigração. Estavam em um lugar cuja língua não entendiam e conviviam com um clima diferente, com gente que tinha costumes, religião e até caras diferentes das deles. O remédio era se conformar, comer pouco, vestir-se mal e economizar dinheiro para o retorno.

Não obstante os percalços, os navios japoneses continuaram desembarcando imigrantes no porto de Santos. Nos primeiros sete anos de duração do acordo entre os dois países, o Japão despachou para o Brasil mais de 3.434 famílias – ou 14.983 pessoas. Com a eclosão da Primeira Guerra Mundial, em 1914, o fluxo migratório é intenso: entre 1917 e 1940 mais 164 mil japoneses se mudam para o Brasil, sendo que apenas 25% deles tomam o destino do Paraná, de Mato Grosso e de outros estados.

De 1926 a 1940, a migração de japoneses para o Brasil é promovida e subsidiada pelo governo japonês, conforme observamos na Tabela 5. De 1872 a 1972 cerca de 250.000 pessoas chegaram ao Brasil.

No conjunto, o maior volume de migrantes de origem nipônica radicou-se em São Paulo – capital e interior (MORAES, 2000).

Os bairros étnicos representaram um fator de intimidade e segurança, em meio às vicissitudes da vida na Cidade. Por exemplo, o japonês feirante, depois de enfrentar com seu mutismo os fregueses que regateiam insistentemente, retorna também ao seu bairro, a Liberdade, com a sensação de intimidade e segurança (FAUSTO, 1998). É bastante conhecida, por exemplo, a frase dos feirantes japoneses ou mesmo seus descendentes, em reposta a fregueses que regateiam com insistência: "no comprende", como forma de encerrar o assunto.

Assim é que também a língua facilita ou dificulta o processo de integração. O pintor e ensaísta Tomoo Honda, em suas memórias, refere-se às dificuldades de entender e falar português, a tal ponto que muitos japoneses tratavam de evitar penosos contatos com os brasileiros (SAKURAI, C. s./d.; HONDA, 1980).

A língua funciona também como forma consciente ou inconsciente de resistir à integração. Número considerável de japoneses, após 30, 40, 50 anos ou mais no Brasil, não entendiam português e a "língua oficial" em casa é a japonesa com o objetivo de preservar a continuidade e a manutenção dos laços do país de origem.

> "Os imigrantes japoneses tinham o compromisso de honra de só retornarem ao Japão como vencedores. Não podiam sequer pensar em levar seus filhos, nascidos aqui como GAIJIM. Era preciso que eles aprendessem a ler e a falar a língua japonesa. Esta era a maneira que eles encontravam de não terem seus filhos considerados como estrangeiros pelos japoneses, quando retornassem ao Japão" (SAKURAI, s./d.:43).

Essa "doce ilusão", o sonho do retorno rápido, perdurou por muito tempo. A realidade aconteceu quando nos anos 1980 o Japão necessitou de braços e chamou seus patrícios para o trabalho.

Até este chamado os japoneses perceberam a dificuldade ou mesmo a impossibilidade de retornarem ao Japão. Dessa percepção decorreu a tendência de "aculturar-se" por meio da conversão formal ao catolicismo, da escolha de nomes cristãos para os filhos, do casamento com não descendentes. É importante ressaltar que, num primeiro momento, os casamentos com pessoas de outra origem ocorria sempre com o primogênito da família japonesa. Explica-se tal tendência pelo fato de que a responsabilidade de assumir todos os encargos familiares na ausência ou dificuldade dos pais recaia, na tradição japonesa, sobre o mais velho. As jovens japonesas ou seus descendentes, sabedores desta responsabilidade e encargo evitavam o casamento com o filho mais velho da família japonesa, tradição que, de certa forma, persiste até hoje, embora a miscigenação seja intensa entre os *nikkeis*, de ambos os sexos, no Brasil.

No bairro da Liberdade concentravam-se os japoneses – o Bairro Japonês – nas ruas, a evidência desta presença era marcante: as lojas exibindo letreiros na língua de origem; nos restaurantes especializados na comida oriental; nos hotéis com nomes sugestivos; na ornamentação das ruas para identificação do bairro japonês, nas festas, nas igrejas budistas, etc.. Mais tarde os chineses foram chegando e acrescenta-se atualmente à paisagem a presença coreana.

Nas feiras-livres, nas bancas de verduras e legumes a família japonesa distribuía sorrisos garantindo a freguesia cativa e a venda dos produtos por eles produzidos ou adquiridos no antigo entreposto Municipal da Cantareira, mais tarde, a partir de 1965, pela Central de Abastecimento no Jaguaré (Ceasa) e pela falida Cooperativa Agrícola de Cotia. As cooperativas desempenharam importante papel tanto para a orientação da produção hortifrutigranjeira, como para a comercialização e distribuição da produção.

Na região metropolitana Suzano, Mogi das Cruzes, Poá, Vargem Grande Paulista, eram os grandes formadores do cinturão verde que abastecia o centro da metrópole com verduras, legumes e frutas cultivados principalmente pela "colônia japonesa", apoiada pela, já referida, Cooperativa Agrícola de Cotia e por produtores autônomos. A migração de *nikkeis* para o trabalho no Japão provocou diminuição substancial desta produção agrícola, pois os trabalhadores da terra foram para o Japão atraídos por melhores possibilidades de trabalho e de renda, a partir, principalmente de meados da década de 1980.

Além da ocupação na agricultura os japoneses tiveram, no Brasil, enorme preocupação com a educação dos filhos. Na Universidade de São Paulo, nos anos 1980, 19% dos alunos eram orientais, onde se destacavam os nipônicos. Freqüentavam os cursos, principalmente, de exatas e da terra e da saúde. O crescente número de indústrias japonesas aqui sediadas, pós 1970, abriu possibilidades para a vinda de pessoal especializado e qualificado do Japão.

Razões políticas e econômicas aliados à intensa propaganda por parte das companhias de colonização que apontavam para uma vida melhor com possibilidades de obtenção de terras são assinaladas como motivação para a migração dos alemães para o Brasil. A maioria se estabeleceu em pequenas propriedades no sul do país. Quando as "colônias" se tornaram pequenas para o trabalho da família a migração para as áreas de fronteiras agrícola do Mato Grosso, de Rondônia, do Maranhão, com agricultura altamente capitalizada caracteriza os descendentes dos migrantes de origem alemã estabelecidos no Brasil. Nestas novas áreas proliferam os Centros Culturais de Tradição Alemã exibindo nas festas e nas reuniões as marcas da sua identidade.

Na região metropolitana de São Paulo sua presença é notada pela concentração no bairro do Brooklin. Apesar de terem entrado, com freqüência, como cidadãos russos, poloneses, austríacos e húngaros, guardam a identidade da língua alemã.

A escola alemã (Porto Seguro) o hospital alemão (Osvaldo Cruz) tiveram que mudar o nome por determinação do governo Vargas, mas guardam a presença desse povo batalhador que se dedicou às atividades urbano industriais. Os bancos, os restaurantes, o Instituto Goethe, as Igrejas Presbiterianas, são as marcas da presença do povo e da gente de origem alemã que mora e vive em São Paulo.

Percorrendo as ruas do bairro do Bom Retiro era inquestionável a marca do empreendedor migrante judeu. À medida que este contingente ia ascendendo economicamente e socialmente, estabelecia residência no bairro elegante de Higienópolis.

No entorno do centro histórico da capital, a rua 25 de Março representava o centro do comércio atacadista e de varejo, de "bom preço", onde mesclavam judeus e "turcos".

Com a ascensão econômica e a educação dos filhos, e sua conseqüente profissionalização para as atividades liberais, os velhos judeus foram paulatinamente vendendo as atividades de comércio para os coreanos e mais recentemente para os bolivianos. Restam, entretanto a marca de sua presença através das sinagogas, das festas, da comida e do engajamento nos setores industriais, na política, etc.. O número de professores nas Universidades é significativo.

Abandonando a terra de origem no período entre 1915 e 1945, principalmente por razões políticas, os estonianos, os lituanos, letos, fixaram-se, de preferência, na região metropolitana desempenhando atividades ligadas à agricultura e aos serviços. Em Diadema havia muitos estonianos, em Cajamar os letos, no Bairro de Vila Zelina estava os lituanos.

No período em que as ferrovias se expandiam ligando o Porto de Santos a São Paulo e ao interior devido a "febre" da cultura de café, a presença inglesa fez-se notar principalmente na Vila Inglesa de Paranapiacaba e em outra vila, cujas edificações ainda marcam a presença inglesa no Bairro da Luz, no centro da Capital.

O panorama aqui traçado é apenas o início de tratamento da questão migratória dos primeiros *chegantes*. O aprofundamento de temas interessando a questão da identidade, da etnia, da religião, do trabalho, do consumo e do cotidiano da vida dos migrantes, contribuirão, em muito, para melhor conhecimento da interação/integração, da inclusão/exclusão, assim como da apropriação/utilização e ocupação de um determinado lugar na produção da existência dos migrantes na metrópole

Os novos entrantes

No início de 1963, começaram a chegar oficialmente ao Brasil os imigrantes coreanos. Em sua maioria eram ex-militares descontentes, oriundos da classe média, com bom nível educacional e sem tradição no trato com a terra. "O projeto de emigração preparado para os civis, na forma de contrato, contou com a aprovação do governo militar na Coréia do Sul(...) O número oficial de 42 mil migrantes é reduzido perto das sabidas rotas via Bolívia e Paraguai utilizadas para entrar no país pelos clandestinos" (PATARRA, 1995:133-143).

Antes da chegada da primeira leva já havia coreanos no Brasil. Eram ex-prisioneiros da Guerra Civil ou coreanos naturalizados japoneses que vieram com outras famílias do Japão.

A comunidade coreana é articulada, organizada e tida como ativa e "barulhenta". Mais de 90% dos integrantes das 5 levas oficiais migraram do campo para a metrópole paulistana, em particular para São Paulo, onde se dedicam ao comércio e à confecção de roupas. Há coreanos dispersos pelo Brasil, no campo e na cidade, da Amazônia ao Rio Grande do Sul.

No campo, nem sempre com atividades bem sucedidas, alguns coreanos trabalham a terra em Mogi das Cruzes, na fazenda Arirang, cujas terras foram compradas dos antigos migrantes provenientes do Japão e a Fazenda Seul em Guarulhos.

A partir de 1969, devido à forte evasão dos coreanos do campo para a cidade, os governos do Brasil e da Coréia do Sul proibiram a imigração agrícola para o país. A partir de então, só foi permitida a entrada de técnicos, de nível universitário e com contratos de trabalho já definidos. Intensificam-se as entradas clandestinas.

Em 1980, devido ao considerável número de clandestinos de muitas nacionalidades, o governo instituiu a anistia para aqueles que regularizassem a situação. Alguns coreanos o fizeram. Nesta década explode a participação de coreanos no ramo de confecções, utilizando mão-de-obra dos conterrâneos ilegais. Em 1988, é decretada nova anistia e a colônia que menos atendeu ao chamado, segundo relatos de jornal da época, foi a dos coreanos, pois não havia interesse dos patrões coreanos na regularização da permanência no país dos seus conterrâneos. Com a regularização conquistariam a liberdade de ir e vir e poderiam mudar de emprego/ocupação bem como receber melhores rendimentos, possibilitando melhoria de qualidade de vida.

Os coreanos estão em toda parte da Cidade, entretanto a rua Conde de Sarzedas

> (...) era a principal saída da Vila Coreana – primeiro núcleo residencial da comunidade na capital paulista – que crescia no mesmo ritmo da imigração clandestina. A escolha do bairro da Liberdade, habitado tradicionalmente por japoneses, não foi à toa. Facilitava a comunicação e abrandava o impacto com uma cultura tão diferente quanto a brasileira. Além disso, o aluguel era barato e a região ficava bem próxima ao centro da cidade (PATARRA, 1995:138).

As pequenas fábricas, assim como as lojas para a venda dos produtos confeccionados, são encontradas, além do bairro da Liberdade, na Casa Verde, no Bom Retiro, no Itaim, etc.. No prédio da antiga rodoviária dos Campos Elíseos há o Shopping dos Coreanos que atende aos consumidores no atacado (até três peças) e no varejo. Contratam mulheres "brasileiras" para o atendimento ao cliente e as coreanas ficam sempre no caixa. Sempre que abordadas para solicitações de rebaixamento dos preços respondem "no entendo" e encerram o diálogo, antes mesmo do seu início. Algumas famílias bem sucedidas instalaram-se, mais recentemente na Aclimação e em Higienópolis. A Vila Coreana está bastante decadente e na área há tanto o tráfico de drogas como prostituição.

O sucesso dos coreanos no Brasil deveu-se não só a sua capacidade de trabalho como à forma de organização da atividade. Em geral moram com os funcionários no mesmo espaço da empresa, pagam muito mal por produção e realizam produção em série distribuindo o trabalho para outras pessoas ou para outras pequenas empresas. Outro fator de sucesso entre os coreanos é a forma de assistência mútua entre os membros da comunidade. O Kye é uma espécie de consórcio financeiro entre amigos que possibilita o investimento sem o recurso do empréstimo bancário alavancando muitos projetos dos conterrâneos, que muitas vezes não podiam ir aos bancos porque eram clandestinos. O expediente do consórcio entre amigos também é muito utilizado entre os migrantes de ascendência nipônica.

Os coreanos contratam também bolivianos clandestinos para o trabalho nas confecções e por este motivo, a remuneração é irrisória.

Não é incomum manchetes de jornais noticiando a existência do trabalho escravo.

> Polícia descobre trabalho escravo no Brás: A Polícia Federal localizou ontem um grupo de 60 bolivianos, com mulheres grávidas e crianças, que trabalhavam como escravos em confecções caseiras no Brás, no centro de São Paulo. As pequenas fábricas de roupas funcionavam em um prédio de cinco andares na rua Rubino de Oliveira. Em uma dessas confecções, segundo a polícia, havia uma porta de ferro com tranca dupla do lado de fora, como as de celas de prisão, que possibilitava trancar os trabalhadores. A coreana MJKL foi presa em flagrante. O prédio tinha 20 apartamentos, quatro por andar, e as oficinas de costura se misturavam a pequenos alojamentos. Em um dos andares, foram encontrados cubículos de dois por três metros onde famílias de 3 a 5 pessoas dormiam onde trabalhavam (JORNAL FOLHA DE SÃO PAULO, 2003:4).

Embora os bolivianos tivessem começado a chegar ao Brasil nos anos 1950, foi na década de 1980 que sua presença atingiu volume significativo.

A Pastoral do Migrante, na baixada do Glicério, hospeda não só os bolivianos como também número significativo de latino-americanos, em sua maioria, clandestinos.

Os bolivianos, além de serem engajados em atividades pelos coreanos já começam a adquirir alguma autonomia no setor de confecção. Os empregadores usam o mesmo expediente utilizado pelos coreanos no início: trabalho quase escravo devido a sua condição de indocumentado.

No Pari, no Bom Retiro, na Casa Verde, no ABC paulista, os bolivianos começam a marcar a paisagem e se expandirem no setor de confecção tanto na produção como no comércio de mercadorias. Dedicam-se também as atividades de vendedores ambulantes, de domésticas e de pedreiros, dentre outros. Aos sábados, domingos e feriados divulgam sua música folclórica nas praças e nos locais de concentração de pessoas. "São portadores de forte discriminação por serem oriundos de um país envolvido com drogas" (PATARRA, 1995:185).

O Brasil se apresenta em relação à América do Sul e em particular ao Cone Sul, principalmente em função da criação do Mercosul, como o "paraíso" para esses estrangeiros dos países fronteiriços. São, além de aventureiros, pessoas com capital e boa formação educacional que vislumbram no Brasil a possibilidade de realização: são argentinos, uruguaios, paraguaios, chilenos, dentre outros. (VÁRIOS AUTORES, 1998).

"O deslocamento no espaço tem um forte componente de compulsão, determinado por várias razões, entre as quais predominam as de natureza econômica; mas encerra também uma escolha cujo acerto o imigrante avaliará ao longo de sua vida". A idéia de retorno aparece como uma possibilidade, ou mais ainda, como um desejo. Não o retorno como um fracasso, e sim o retorno virtuoso, muitas vezes convertido em viagem de poucas semanas para rever parentes, entender as origens, exibir os traços inegáveis do êxito (Fausto, 1998:18), que nem sempre acontecem.

A memória congelada do imigrante e a sua presença em um outro lugar

O lugar é onde o indivíduo estabelece suas relações sociais, é onde ele tem sua identidade e o sentimento de *pertencer*

> Cada vez mais o espaço constitui numa articulação entre o local e o mundial, visto que, hoje, o processo de reprodução das relações sociais dá-se fora das fronteiras do lugar específico(...) Novas atividades criam-se no seio de profundas transformações no processo produtivo, novos comportamentos se constróem sob novos valores a partir da constituição do cotidiano (CARLOS, 1996:14).

É no plano do cotidiano que paulatinamente aparecem as formas de apropriação/utilização e ocupação de um determinado lugar, do mundo vivido, isto é como as relações se estabelecem na produção da existência das pessoas/famílias.

> Já assentado no Brasil, o imigrante busca amenizar o corte materializado, de várias formas, a lembrança da terra que deixou. Desse modo, o arranjo de sua casa tem características próprias, evidenciadas nos chamados objetos biográficos. Um retrato emoldurado de toda a família, uma imagem religiosa e

etc, são expostos como fragmentos de um mundo a que se deseja voltar, mas que se suspeita jamais ser possível rever ou, talvez pior, ao revê-lo, não mais reconhecer seus traços originais (FAUSTO, 1998:18).

O imigrante sente saudade do que deixou sem se dar conta, sequer racionalizar, que o país de origem no movimento dos acontecimentos social-econômicos, científicos e políticos sofreu profundas mudanças em relação à realidade de quando deixou aquele lugar. A memória congelada do país de origem, guardadas preciosamente, mudou (FERREIRA, 2001). Mudaram os que ficaram. Mudaram os que partiram, pois a sociedade está em contínuo movimento.

A título de exemplo de adaptação/integração podemos citar informações a partir do último levantamento do Centro de Estudos Nipo-Brasileiros a respeito dos japoneses e seus descendentes no Brasil: "de cada dez descendentes, metade é casada com ocidentais... A mistura de raças é uma tendência irreversível. Estima-se que existem 1,4 milhão de descendentes no Brasil. Desses, apenas 52 mil fazer parte da primeira geração de emigrantes". São mestiços cerca de 30% (REVISTA MADE IN JAPAN, 2003).

A mistura de raças, de etnias, é evidente em São Paulo e no Brasil. Os italianos, os portugueses, os negros africanos sentem enorme orgulho de suas raízes históricas. Com freqüência, mesmo sem terem ido ao país dos seus ancestrais, têm profunda curiosidade por tudo, especialmente a partir da história dos avôs/avós. Essas transmissões de conhecimentos/lembranças funcionam como uma forma de não-apagamento da memória, como elo de ligação do passado com o presente.

Desta forma a imigração representa um profundo corte, com vários desdobramentos, no plano material e no plano do imaginário. "O corte não é sinônimo de apagamento de uma fase passada, na vida individual, familiar ou do grupo, integrando-se pelo contrário ao presente, com muita força" (FAUSTO, 1998:4). As migrações internacionais atualmente, em sua maioria, são realizadas tendo como meio de transporte o avião. Duram horas. O corte com a família, com o país, aparentemente, é menos doloroso, pois os meios modernos de comunicação – telefone, *internet* – "encurtam" as distâncias. Neste mundo globalizado é possível encontrar todos os ingredientes para a comida feita pela "*nonna*", só falta o "gostinho dado por ela à comida, àquele docinho que só ela sabia fazer".

Pasquale Petrone sintetizou muito bem a presença do imigrante em São Paulo, o lugar das grandes encruzilhadas do Globo, cadinho de raças nacionalidades, línguas e religiões diferentes. A vila inglesa de Paranapiacaba, a Estação da Luz, o Liceu de Artes e Ofícios – hoje Pinacoteca do Estado –, o Memorial do Imigrante –, antiga Hospedaria dos Imigrantes –, o Museu do

Ipiranga, o Teatro Municipal, o Memorial da América Latina, hospitais e as escolas étnicas, as festas e danças típicas, as igrejas católicas, protestantes, budistas, as sinagogas, etc., são as marcas da presença estrangeira que caracterizam a *interculturalidade* na metrópole paulistana.

Bibliografia

BEAUJEU-GARNIER, J.. *Geografia da População*. São Paulo, Ed. Nacional, 1980.

BECKER, O M. S.. *O significado das Migrações em Sociedades Periféricas: Comentários a partir do Caso Brasileiro*. Revista Geográfica, São Paulo: N.° 104, jul/dez, 1986, pp. 61-69.

BOSI, E.. *Memória e Sociedade: Lembranças de Velhos*. São Paulo, T. A. Queiroz-Edusp, 1987.

BRITO, F.. "Ensaios Sobre as Migrações Internacionais no Desenvolvimento do Capitalismo". *Revista Brasileira de Estudos Populacionais*, Campinas, n° 12 (1/2), 1995.

CARIGNATO, Taeco T.. *Passagem para o Desconhecido. Um Estudo Psicanalítico sobre Migrações entre Brasil e Japão*. São Paulo, Via Lettera Editora e Livraria, 2002.

CARLOS, A. F. A. *O lugar no/do Mundo*. São Paulo, Hucitec, 1996.

FAUSTO, B.. "Imigração, Cortes e Continuidades" .In: SCHWARCZ, L.M. (org.). *História da Vida Privada no Brasil*, 4. Contrastes da Intimidade Contemporânea. São Paulo, Companhia das Letras, pp. 13-61, 1998.

FERREIRA, R. H.. *O Confronto dos Lugares no Migrante Dekassegui*. Dissertação de mestrado apresentada ao Instituto de Geociências e Ciências Exatas da Universidade Estadual Paulista-Unesp. Rio Claro, fotocópia, 2001.

GAUDEMAR, J. P. de. *Mobilidade do Trabalho e Acumulação do capital*. Lisboa, Estampa, 1997.

GEORGE, P.. *Geografia da População*. 5ª edição. Rio de Janeiro, Difel, 1978.

GONÇALVES, M.F. (org.) *O Novo Brasil Urbano. Impasses/Dilemas/Perspectivas*. São Paulo, Ed. Mercado Aberto, 1995.

HELLER, A.. *O Cotidiano e a História*. Rio de Janeiro, Paz e Terra, 1985.

HONDA, T.. *Memórias de um Imigrante Japonês no Brasil*. São Paulo, T.A. Queiroz, 1980.

JORNAL FOLHA DE SÃO PAULO. *Caderno Cotidiano*, São Paulo, p.04, 14/02/2003.

LEITE, M. M.. *Retratos de Família*. São Paulo, Edusp, 1993.

LEVY, M.S.F. "O Papel da Imigração Internacional na Evolução da População Brasileira (1872-1972)". *Revista Saúde Pública*, São Paulo, 8 (supl.), p. 49-90, 1974.

MARTINE, G. *A Migração Repetida e a Busca da Sobrevivência: Alguns Padrões Brasileiros*, p. 28, fotocópia, 1984.

MARTINS, "El Vuelo de las Golondrinas: Migraciones Temporarias en Brasil", in: Se Fue a Volver (Seminário sobre migraciones temporales en America latina) Pispal, Ciudad/Cenep. México: El Colegio de Mexico, pp. 183-205, 1986.

MARTINS, J. S.. *A Sociedade Vista do Abismo. Novos Estudos sobre Exclusão, Pobreza e Classes Sociais*. Petrópolis, Rio de Janeiro, Editora Vozes, 2002.

MATOS, M. I. S. de. *Cotidiano e Cultura: História, Cidade e Trabalho*. Florianópolis, Edusc, 2002.

MORAIS, F.. *Corações Sujos – A História do Shindo Reimei*. São Paulo, Companhia das Letras, 2000.

PATARRA, N. L.. (org.). *Emigração e Imigração Internacionais no Brasil Contemporâneo. Programa Interinstitucional de Avaliação e Acompanhamento das Migrações Internacionais no Brasil*. Vol. 1. São Paulo, Fnuap, 1995.

PETRONE, P. "O Homem Paulista". In: *Boletim Paulista de Geografia*. São Paulo, nº 23, pp. 39-77, julho de 1956.

REIS, R. R. & SALES, T.. *Cenas do Brasil Migrante*. São Paulo, Editorial Boitempo, 1999.

REVISTA MADE IN JAPAN. *Edição Histórica dos 95 anos de Imigração*, nº 69, junho de 2003.

ROSSINI, R. E.. "A Peregrinação do Cidadão à Procura da Cidadania. Brasil: Migração Nacional e Internacional". In: ZARZA, E. G. (org.). *Las migraciones in Iberoamerica. II Jornada de Estudios geográficos*. Salamanca, pp. 215-242, 1998.

SACHS, I.; WILHEIM, J. & PINHEIRO, P.S. (Org.). *Brasil, um Século de Transformação*. São Paulo, Companhia das Letras, 2001.

SAKURAI, C.. *Romanceiro da Imigração Japonesa*. São Paulo, Idesp, Sumaré, s./d..

SANTOS, Milton. *O Espaço do Cidadão*. São Paulo, Nobel, 1987.

_____________. *A Natureza do Espaço. Técnica e Tempo. Razão e Emoção*. São Paulo, Hucitec, 1996.

SASSEN, S.. *The Mobility of Labor and Capital: a Study in International Investiment and Labor Flow*. New York, Cambridge University Press, 1988.

SINGER, P.. *Economia Política da Urbanização*. São Paulo, Brasiliense/Cebrap, 1975.

SOUZA, M. A. A.. "O Novo Brasil Urbano: Integração ou Fragmentação". In: GONÇALVES, M. F.. Porto Alegre, Mercado Aberto, pp. 65-71, 1995.

VÁRIOS AUTORES. *O Fenômeno Migratório no Limiar do 3º Milênio – Desafios Pastorais*. São Paulo, Vozes, 1998.

YOSHIOKA, R.. *Porque Migramos do e para o Japão*. São Paulo, Massao Ohno, 1995.

ZARZA, E. G.. "Españoles en Iberoamérica ao final del s. XX". *Revista de Estudos Acadêmicos Unibero*. São Paulo, ano VII, nº. 13, pp. 77-104, 2001.

Anexos

| Tabela 1 | Brasil: entrada de Imigrantes (1870-1939)

Nac./Anos	1870-1879	1880-1889	1890-1899	1900-1909	1910-1919	1920-1929	1930-1939	Total
Alemães	14627	19201	17084	13848	25902	75801	27497	193960
Espanhóis	3940	29066	164293	121604	181651	81931	12746	595231
Italianos	47100	276724	690365	221394	138168	106835	22170	1502756
Portugueses	67609	104690	219353	195586	318418	301915	102743	1310314
Japoneses	0	0	0	861	27432	58284	99222	185799
Outros	60656	24106	119981	91123	150969	221881	68390	737106
Total	193932	453787	1211076	644416	842540	846647	332768	4525166

Organizado por: E. Couto & R. H. Ferreira, 2003.
Fonte: Memorial do Imigrante, 2003.

|Quadro 1| Estado de São Paulo: entrada de Imigrantes (1870-1939)

1870-1879	11330
1880-1889	183505
1890-1899	734975
1900-1909	367834
1910-1919	446582
1920-1929	487353
1930-1939	198122

Organizado por: E. Couto & R. H. Ferreira, 2003.
Fonte: Memorial do Imigrante, São Paulo, 2003.

|Tabela 2| Brasil: estrangeiros por nacionalidade (1940 – 2000)

Nacionalidade	1940	1950	1960	1970	1980	1991	2000
Alemães	89038	58399	52161	41098	31819	17591	13823
Espanhóis	147914	115637	144080	115893	81290	47047	35809
Italianos	285124	197659	187377	128726	87076	53543	43718
Portugueses	354342	310261	431047	410216	348815	224849	175794
Japoneses	140693	124799	149138	142685	115118	67024	52496
Outros	266712	278532	288664	244127	248730	196582	188428
Total	1283833	1085287	1252467	1082745	912848	606636	510068

Organizado por: E. Couto & R. H. Ferreira, 2003.
Fonte: IBGE, Censo Demográfico 1940-2000.

|Tabela 3| Estado de São Paulo:
estrangeiros por nacionalidade (1940–2000)

Nacionalidade	1940	1950	1960	1970	1980	1991	2000
Alemães	33397	22577	21573	19049	15474	8415	-
Espanhóis	121162	90368	105423	84429	57369	31886	-
Italianos	213091	145307	136332	93081	60280	35875	-
Portugueses	155251	139438	205860	202330	174089	112351	-
Japoneses	128957	105311	111094	109530	89361	51918	-
Outros	110133	124432	137288	120660	126871	96984	-
Total	761991	627433	717570	629079	523444	337429	343944*

Organizado por: E. Couto & R. H. Ferreira, 2003.
Fonte: IBGE, Censo Demográfico 1940-2000.
*No ano 2000 o IBGE não dividiu os estrangeiros por nacionalidade, colocando apenas a quantidade total no Estado de São Paulo.

|Tabela 4| Região Metropolitana de São Paulo: estrangeiros segundo nacionalidade (1940 – 2000)

Nacionalidade	1940*	1950**	1960***	1970****	1980****	1991***	2000***
Alemães	22664	-	-	15782	12446	-	-
Espanhóis	38971	-	-	58146	40781	-	-
Italianos	80893	-	-	67726	47220	-	-
Portugueses	84336	-	-	159061	138857	-	-
Japoneses	14627	-	-	66473	62254	-	-
Outros	-	-	-	97057	101740	-	-
Total	241491	338749	-	464245	403298	-	-

Organizado por: E. Couto & R. H. Ferreira, 2003.
Fonte: IBGE, Censo Demográfico 1940-2000.
* O total de estrangeiros no Censo de 1940 é referente às nacionalidades: alemães, espanhóis, italianos, japoneses e portugueses. Não há no Censo de 1940 outras nacionalidades e nem quantidade geral de estrangeiros na RMSP.
** O total de estrangeiros no Censo de 1950 é de: 338.749 que é referente aos municípios de: Barueri, Cotia, Franco da Rocha, Guarulhos, Mairiporã, Mogi das Cruzes, Poá, Salesópolis, Santana de Parnaíba, Santo André, São Bernardo do Campo, São Caetano do Sul, São Paulo e Suzano (total de: 14 municípios). Não há os outros municípios da região metropolitana no Censo de 1950.
*** Não foram encontrados dados de estrangeiros no Censo de 1960, 1991 e 2000.
**** Os dados foram retirados da categoria: Grande São Paulo. Censos do IBGE de 1970 e 1980.

|Tabela 5| Migrantes entrados no Brasil (1872) e em São Paulo (de 1878) até 1972, por quilômetros e segundo 5 grupos nacionais. Proporção de São Paulo no total

PERÍODO	PORTUGUÊS			ITALIANOS			ESPANHÓIS			JAPONESES			ALEMÃES, OUTROS INCLUSIVE TOTAL SEM NACIONALIDADE ESPECÍFICA			TOTAL		
	P/O BRASI-L	P/ BRAS-IL	% DO TOTAL P/SP	P/O BRASIL	P/ BRAS-IL	% DO TOTAL P/SP	P/O BRAS-IL	P/ BRASI-L	% DO TOTAL P/SP	P/O BRA-SIL	P/ BRA-SIL	% DO TOTAL P/SP	P/O BRASI-L	P/ BRAS-IL	% DO TOTAL P/SP	P/O BRASIL	P/ BRASIL	% DO TOTAL P/SP
1872-1877	39.950	-	-	23.386	-	-	1.552	-	-	-	-	-	64.210	-	-	129.009	-	-
1878-1881	30.322	-	-	37.722	-	-	5.792	-	-	-	-	-	15.360	-	-	89.142	6.846	7,68
1882-1884	31.813	4.210	13,23	38.654	7.077	18,31	7.331	694	9,47	-	-	-	9.380	553	5,90	87.178	125.534	14,38
1885-1889	57.632	18.486	32,08	222.829	137.367	61,65	18.783	4.843	25,78	-	-	-	20.297	6.968	34,33	319.541	167.664	52,47
1890-1894	121.347	30.752	25,34	312.074	210.910	67,58	89.609	42.316	47,22	-	-	-	77.705	35.754	46,01	600.735	319.732	53,22
1895-1899	98.006	28.259	28,83	378.291	219.333	57,98	74.684	44.678	59,82	-	-	-	46.611	122.983	263,85	597.592	415.253	69,49
1900-1904	59.813	18.530	30,98	137.478	111.039	80,77	23.146	18.842	81,40	-	-	-	28.605	22.884	80,00	249.042	171.295	68,78
1905-1909	135.773	38.567	28,41	83.916	63.595	75,78	90.086	69.682	77,35	861	825	95,82	62.729	23.870	38,05	373.365	196.539	52,64
1910-1914	259.516	111.491	42,96	115.290	88.692	76,93	143.485	108.154	75,38	14.682	14.465	98,52	134.805	40.096	29,74	667.778	362.898	54,34
1872-1914	732.087	246.085	33,61	1.249.878	830.936	66,48	439.793	288.515	65,60	15.543	15.290	98,37	370.752	252.555	68,12	2.808.053	1.633.381	58,17
1915-1919	58.965	21.191	35,94	22.878	17.142	74,93	38.166	27.172	71,19	12.750	12.649	99,21	14.916	5.530	37,07	147.675	83.684	56,67

1920-1924	137.619	48.200	35,02	61.744	45.306	73,38	44.906	36.502	81,29	6.646	6.591	99,17	122.211	60.713	49,68	373.126	197.312	52,88
1925-1929	164.296	65.166	39,66	45.091	29.472	65,36	37.025	27.312	73,77	51.638	50.573	97,94	175.471	117.418	66,92	473.521	289.941	61,23
1915-1929	360.880	134.557	37,29	129.713	91.920	70,86	120.097	90.986	75,76	71.034	69.813	98,28	312.598	183.661	58,75	994.322	570.937	57,42
1930-1934	54.818	17.015	31,04	13.749	6.946	59,52	9.571	4.876	50,95	77.810	76.527	98,35	57.729	23.535	40,77	213.677	128.899	60,32
1935-1939	47.925	19.269	40,21	8.421	5.483	65,11	31.75	1.708	53,80	21.412	25.141	117,42	38.158	17.524	45,92	119.019	69.125	58,04
1940-1944	19.396	6.671	34,39	507	307	60,55	610	181	29,67	2.816	2.945	104,58	10.384	2.660	25,62	33.713	12.764	37,86
1945-1949	26.208	11.443	43,66	15.312	9.212	60,16	4.092	1.136	27,76	12	1	8,33	34.748	19.436	55,93	80.372	41.228	51,30
1950-1954	144.768	70.806	48,91	60.668	50.435	83,13	55.874	34.256	61,31	4.774	2.671	55,95	69.040	39.874	57,75	335.124	198.042	59,10
1955-1959	96.811	48.347	49,94	31.263	24.693	78,98	38.819	28.040	72,23	28.819	25.912	89,91	52.232	39.969	76,52	247.944	166.961	67,34
1960-1964	58.471	14.986	25,63	9.167	4.377	47,75	25.495	12.924	50,69	21.089	11.136	52,80	34.866	9.791	28,08	149.088	53.214	35,69
1965-1969	15.658	-	-	3.247	412	12,69	2.902	86	2,96	4.003	108	2,70	22.689	183	0,81	48.499	789	1,63
1970-1972*	3.073	-	-	804	59	7,34	949	177	18,65	695	-	-	10.067	182	1,81	15.588	418	2,68
1930/1972	467.128	188.537	40,36	143.138	101.924	71,21	141.487	83.384	58,93	161.430	144.441	89,48	329.913	153.154	46,42	1.243.096	671.440	54,01
1872/1972	1.560.095	569.179	36,48	1.522.729	1.024.780	67,30	701.377	462.885	66,00	248.007	229.544	92,56	1.013.263	589.370	58,17	5.045.471	2.875.758	57,00

Fontes: ver página seguinte.

* Para o Estado de São Paulo até 1971; e para o Brasil até agosto de 1972.

Fontes: Os dados para o Brasil foram obtidos conforme explicitados na Tabela 1.
Os dados para São Paulo;
1) de 1878 a 1881: dados fornecidos pelo então Secretário de Agricultura da Província de São Paulo, Sr. Eugênio Lefévre (GROSSI).
2) de 1882 a 1884: do Relatório apresentado ao Exmo. Sr. Presidente da Província de São Paulo, pela Comissão Central de Estatística, S. Paulo, Typographia King, 1887.
3) de 1885 a 1959: de uma tabela mimeografada gentilmente cedida pelo DIC.
4) de 1960 a 1961: de NOGUEIRA.
5) de 1962 a 1971: calculados de páginas datilografadas da seção de Alojamento do DIC.
Conforme Levy (1974). 80.372-41.228-51,30

SÃO PAULO, A CIDADE EDUCADORA

Nídia Nacib Pontuschka

> A Cidade somos nós e nós somos a Cidade. Mas não podemos esquecer de que o que somos guarda algo que foi e que nos chega pela continuidade histórica de que não podemos escapar, mas sobre o que podemos trabalhar, e pelas marcas culturais que herdamos. Enquanto educadora, a cidade é também educanda.
>
> (Paulo Freire[1])

A preocupação do mestre Paulo Freire sobre o significado da cidade para a educação e da educação para a cidade é algo que para geógrafos e professores de Geografia sensibiliza de perto, como pessoas e profissionais que, a todo momento, desejam pensar o visível e desvelar o invisível de espaços geográficos e, sobretudo, de complexos urbanos tão grandes, a exemplo da metrópole de São Paulo.

Tomando mais uma vez as palavras de Paulo Freire, pensamos como fazer com que os cidadãos em geral e os cidadãos-estudantes que habitam São Paulo possam ter na Cidade referenciais importantes para o seu conhecimento como um lugar de cultura, de criação, de visão política e de mundo, para que o homem ou a mulher possam reconhecer a sua cidade como aquela que educa e que também é educada por ele ou por ela.

Segundo Paulo Freire,

> (...) a cidade se faz educativa pela necessidade de educar, de aprender, de ensinar, de conhecer, de criar, de sonhar, de imaginar que todos nós, mulheres e homens, impregnamos seus campos, suas montanhas, seus vales, seus rios, impregnamos suas ruas, suas praças, suas fontes, suas casas, seus edifícios, deixando em tudo o selo de certo tempo, o estilo, o gosto de certa época (FREIRE, 1997:22).

A riqueza de conhecimentos que pode emergir da metrópole paulistana quando desvelada, pesquisada e compreendida serve, no caso dos cidadãos paulistanos, para a tomada de decisões políticas sobre este espaço urbano, ao mesmo tempo grandioso e repleto de problemas sociais, econômicos, ecológicos e políticos.

A complexidade urbana de São Paulo e de sua região metropolitana oferecem elementos e problemáticas de estudo para as mais diferentes áreas do conhecimento. Neste texto aproveitamos para refletir sobre aspectos que dizem respeito ao conhecimento geográfico e à educação do cidadão.

A primeira preocupação é: Como, em momentos espontâneos, percebemos ou olhamos esta cidade?

Aproveitamos um excerto de texto da professora Ana Fani referente a essa visão:

> O ritmo da cidade determina o ritmo da vida, contaminando as relações pessoais. Aparece como o "corre-corre" da cidade grande contribuindo para a criação da imagem de uma coletividade enquanto uma multidão amorfa, e fazendo liquidação do indivíduo como membro da sociedade (CARLOS, 1999: 79).

Mesmo esse olhar espontâneo, colocado pela autora, tem significado para todo aquele que vive a cidade e que caminha por suas ruas. A vida da cidade transparece e se mostra nos vários momentos em que se caminha apressado ou não pelas ruas; em que o motorista fecha o vidro do carro com medo de ser assaltado; ou o medo de parar em um semáforo e se constranger ao ver crianças muito pequenas como pedintes ou como vendedoras de balas; quando se entra em um edifício, vestida simplesmente não como o esperado pelo porteiro, e se é abordado sobre o motivo de sua presença no local; ou se é barrado na entrada de certos *shoppings*, quando se deseja entrar de sandálias Havaianas. Tudo isso evidencia a pressa, a pobreza e os preconceitos.

A vida e o movimento da cidade também são visíveis seja pelos fluxos de pessoas, de carros, de trens, de motos ou de carrocinhas de catadores de papel movidas pela energia de homens, mulheres e crianças, permanência de um passado não muito distante.

As idéias também se movimentam na metrópole, muito mais do que em pequenas cidades. Nas conversas que ocorrem no interior dos coletivos, seja nos trens ou nos ônibus; na espera das conduções; na hora do almoço, seja na Avenida Paulista, onde se concentra o mundo das finanças e dos escritórios das empresas transnacionais, seja nas construções civis quando os trabalhadores abrem suas marmitas para se alimentar; são as conversas que fazem parte do cotidiano, nas quais há troca de experiências e, portanto, de informações. Os *outdoors* mostram propagandas com imagens apelativas ao consumo e se erguem à beira dos grandes eixos viários da cidade ou no alto dos grandes edifícios. Desse modo, a Cidade oferece um repertório de informações, cujos nexos e contextualizações podem se transformar em conhecimentos.

Existem questões a serem colocadas sobre toda essa visão polifônica da Cidade de São Paulo que precisam ser constantemente retomadas, porque o ritmo da Cidade e as transformações espaciais que aqui ocorrem são vertiginosos. Por que ocorrem? Quem são os responsáveis por tais transformações? Como foi construída essa Cidade? O que fazer para que ela se torne mais humanizada para as gerações que estão chegando?

Essas perguntas exigem uma reflexão maior no sentido de transformar visões fragmentárias e espontâneas em conhecimento da metrópole, análises que podem se dar de várias maneiras e em vários lugares, focalizando um aspecto dessa polifonia, ou a multiplicidade de aspectos. Podemos pensar que esse conhecimento pode se dar em recortes disciplinares como prática social na Universidade, nos Centros de Pesquisa ou Órgãos públicos e pode se dar também no espaço escolar, principalmente nas escolas públicas, por meio de um trabalho disciplinar ou interdisciplinar, aproveitando o conhecimento acumulado na escola, pela diversidade de profissionais ali concentrados.

Neste artigo, desejamos enfatizar alguns movimentos existentes em escolas públicas que buscaram conhecer a Cidade de São Paulo por meio de trabalhos interdisciplinares, por vezes em interação com as Secretarias de Educação ou ainda por iniciativa de docentes da própria escola, em busca de parcerias.

Esse movimento de colocar como foco aspectos da Cidade de São Paulo como componentes do currículo da escola pública, pode ser uma das formas de produção de conhecimento sobre a cidade e servir como fortalecimento da cidadania de alunos, professores e funcionários. No entanto, esse caminho pedagógico é trilhado apenas por algumas escolas de nossa Cidade. São exemplos que merecem ser divulgados para ampliar o seu conhecimento e torná-la mais viva para os estudantes, no sentido de que eles não reconheçam apenas fragmentos desse espaço urbano, mas que vivam a Cidade inteira, assim como devem ser um homem ou uma mulher inteiros, parafraseando Agnes Heller (1985).

As chamadas periferias da cidade de São Paulo são construídas de forma aparentemente caóticas para o observador, no entanto, esse caos apresenta uma lógica direcionada pelo capital, por meio de loteamentos irregulares e clandestinos, frutos da especulação imobiliária e das ocupações pelas camadas mais excluídas da sociedade, que não usufruem dos bens materiais e sociais da cidade. Essas populações ocupam as áreas devolutas e, atualmente, até mesmo terrenos privados que seus proprietários deixam como vazios urbanos, à espera de valorização.

Uma das lutas sociais mais imediatas e importantes, na periferia, é pela moradia, não a moradia vista apenas como abrigo das intempéries, mas uma moradia digna das famílias que habitam uma Cidade profundamente urbanizada como São Paulo, com direito aos equipamentos urbanos básicos para o bem-estar das populações: escolas, creches, ruas traçadas de forma correta em relação ao relevo, transportes que facilitem o acesso ao trabalho, saneamento básico, isso para citar apenas alguns de seus direitos.

Os direitos dos cidadãos ainda estão longe de fazer parte das periferias das grandes cidades e também de São Paulo. Embriões de participação começam a se esboçar em algumas áreas, como um caminho possível para a conquista de bens públicos, o que ocorre somente quando o sentimento de "*pertencimento*" da população consegue se instalar e a escola pode se constituir como aliada nesse processo. Um dos aspectos que causa espanto ao observador da cidade é a ausência de áreas verdes, isto é verdadeiro tanto para os bairros centrais como para os periféricos da Cidade de São Paulo, com exceção dos bairros-jardins e do grande Parque do Ibirapuera, palco de momentos de alegria, lazer e encontro de famílias dos bairros centrais e de pessoas vindas de lugares mais distantes.

O ser humano em uma Cidade com um dos índices de urbanização mais elevados do mundo, com mais de 10 milhões de habitantes e com grande parte da população confinada em apartamentos nas áreas mais centrais e, atualmente, também na periferia, necessita de espaços públicos para o descanso, a reflexão, os brinquedos, as brincadeiras e os exercícios físicos, sobretudo as crianças e adolescentes que estão no momento de usar o corpo inteiro como verdadeiro instrumento de aprendizado e para os adultos que têm vida sedentária, passando horas sentados ou fazendo exercícios repetitivos. Para atender a essa importante parcela da população, os parques e jardins de São Paulo são insuficientes e muitas vezes, os que existem são precários. Por outro lado, as escolas aproveitam pouco as raras áreas verdes como espaços de liberdade, de descontração, de saberes e de educação ambiental.

Na Cidade de São Paulo, existem escolas que se abrem à participação da comunidade, a exemplo da Escola Municipal de Ensino Fundamental "Deputado Rogê Ferreira", localizada no Parque Panamericano, construída de lata, e de outros estabelecimentos de ensino das imediações. Muitos brasileiros e, sobretudo a elite desse País não conhecem a sua própria Cidade e seus problemas e, assim, não sabem o que significa para professores e alunos trabalhar em escola com calor excessivo e barulho ensurdecedor quando a chuva atinge o telhado, impedindo que professores e alunos dialoguem em tom normal de voz. A escola de lata não constitui exceção na Capital e nos municípios da Região Metropolitana.

A Escola Pública e a Periferia

Mas quais são os problemas vivenciados pela população desse local?

A moradia no bairro foi parcialmente resolvida pela verticalização, ou seja, instalação de conjuntos habitacionais para o segmento da população de baixa renda, o que também vem se processando em bairros mais distantes. Mas o ritmo de implantação de equipamentos urbanos e de saneamento básico não acompanha o ritmo das construções verticalizadas e de outros tipos de ocupação da Cidade. Esse avanço contínuo do adensamento urbano não é específico da Cidade de São Paulo, embora neste texto a preocupação seja a análise do processo ali desencadeado, pois constitui parte de um processo maior, inserido na urbanização de outros municípios pertencentes à Área Metropolitana.

A expansão e adensamentos urbanos ocasionaram o surgimento de novas questões e acirraram os velhos problemas sociais e espaciais, como a degradação ambiental, o adensamento das populações, sobretudo nas grandes Áreas Metropolitanas, problemas de saúde, desigualdades de bem estar social entre o Centro e a periferia tanto no nível regional como no nível local. Neste sentido, as instituições e grupos organizados da sociedade são chamados a pensar sobre a atual estruturação da Cidade e a buscar respostas para os seus problemas.

Na periferia de São Paulo, praticamente, a única instituição democrática que há para atender à população jovem é representada pela escola pública que, muitas vezes, assume papéis não condizentes com a sua função primordial que é lidar com o conhecimento. Algumas escolas sentem necessidade de vincular-se cada vez mais aos problemas das comunidades, pois são questões que afetam as atividades escolares e a vida de seus alunos.

Há escolas que oferecem às crianças conhecimentos alheios, desvinculados da vida dos estudantes, sem integração com as comunidades.

Aqui vamos relatar uma experiência diferente, o caso de algumas escolas do Subdistrito de Pirituba, nas proximidades do Parque Panamericano.

As comunidades da Zona Noroeste da Cidade de São Paulo reivindicavam a criação de um Parque Urbano em um terreno de área verde, pertencente à municipalidade, localizado ao longo de um córrego, área essa que estava sendo utilizada para fins espúrios, como para jogar lixo ou como pastos de animais. O que existe de significativo para a reflexão da escola sobre esse fato? Ou seja, como as teorias consideradas como sistemas de pensamento e de idéias podem desvendar o que existe de oculto no processo que levou a comunidade a reivindicar a criação do Parque?[2]

Essa reivindicação está ligada a problemas fundamentais da comunidade? Afinal, o que é um problema fundamental? Aqui lembro o que afirma Boaventura Santos:

> (...) são problemas que estão na raiz de nossas instituições e das nossas práticas, modos profundamente arraigados de estruturação e ação sociais considerados por alguns como fontes de contradições, antinomias, incoerências, injustiças que se repercutem com intensidade variável nos mais diversos setores da vida social (SANTOS, 1996:282-3).

A preocupação maior: como encontrar respostas para esses problemas? Para tanto, pode-se pensar parceladamente nos sujeitos sociais envolvidos no processo para, a seguir, encontrar os nexos e as relações compartilhados pelos diferentes sujeitos sociais envolvidos na criação do Parque. E daí outras perguntas emergem. Como algumas comunidades e instituições mais próximas vêm resolvendo os problemas mais graves? Como o Estado em nível local se relaciona com as comunidades, no sentido de minimizar os problemas fundamentais da população e colaborar na busca de soluções? Por último, como se dá a inter-relação entre esses diferentes sujeitos sociais?

Essas são as preocupações, com as quais dialogamos, sobre caminhos possíveis trilhados para tornar mais "humana" a vida de concentrações urbanas como a de São Paulo.

Esses problemas, atualmente tão agudizados, não encontram respostas nos parâmetros euclidianos ou quantitativos, é preciso a compreensão da dinâmica da sociedade urbana, na qual se encontra o cerne das prováveis soluções.

Nas últimas décadas, os movimentos sociais não são mais lutas entre as grandes classes sociais, embora as classes sociais continuem a existir, as lutas atuais constituem formas organizativas resultantes de uma democracia participativa, formada por grupos sociais, com contornos mais ou menos definidos e localizados, voltados para interesses e expectativas coletivos, os quais exigem transformações e medidas concretas, por vezes imediatas, bem definidas. Como exemplo, pode-se lembrar a construção de uma creche, o asfaltamento de uma rua, a criação de um parque público, a ocupação de um prédio abandonado e ocupado pelos sem teto, ou as manifestações dos ambulantes. São movimentos que ocorrem no âmbito da sociedade civil, dentro da qual lutam e reivindicam do poder local, soluções mediatas ou imediatas para problemas prioritários, existentes em dado momento.

Esses movimentos congregam pessoas que, mesmo com um objetivo comum maior, se apresentam muito misturadas do ponto de vista de seus interesses particulares e dos caminhos a percorrer para atingir o propósito do grupo. Alguns pensadores colocam que um movimento social, que se inicia por um movimento específico e bem definido, pode se transformar muito depressa em um grupo político partidário, almejando participação mais complexa na política do Município, Estado ou País.

Apesar da existência dos movimentos, os direitos dos cidadãos ainda estão longe das periferias das grandes cidades. Embriões de participação começam a se esboçar em algumas áreas, como um caminho possível, quando o sentimento de pertencimento da população consegue se instalar.

Aqui tomamos o exemplo do desejo de parcela da população paulistana para a criação de um parque e do trabalho conjunto de um grupo de professores do local.

A criação de um parque urbano e a participação das escolas

A Escola Municipal Rogê Ferreira tem aberto as quatro paredes de lata de suas salas de aula para permitir aos alunos contatos com realidades, muitas vezes não visíveis no instrumento principal de ensino: o livro didático. Trabalhos de campo e Estudos do Meio vêm sendo realizados, o que exige para sua efetivação contatos mais próximos com os pais para que permitam as atividades empreendidas pelas escolas locais e entendam a importância desses trabalhos.

Esses professores estão em busca de novas metodologias e de pesquisas na universidade que os ajudem a melhorar o trabalho pedagógico junto às populações desse "bairro". Com essa perspectiva, parte de algumas lideranças realizaram cursos e conversas com os professores universitários na tentativa de aproximação com as Faculdades de Educação e de Arquitetura e Urbanismo da USP, para ajudá-los a discutir sobre a criação de um Parque Público Municipal e também a promover um trabalho escolar que permitisse às crianças e adolescentes fortalecer a condição de cidadão participante, consciente de seu papel na construção do espaço e da história de seu bairro e de sua cidade.

Com a iniciativa dessas Escolas Públicas, de fora para dentro, a universidade tomou consciência da existência dos problemas da Escola mencionada[3], por meio de professores e pós-graduandos das Faculdades citadas e ligações se estabeleceram e se entrelaçaram em uma espécie de rede.

Os conhecimentos produzidos na relação escolas públicas e universidade pública eram importantes, mas não suficientes para obter respostas efetivas à principal reivindicação das populações locais naquele momento, pois sem o poder público municipal não se criaria o parque desejado. As decisões tomadas no nível da escola precisavam ter o respaldo do poder público para serem legalizadas e concretizadas.

Reuniões aconteceram com a participação de representantes da Secretaria Municipal do Meio Ambiente, professores, alunos e moradores da área. Questões foram colocadas e necessitavam de soluções. Como ampliar a área pública ao longo do córrego? Que nome dar ao futuro parque? Onde buscar verbas para sua concretização? E, sobretudo, como manter o elan e a continuidade do movimento? Com essas preocupações foi decidida a realização de um concurso para atribuir um título ao futuro parque, movimentando as sete escolas da área e envolvendo as comunidades no processo. No concurso, quando houve a participação vital de alunos, professores e funcionários das escolas, dentre outras, venceu a denominação "Pinheirinho D'água", nome do próprio córrego. Um projeto participativo estava se gestando, com envolvimento da população, da universidade e do poder público.

A Faculdade de Educação-USP havia sido contatada, inicialmente, para realizar um curso com os professores das escolas locais, para que apreendessem a metodologia do Estudo do Meio. O grupo de coordenadores da USP, responsável pelo curso, encontrou professores de variadas áreas do conhecimento extremamente comprometidos com os seus alunos e com as comunidades e, o mais importante, já possuíam vínculos facilitadores para a efetivação de um trabalho interdisciplinar.[4]

O curso, segundo os professores, deveria contemplar dois objetivos principais: apreensão ou reforço do método de produção de conhecimento, via Estudo do Meio, e o entendimento do que é um parque urbano e como se organizam suas atividades, pauta principal das demandas da população local.

É comum que a universidade seja procurada como a grande depositária de todos os saberes, capaz de sozinha dar respostas aos problemas espaciais e sociais. No entanto, os professores que nos procuraram, vinham com seus objetivos bem definidos e com a consciência dos limites e possibilidades da universidade. Buscavam parcerias para a continuidade do projeto ainda em fase de idealização. Nesse curso, os professores deveriam escolher um parque já instalado para conhecer os equipamentos existentes e o seu funcionamento, que serviriam de parâmetros para pensar melhor sobre o parque que desejavam. O local escolhido para o trabalho de campo do Estudo do Meio foi o Parque Estadual do Jaraguá.

Ao desenhar o parque almejado pelos diferentes grupos, a discussão foi se fazendo e as idéias foram, aos poucos, se aclarando. Observações pessoais, registros escritos, fotos e desenhos do Parque do Jaraguá constituíram um acervo documental para ser sistematizado e analisado. O conhecimento desse Parque serviu como um dos parâmetros para pensar e enriquecer a discussão acumulada e dar prosseguimento aos debates na comunidade com a Secretaria do Meio Ambiente.

Os professores fizeram com seus alunos trabalho semelhante, os quais também tiveram o que dizer a respeito de algo que lhes pertencia e o recurso utilizado foi a linguagem do desenho. Aqui lembramos Jean Noel Luc que destacou:

> (...) a importância do meio rural ou urbano para que a criança se posicione diante da realidade através dos sinais que permaneceram do passado: todo meio rural ou urbano está situado no tempo. Possui uma história, ainda que reduzida. Esta história deixou suas marcas nas memórias e nos arquivos, mas também na paisagem. Objetos e edifícios são testemunhos de existências anteriores. São laços de união entre passado e presente. Afirmam a influência do primeiro sobre o segundo. Geralmente a favor do passado próximo, mas sem deixar de nos remeter a períodos mais distantes. E estes vestígios permitem situar a criança frente à realidade do passado (LUC, 1981).

O Parque Estadual do Jaraguá possui elementos do presente e do passado que podem ser objetos de estudo de valor para o conhecimento da Cidade. Em primeiro lugar, podemos lembrar da visão da verdadeira mancha urbana que pode ser visualizada do alto do Pico do Jaraguá, tão cara aos geógrafos que têm na observação o ponto de partida de suas pesquisas; as torres de TV e de celulares que "ornam" tanto o Pico como o espigão mestre central da Cidade de São Paulo, denotando a importância da comunicação na cultura da metrópole. Mas também mais do que visto de longe pode-se sentir de perto o testemunho da Mata Atlântica que, no passado, recobriu grande parte da atual região metropolitana e das nascentes que vão formar os córregos da Bacia do Tietê. Do ponto de vista da História, também, há testemunhos: o tanque de lavagem do ouro, a casa de taipa que restaram da fase do bandeirismo minerador e da presença do escravo como mão-de-obra; na entrada do Parque observa-se a presença de um grupo guarani que ainda mantém muito de suas tradições culturais. Essa riqueza de conteúdos, se aproveitada e apropriada pelas disciplinas escolares, seria de um valor pedagógico inestimável na formação de nossas crianças e adolescentes.

A participação dos alunos no processo é extremamente importante e necessária, não é possível esperar que eles participem da Cidade apenas no futuro, quando adultos, se não tiverem a oportunidade de começar a contribuir com suas idéias para a comunidade ainda como estudantes do Ensino Fundamental e Médio e, além disso, este conhecimento é fundamental para sua vida de cidadão.

A relação dessas comunidades com a Faculdade de Arquitetura e Urbanismo teve uma coincidência feliz. O arquiteto Caio Boucinhas, ao mesmo tempo que era o responsável pelo contato com a comunidade do futuro Parque Pinheirinho D' Água, como representante da Secretaria do Meio Ambiente, tinha relação muito forte com a FAU-USP por ser aluno do Programa de Pós-graduação, realizando contatos com os professores do Departamento de Projetos e Paisagismo. A disciplina de Pós-graduação da Profa. Catharina Pinheiro Cordeiro Lima que desenvolve anualmente em seu curso uma metodologia para a formação do arquiteto denominada Charrete, organiza uma *pesquisa-diagnóstico*, sobre os problemas das populações locais para, a seguir, propor projetos de melhoria das condições espaciais e paisagísticas de uma área da Grande São Paulo, a partir da consideração do que pensam, do que querem os vários grupos das localidades, em articulação com o conhecimento científico, artístico e técnico dos pesquisadores.

O Parque Pinheirinho D'água, no ano 2002, foi o escolhido para a realização da Charrete e a comunidade somente teve a ganhar porque dos quatro projetos realizados chegou-se a um projeto-síntese, que contemplou as idéias dos grupos comunitários, da Universidade e da Secretaria do Meio Ambiente.

Os projetos feitos na Charrete foram expostos nas escolas, começando pela Rogê Ferreira, com grande movimentação da comunidade, dos professores e alunos, de docentes da FAU e FEUSP e contou com a presença da Secretária do Meio Ambiente[5].

No conjunto das atividades desencadeadas na efetivação desse Projeto Participativo, pudemos constatar o diálogo entre diferentes instâncias: comunidades, universidade e poder público.

Para a FAU, os pós-graduandos tiveram uma experiência fundamental na relação universidade e grupos sociais, em que perceberam as potencialidades de um trabalho participativo assim como a importância do diálogo.

Para os pesquisadores do Laboratório de Pesquisa e Ensino em Ciências Humanas da FEUSP, mais uma vez, o Estudo do Meio como prática social que envolve ensino e pesquisa, demonstrou seu potencial criativo e de investigação que se abre para vários desdobramentos, criações e aplicação.

Esse diálogo sobre a Cidade permitiu a aproximação entre unidades diferentes da própria Universidade de São Paulo; entre professores, alunos da Geografia e arquitetos dos Programas de Pós-Graduação, entre as comunidades da zona noroeste de São Paulo e do poder público representado pela coordenação do setor de Parques e Jardins da Secretaria do Meio Ambiente da Cidade de São Paulo. As aproximações e vínculos estabelecidos entre a sociedade civil e o poder público transformaram-se em novos conhecimentos que vieram a fortalecer o trabalho dos arquitetos e abrir espaços para outras pesquisas na Arquitetura; aproximar arquitetos, biólogos e geógrafos estabelecendo vínculos interdisciplinares mais consistentes. O movimento desencadeado pela Charrete-FAU-USP e o Estudo do Meio-FEUSP, como práticas sociais interferiram e penetraram, de forma efetiva, no currículo da sala de aula.

Para os moradores da localidade houve também ganhos, a reflexão e o Projeto elaborado, contemplando suas expectativas, por meio da cooperação de arquitetos experimentados com a participação efetiva no Projeto e a relação do conhecimento do local com o conhecimento produzido historicamente e, atualmente, constante de múltiplas publicações.

Ao escrever este artigo não foi nossa intenção camuflar os equívocos, as diferenças, as divergências e até incompreensões que existiram no percurso, mas no processo do projeto participativo foram sendo superados os problemas pelo objetivo maior que era a conquista do Parque Urbano, resultante de um movimento democrático de reflexão e "*dialogicidade*".

A Cidade de São Paulo e o Projeto de Reorientação Curricular

No período de 1989 a 1992, portanto, há mais de dez anos atrás, o estudo da Cidade de São Paulo nas Escolas Municipais ganhou destaque, quando a equipe da Secretaria Municipal de Educação da Capital propôs a Reorientação Curricular pela via da Interdisciplinaridade[6] tendo o tema gerador como básico para a construção do currículo escolar. As escolas que optaram pelo projeto precisariam realizar uma pesquisa de campo para conhecer o entorno e extrair o tema gerador, que orientaria disciplinar e interdisciplinarmente o trabalho pedagógico.

Esta proposta não emanou das Escolas da Rede Municipal de Ensino, mas sim da Secretaria Municipal de Educação de São Paulo, na administração de Paulo Freire. Em decorrência, houve resistências tanto iniciais como durante o processo de efetivação do trabalho e assim não foram todas as escolas municipais que aderiram ao Projeto.

Para a extração do tema gerador, os professores deveriam fazer o que se convencionou chamar de Estudo da Realidade Local. Após um planejamento pelos vários setores urbanos, cada grupo fez entrevistas com os moradores e com as instituições ou grupos organizados do "bairro", constituindo um dossiê a ser discutido na escola. Esse conhecimento foi vital, porque muitos dos professores não eram moradores do local e mal conheciam a realidade de moradia de seus alunos.

> A educação transformadora a que nos propomos tem o compromisso de compreender, questionar a realidade, *desocultando*, "*desopacizando*" a ideologia dominante, bem como estabelecer uma relação viva e dinâmica entre a escola e a sociedade. Neste sentido, esta proposta pressupõe o resgate do cotidiano da "comunidade" em que está inserida a escola (SÃO PAULO, SECRETARIA MUNICIPAL DE EDUCAÇÃO, 1991:20).

A título de exemplificação, apresento o resultado de um trabalho realizado em escola da Zona Leste[7], mostrando o levantamento feito pelo grupo de professores, que considerou as situações significativas existentes no âmbito da escola e nos locais de moradia dos alunos.

Durante a análise do material acumulado pelo coletivo surgiram interpretações que geraram discordâncias e depoimentos do grupo-escola. Mas isso faz parte do diálogo entre diferentes; diálogo esse, rico de idéias, de visões de mundo e de reflexões que surgem durante o debate. Os conflitos emergiram e precisaram ser administrados de forma a captar a realidade dessa parte da cidade que estava sendo investigada, de modo a ser contextualizada na relação com outras cidades, com o Brasil e com o processo de urbanização e globalização do mundo.

Na síntese das discussões, os professores elaboraram uma outra rede de relações que depois foi considerada na construção do programa.

Após essa redução temática, fruto da pesquisa de campo e dos debates no interior da escola, as situações significativas foram problematizadas; as várias relações entre os fatos, e as observações propiciaram o levantamento de hipóteses para as situações que precisavam ser melhor estudadas sobre a realidade

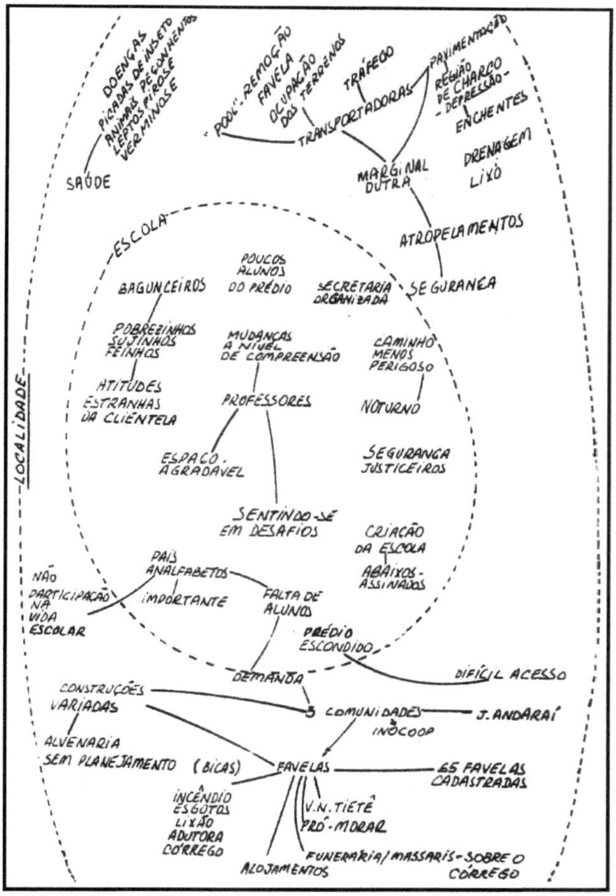

| Figura 1 |

vivencial imediata. Cada disciplina tinha condições de analisar os dados, relacionando-os ao conhecimento acumulado e às metodologias de pesquisa de sua própria ciência. Os professores tiveram possibilidade de chegar ao tema gerador que orientou o programa de cada uma das disciplinas da escola e das respectivas séries: a Moradia.

O programa a ser desenvolvido deveria contribuir para um conhecimento maior da Cidade de São Paulo, embora o ponto de partida tivesse sido localizado na escola e em suas imediações.

Com essa perspectiva, o Estudo do Meio pode voltar a se desenvolver nas escolas de São Paulo por contemplar aspectos bastante semelhantes aos propósitos da administração da época.

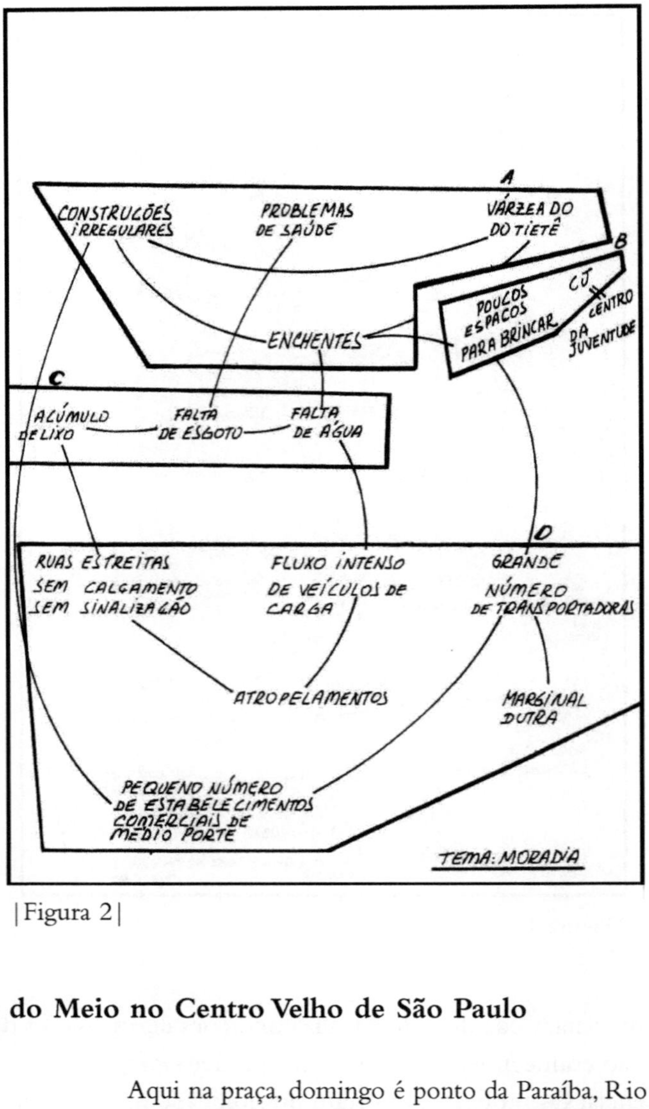

|Figura 2|

O Estudo do Meio no Centro Velho de São Paulo

Aqui na praça, domingo é ponto da Paraíba, Rio Grande do Norte, Sergipe, Alagoas. As pessoas se encontram e mandam notícias, pacotes, combinam coisas, recebem notícias. (Engraxate da Praça da Sé, São Paulo, 1991).

A administração de 1989-1992, desde o início, tinha como compromisso procurar melhorar o trabalho desenvolvido no Curso Noturno, tanto do ensino regular como do supletivo e encontrar metodologias que favorecessem esse objetivo maior, atendendo às preocupações e dúvidas dos professores da educação dos jovens e adultos trabalhadores.

Algumas expectativas das escolas e da equipe de coordenação da Secretaria de Educação foram levantadas na tentativa de contextualização e da necessidade de encontrar metodologias que transformassem a simples transmissão de conteúdos abstratos, desvinculados da vida desses trabalhadores, que voltavam aos bancos escolares com o desejo de completar sua escolaridade e de entender a cultura e o movimento da cidade de São Paulo, lembrando que a maioria eram migrantes de cidades menores do próprio Estado ou de outros Estados da Federação, com predominância ainda do Nordeste.

Algumas das questões colocadas pela equipe foram sobre o que deveria acontecer no espaço da escola à noite: 1.) ser um espaço de humanização, participação efetiva do aluno trabalhador e, também de pesquisa, de formação do professor em serviço e lugar da construção e reconstrução do saber; 2.) Os professores precisariam investigar as formas específicas de aprendizagem do educando adulto, nos aspectos cognitivo, social e afetivo para buscar uma didática que considerasse o conhecimento profissional e cultural do aluno; 3.) Desenvolver um trabalho pedagógico interdisciplinar, no qual o estudante trabalhador pudesse perceber-se no interior de sua realidade, em uma totalidade coerente e não fragmentada e 4.) A construção de um currículo em processo, com conteúdos significativos para o aluno que partissem de uma realidade vivenciada e analisada à luz do conhecimento produzido historicamente. [8]

As expectativas dos professores e da equipe de administração levaram a pensar seriamente na introdução do Estudo do Meio como um método interdisciplinar capaz de contemplar o que fora levantado nas discussões para o Ensino Noturno em 1991.

Desse modo, formou-se um coletivo de professores de instituições diferentes para elaborar um Projeto, a ser realizado, em um primeiro momento, com os professores para que vivenciassem um método interdisciplinar de pesquisa e ensino e, a seguir, cada um em sua escola faria um projeto original junto com seus alunos, à noite, no local em que as escolas estivessem localizadas. A escolha do local do trabalho de campo foi o Centro Velho da Cidade de São Paulo, denominado: São Paulo, à noite – praça como espaço de poder e trabalho: transformações e permanências.

As cidades, de forma geral, e as grandes como São Paulo, têm um movimento noturno peculiar, revelando mecanismos ocultos do urbano que não podem ser vistos durante o dia. A ausência da multiplicidade de estímulos visuais, sonoros, a diminuição das atividades comerciais, do movimento de pessoas e de veículos permitem a melhor visualização do que expressam as edificações, os calçamentos, praças. À noite, podem ser observados e contatados os atores sociais, a exemplo, dos moradores das ruas e praças, os "boêmios" dos bares e os trabalhadores noturnos como os taxistas, os motoristas dos coletivos, bancários do setor de compensação de cheques, as pessoas que trabalham nas bancas de jornal e os catadores de papel que colaboram com os serviços de limpeza do Município para que, no dia seguinte, a cidade esteja limpa para dar lugar a mais um dia de trabalho. [9]

Durante o levantamento preliminar do local, percebemos que o Centro Velho seria um espaço rico de informações sobre a Cidade e que a análise das observações e entrevistas, constituiria um acervo documental para ser transformado em conhecimento no espaço escolar.

Para o estudo preliminar saíram apenas os professores coordenadores tendo sido definido o percurso a ser realizado e os recortes de estudo para o aprofundamento e a definição das pessoas a serem entrevistadas que caracterizavam o lugar, à noite.

Um curso foi organizado com professores municipais do Ensino Noturno, observando várias etapas, antes do trabalho de campo.

Não se podendo contemplar muitos dos aspectos encontrados no Centro Velho, pela exigüidade de tempo, foram feitos recortes e decidido que seriam objetos de nosso trabalho, as praças como espaços de poder e trabalho; as relações e organização dos trabalhadores da noite; a Faculdade de Direito do Largo de São Francisco, na atualidade e no passado desde sua fundação, em meados do século XIX e o estudo dos papeleiros, os catadores de papel.

Um dos momentos considerados importantes para os professores foi a elaboração do caderno de campo, que apresentava a seguinte estrutura: cronograma das atividades, roteiro do percurso, questões das entrevistas, planta do Centro Velho, mapa da Grande São Paulo; Perfil topográfico das colinas da bacia sedimentar de São Paulo [10] e os textos: "Importância da Observação" [11]; "O Marco Zero" [12]; "A Expansão da Mancha Urbana de São Paulo, de 1881 a 1983" [13]; "Le Guide Bleu" [14], "História e Tradição na São Francisco" [15]. O caderno de pesquisa de campo permitiu que os grupos fizessem as atividades com maior segurança. No entanto, em um trabalho desta natureza deve haver lugar para o inédito, pois nem sempre tudo que é planejado pode ser efetivado, mas outros acontecimentos e observações que ocorrem durante a pesquisa precisam ser documentados.

Os registros das entrevistas e das observações são fundamentais para análise e sistematização em sala de aula, sejam anotações escritas, desenhos, fotografias sejam gravações em áudio, pois constituem fontes primárias para a reflexão.

Após o trabalho de campo, os grupos apresentaram os resultados sobre aspectos significativos do Centro Velho de São Paulo, naquele momento.

As várias dimensões da Cidade foram se revelando do ponto de vista do urbano, do poder, do trabalho, dos códigos da noite, dos atores da noite e o inédito foi o estranhamento que a nossa presença provocou entre os "donos" daquele espaço, à noite.

Cada grupo voltou para a sua escola com a incumbência de realizar um Estudo do Meio das imediações de suas escolas e depois de certo tempo retornar com suas dúvidas, seus problemas e sucessos. Alguns conseguiram realizar trabalhos pedagógicos de real valor, fazendo até mesmo publicações simples e significativas do trabalho; outros conseguiram resultados parciais e houve alguns poucos que não conseguiram sensibilizar a escola para enfrentar o desafio representado por um trabalho interdisciplinar, com vistas ao conhecimento da Cidade.

Dentre os Estudos do Meio propostos e concretizados pelos professores com seus alunos, destacamos o trabalho feito em São Miguel Paulista, sob o título "Viver em São Miguel" e o realizado em um curso supletivo no interior do Hospital das Clínicas.

Em São Miguel Paulista, a escola e as associações de moradores e de artistas do local conseguiram realizar um Estudo do Meio com os seguintes recortes: 1.) a capela uma das testemunhas da fase dos aldeamentos jesuíticos nos arredores da Cidade de São Paulo, no século XVI; 2.) a estação de trem e as atividades econômicas existentes no seu entorno; 3.) a Companhia Nitro Química, datada de 1935 e que está funcionando até hoje. Muitas vezes, essa fábrica esteve em manchetes de jornais locais e da grande Imprensa pelos fatos tristes acontecidos com os trabalhadores em acidentes de trabalho.

O grupo fez um relato escrito, elaborando um "caderno" de 34 páginas, sobre aspectos importantes do trabalho. [16]

Outro relato que mobilizou muito o grupo de participantes, durante o retorno, foi o Estudo do Meio realizado no curso supletivo do Hospital das Clínicas, com funcionários e funcionárias do próprio hospital. Cada aluno desse curso tinha conhecimento específico das atividades realizadas em seu setor e desconhecia o de outros. Os conhecimentos parciais e fragmentados foram sendo colocados para a classe. Houve convites para que os alunos e a professora conhecessem os locais de trabalho dos alunos, trabalhadores do Hospital. Assim, os conhecimentos parcelares foram se integrando e os alunos foram tendo um conhecimento mais amplo do significado do Hospital das Clínicas para a saúde da população de São Paulo e do País.

A professora desse curso não teve a pretensão de chegar ao conhecimento da totalidade das atividades com a saúde e pesquisas ali realizadas, mas houve avanços e alegrias, a respeito dos funcionários terem a dimensão da importância de seu trabalho, mesmo com os problemas salariais enfrentados. O tema gerador encontrado pela Professora e seus alunos foi "O Trabalho em um Hospital Público de São Paulo". Infelizmente não houve registros escritos, apenas um rico relato oral, do qual espero ter registrado a essência.

Considerações finais

Se realmente os discursos oficiais sobre o cidadão e a cidadania fossem almejados, o estudo de São Paulo dentro de um projeto participativo e, portanto, vivo, reflexivo teria condições de contribuir para mudar muito essa cidade.

O Estudo do Meio mais eficaz do ponto de vista pedagógico é aquele que tem um dos momentos de saída, quer seja pelo quarteirão, quer seja para outros espaços públicos ou mesmo privados que a metrópole oferece. Mas se isso não é possível por variadas razões, podemos levar a cidade para o interior da escola, através das pessoas, dos próprios pais de alunos que devem ter muito o que contar sobre os lugares de origem ou mesmo sobre o trabalho que exercem; filmes que falam da Cidade na atualidade e de outros momentos pelos quais a cidade passou; fotografias de locais que nos dias de hoje não se reconhecem mais pelas grandes transformações por que passaram, tendo permanecido apenas na memória dos mais velhos, nos livros de poemas, na ficção, na música e em muito outros gêneros que imortalizaram a vida da metrópole.

Os jornais trazem a São Paulo contemporânea retratada por meio de imagens que podem falar muito, se os leitores souberem ler no visível, nas contradições e no oculto, no não revelado.

O Centro Velho de São Paulo vem sendo revitalizado e, diferentemente de uma década atrás, já se pode sentar, para tomar um lanche à noite, no iluminado Largo do Café, mas não estamos livres do constrangimento de termos crianças, vendedoras de determinados objetos sendo afastadas pelos garçons. Contraditoriamente, a cidade está se tornando bela, mas a pobreza continua.

No Jornal *O Estado de São Paulo*, (1918-1903) no Caderno Cidades, uma página inteira mostra imagens de nossa metrópole que precisam ser discutidas com nossos estudantes. Em letras garrafais aparece "Martinelli, reformado, terá café panorâmico", abaixo duas fotos grandes de diferentes aspectos do referido prédio e no alto à esquerda, bem pequena uma foto com os dizeres Rua Interditada – camelôs fazem nova manifestação contra *blitz* na 25 de Março. Duas imagens contíguas e que revelam muitas das contradições sociais e econômicas vividas pela população desta nossa Cidade.

Que leitura nós professores podemos fazer dessas imagens jornalísticas? E os estudantes como as leriam? É um desafio sobre a Cidade que educa e que é educada por nós...

Notas

[1] Paulo Freire, *Política e Educação*, 3ª ed., São Paulo, Cortez, 1997, p. 22.

[2] Algumas das idéias colocadas sobre a criação do Parque na zona Noroeste da Cidade de São Paulo foram extraídas de um texto já enviado pela autora para a FAU-USP, mas ainda não publicado.

[3] Na Escola Rogê Ferreira, há que se destacar a liderança da Profa. de Geografia, Márcia da Penha Rezende, com as colegas e os colegas de trabalho que buscam na Universidade e nos órgãos públicos, auxílio para os problemas das escolas e do bairro.

[4] Participaram do Curso a Profa. Nídia Nacib Pontuschka e os Pós-graduandos do Depto. de Geografia da USP: Márcio Abondanza Vitiello e Maria Aparecida Felicia Laruccia.

[5] Na época (2002) a geógrafa Stela Goldenstein respondia pela Secretaria do Meio Ambiente do Município de São Paulo.

[6] O tema gerador só pode ser compreendido nas relações homem-mundo, com a compreensão do pensamento linguagem dos homens em relação à realidade; os níveis de percepção dessa realidade e a sua visão de mundo. Os temas geradores constituem representações de uma época caracterizada por um conjunto de idéias, de concepções, valores, desafios e interação dialética com seus contrários (idéias extraídas de palestras de Paulo Freire).

[7] Trabalho de Levantamento Preliminar da Realidade realizado pela EMPG "Ary Gomes", no 1º semestre/91.

[8] Adaptado de *Estudo do Meio e Outras Atividades para o Ensino Noturno*, 1992, p. 17-18. Participaram das discussões Maria Suemi Salvador, Regina Inês Villas Boas Estima, Elizabeth Castellão Martins e pela Universidade: Mansur Lutfi, Eulina Pacheco Lutfi, Circe Maria Fernandes Bittencourt e Nídia Nacib Pontuschka.

[9] Na época em que foi feito o trabalho de campo, os bancos ainda não vendiam os papéis diretamente para as empresas de reciclagem.

[10] Aziz Nacib Ab'Sáber. "O Sítio Urbano de São Paulo", in: Aroldo Azevedo, (Org.) *A Cidade de São Paulo. Estudos de Geografia Urbana*. Vol. I, 1958, pp. 198-199.

[11] Lewis Munford, "Importância da Observação", in: *A Cultura das Cidades*, Belo Horizonte, Itatiaia, 1961.

[12] Jeanice Theodoro da Silva, São Paulo 1554-1880. *Discurso Ideológico e Organização Espacial,* São Paulo, Moderna, p. 141.

[13] Milton Santos, *São Paulo: Metrópole Corporativa Fragmentada*, São Paulo-SP, Secretaria de Estado da Cultura, Nobel, 1990.

[14] Barthes, Rolland. "Le Guide Bleu", in: *Mitologias*, São Paulo, Difel, 1972.

[15] "História e Tradição na São Francisco", in: *Jornal da USP*, Ano VI, nº 217, 31/05/92.

[16] Maísa Silva e Maria Amélia de Carvallho Piassi foram as responsáveis pelo Caderno Viver em São Miguel, 1992.

Bibliografia

AB' SÁBER, Aziz Nacib. "O Sítio Urbano de São Paulo". In: AZEVEDO, Aroldo. (Org.) *A Cidade de São Paulo*. Estudos de Geografia Urbana. Vol. I, 1958.

BARTHES, Rolland. "Le Guide Blue". In: *Mitologias*. São Paulo, Difel, 1972.

CARLOS, Ana Fani Alessandri. "Apresentando a Metrópole na Sala de Aula". In: CARLOS, A. F. A. (Org.). *A Geografia na Sala de Aula*, 1999, p.79-91.

FREIRE, P.. *Política e Educação*. 3ª ed. São Paulo, Cortez, 1997.

_________. *A Educação na Cidade*. 4ª ed. São Paulo, Cortez, 2000.

HELLER, Agnes. *O Cotidiano e a História*. (Trad. Carlos Nelson Coutinho e Leandro Konder). São Paulo, Paz e Terra, 1985.

LUC, Jean Noel. "La ensenanza de la Historia através del médio". Madrid, Ed. Council, 1981. In: *O Estudo do Meio como trabalho integrador das Práticas de Ensino, Boletim Paulista de Geografia*, nº 70, 1991.

MUNFORD, Lewis. "Importância da Observação". In: *A Cultura das Cidades*. (Trad. Neil R. da Silva) Belo Horizonte, Itatiaia, 1961, p. 519-520.

PITTA, Iuri. *O Estado de São Paulo*. Caderno Cidades -C, Terça Feira, 19 de agosto de 2003.

PONTUSCHKA, Nídia Nacib (Org.). *Ousadia no Diálogo. Interdisciplinaridde na Escola Pública*. 4ª ed. São Paulo, Loyola, 2002.

SANTOS, Boaventura de Sousa. *Pela mão de Alice - O Social e o Político na Pós-modernidade*. 2ª ed. São Paulo, Cortez, 1996.

SANTOS, Milton. *O Espaço do Cidadão*. São Paulo, Nobel, 1987.

____________. *São Paulo: Metrópole Corporativa Fragmentada*. São Paulo, Secretaria de Estado da Cultura, Nobel, 1990.

SÃO PAULO – SECRETARIA MUNICIPAL DE EDUCAÇÃO. *Estudo Preliminar da Realidade Local*. Caderno 2, 1990.

____________________________________. *Tema Gerador e a Construção do Programa*. Caderno 3, 1991.

____________________________________. *Estudo do Meio e Outras Saídas para o Ensino Noturno*. Caderno 4, 1992.

SILVA, Jeanice Theodoro da. *São Paulo 1554-1880. Discurso Ideológico e Organização Espacial*. São Paulo, Moderna, 1984.

SOUZA, Maria Adélia Aparecida de. *A Identidade da Metrópole*. São Paulo, Hucitec-Edusp, 1994.

UM DESAGRAVO À "PAULICÉIA DESVAIRADA"

Adyr Balastreri Rodrigues

Preâmbulo

O fenômeno da urbanização é, indiscutivelmente, um dos elementos fundamentais para explicar a razão pela qual a prática do turismo e do lazer cresce de forma significativa e, ainda mais expressivamente, nos países centrais do capitalismo. Contribuindo para que o chamado setor terciário defina-se como grande concentrador da força de trabalho, sinaliza a ultrapassagem da economia alavancada majoritariamente pela indústria, característica fundamental das sociedades ditas pós-industriais.

Como componentes deste processo, relacionados aos grandes progressos nos domínios da ciência, da técnica e da informação, surgem novas relações de trabalho, tais como a terceirização, a produção flexível, o *teletrabalho*, elementos que modificam substancialmente os aspectos espaciais e temporais ligados à produção, circulação, distribuição e consumo de bens materiais e também imateriais, estes permeados fortemente por valores simbólicos.

Os chamados *tempos livres* vão assumindo proporções nunca antes imaginadas " tempo livre diário, semanal, anual e vital. São preciosos tempos canalizados para as mais variadas funções, de natureza individual ou social: passiva, ativa, criativa, laboral, física ou mental. Os *hobbies* vão se mesclando às atividades remuneradas na invenção de novas e prazerosas ocupações. Como ressalta De Masi "aprende-se, enfim, a viver a plenitude da vida pós-industrial, feita não só de trabalho cansativo, mas também de ócio inteligente" (DE MASI, 2000:30).

Mobilizando volumosos recursos, gerando empregos, desempenhando significativo papel na balança de pagamentos e na arrecadação de impostos de muitos países, tanto do capitalismo central, quanto do periférico, o turismo passa a assumir grande significado nas suas manifestações espaciais, ao produzir novas territorialidades ou transformar formas pretéritas.

Acrescente-se a esse feixe imbricado de eventos, as mudanças expressivas nas estruturas sociais, profissionais e etárias da população, com um grande aumento na expectativa de vida, que se traduz por um crescimento notável das faixas etárias maduras " cuja velhice vê-se postergada ", estratos suficientemente aptos para o trabalho e para o lazer.

Este fato vem marcando sobremaneira a população brasileira, cuja pirâmide de idade mostra-se cada vez mais estreita nas faixas etárias jovens, devido à grande diminuição da taxa de fecundidade e consequentemente da natalidade, alargando-se nos estratos mais maduros, devido aos grandes avanços da medicina, principalmente no seu segmento preventivo. No censo de 1991, a população brasileira com mais de 60 anos representava 7,3% do total, cifra que subiu para 8,6% no censo de 2000, correspondendo a cerca de 14.5 milhões de pessoas – um volume bastante significativo. Previsões para 2020 indicam que este segmento poderá abranger 13% da população, o que corresponde a cerca de 30 milhões de indivíduos, com disponibilidade para assumir ocupações híbridas que contemplem concomitantemente lazer e trabalho, ainda que seja voluntário e engajado em projetos sociais.

Na mesma proporção que aumenta a importância do turismo, nos seus diversos segmentos – turismo de sol e praia ", ecoturismo, turismo rural multiplicam-se e se diversificam as práticas do turismo e lazer urbanos, particularmente nas modalidades cunhadas como turismo cultural e esportivo, interferindo diretamente nas formas espaciais urbanas, expressas visualmente pela paisagem.

Ao sobrevoarmos uma cidade a partir de médio porte podemos identificar nitidamente estes espaços: praças públicas geralmente arborizadas; áreas verdes correspondentes a parques urbanos ou peri-urbanos; quadras poliesportivas; piscinas públicas; estádios de futebol; *shoppings centers*; centros culturais; clubes urbanos e peri-urbanos; jardins zoológicos; represas propícias a esportes náuticos; praias; pesqueiros; parques temáticos; *resorts* e hotéis; centros de convenções; equipamentos para feiras e exposições; espaços para rodeios; entre outros.

Ao observador desavisado, ou mesmo aos habitantes da cidade, freqüentadores ou não destes espaços, passa despercebido o aspecto político que permeia a implantação de um equipamento público e a sua situação geográfica, as características sociais dos bairros onde eles são implantados, a facilidade ou dificuldade de acesso, aspectos importantes que vão facilitar ou dificultar suas condições de uso, podendo desencadear sérios conflitos, que podem ir desde a superlotação até ao abandono e depredação. Possivelmente poucos perceberão a segregação social e espacial que permite a fruição de uns em detrimento de outros. É provável que poucos questionem porque um determinado equipamento foi exitoso, ao contrário de outros que já nasceram destinados ao fracasso. Dificilmente propor-se-ia uma pesquisa de opinião junto aos cidadãos – sujeitos do processo – para avaliar seus desejos e expectativas. Enfim, a escolha dos locais e as práticas propostas distanciam-se muito da gestão compartilhada, na qual a comunidade exerce o poder de decisão e participa ativamente de todas as etapas da implantação dos equipamentos, permeadas pela concepção, execução e gestão coletiva dos mesmos.

São Paulo – o passado como um presente para a fruição

> Em (...), o viajante é convidado a visitar a cidade ao mesmo tempo que observa uns velhos cartões- postais ilustrados que mostram como esta havia sido: a praça idêntica mas com uma galinha no lugar da estação de ônibus, o coreto no lugar do viaduto, duas moças de sombrinhas brancas no lugar da fábrica de explosivos. Para não decepcionar os habitantes, é necessário que o viajante louve a cidade dos cartões-postais e prefira-a à atual, tomando cuidado, porém, em conter seu pesar em relação às mudanças nos limites de regras bem precisas: reconhecendo que a magnificência e a prosperidade da (...) metrópole, se comparada com a velha (...) provinciana, não restituem uma certa graça perdida, a qual, todavia, só agora pode ser apreciada através dos velhos cartões postais, enquanto antes, em presença da (...) provinciana, não se via absolutamente nada de gracioso, e ver-se-ia ainda menos hoje em dia, se (...) tivesse permanecido como antes, e que, de qualquer modo, a metrópole tem este atrativo adicional – que mediante o que se tornou pode-se recordar com saudades daquilo que foi. (CALVINO, 1993:30).

Esta descrição foi feita por Ítalo Calvino referindo-se a uma das suas cidades invisíveis, batizada de Marilia, nome que no texto acima omitimos e que podemos, sem prejuízo do conteúdo, substituir por São Paulo.

Quantos de nós, habitantes de São Paulo, lamentamos o fato de a romântica e sofisticada São Paulo do inicio do século passado, ter-se tornado a gigante, caótica, poluída e violenta metrópole dos nossos dias!

Com um misto de admiração e melancolia, observamos fotos da elegante e arborizada Avenida Paulista no inicio do século passado, com solenes casarões dos barões do café, descortinando-se ao fundo, em direção à Avenida Angélica, o Pico do Jaraguá, atualmente ofuscado pelos arranha-céus. Quanta imponência tinha o Teatro Municipal, em cuja monumental esplanada erguiam-se majestosas palmeiras imperiais! Também tivemos um outeiro da Glória, onde a igreja, em *fake* gótico, reinava soberana. Outro conjunto surpreendente era o mosteiro e a Basílica de São Bento, inaugurados em 1917, obra que substituiu o conjunto histórico fundado em 1594.

A Rua 15 de Novembro, outrora denominada rua da Imperatriz, nos anos 20 do século passado era considerada a mais elegante da Cidade. Numa das edições comemorativas ao IV Centenário de São Paulo, publicada pela Editora Melhoramentos, seu Autor, referindo-se ao período citado, escrevia-se:

> Nela se ostentavam as senhoras, algumas em carruagens, com suas mais belas e elegantes "toilettes", exibindo as suas mais ricas jóias e os seus mais caprichosos chapéus, nesse tempo de moda obrigatória. Todas elas rescendentes aos mais finos perfumes parisienses iam fazer a sua indefectível visita às lojas de fazendas e rendas estrangeiras... (COMPANHIA MELHORAMENTOS, 1954).

Fotos desta via, por volta de 1950, exibem o requintado edifício do Banco Francês e Brasileiro ao lado do qual outro edifício, não menos imponente, sediava as lojas Garbo, uma das mais chiques da época. Segundo o mesmo Autor, os imóveis da Rua 15 de Novembro eram por ocasião do IV Centenário os mais valorizados de todo o mundo!

Ainda nas primeiras décadas do século passado, no fausto período do *boom* cafeeiro, impressionava o conjunto formado pela Igreja e Convento de São Francisco, onde funcionou primeiramente a Academia de Direito, fundada em 1828, pelo Imperador Dom Pedro I. Posteriormente foi construído o majestoso prédio da Faculdade de Direito, que substituiu o velho convento em 1938. Esta ainda é uma das imagens mais evocativas de São Paulo, tendo resistido à fúria avassaladora do chamado progresso, que no período logo após o termino da Segunda Guerra Mundial fez de São Paulo a maior, a mais moderna e pujante cidade da América do Sul, cantando-se em prosa e verso que São Paulo não podia parar. Este frenesi é acirrado no inicio da década de 1950, quando a cidade preparava-se para a festa comemorativa dos seus 400 anos.

Numa foto aérea do Centro de São Paulo em 1950, observa-se já o frenético processo da verticalização. Entre os novos edifícios alteava-se soberano o prédio do Banespa, um dos marcos visuais da cidade na época, com um enorme letreiro da Cia. City, empresa estrangeira então detentora de vários negócios em São Paulo, responsável por diversos loteamentos que se tornaram bairros elegantes, como o do Pacaembu, por exemplo.

O quadro a seguir mostra o incremento expressivo da população da cidade de São Paulo, durante a primeira metade do século XX.

|Quadro 1| Evolução da população da Cidade de São Paulo (1900-1950)

Anos	População
1900	239.820
1905	300.000
1910	314.000
1917	501.237
1920	579.033
1934	1.060.120
1940	1.326.261
1950	2.227.512

Fonte: CIA. MELHORAMENTOS, 1954.

Uma breve análise dos dados mostra que em 50 anos a população de São Paulo é multiplicada por 10. Este enorme crescimento pode ser observado em dois períodos " primeiramente, de 1900 a 1920, cujo incremento populacional foi de 100% devido ao *boom* da economia cafeeira, gerando volumosos capitais que são investidos em obras de urbanização e embelezamento da Cidade, fenômeno que se revela na arquitetura luxuosa da época, em grande parte alicerçada na força de trabalho imigrante, na qual a colônia italiana figurava com absoluta liderança.

No período seguinte, de 1934 a 1950, a população novamente duplica, agora em função da industrialização que faz de São Paulo o maior parque industrial da América Latina. Na obra de fôlego, *A Cidade de São Paulo*, publi-

| Gráfico 1 | A população paulistana

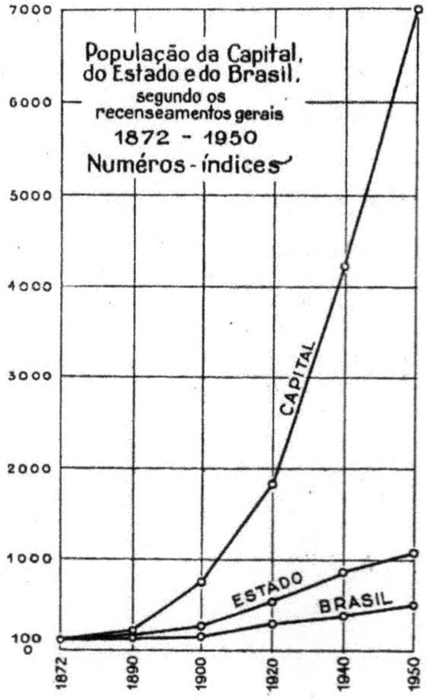

Curvas de crescimento da população do Brasil. do Estado de São Paulo e da Capital paulista (1872-1950), em números índices. O índice 100 equivale à população segundo o censo de 1872.
Fonte: ARAUJO FILHO, 1958:181.

cação em quatro volumes, comemorativa de seu IV Centenário, de autoria de eminentes geógrafos do Departamento de Geografia da então Faculdade de Filosofia, Ciências e Letras da Universidade de São Paulo e com a colaboração de outros intelectuais da época, um dos subtítulos do capitulo sobre a população paulistana traz o slogan *A cidade que mais cresce no mundo,* sobre o qual o Autor observa: "Tão repetida e repisada tem sido a frase que encabeça esta parte do trabalho, que podemos considerá-la quase um lugar comum. Tudo parece indicar, porém, que corresponde a uma verdade ou, se não, muito se aproxima dela" (ARAUJO FILHO, 1958:178).

Seguramente dois eventos desempenham papel fundamental neste processo: a crise do café, que impele a canalização dos capitais para outros setores de atividade econômica, aliada à eclosão da Segunda Guerra Mundial que gera a necessidade da substituição das importações.

A pujança econômica de São Paulo segue pela segunda metade do século passado, observando-se a explosão demográfica, alimentada não apenas pelo crescimento vegetativo, mas também, e principalmente, por grande volume dos fluxos migratórios provenientes em grande parte da região Nordeste e da própria região Sudeste. São Paulo assume liderança absoluta no setor industrial, tanto no Brasil, quanto no continente latino-americano. A partir dos anos 1980, com a intensificação do processo de globalização da economia, São Paulo, cuja população metropolitana situa-se entre as maiores aglomerações urbanas do mundo, torna-se a principal capital financeira da América Latina.

A intensificação da verticalização na área central da Cidade acaba por ofuscar o rico patrimônio arquitetônico pretérito que requer merecida valorização para funções de lazer e de turismo.

Para enxergar com as lentes dos sentimentos

Segundo Bartley, o organismo humano apresenta dez modalidades sensoriais por meio das quais contata o mundo exterior. São: a visão, a audição, o tato, a temperatura, a sinestesia, a dor, o gosto, o olfato, o sentido vestibular e o sentido químico comum (BARTLEY, 1978:82).

A tudo isto se acrescenta a experiência individual e coletiva, edificada pela bagagem cultural, pela história de vida, que definem sistemas de valores, pensamentos, sentimentos, ações e atitudes. Assim ler (sentir) a paisagem é muito mais complexo do que ver a paisagem. Envolve uma visão de mundo consciente e inconsciente, sempre subjetiva e permeada pelo simbólico.

Os desdobramentos destas considerações ao nível pragmático são observados nas políticas públicas e, por extensão, no planejamento urbano, com o objetivo de *marketing* e de publicidade de cidades, as quais, através de projetos muito bem articulados que transformam a cidade em um grande cenário, produzindo a imagem de um espetáculo, passando a atrair um numero significativo de visitantes para desfrutar de espaços de lazer oferecidos em grande estilo. Os exemplos brasileiros são inúmeros, a começar pelas imagens símbolos do país: o Pão de Açúcar, o Corcovado e a Praia de Copacabana, no Rio de Janeiro; o Palácio da Alvorada, a Catedral e o Congresso Nacional, em Brasília.

Nas duas últimas décadas do século XX, e continuando até os nossos dias, a indústria da imagem, incrementada pela sofisticada técnica de tratamento e difusão instantânea da informação, tem explorado intensamente os aportes conceituais da Psicologia da Percepção. , implementam-se intervenções urbanas de grande efeito visual, formatando-se cenários de notável apelo imagético para fomentar o chamado *citymarketing*, respondendo a diversos objetivos, com destaque para a geopolítica, através da afirmação e projeção do Estado, com forte viés ideológico para efeito de reforçar a auto-estima dos cidadãos – com todos os seus desdobramentos – e, também, como publicidade turística. A imagem de Curitiba como cidade ambientalmente correta e detentora de alta qualidade de vida é bastante conhecida, inclusive internacionalmente, como resultado de intensas campanhas de *citymarketing* (SANCHEZ GARCIA, 1996: 83-96).

Tudo o que sinalizamos sobre a construção de uma imagem positiva para a divulgação e enaltecimento de uma cidade parece ocorrer de forma inversa no tocante à metrópole paulistana, uma vez que, se existe, é ainda muito tênue a intencionalidade, em forma de *citymarketing*, para sua projeção política, cultural e, conseqüentemente, econômica.

Passado o frenesi da festa do IV Centenário, inclusive com a criação de mais um marco para a Cidade – o Parque do Ibirapuera – relativamente pouco foi acrescentado à Cidade no que se refere aos investimentos públicos de grande impacto com fins de lazer e cultura, durante a segunda metade do século passado. Muito pelo contrário, o que se observa são campanhas com tendências fortemente demolidoras de imagem. Não atribuímos culpa aos políticos, a não ser por omissão, mas sim à mídia, particularmente aos programas televisivos diários que enaltecem a violência na Cidade, com transmissões ao vivo exibindo as mazelas sociais com requintes de crueldade, não com fins de denúncia, mas por puro sensacionalismo. Quantos programas existem para mostrar o que a Cidade tem de belo e atraente para estimular a sua fruição? Não se trata de escamotear a triste realidade, mas atribuir o peso justo aos aspectos tanto positivos, quanto negativos.

Não basta possuir um patrimônio arquitetônico rico e bem preservado para estimular o lazer e o turismo contemplativos. Não basta possuir uma dezena de museus com acervos riquíssimos que são pouco divulgados e, por extensão, pouco visitados. Cada conjunto arquitetônico, cada monumento, cada museu, necessita ser transformado em produto para que possa ser merecidamente fruído. Não tememos a acusação de que estamos, com esta postura, assumindo a defesa do caráter mercantilista do uso do patrimônio. É justamente o contrário, estamos fazendo um alerta no sentido de oferecer à população residente e ao visitante de São Paulo a fruição do patrimônio cultural a que tem direito. Esta é a melhor forma de declarar amor a São Paulo.

Neste particular, os fundamentos da percepção e do comportamento ambiental devem ser considerados para subsidiar projetos que mobilizem o orgulho de pertencer, de ser parte integrante de um lugar, o que nos remete à noção de mundo vivido. É sabido que, além de uma superfície topológica, o mundo vivido é moldado pelos sentimentos. A geografia do mundo vivido deve buscar os nexos entre o passado e o presente através dos ritmos *espaciotemporais* da vida humana, considerando que "o tempo é sempre algum lugar e o lugar é sempre algum tempo". A noção do tempo é fundamental não só para entender a organização espacial (formas) que se transmuda durante o processo histórico, mas também as ações que, de maneira distinta, evoluem com o tempo, produzindo novas relações que se expressam materialmente através de novos objetos, e assim sucessivamente.

O processo de *experienciar* um determinado lugar dá-se através das diversas dimensões da percepção: a sensório-motora, a cognitiva, a afetiva, a estética e a simbólica. É de acordo com a percepção que se atribui valor aos lugares, valoração que poderá ser distinta para diferentes grupos e indivíduos. Assim, a informação, a divulgação, a facilitação e o incentivo à fruição cultural do patrimônio da cidade, na medida em que reforça o sentido de pertencimento, contribui para a melhoria da qualidade de vida.

A pobreza não está desvinculada do prazer de viver e da sensibilidade estética que atribui valor ao belo. O que existe é o desconhecimento, a falta de informação pela baixa escolaridade, entenda-se educação formal, e, ainda, pela ausência de campanhas de sensibilização através da educação complementar ou informal. Neste particular, o poder público deve ser culpabilizado.

A má qualidade de vida – causa e conseqüência de espaços desumanos – influencia na degradação do cotidiano e dos estilos de vida, expressando a relação de reciprocidade entre a vida social e o ambiente. Entendemos que o lazer é um dos elementos fundamentais para a melhoria da qualidade de vida na cidade, não considerando o lazer como instrumento para algo (visão funcionalista), mas como um direito inalienável do cidadão.

A tomada de consciência que conduz ao amor à cidade, a começar pelo bairro em que se vive, é o primeiro passo para a elevação da auto-estima individual e grupal. Este é provavelmente o ponto de articulação mais explícito da tendência contemporânea de valorização da identidade, da memória, da cultura, dos desejos, enfim, com a melhoria da qualidade de vida. Este processo contribui, de forma significativa e explícita, para o exercício da cidadania, como sinaliza Ferrara: "A cidade se molda no constante fluxo das suas representações enquanto desafios perceptivos que, se respondidos, levam o morador a interferir sobre os destinos urbanos transformando-o em cidadão na defesa dos interesses coletivos" (FERRARA, 1996:80).

Tal questão exige políticas que trabalhem o sentido de pertencimento, possibilitando o fortalecimento da afetividade, da identidade, da solidariedade grupal, perpassando as atividades de lazer. Entretanto não são quaisquer práticas que vão surtir o efeito proposto. Atividades como os esportes radicais, por exemplo, ao produzir fortes excitações físicas, conduzem mais à alienação do que à conscientização. O mesmo ocorre com os brinquedos excitantes dos parques temáticos e com os jogos eletrônicos dos *shopping centers*.

Por que não se permitir a fruição de uma São Paulo em tempos de romantismo e poesia? Como assinalou Castro Alves: "Eis-me em São Paulo, na bela cidade das névoas e das mantilhas que em amplas copas escondem as formas das moças... Casas que parecem feitas antes do mundo, tanto são pretas; ruas que parecem feitas depois do mundo, tanto são desertas..." Um passeio para ser feito num domingo de sol e de preferência num fim de semana que coincida com um feriado prolongado, quando a Cidade apresenta-se realmente calma, permitindo um caminhar atento, se possível o mesmo caminhar elegante e pausado dos senhores de terno de linho, de camisa engomada e colarinho duro, de colete e flor na lapela, de chapéu e bengala ou das mulheres alvas, de vestido de musselina e renda francesa, altivas nos seus sapatos de saltos Luís XV, de chapéus de organza drapeada, toalete arrematada com elegantes sombrinhas.

Os fragmentos históricos que evocamos tiveram como objetivo tecer um pano de fundo para justificar a assunção das funções de lazer e turismo em São Paulo, que é tida, nos dias atuais, como uma das capitais mundiais do segmento de turismo de negócios, ancorado nos eventos, nos quais destacam-se as feiras e exposições.

Revitalização do Centro – por um compromisso com o social

Desde a clássica obra de Kevin Lynch – *The Image of the Ciity* (1960) – muito tem-se escrito sobre como ler uma cidade, ato que ultrapassa o simples ver, como já salientamos Os estudos de percepção ambiental relacionados ao imaginário urbano procuram perscrutar a subjetividade que permeia o comportamento ambiental. Para Castells (apud DEL RIO, 1996:4) as principais funções do centro urbano constantemente gravitam em torno de duas noções: a *integradora*, referindo-se às dimensões funcional e social e a *simbólica*, permeada pelo imagético e pelo lúdico. Assim, o centro da cidade é a área que mais mobiliza o imaginário coletivo recheado de simbolismos, particularmente no caso da Cidade de São Paulo, cuja área central encerra um patrimônio arquitetônico rico e relativamente conservado, testemunho do período áureo da primeira metade do século XX.

Daí justificam-se as campanhas políticas de reabilitação do Centro. No entender de Ferrara (1988) os projetos de revitalização urbana além de *reidentificar* o passado no presente, incorporam práticas urbanísticas anteriores e procuram ressuscitar a tradição através da memória coletiva, não inibindo, todavia, a modernidade, na medida que assume nova vitalidade. Trata-se, pois, de redesenhar objetivos de desenvolvimento juntamente com a reconstrução e preservação. Além das atividades administrativas, financeiras e de prestação de serviços tradicionais nos centros urbanos, há que incentivar a função de moradia aliada ao setor cultural – ateliês, galerias de arte, cinematecas, livrarias, feiras e exposições – enfim, equipamentos que garantam a vitalidade econômica (comercial e de serviços) no decorrer da semana e atendam às funções de lazer e de turismo nos finais de semana.

Porém, um dos problemas de maior dificuldade de enfrentamento é a imagem negativa do Centro vinculada à deterioração urbana e à violência. Para a superação deste obstáculo há necessidade de desenhar planos estratégicos bastante agressivos, para reverter as más condições de vida que geram péssimas condições ambientais e suas conseqüências. Uma das estratégias, bem sucedidas em outras cidades, é a de trabalhar marcos visuais, que veiculados pela mídia, despertem a vontade de ir ao Centro para fruição cultural.

Indubitavelmente o Centro tem diversos conjuntos arquitetônicos que, devidamente valorizados, podem funcionar como importantes marcos visuais, além das funções que abrigam. A fim de ilustrar, citamos apenas alguns exemplos entre os muitos que temos: o Teatro Municipal, o Edifício dos Correios, o Shopping Light (antiga sede da famosa empresa estrangeira), a Sala São Paulo (antiga estação Júlio Prestes da Estrada de Ferro Sorocabana, atualmente uma das salas de concerto mais lindas do país), a Praça da República, todos símbolos da *belle èpoque*. Ainda o edifício do Banespa (Atílio Arantes), o conjunto Copan (projetado pelo gênio da nossa arquitetura, Oscar Niemayer), a nova Catedral da Sé, obras que marcam a São Paulo da modernidade. Quantos roteiros a pé poderiam ser formatados para descobrir o Centro Velho sem pressa!

O Programa de Reabilitação do Centro da Cidade de São Paulo, em fase de implantação pela Prefeitura do Município, visa, entre outros aspectos, reforçar "o caráter público do espaço público" tomando medidas, como: instalação de zeladorias; desenvolvimento de programas sociais para moradores de rua; incentivo ao trabalho e auferição de renda; informação dos espaços passíveis de investimentos pelos empresários dos mais variados setores (comércio, cultura, educação, alimentação, turismo etc.); articulação com o setor imobiliário; implantação de projetos urbanos estratégicos como o "Morar no Centro", com o estímulo ao uso residencial para várias faixas de renda; iniciativas específicas de combate a enchentes e de revitalização de parques; criação de pólos de lazer e entretenimento, entre outras. No início do ano de 2002 a Prefeitura divulgou que estava recorrendo aos recursos do BID para subsidiar o projeto de revitalizaçao do Centro. Várias entidades estão formando uma parceria para adesão ao programa, onde o setor imobiliário tem ativa participação, por meio do Secovi.

Esperamos que este programa tenha grande alcance social e que realmente contemple todos os segmentos sociais. Experiências como estas levadas a efeito em outras grandes cidades do mundo têm se caracterizado por projetos elitistas que elevam os preços dos imóveis conduzindo à segregação social. No Brasil, este processo, divulgado internacionalmente como *gentrification*, imprime suas marcas na região central de Salvador, no Pelourinho, cuja revitalização foi calcada na truculência contra os habitantes que lá residiam.

Não restam dúvidas de que São Paulo tem uma significativa estrutura de comércio e de prestação de serviços que é suporte de uma agitada vida cultural que a torna especialmente atrativa não só para estrangeiros, mas também para brasileiros que residem fora da região metropolitana e que, portanto, a vêem na condição de turistas. O filme brasileiro "*Fogo e Paixão*" mostra, em tom de sátira, um grupo de turistas excursionando por São Paulo, onde tudo pode acontecer. Mesmo assim, as belezas da cidade vão sendo reveladas, despertando para a necessidade da formatação de roteiros turísticos monitorados, que valorizem merecidamente o patrimônio histórico-cultural da cidade, que todavia não recebeu da Secretaria de Cultura do município a importância que deveria.

Ao consultarmos o *site* da Prefeitura de São Paulo (www.prefeitura.sp.gov.br), no mês de agosto de 2003, período em que este texto foi escrito, não foram encontradas informações sobre roteiros de lazer e turismo na Cidade, mesmo no *link* com a Secretaria da Cultura, fato bastante lamentável.

O que existe é um roteiro gratuito que foi formatado nos anos 1990 pela então Secretaria de Esportes e Turismo, feito de ônibus, denominado de "turismo cultural" que permite a visita a alguns pontos turísticos da Cidade, onde são contemplados alguns museus. O trajeto é o seguinte: inicia-se na estação Barra Funda de Metrô, com a visita ao Memorial da América Latina, complexo também criado por Niemayer, construído na década de 80, século passado. A parada número 2 é na Pinacoteca do Estado, cujo acervo permanente conta com obras dos escultores Victor Brecheret e Augusto Rodin. A parada seguinte é no museu de Arte Sacra, que exibe obras de Aleijadinho, o maior expoente da arte sacra brasileira. A quarta parada é no MAM (Museu de Arte Moderna) cujas exposições variam de acordo com a programação cultural. A quinta parada é no MASP (Museu de Arte de São Paulo) que conta com obras de Renoir, Van Gogh, Matisse, Picasso e Portinari em seu acervo permanente. O circuito encerra-se no Memorial do Imigrante, onde é visitado o museu da Imigração, podendo-se tomar contato com tão importante tema da nossa formação étnico-cultural. Esta última parada é exclusiva dos finais de semana.

Apesar da sua importância, este roteiro é apenas um dos muitos que poderiam ser formatados para mostrar São Paulo, cuja intensa vida cultural, apesar de ser reconhecida nacional e mundialmente, é ainda pouco valorizada, particularmente pelos seus próprios habitantes. A opinião de estrangeiros que visitam São Paulo é unânime em salientar as muitas opções de teatro, shows, cinema, feiras e exposições que ocorrem simultaneamente na cidade. Isto pode ser constatado ao consultar o volumoso e diversificado calendário de eventos da cidade.

Há uns anos atrás, havia um circuito monitorado feito por metrô, que além de mostrar alguns pontos históricos importantes do Centro da cidade permitia ao visitante interagir com outros passageiros e ter a oportunidade de participar da vida cotidiana de São Paulo, promovendo, apesar de forma muito rápida, o ato de *experienciá*-la, sempre mais interessante que o simples observar através da janela de um ônibus de excursão.

Os circuitos turísticos por São Paulo, tendo em vista o gigantismo da metrópole, poderiam ser temáticos, como é o caso do circuito cultural, que contempla os museus. Uma outra sugestão seria selecionar pontos por bairros ou por periodização: São Paulo colonial, São Paulo moderna, São Paulo contemporânea. Neste último poderiam ser destacados os seguintes atrativos: o Parque Villa Lobos, o Instituto Tomie Otake, O Memorial da América Latina, o MASP (Museu de Arte de São Paulo), o MAC (Museu de Arte Contemporânea), a área *core* do setor financeiro e empresarial - Av. Luís Carlos Berrini, só para citar alguns.

As diversas etnias que compõem a população paulistana acabaram por imprimir características marcantes a determinados bairros, transformando-se em atrativos potenciais e reais. Estes passeios reforçariam a imagem cultural pluralista de São Paulo em função das várias etnias que formam a cultura brasileira e que estão todos representados na capital do estado. Isto sem considerar os espaços ou até bairros inteiros de concentração de migrantes nordestinos que mantêm suas tradições culturais, como o Centro de Tradições Nordestinas (CTN), um espaço de 25 000 m^2, localizado no Bairro do Limão (LEMOS 1997).

No que se refere à imigração estrangeira, são já bastante valorizados os bairros do Bixiga, do Bom Retiro (excelente para turismo de compras), da Liberdade, cuja caracterização foi construída em 1974, por iniciativa da Associação dos Lojistas da Liberdade em parceria com a Prefeitura Municipal, exibindo para surpresa dos visitantes um visual tipicamente oriental, com elementos como: o *torii* (portal), os *tyotins* (lanternas), e os *suzaran-tô* (postes).

Dentre os roteiros temáticos poder-se-ia destacar uma determinada personalidade cuja obra pode ser apreciada ainda nos dias atuais: por exemplo, no campo da Arquitetura, um roteiro Niemayer; no campo do urbanismo, um roteiro Prestes Maia – Prefeito da Cidade em dois períodos, de 1938-1945 e de 1961-1965, cuja obra, principalmente no primeiro mandato, transformou a paisagem urbana; no campo das Artes Plásticas, um roteiro Di Cavalcanti, autor de diversas obras, dentre elas belos murais dignos de admiração. Nada melhor do que um roteiro Modernista para a uma revalorização deste movimento na afirmação das artes e da literatura brasileira, que definitivamente rompem seu cordão umbilical com a Europa.Vários dos seus personagens poderiam ser destacados, como por exemplo, Oswald de Andrade e Mario de Andrade, dois dos maiores expoentes do Modernismo e idealizadores da Semana de Arte Moderna, em 1922, em pleno Teatro Municipal. Este evento causou tanta polêmica a ponto de São Paulo ter recebido, na época, o *slogan* de *Paulicéia Desvairada*.

Indicaremos apenas alguns pontos que marcaram a trajetória de Oswald de Andrade, todos eles localizados no Centro Velho. 1. Esquina da rua Barão de Itapetininga com rua Dom José de Barros – local de nascimento; 2. Praça da República – Instituto de Educação Caetano de Campos (atual Secretaria do Estado dos Negócios da Educação) onde se iniciou sua educação formal; 3. Colégio São Bento – onde freqüentou o antigo curso secundário; 4. Largo de São Francisco – onde cursou a Faculdade de Direito; 5. Praça Ramos de Azevedo – teatro Municipal – palco da Semana de Arte Moderna; 6. Praça da Sé – sede do jornal "O Homem do Povo", jornal polêmico, através do qual Oswald de Andrade declarou guerra aos alunos da Faculdade de Direito, tendo desencadeado sérios problemas, que quase lhe custaram um linchamento na mesma praça (MENGOZZI, 1990).

Que interessante seria um roteiro pelas praças e jardins do Centro! Neste aspecto há muito para ser admirado, contando com elementos representativos dos três períodos históricos: colonial, moderno e contemporâneo. O Jardim da Luz, a maior área verde do Centro, foi fundado em pleno período colonial (1798), ainda mantendo remanescentes espécies vegetais plantadas no período de governo do Conselheiro Saraiva (de quase 150 anos atrás), que mandou trazer árvores do Jardim Botânico do Rio de Janeiro, ou de João Teodoro (há mais de 125 anos passados). Ainda restam grandiosas e exóticas figueiras-de-Bengala, palmeiras-reais, araucárias, jaqueiras e, curiosamente, o sagu-das-Molucas e a figueira de Camarões. A visita incluiria obrigatoriamente a Praça da República, com o burburinho do domingo, devido à grande feira de artesanato. Prosseguindo em direção à Praça Ramos de Azevedo, poder-se-ia admirar a grande obra do período moderno – o Teatro Municipal – altivo monumento que se destaca na praça em declive, sinalizada pelas magníficas palmeiras imperiais que garbosamente resistem ao tempo. Lá está ainda a grandiosa fonte, ao estilo das belas fontes européias como a de Cibelles, em Madri. Outras lindas esculturas, que valentemente resistiram ao vandalismo, podem ser observadas neste trajeto, como as que ornamentam a ladeira da Memória, nas imediações do Teatro Municipal. Do viaduto do Chá, olhando-se em direção ao teatro, tem-se uma ampla vista de conjunto, onde o passado convive harmonicamente com o presente. Pode-se observar também o grande espaço público sob o viaduto, à direita, área recentemente reformada, um presente da Prefeitura para os cidadãos, palco atual de festas populares e de comícios. Atravessando o viaduto do Chá, penetra-se no chamado Centro Velho, constituído pelo triângulo formado pelas ruas Direita, São Bento e 15 de novembro, onde se originou a cidade. Há que passar pelo Pátio do Colégio, o embrião de São Paulo. Quase nada restou do antigo colégio dos jesuítas, mas o local é emblemático. O final do passeio seria na praça da Sé, marco zero da metrópole, que sofreu várias reformas, cuja catedral é moderna, no estilo *fake* gótico, tendo sido finalizada para as festas do IV Centenário. Passou recentemente por nova reforma, exibindo um grande número de ricos vitrais, lembrando a catedral de Notre Dame, em Paris.

Uma prática interessante, econômica e flexível é o roteiro de ônibus circulares. O *ticket* adquirido pelo visitante é válido por um dia, permitindo parar em qualquer ponto e retomar o veículo novamente, segundo o roteiro escolhido e o tempo disponível. Em Curitiba existe este equipamento, já há mais de uma década.

São Paulo contemporânea – capital *pluricultural* e gastronômica

Talvez a informação de que São Paulo é a cidade brasileira mais visitada pelos turistas domésticos surpreenda a muitos, uma vez que há um preconceito generalizado e completamente infundado (talvez originado entre os próprios paulistanos e/ou residentes em São Paulo) que rotula a metrópole como desprovida de atrativos para brindar aos seus visitantes. O que é indubitavelmente correto, como salientamos anteriormente, é que a imagem de São Paulo ainda não foi suficientemente trabalhada através de bem elaboradas campanhas de *citymarketing* com o objetivo de divulgação e de atração de turistas. Pelo fato de São Paulo ter outras funções econômicas e financeiras bastante consolidadas, a função turística sempre foi relegada ao segundo plano.

A análise que segue tem como escopo mostrar este lado desconhecido para muitos, inclusive por profissionais que trabalham na área de lazer e de turismo e por muitos técnicos e políticos do setor público, tanto em nível municipal, quanto estadual. Talvez por ignorância ou por preconceitos infundados não têm dado a estas funções a importância que merecem, considerando as instâncias social, econômica, política, cultural e ambiental que permeiam as atividades de lazer e de turismo.

Dados de uma pesquisa empreendida pela FIPE-USP (Fundação Instituto de Pesquisas Econômicas da Universidade de São Paulo) sobre o turismo interno no Brasil (2002) apontam que São Paulo supera o Rio de Janeiro em atratividade. São Paulo revela-se como a maior cidade receptora, captando 4,5% do movimento do turismo doméstico brasileiro, enquanto a cidade do Rio de Janeiro, a segunda colocada no rol dos 5 500 municípios receptores do país, capta 3,1% do total. É necessário observar que os estados de São Paulo, Rio de Janeiro e Minas Gerais juntos respondem por aproximadamente metade do turismo emissivo e 41,1% do fluxo receptivo do turismo interno brasileiro (FIPE-USP), pelo fato de serem os estados mais desenvolvidos do Brasil. Somente o Estado de São Paulo responde por 27,5 % do total de emissão e 23% do total de recepção de turistas domésticos, movimento em que a região metropolitana de São Paulo assume liderança absoluta.

Porém não é somente no turismo interno que a metrópole se destaca como pólo receptor. Também desempenha um papel significativo no mercado receptivo internacional. Dados da Embratur revelam que dos turistas internacionais ingressados no país por via aérea, a esmagadora maioria entra por São Paulo – 3 435 803 em 2000 (66 %), contra 1 239 457 (24%) no Rio de Janeiro, sendo os 10% restantes distribuídos por outros portões de entrada.

De acordo com outra pesquisa realizada pela Coordenadoria de Turismo da Secretaria de Estado dos Negócios de Esporte e Turismo de São Paulo (1998) os motivos de viagem dos visitantes estrangeiros ingressados no Brasil por São Paulo, foram:

|Quadro 2| Motivos de viagem de visitantes estrangeiros

Negócios/trabalho	48,76 %
Turismo	38,94 %
Congressos/convenções/feiras	9,64 %
Outros	1,65 %

É fato conhecido que São Paulo, como o maior centro financeiro da América Latina, atrai muitos visitantes que vêm a negócios, porém o que mais surpreende é que uma significativa parcela dos entrevistados informou que veio para São Paulo tendo como motivação principal o lazer. É evidente também, que mesmo os que aqui aportam para negócios, acabam fazendo turismo e desfrutando dos atrativos da metrópole. Convém ressaltar que o turista de negócios é considerado o de melhor poder aquisitivo, podendo gastar diariamente, no mínimo, três vezes mais que o turista convencional. Estimativas da OMT (Organização Mundial do Turismo) indicam que o turista de negócios gasta por dia em média US$ 240, não incluídos os gastos de hotel, enquanto o turista de lazer gasta por volta de U$ 70 a 80.

Nas pesquisas realizadas pela Coordenadoria de Turismo do Estado de São Paulo no que concerne aos locais de preferência para entretenimento, tanto os visitantes nacionais quanto os estrangeiros apontaram primeiramente os *shoppings centers* e a vida noturna. As citações seguintes, por ordem de importância, diferem para os dois grupos. Enquanto os visitantes nacionais apontam a freqüência a teatros e concertos, os estrangeiros preferem as casas de *show* e as feiras. Ambos salientaram as visitas aos centros culturais. Estes dados reforçam que São Paulo é para os brasileiros a capital cultural do país, além das opções para compras, ao passo que para os estrangeiros, além destes elementos, também valorizados, figura a atratividade dos aspectos exóticos, naturalmente exibidos nos shows e nas feiras ao ar livre, como a da Praça da República, aos domingos, só para citar um exemplo.

Salientamos ainda mais um detalhe: São Paulo é considerada uma das principais capitais gastronômicas do mundo, tendo em vista o amplo leque de culinária aqui presente. A Cidade abriga colônias de imigrantes de muitas nacionalidades, como já acentuamos, além de sediar restaurantes típicos de comidas de todas as regiões brasileiras, cuja gastronomia é muito rica e diversificada, com muitas cores e sabores que encantam tanto estrangeiros, quanto os próprios brasileiros.

Há, porém, certos aspectos que são apontados nas pesquisas entre os estrangeiros, como fortemente negativos na oferta turística paulistana, tais como:

| Quadro 3 | Aspectos negativos apontados por estrangeiros

Limpeza pública	21,33%
Segurança pública	19,35%
Transporte	12,24%
Comunicação	10,49%

A má conservação dos monumentos (muitos totalmente pichados), e praças e jardins é uma queixa muito freqüente entre os turistas, assim como a precariedade da segurança pública, a deficiência na sinalização turística e da informação de qualidade, a dificuldade de se locomover por falta de transportes adequados e de fácil acesso e o problema de comunicação nos pontos turísticos – inclusive nos museus – onde não há profissionais habilitados em idiomas estrangeiros. Estes elementos negativos estão presentes em diversas pesquisas e que valem para quase todas as cidades turísticas do país.

Considerando os visitantes nacionais, os principais motivos de desagrado são os seguintes:

| Quadro 4 | Motivos de viagem de visitantes nacionais

Trânsito	12,9%
Poluição	8,22%
Violência	5,08%
Pressa das pessoas	2,99%
Poluição visual	2,14%

É interessante observar que as reclamações tanto dos brasileiros quanto dos estrangeiros não colocaram, em 1998, a violência em primeiro lugar, quadro que talvez fosse diferente se a pesquisa tivesse sido efetuada nos dias atuais, uma vez que no quesito insegurança São Paulo está se equiparando ao Rio de

Janeiro. Apesar dos problemas apontados a pretensão de retorno é bastante alta, sendo de 80,66% entre os estrangeiros e de 74,5% entre os brasileiros, prova que apesar de tudo a visita agradou.

Turismo de negócios e eventos – um segmento em plena afirmação

> São Paulo subiu 22 posições entre as cidades mais receptoras de eventos no mundo. Saltou da 70ª posição, em 2001, para o 48º lugar, de acordo com os dados de 2002 da ICCA (International Congress and Convention Association) – a maior organização mundial da indústria de eventos internacionais.
>
> No ano passado (2002) aconteceram na cidade 14 grandes encontros (contra 10 em 2001), enquanto o Brasil recepcionou 56 grandes eventos. A associação considera um evento internacional aquele que tem periodicidade regular, que já esteja em sua terceira edição, que tenha circulado em pelo menos três países diferentes e que reúna, no mínimo, 50 participante. (www.visitesaopaulo.com).

O segmento de turismo de negócios e eventos assume em São Paulo um papel cada vez mais significativo dentre todos os segmentos de turismo, gerando efeitos diretos, indiretos e induzidos[1] de grande impacto econômico e social. Muitas fontes informam que São Paulo é o maior pólo de turismo de negócios e eventos da América Latina – que há um evento a cada nove minutos, informação talvez exagerada, pois não sabe-se com precisão o que pode efetivamente ser considerado um evento.

A metrópole é dotada de uma grande e diversificada infra-estrutura para a realização de eventos, tais como centros de convenções, espaços empresariais, hotéis e *flats*, centros culturais, clubes, *buffets* e outros espaços. Do total de eventos anuais, quase 50 000 (67%) são eventos de médio e/ou pequeno porte, realizados em hotéis, sendo também importante o papel dos *flats*, que sediam cerca de 13.500 eventos (18,3 %). Já os megaeventos ocorrem nos centros de convenções, que requerem agendamento com bastante antecedência.

Os dados mostram a importância do mercado de trabalho do setor do turismo receptivo em São Paulo e também dos equipamentos de clubes, *buffets*, casas noturnas e outros. Se considerarmos o mercado de trabalho representado pelos restaurantes, bares, cinemas, entre outros, teremos um numero muito mais expressivo. Esta importância cresce ainda mais caso sejam considerados os efeitos indiretos e os induzidos.

Trânsito	12,9%
Poluição	8,22%
Violência	5,08%
Pressa das pessoas	2,99%
Poluição visual	2,14%

Fonte: SPCVB/CTI.

| Quadro 5 | Projeção do número de empregos diretos pelo turismo em São Paulo, por tipo de equipamento (2000)

Discriminação	Nº de empregos
Hotéis	17.982
Flats	11.067
Centros de convenções	1.642
Espaços empresariais	736
Casas noturnas e casas de *shows*	364
Espaços culturais	1.656
Clubes	828
Buffets	1.261
Outros espaços	22.500
Espaços para feiras	21.294
Total	79.330

Estimativas recentes (2000) do São Paulo Convention & Visitors Bureau (SPCVB) sinalizam que ocorrem em São Paulo, anualmente, 79.330 eventos dos quais participam mais de 4 milhões de turistas (internacionais e domésticos), gerando mais de 79.000 empregos diretos e 463.315 indiretos. Calcula-se ainda que o faturamento anual do segmento seja da ordem de R$ 2,5 bilhões (diretamente) e R$ 5,1 bilhões (indiretamente), cifras nem um pouco negligenciáveis.

Outro fato a ser observado é que os dados estatísticos dizem respeito ao mercado de trabalho formal. Há que considerar ainda os postos de trabalho no mercado informal, que dificilmente são computados, a não ser por estimativas.

Ocorre uma enorme dificuldade para avaliar, por exemplo, as ocupações que se relacionam ao turismo e principalmente ao lazer, considerando a amplitude destas atividades. Se tomarmos como referência o turismo de compras, só para citar um caso, os postos que se abrem são incontáveis. Somente a região do centro da cidade, tais como as ruas 25 de março, a José Paulino e arredores, abrigam um grande numero de camelôs, que comercializam seus artigos não somente para habitantes de São Paulo, mas para uma multidão de pessoas que vêm do interior para fazer compras, particularmente, nos períodos

| Tabela 1 | Efeitos Econômicos do Segmento de Turismo de Eventos em São Paulo, em 2000

Discriminação	Efeitos Diretos	Efeitos Indiretos
Numero anual de eventos	73 566 (?)	
Turistas participantes	4 231 808	
Número de empregos gerados	79 330	436 315
Faturamento anual do segmento	R$ 2.566.174.000,00	R$ 5.132.349.000,00
Impostos gerados	R$ 227.340.000,00	R$ 454.680.000,00

Fonte: SPCVB/ Estimativas CTI.

de festas, como as natalinas. O mesmo pode ser afirmado em relação aos vendedores ambulantes não cadastrados, que armam suas bancas ao redor dos espaços de feiras, dos estádios de futebol, dos centros de exposições, do sambódromo durante o Carnaval, só para citar alguns casos.

Não há como negar a importância deste mercado em época de crise, como a que vivemos atualmente, quando sabemos que paralelamente ao mercado de trabalho formal há uma grande massa de desempregados que nem no chamado mercado informal encontra-se integrada, vivendo de "bicos" como os flanelinhas, os vigilantes de carros, os malabaristas e engolidores de fogo dos faróis.

Diversas empresas e entidades, públicas e privadas, ligadas ao turismo de negócios e eventos, das quais destaca-se a Ubrafe (União Brasileira dos Promotores de Feiras) têm trabalhado com afinco para desenvolver ainda mais este segmento que estima-se que movimente diretamente, nos dias atuais, cerca de três bilhões de reais /ano. Muitas campanhas criativas são inventadas para movimentar o comércio, que sabemos, vive séria crise, assim como os demais setores de atividade econômica do Brasil. Como exemplo citamos uma campanha que foi realizada logo após o Natal de 2000, que denominou-se *Tchau de Natal*. Foi organizada pela Federação do Comércio de São Paulo em parceria com o SPCVB

(São Paulo Convention & Visitors Bureau), com a ABIH (Associação Brasileira da Indústria de Hotéis), com empresas aéreas, *shoppings centers*, casas de espetáculo, além de outras, para oferecimento de descontos aos participantes do evento.

Para finalizar

Para finalizar queremos registrar algumas sugestões no sentido de reforçar uma imagem positiva de São Paulo, o que tivemos a intenção de fazer durante todo o texto, com o objetivo de contribuir para a melhoria da qualidade de vida da Cidade que perpassa as práticas de lazer e de turismo, entendendo que estas atividades transcendem a esfera meramente econômica e, portanto, o mercado.

Sentimos a necessidade de campanhas de mobilização das comunidades, a partir dos bairros em que vivem, para não apenas usar, como também, inventar, descobrir e promover equipamentos de lazer, e por extensão de turismo, cujos desdobramentos poderão resultar em maior alegria de viver, culminado com a melhora da auto-estima individual e grupal.

Este processo é sumamente importante na formação da *consciência territorial*, sedimentada nos princípios de autonomia e liberdade, que além de ditar práticas espaciais, modelam projetos de vida individuais e coletivos e convergem para a sociabilidade solidária, remetendo à consciência espacial pautada por normas éticas universais, funcionando como antítese ao individualismo e à alienação.

No planejamento de todo equipamento de lazer e na "formatação" de roteiros de visitas entendemos que as comunidades devem participar ativamente, não aceitando ser convocada apenas a opinar no final do processo, mas envolvendo-se ativamente na concepção, implantação e gestão dos equipamentos e dos roteiros. Neste caso dois segmentos devem ser particularmente mobilizados: os jovens e os idosos, os primeiros com visões futuristas e os outros com visões saudosistas para registrar e conservar a memória dos bairros.

No segmento específico do turismo de negócios/eventos parece estar havendo falta de integração do público participante com a vida da cidade por falta de estrutura receptiva eficiente e antenada com as necessidades da clientela. Salientamos a importância de pesquisas freqüentes, sérias e detalhadas que tragam dados sobre o perfil da demanda, suas aspirações, motivações e queixas, que sinalizem estratégias de ação para maior profissionalismo no atendimento ao turista, o que redundaria em maior rentabilidade para o setor, cuja alta performance é muito importante para a economia do Município.

Salientamos em todo o texto que a importância do lazer e o turismo ultrapassa, em muito, a esfera estritamente econômica, sendo absolutamente necessário pensar na inclusão da população residente, principalmente a mais pobre e que representa a grande maioria, nos projetos públicos que contemplem o setor, não com a preocupação funcional – oferecer lazer para atenuar a violência –, mas atendendo ao direito de todo ser humano ao lazer, inclusive garantido pela Constituição Brasileira de 1988, no seu Artigo 6°, capítulo II.

Além de direito inalienável do cidadão, o lazer, e por extensão, o turismo, proporcionam momentos de reflexão, de encontro consigo mesmo e com os outros, para necessária satisfação das necessidades e aspirações profundas do ser humano, tanto na esfera individual, quanto social.

Quanto às campanhas para melhorar a imagem da Cidade, que muito aterroriza os visitantes tanto nacionais, quanto estrangeiros, não se trata de ocultar a realidade e compactuar com a construção e comercialização de imagens paradisíacas, como é feito na maior parte das campanhas publicitárias com fins meramente turísticos. O que importa é acreditar realmente na reversão dos quadros de violência urbana que assustam não só nas grandes cidades brasileiras, mas nas metrópoles do mundo todo. Crer é o primeiro passo para agir e exigir ações.

Para finalizar evocamos o pensamento de Lefèbvre: "Para conceber o real e o possível, há que passar pelo utópico e pelo impossível. O impossível de hoje é o possível de amanhã... Peça o impossível para obter todo o possível"(LEFÉBVRE, 1980:155).

Nota

[1] Efeitos diretos – renda resultante diretamente dos gastos com o turismo, como movimento de hotel; feitos indiretos – renda criada pelos gastos dos setores em bens e serviços produzidos e ofertados na economia, como lojas de souvenirs; Efeitos induzidos – efeitos multiplicadores na economia, resultante dos efeitos diretos e indiretos, como construção civil.

Bibliografia

ARAUJO FILHO, José Ribeiro de. "A População Paulistana". In: AZEVEDO, Aroldo (org.) *A Cidade de São Paulo. Estudos de Geografia Urbana*. São Paulo, Cia. Editora Nacional, 1958. Vol. II.

AZEVEDO, Aroldo (org.). *A Cidade de São Paulo. Estudos de Geografia Urbana.* São Paulo, Cia. Editora Nacional, 1958.

BAUDRILLARD, Jean. *A Sociedade de Consumo*. Rio de Janeiro, Elfos, 1995.

CALVINO, Ítalo. *As Cidades Invisíveis.* São Paulo, Companhia das Letras, 1990.

CARLOS, A. Fani A.. *Espaço-tempo na Metrópole*. São Paulo, Contexto, 2001.

COMPANHIA MELHORAMENTOS. *São Paulo Antigo. São Paulo Moderno*. São Paulo, 1954.

COORDENADORIA DE TURISMO DA SECRETARIA DE ESTADO DOS NEGÓCIOS DE TURISMO DE SÃO PAULO. Pesquisa sobre o Turismo em São Paulo. São Paulo, s./e., 1999.

DAMIANI,Amélia."Turismo e Lazer em Espaços Urbanos". In: Rodrigues, Adyr Balastreri (org.) *Turismo. Modernidade. Globalização*. São Paulo, Hucitec, pp. 46-54, 1997.

DEL RIO,Vicente."Cidade da Mente. Cidade Real". In: __________ & OLIVEIRA, Lívia (org.). *Percepção Ambiental.A experiência Brasileira*. São Paulo, Studio Nobel, pp. 3-22, 1997.

DE MASI, Domenico. *O Ócio Criativo*. Rio de Janeiro, Sextante, 2000.

EMBRATUR (INSTITUTO BRASILEIRO DO TURISMO). *Site*: www.embratur.gov.br.

FERRARA, Lucrécia D'Alésio. *Ver a Cidade: Cidade. Imagem. Leitura*. São Paulo, Nobel, 1988.

__________. "As Cidades Ilegíveis. Percepção Ambiental e Cidadania". In: DEL RIO,Vicente & OLIVEIRA, Lívia (org.). *Percepção Ambiental. A experiência Brasileira*. São Paulo, Studio Nobel, 1997. P61-80..

FIPE-USP (FUNDAÇÃO INSTITUTO DE PESQUISAS ECONÔMICAS DA UNIVERSIDADE DE SÃO PAULO) / EMBRATUR (INSTITUTO BRASILEIRO DO TURISMO). *Caracterização e dimensionamento do turismo doméstico no Brasil- 2002*. São Paulo, 2002.

FREMONT, Armand. *Região: Espaço Vivido*. Coimbra, Livraria Almedina, 1980.

LAZZAROTTI, Olivier. *Les loisirs à la conquête des espaces urbains*. Paris, L'Harmattan, 1995.

__________. "Os Lugares de Lazer dos Migrantes em São Paulo: a Conquista da Cidade". In: RODRIGUES, Adyr Balastreri (org.). *Turismo. Modernidade. Globalização*. São Paulo, Hucitec, pp. 55-65. 1997.

LEFÈBVRE, Henry. *Hacia el Cibernantropo. Una Crítica de la Tecnocracia*. Barcelona, Gedisa, 1980.

LYNCH, Kevin. *The Image of thr City*. Cambridge, MA., MIT Press, 1960.

MENGOZZI, Federico. "Um Homem sem Profissão Aprende Viver". *Jornal Folha de São Paulo*, São Paulo, Caderno de Turismo, p. G-22. 28 de junho de 1990.

PADOVANI, Eliane. *Parque Temático: Modernização e Consumo do Espaço*. Tese de doutoramento apresentada ao Instituto de Geociências e Ciências Exatas/UNESP, Rio Claro, fotocópia, 2002.

SILVA, Maria da Gloria Lanci da. *Os Cenários do Lazer. Turismo e Transformação da Paisagem Urbana*. Tese de doutoramento apresentada à Faculdade de Arquitetura e Urbanismo-FAU da Universidade de São Paulo-USP, São Paulo, fotocáopia, 2003.

RODRIGUES, Adyr Balastreri. Le fonction du tourisme et des loisirs aux shoppings centers de São Paulo. Revue de la Faculté des Lettres et des Sciences Humamaines, Université Cadi Ayyad- Marrakech, nº 10, pp. 237- 244, 1994.

____. *Turismo e Espaço. Rumo a um Conhecimento Transdisciplinar*. São Paulo: Hucitec, 1997.

____. "Lazer e Espaço na Cidade Pós-Industrial". *Revista Licere*, Belo Horizonte, CELAR-UFMG, v.5, n.1: 149-164, 2002.

SANCHES GARCIA, Fernanda. "O *Citymarketing* de Curitiba. Cultura e Comunicação na Construção da Imagem Urbana". In: DEL RIO,Vicente & OLIVEIRA, Lívia (org.). *Percepção Ambiental. A Experiência Brasileira*. São Paulo, Studio Nobel, pp. 83-96, 1997.

SANTOS Milton et al. (org.). *Fim de Século e Globalização*. São Paulo, Hucitec/Anpur, 1994.

TUAN, Yu-Fu . *Espaço e Lugar*. São Paulo, Difel, 1983.

SOBRE OS AUTORES

ANA FANI ALESSANDRI CARLOS, professora Livre Docente, é coordenadora do Programa de pós-graduação em Geografia Humana do Departamento de Geografia da FFLCH e da *Revista GEOUSP:espaço-tempo*, do mesmo programa. Escreveu vários livros dentre eles, destaca-se, *A Reprodução do Espaço Urbano*" (1994); *O Lugar no/do Mundo*" (1996) *Espaço - Tempo na Metrópole* (2001, o qual recebeu menção honrosa do prêmio Jabuti). Organizou várias obras coletivas dentre elas, *Os Caminhos da Reflexão Sobre a Cidade e o Urbano* (1994); *Novos caminhos da Geografia* (1999); *A Geografia na Sala de Aula* (1999), com DAMIANI, e SEABRA, organizou *O Espaço no Fim de Século: a Nova Raridade* (2001); com Lemos o livro *Dilemas Urbanos* (2003) e com Bertoncello, *Processos Territoriales em Argentina e Brasil* (2003).

ARIOVALDO UMBELINO DE OLIVEIRA, Professor Titular de Geografia Agrária, Orientador (ME e DO) do Programa de Pós-Graduação em Geografia Humana, FFLCH-USP. Autor dos seguintes livros: *Agricultura e Modo Capitalista de Produção* (1986), *Amazônia: Monopólio, Expropriação e Conflitos* (1987), *Integrar para não Entregar – Políticas Públicas e a Amazônia* (1988), *Agricultura Camponesa no Brasil* (1991), *Amazônia* (1995), *Geografia das Lutas no Campo* (1996) e *Geografia do Brasil* (19996) em co-autoria ganhador do Prêmio Jabuti (199&). E também é organizador dos livros: *Para Onde Vai o Ensino de Geografia* (1988), *Geografia em Perspectiva* (2002) e *Chiapas - Construindo a Esperança* (2002).

ADYR BALASTRERI RODRIGUES é professora doutora junto ao Departamento de Geografia da Faculdade de Filosofia, Letras e Ciências Humanas da Universidade de São Paulo, atuando no curso de Pós-Graduação em Geografia Humana, no qual tem orientado várias dissertações de mestrado e teses de doutorado, desde 1987. Tem escrito e organizado diversos livros na área de Geografia do Turismo, além da publicação de inúmeros artigos em revistas indexadas nacionais e estrangeiras. Organizou importantes eventos acadêmicos sobre o turismo como fenômeno econômico, social, político, cultural e ambiental nas suas interfaces com a Geografia.

AILTON LUCHIARI, géografo formado pelo IGCE-Unesp, Campus de Rio Claro, em 1980. Mestre em Sensoriamento Remoto pelo Instituto Nacional de pesquisas

Espaciais (INPE), em 1985, e Doutor em Geografia Física pela FFLCH-USP, em 1994. Trabalhou como professor, junto ao extinto Departamento de Cartografia e Análise da Informação Geográfica do IGCE-Unesp-Campus de Rio Claro, no período de 1985 a 199, atualmente é Professor Assistente do Departamento de Geografia da FFLCH-USP.

AMÉLIA LUISA DAMIANI, professora Doutora do Departamento de Geografia da FFLCH, USP, com atuação na área de Geografia Humana, em graduação e pós-graduação: teoria e método da geografia; geografia urbana; geografia da população; e uma abordagem geográfica do cotidiano. Participa dos projetos coletivos de pesquisa do LEI-Labur (Laboratório de Estudos sobre a Intolerância e Laboratório de Geografia Urbana) e do Convênio Barcelona-São Paulo, de ambas as universidades, sobre estudos metropolitanos. Faz parte da rede de estudos internacional sobre a obra de Henri Lefebvre, sendo redatora-correspondente da Revista *La Somme et le Reste*. Entre as publicações mais significativas estão: a co-organização e autoria de artigos do livro *O Espaço no Fim de Século: a Nova Raridade* e a autoria do livro *População e Geografia*. Atualmente é vice-coordenadora do Programa de Pós-graduação em Geografia Humana, Departamento de Geografia FFLCH, USP e vice-coordenadora do Laboratório de Geografia Urbana-Labur. Exerce a orientação de vários grupos de estudos no Labur, envolvendo alunos de graduação e pós-graduação.

ANDRÉ ROBERTO MARTINS, graduou-se na FFLCH em 1978, Mestre em Geografia Humana em 1984, Doutorado em Geografia Regional, Professor do Departamento de Geografia da USP desde 1989. É professor Doutor em Geografia Humana desde 1993. Trabalha na Relação entre Geografia Regional e Política.

CLEIDE RODRIGUES, bacharel e licenciada pela Universidade de São Paulo, Depto. De Geografia da FFLCH-USP, obteve os títulos de Mestrado e Doutorado na mesma instituição especializando-se em geomorfologia aplicada ás ações autrópicas. Atuou profissionalmente por mais de 15 anos com planejamento territorial e ambiental em empresas públicas e privadas. É docente do Departamento de Geografia da USP desde 1992, publicando e desenvolvendo pesquisas na Região Metropolitana de São Paulo.

FRANCISCO CAPUANO SCARLATO é bacharel e Licenciado em Geografia-USP, Bacharel e Licenciado em História-USP, Mestrado e Doutorado em Geografia-USP, Prêmio Jabuti, Professor do DG-USP. Co-autor das Diretrizes Nacionais do Ensino Superior e Parâmetros Curriculares de Geografia MEC. Autor de Livros e artigos em periódicos nacionais e internacionais.

JOSÉ BUENO CONTI é Bacharel e Licenciado em Geografia, em 1958, pela antiga Faculdade de Filosofia, Ciências e Letras da USP, passando a integrar seu quadro docente em 1964; foi geógrafo do antigo Instituto Geográfico e Geológico de São Paulo e estagiou na Faculte de Letrres et Sciences Humaines de Clermont-Ferrand (França) onde realizou pesquisas sob a orientação do Prof. Max Derruau. Defendeu Doutorado em 1973, com a tese *Circulação Secundária e efeito orográfico na gênese das chuvas na região nordeste* *paulista,* e a Livre-Docência em 1995, apresentando o trabalho *Desertificação nos trópicos. Proposta de metodologia de estudo aplicada ao Nordeste brasileiro.* Chegou a Professor Titular da Faculdade de Filosofia, Letras e Ciências Humanas da USP em 1997.

JÚLIO CÉSAR SUZUKI é graduado em Geografia, pela Universidade Federal de Mato Grosso (1991), com Mestrado em Geografia Humana pelo Departamento de Geografia da Universidade de São Paulo (1997) e Doutorado em Geografia Humana pela Faculdade de Filosofia, Letras e Ciências Humanas da Universidade de São Paulo (2003). Foi professor das Universidades Federais de Mato Grosso e do Paraná e, atualmente, é professor doutor da Universidade de São Paulo. Possui como linha de pesquisa a relação entre agricultura e urbanização, com trabalhos publicados em periódicos nacionais e em anais de eventos nacionais e internacionais.

LÉA FRANCESCONI, professora do Departamento de Geografia, pesquisadora do processo de industrialização e dos movimentos migratórios. Suas pesquisas recentes enfatizam o Trabalho na pesquisa geográfica.

MARCELLO MARTINELLI é professor do Departamento de Geografia-FFLCH, Bacharel e Licenciado. Em 1999 apresentou-se para o concurso de Livre-Docência. Tem publicações relacionadas com Atlas e Cartografia Temática. Dedica-se ás pesquisas relacionadas com Atlas escolares, Cartografia Ambiental e Atlas de Planejamento.

MARGARIDA MARIA DE ANDRADE é professora do Departamento de Geografia da FFLCH-USP, Licenciada em Geografia em 1966, pela Faculdade de Filosofia, Ciências e Letras de Franca (atualmente integra a Unesp). Mestre e Doutora em Geografia Humana pelo Programa de Pós-Graduação do departamento de Geografia da FFLCH-USP. No Mestrado e no Doutorado, desenvolveu pesquisas sobre a industrialização e a urbanização paulistanas: um estudo sobre o município de Diadema como área de expansão da indústria na metrópole de São Paulo; um estudo sobre os bairros além-Tamanduateí, um conjunto de bairros industriais e operários paulistanos, cuja formação remonta ao final do século XIX. Mais recentemente dedica-se ao estudo do fenômeno migratório como integrante do Grupo Migrações. Faz parte da rede de estudos internacional sobre a obra de Henri Léfèbvre, sendo redatora-correspondente da Revista *La Somme et le Reste.*

MARÍA LAURA SILVEIRA é Bacharel e Licenciada em Geografia (Universidad Nacional del Comahue, Argentina). Doutora em Geografia Humana (Universidade de São Paulo). Tem vários livros publicados: *Um País, uma Região. Fim de Século e Modernidades na Argentina* (1999); *O Ensino Superior Público e Particular e o Território Brasileiro* (co-autora com M. Santos, 2000); *O Brasil: Território e Sociedade no início do século XXI* (co-autora com M. Santos, 2001); *Argentina: Território e Globalização* (2003).

NIDIA NACIB PONSTUSCHKA, professora de metodologia do ensino de Geografia da Faculdade de Educação da (FE-USP), Credenciada na pós-graduação de Geografia Humana do Departamento de Geografia da FFLCH-USP e no Programa de Educação da FE-USP, Doutora pela FE-USP, com a tese *A Formação Pedagógica do Professor de Geografia e as Práticas Interdisciplinares* (1994) e mestre em Geografia Humana pelo Depto. De Geografia da FFLCH-USP, com a dissertação *O Impacto da Industrialização no Município de Suzano* (1979).

ODETTE CARVALHO DE LIMA SEABRA, é professora Livre Docente em Geografia Humana pela Universidade de São Paulo onde fez seu mestrado e Doutorado. È atualmente coordenadora do Laboratório de geografia urbana-Labur, do grupo de projeto coletivo de pesquisa do LEI-Labur (Laboratório de Estudos sobre a Intolerância e Laboratório de Geografia Urbana) e membro do Convênio Barcelona-São Paulo, de ambas universidades, sobre estudos metropolitanos. Faz parte da rede de estudos internacional sobre a obra de Henri Léfèbvre, sendo redatora-correspondente da Revista *La Somme et le Reste.*

REINALDO PAUL PÉREZ MACHADO, Docente do Departamento de Geografia desde 1994. Tem pós-graduação em Sistemas de Informações Geográficas para Aplicações Urbanas no ITC da Holanda (1999) e Doutorado em Geografia Humana (2001) no Departamento de Geografia da FFLCH-USP. Sua principal área de pesquisa é o Geoprocessamento, com ênfase nas questões sociais, urbanas.

ROSA ESTER ROSSINI é Professora Titular do Departamento de Geografia da Faculdade de Filosofia, Letras e Ciências Humanas da Universidade de São Paulo, Assessora da Área de Ciências Humanas e Sociais do Cnpq (1988-1990) e do Pibic/CNPq desde 1989; Assessora Científica da Fundação de Amparo à Pesquisa dos Estados de: São Paul; Rio de Janeiro; Pernambuco; Minas Gerais; Amazonas e Distrito Federal e também autora de diversos artigos publicados em revistas especializadas nacionais e internacionais e tem sido membro de Bancas Examinadoras de Dissertações de Mestrado, Teses de Doutoramento, de Concursos de Livre-Docência e de Professor Titular no Brasil e no exterior.

SANDRA LENCIONI, professora Livre-Docente, é autora do livro *Região e Geografia* (Edusp, 1999) e membro do Núcleo de Pesquisa em Informações Urbanas da USP. Suas pesquisas indicam que o processo de desconcentração industrial subverte a antiga lógica de localização industrial produzindo uma nova dicotomia: espaços metropolizados e espaços não metropolizados, que suplanta a antiga divisão capital-interior produzindo uma metrópole territorialmente muito extensiva que se conforma como uma verdadeira cidade-região.

TARIK REZENDE DE AZEVEDO é Bacharel e Licenciado em Geografia desde 1996, tendo obtido o doutorado em 2001. Atualmente é Docente da Área de Climatologia do Departamento de Geografia da FFLCH-USP e Coordenador do Laboratório de Climatologia e Biogeografia, onde desenvolve há oito anos pesquisas em climatologia urbana.

ANEXO

CADERNO DE MAPAS

LOCALIZAÇÃO DO MUNICÍPIO DE SÃO PAULO

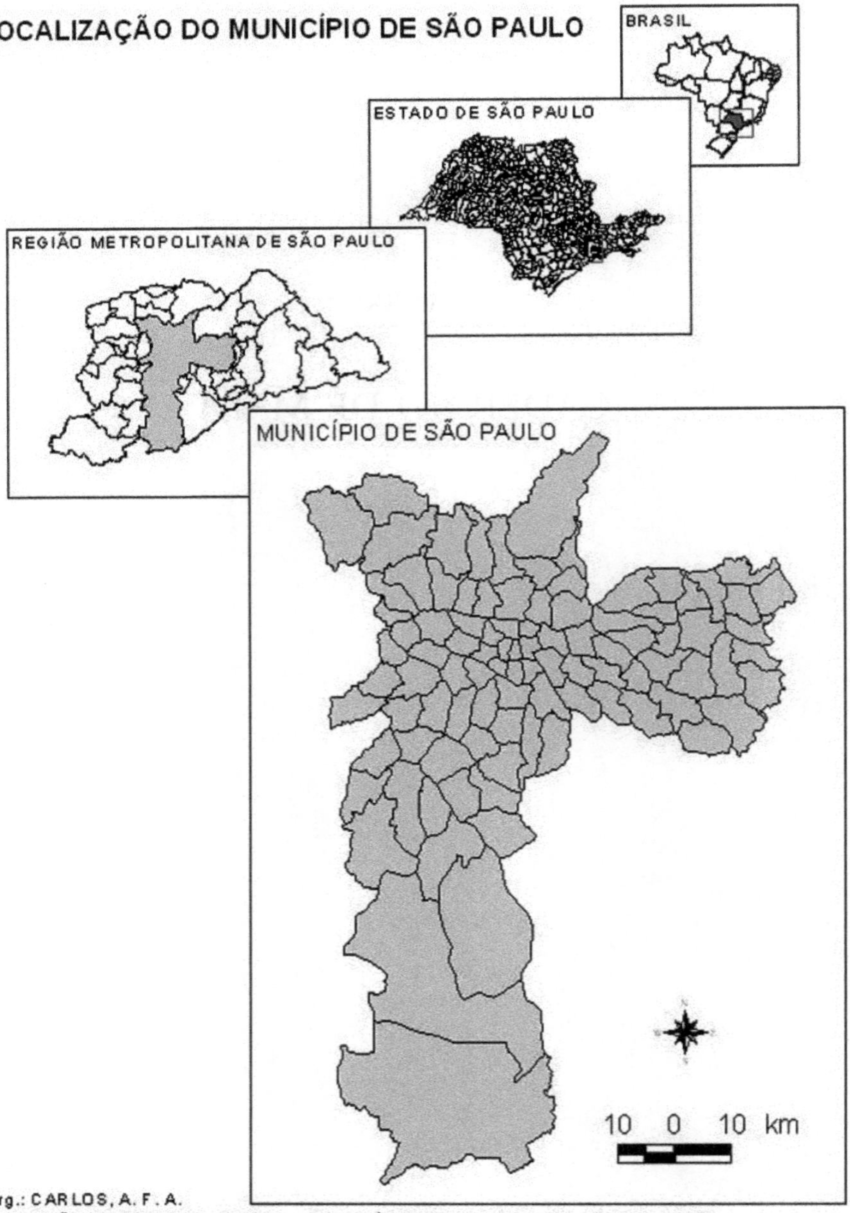

Org.: CARLOS, A. F. A.
Elaboração: CORREIA JR., Paulo A. - Laboratório de Cartografia - DG - FFLCH - USP
Fonte: IBGE, 2003.

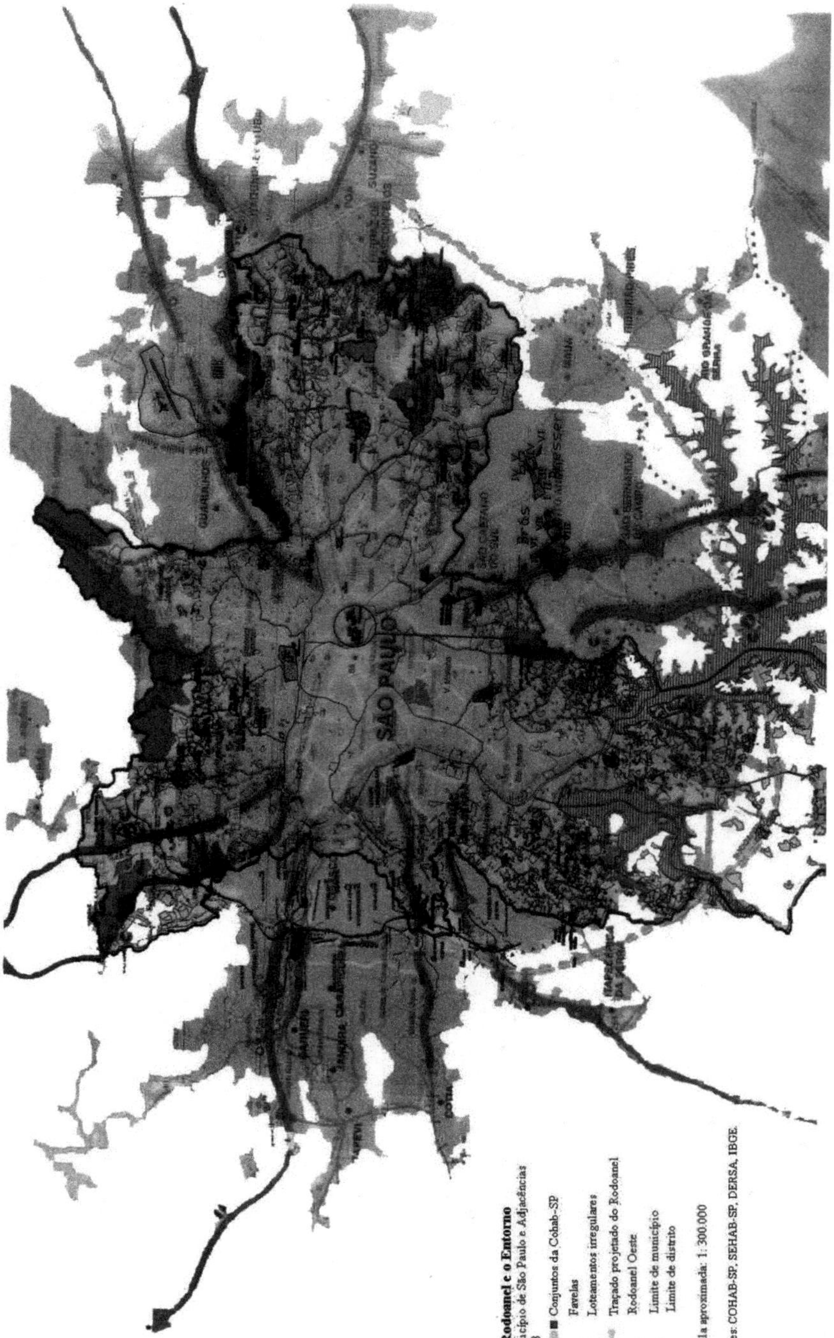

|Figura 2 de *Urbanização crítica e situação geográfica a partir da metrópole de São Paulo*|

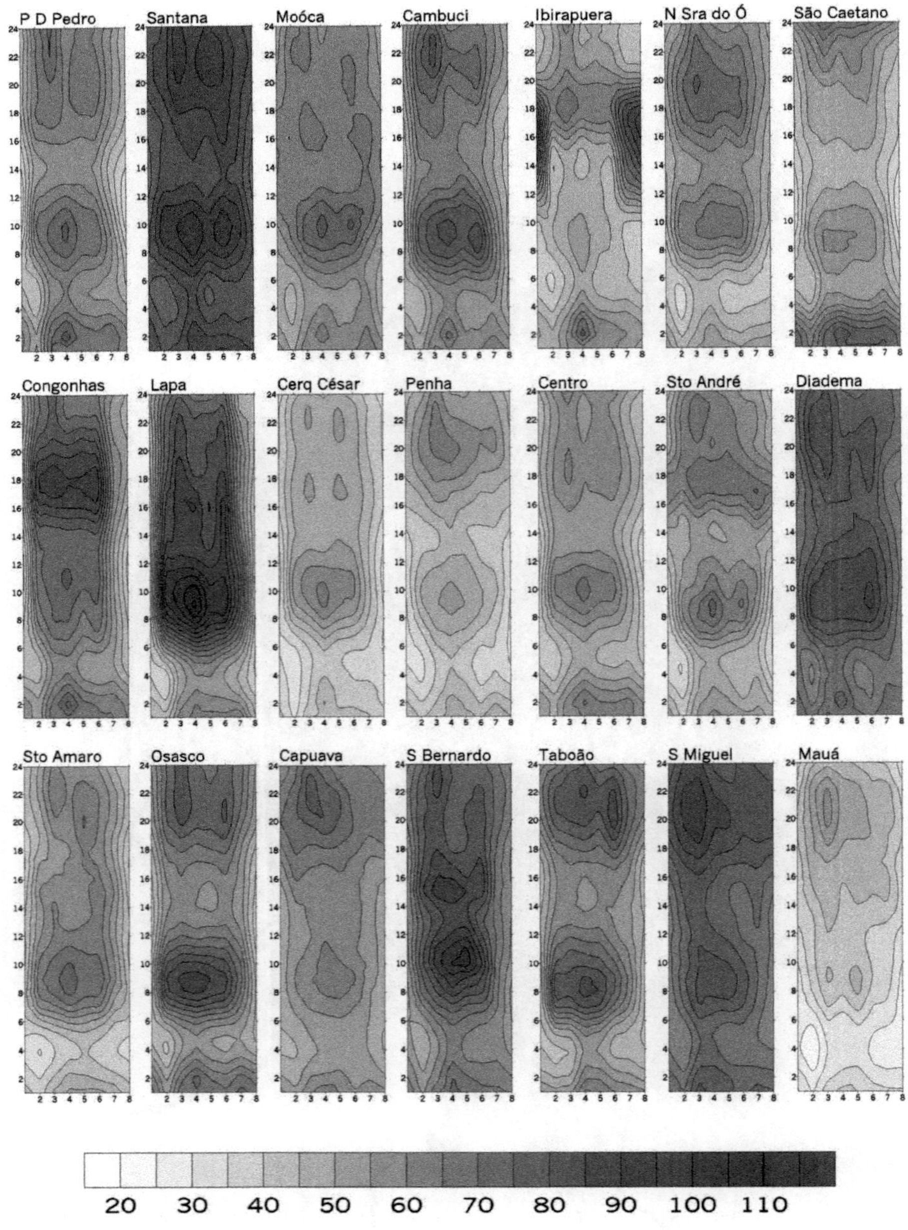

| Figura 2 de *A frota de automóveis e o ar que São Paulo respira* | Média da concentração de material particulado inalável (μg /m³) em função do horário (abscissas) e dia da semana (ordenadas iniciando no domingo). Estações telemétricas da rede de monitoramento da qualidade do ar da Cetesb na Grande São Paulo (1996 a 2002).

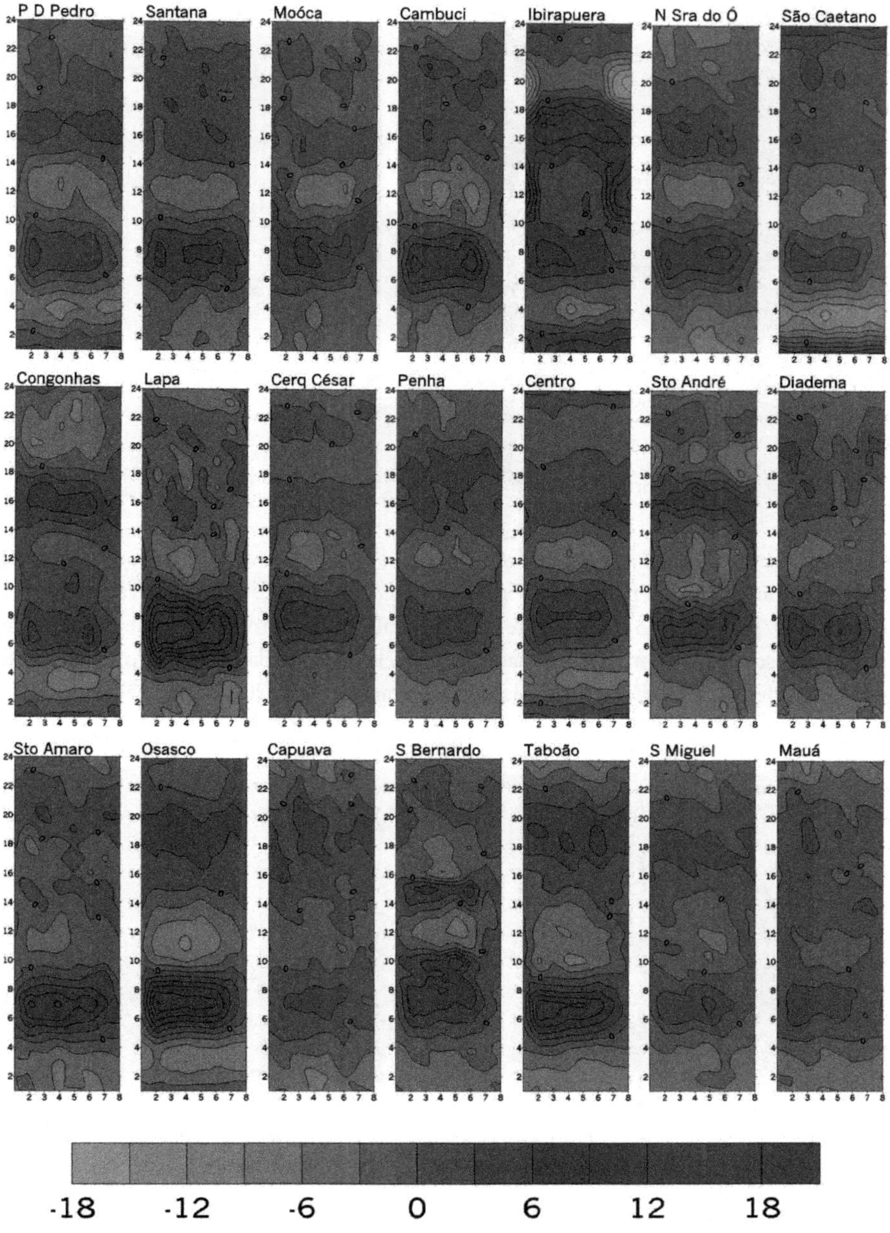

| Figura 3 de *A frota de automóveis e o ar que São Paulo respira* | Taxa de variação da concentração média de particulado inalável (μg/m³/h) em função do horário (abscissas) e dia da semana (ordenadas) nas estações telemétricas da rede de monitoramento da qualidade do ar da Cetesb na Grande São Paulo (1996 a 2002).

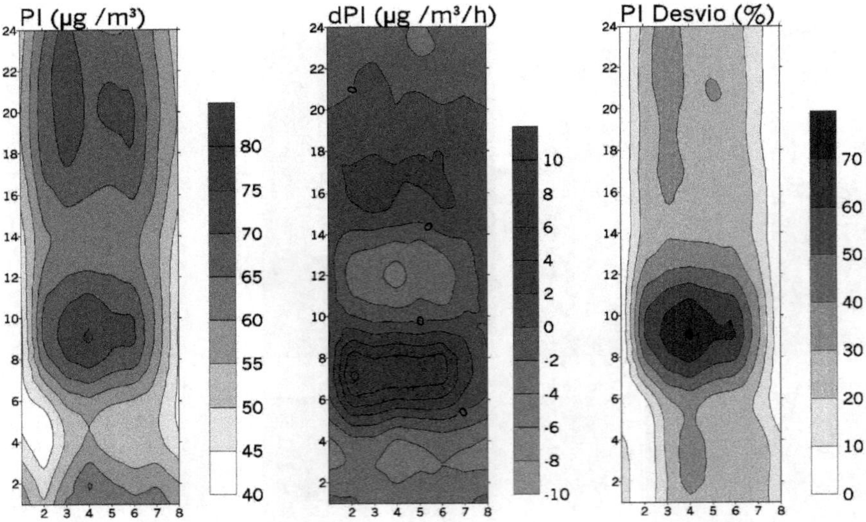

| Figuras 4 a 6 de *A frota de automóveis e o ar que São Paulo respira* | Respectivamente, concentração média de particulado inalável (PI) em µg /m³, sua taxa de variação (dPI) em µg /m³/h e o desvio de PI em relação aos valores de domingo (%) de acordo com o horário e dia da semana em todas as estações telemétricas da rede de monitoramento da qualidade do ar da Cetesb na Grande São Paulo (1996-2002).

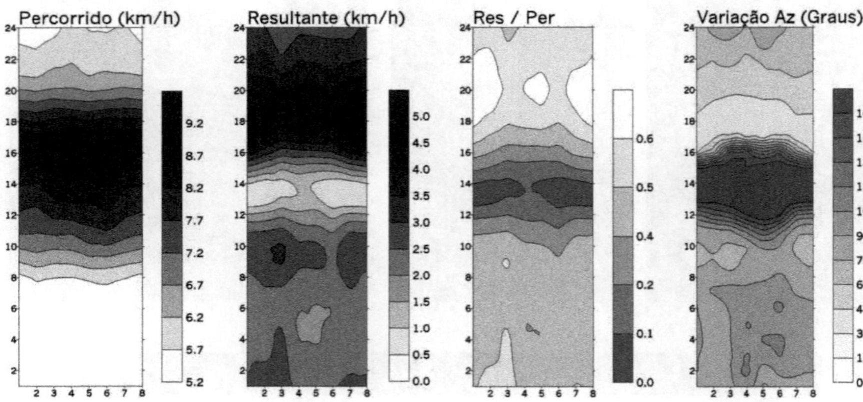

| Figuras 7 a 10 de *A frota de automóveis e o ar que São Paulo respira* | Respectivamente, a média horária do vento percorrido (km/h), o módulo do vento resultante (km/h), proporção do módulo do vento resultante em relação ao percorrido e a variação do azimute do vento resultante em todas as estações telemétricas da rede de monitoramento da qualidade do ar da Cetesb na Grande São Paulo de acordo com o horário e o dia da semana (1996-2002).

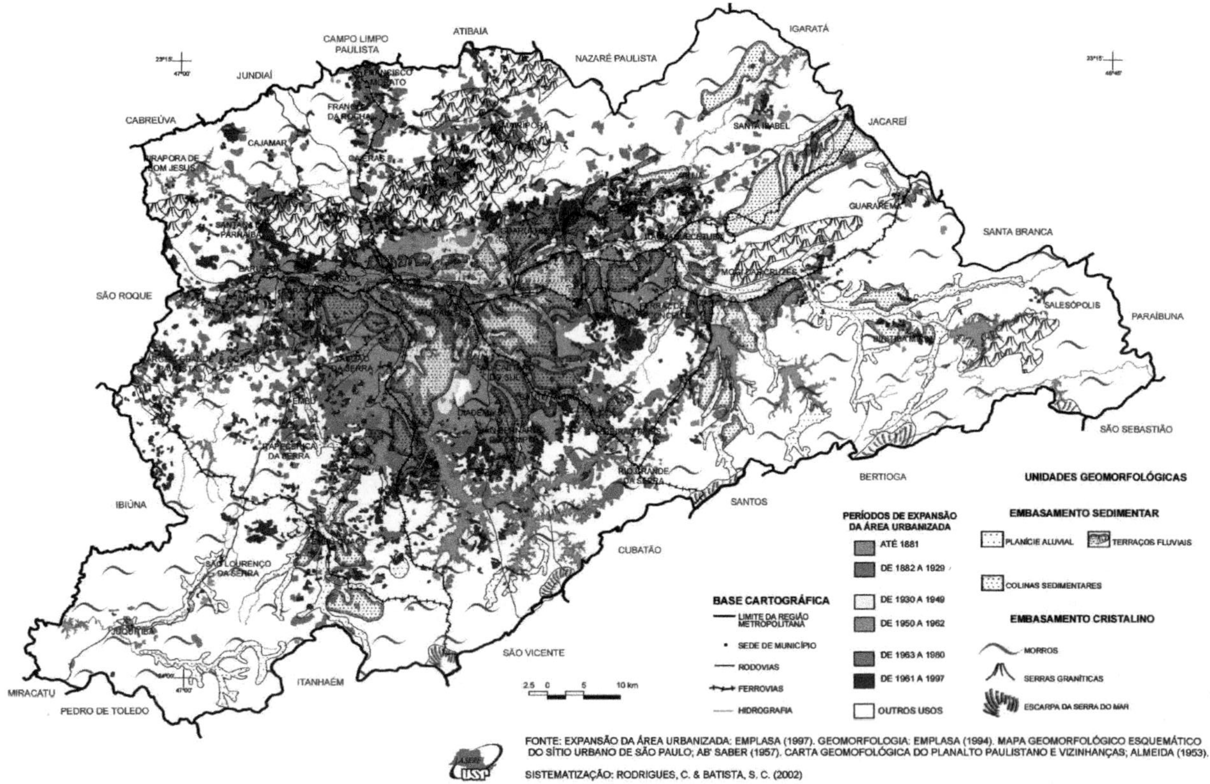

|Figura 7 de *A urbanização da metrópole sob a perspectiva da geomorfologia: tributo às leituras geográficas*| Expansão urbana e unidades geomorfológicas na metrópole paulistana.

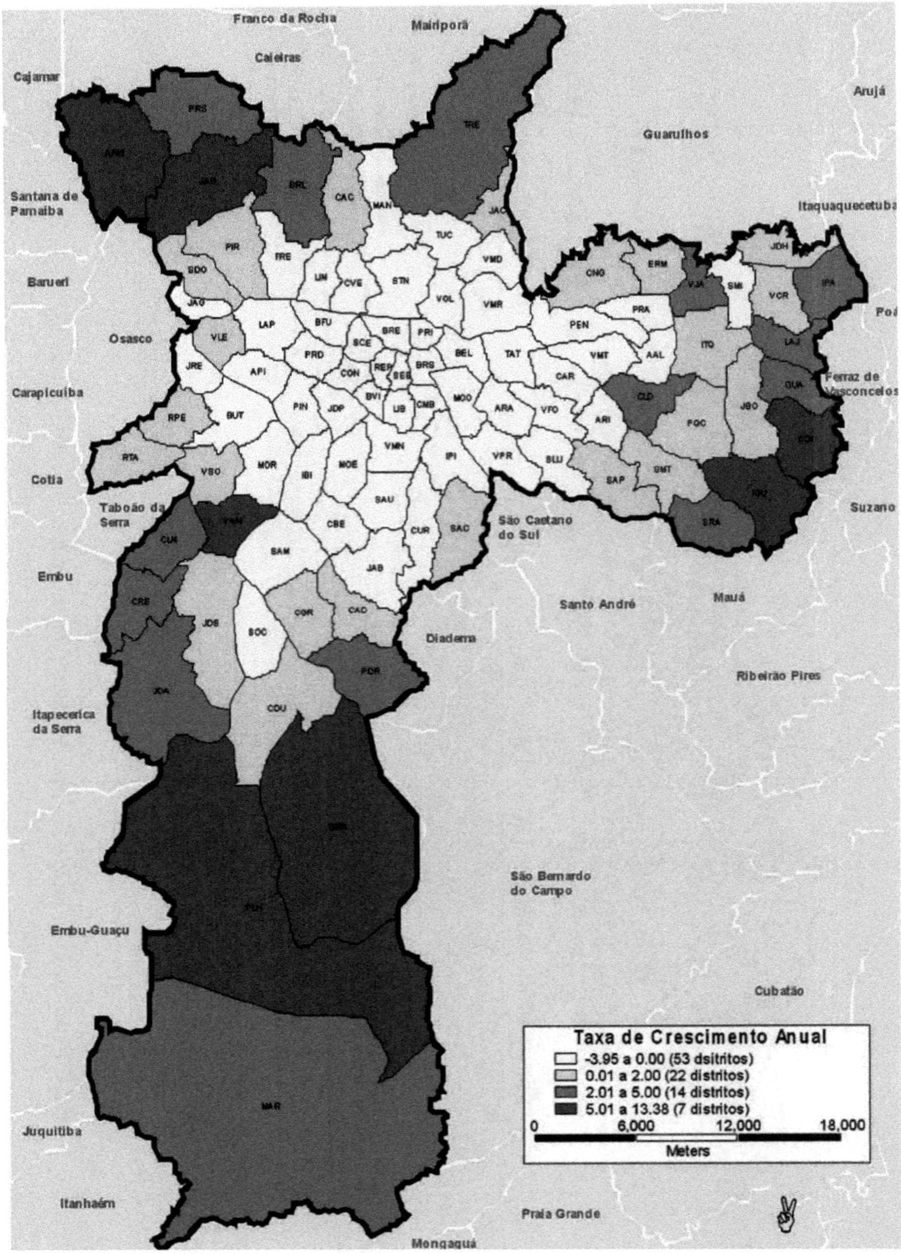

| Figura de *A vida de bairro: as representações sociais* | Município de São Paulo – Crescimento populacional (1991/2001). *Fonte:* IBGE, Censos Demográficos: 1991 e 2000. *Elaboração:* Secretaria Municipal de Planejamento Urbano/Sempla – Departamento de Informações.

IBGE	Distritos	Tx Cresc.	Siglas
2	Água Rasa	-1,12	ARA
1	Alto de Pinheiros	-1,37	API
3	Anhanguera	13,38	ANH
4	Aricanduva	-0,20	ARI
5	Artur Alvim	-0,71	AAL
6	Barra Funda	-2,29	BFU
7	Bela Vista	-1,41	BVI
8	Belém	-2,49	BEL
9	Bom Retiro	-3,35	BRE
10	Brás	-3,14	BRS
11	Brasilândia	2,30	BRL
12	Butantã	-1,07	BUT
13	Cachoeirinha	1,79	CAC
14	Cambuci	-2,80	CMB
15	Campo Belo	-1,73	CBE
16	Campo Grande	1,20	CGR
17	Campo Limpo	2,06	CLM
18	Cangaíba	1,99	CNG
19	Capão Redondo	2,46	CRE
20	Carrão	-1,22	CAR
21	Casa Verde	-1,57	CVE
24	Cidade Ademar	0,59	CAD
25	Cidade Dutra	1,40	CDU
22	Cidade Líder	2,05	CLD
23	Cidade Tiradentes	7,89	CDI
26	Consolação	-2,20	COM
27	Cursino	-0,87	CUR
28	Erm. Matarazzo	1,24	ERM
29	Freguesia do Ó	-0,58	FRE
30	Grajaú	6,22	GRA
31	Guaianases	2,15	GUA
33	Iguatemi	6,08	IGU
34	Ipiranga	-0,30	IPI
35	Itaim Bibi	-3,04	IBI
36	Itaim Paulista	2,98	IPA
37	Itaquera	1,56	ITQ
38	Jabaquara	-0,01	JAB
39	Jaçanã	0,62	JAC
40	Jaguara	-1,62	JAG
41	Jaguaré	-0,48	JRE
42	Jaraguá	5,11	JAR
44	Jardim Ângela	3,63	JDA
45	Jardim Helena	1,81	JDH
46	Jardim Paulista	-2,30	JDP
43	Jardim São Luís	1,77	JDS
47	José Bonifácio	0,36	JBO
96	Lajeado	3,80	LAJ
48	Lapa	-1,71	LAP
49	Liberdade	-2,29	LIB
50	Limão	-1,07	LIM
51	Mandaqui	-0,10	MAN
52	Marsilac	3,83	MAR
32	Moema	-0,90	MOE
53	Mooca	-1,42	MOO
54	Morumbi	-1,61	MOR
55	Parelheiros	7,07	PLH
56	Pari	-3,95	PRI
57	Parque do Carmo	1,76	PQC
58	Pedreira	4,47	PDR
59	Penha	-0,75	PEN
60	Perdizes	-0,67	PRD
61	Perus	4,81	PRS
62	Pinheiros	-2,43	PIN
63	Pirituba	0,67	PIR
64	Ponte Rasa	-0,51	PRA
65	Raposo Tavares	1,07	RTA
66	República	-2,11	REP
67	Rio Pequeno	0,93	RPE
68	Sacomã	0,87	SAC
69	Santa Cecília	-2,06	SCE
70	Santana	-1,10	STN
71	Santo Amaro	-2,43	SAM
95	São Domingos	1,83	SDO
72	São Lucas	-0,96	SLU
73	São Mateus	0,30	SMT
74	São Miguel	-0,62	SMI
75	São Rafael	3,74	SRA
76	Sapopemba	1,02	SAP
77	Saúde	-0,77	SAL
78	Sé	-3,29	SEE
79	Socorro	-1,10	SOC
80	Tatuapé	-0,34	TAT
81	Tremembé	3,04	TER
82	Tucuruvi	-1,31	TUC
83	Vila Andrade	6,28	VAN
84	Vila Curuçá	1,84	VCR
85	Vila Formosa	-0,47	VFO
86	Vila Guilherme	-2,30	VGL
87	Vila Jacuí	3,83	VEJA
88	Vila Leopoldina	0,02	VLE
89	Vila Maria	-0,83	VMR
90	Vila Mariana	-0,79	VMN
91	Vila Matilde	-0,64	VMT
92	Vila Medeiros	-1,16	VMD
93	Vila Prudente	-1,25	VPR
94	Vila Sônia	0,57	VSO

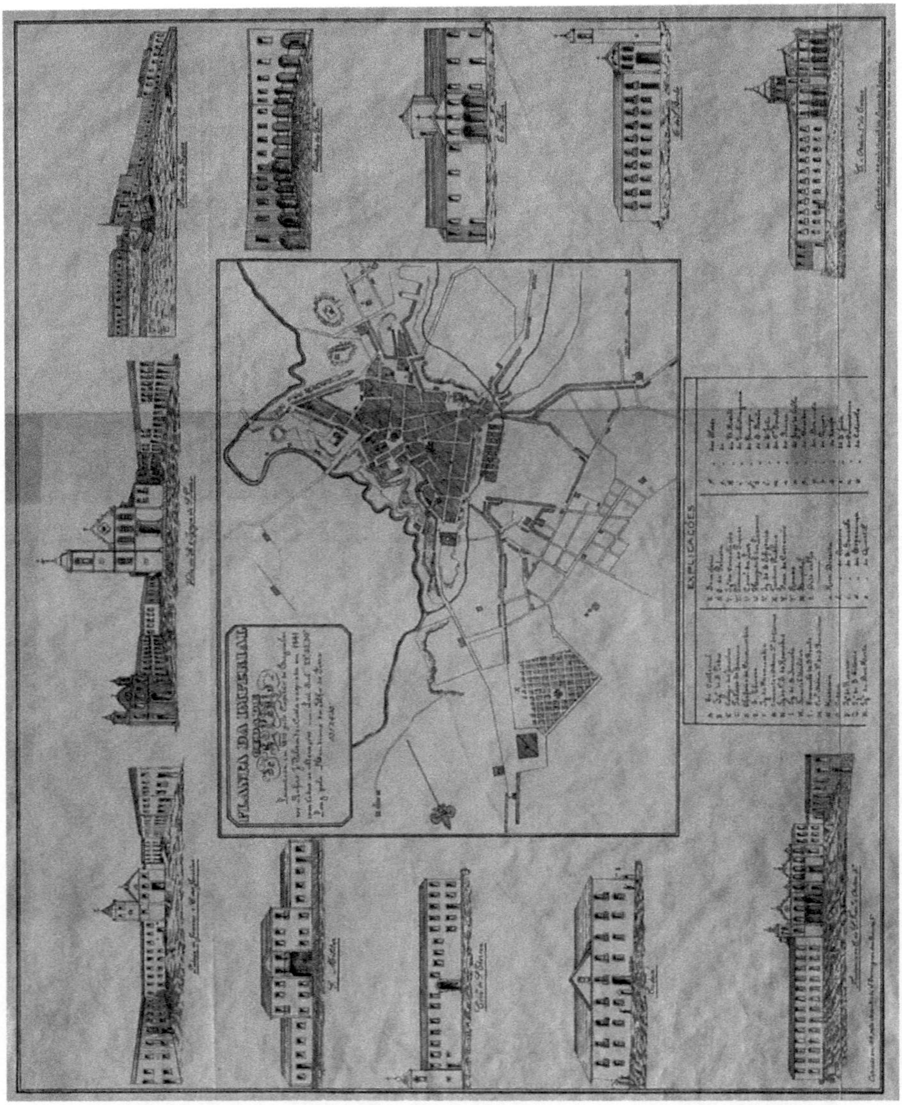

| Figura 1 de *Isotomias: uma metodologia para a representação cartográfica utilizando técnicas de Geoprocessamento* | Planta da Cidade de São Paulo executada em 1810. Observem-se os detalhes dos pontos notáveis que rodeiam a carta. *Cortesia:* Arquiteto Walter Pires. Departamento de Patrimônio Histórico da Prefeitura do Município de São Paulo.

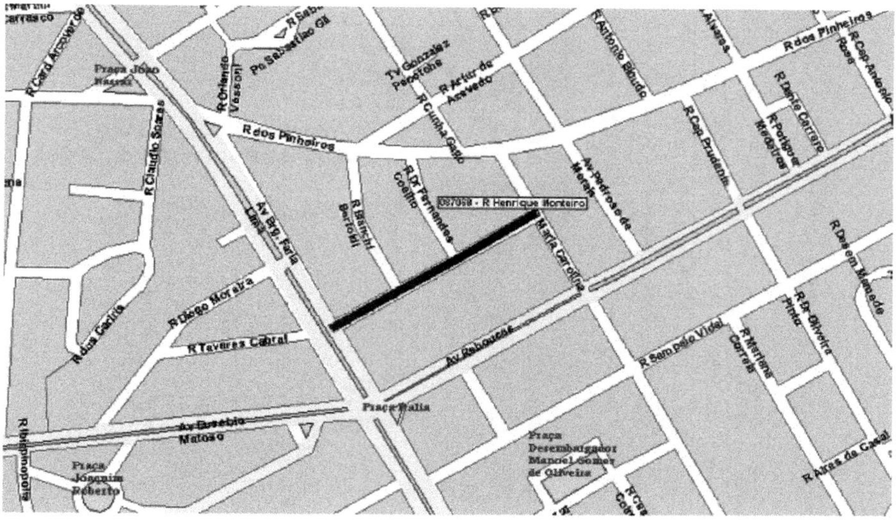

| Figura 2 de *Isotomias: uma metodologia para a representação cartográfica utilizando técnicas de Geoprocessamento* | Detalhe da Base Cartográfica Digital Contínua do Município de São Paulo, mostrando o cruzamento das Avenidas Rebouças e Faria Lima. Em destaque (azul), a Rua Henrique Monteiro. A etiqueta com o Codlog encontra-se no extremo inicial (mais próximo do Marco Zero, na Praça da Sé) deste logradouro.

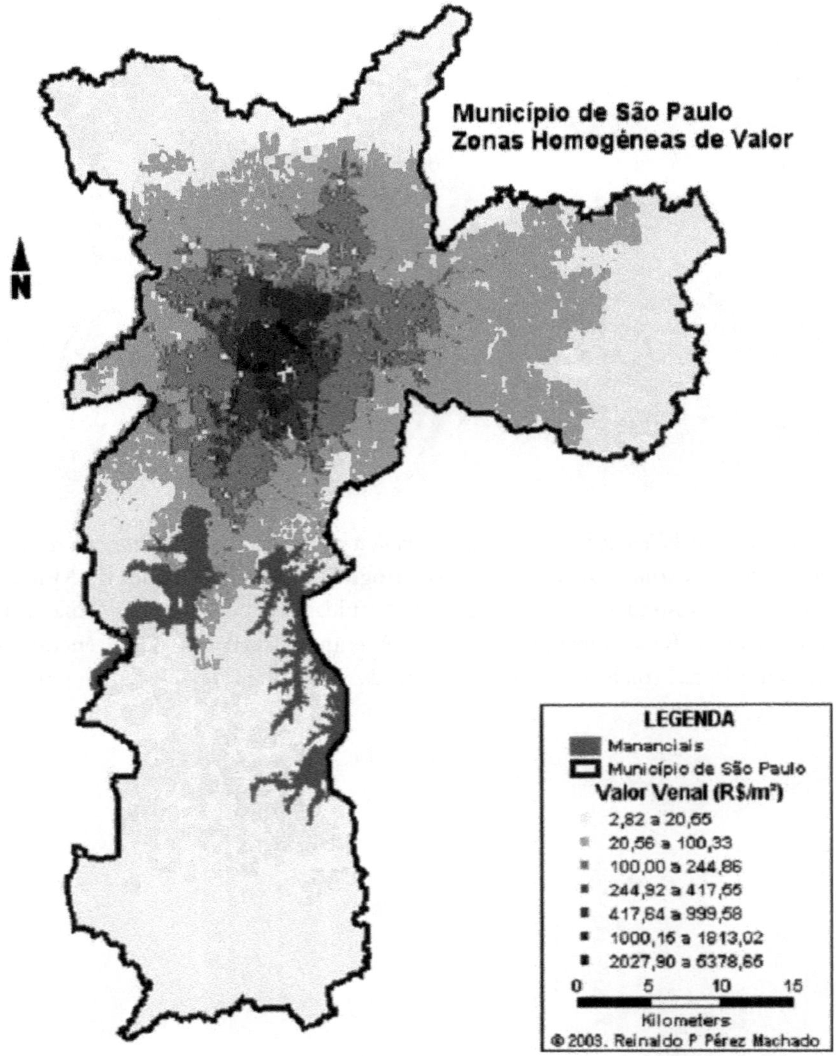

| Figura 3 de *Isotomias: uma metodologia para a representação cartográfica utilizando técnicas de Geoprocessamento* | Planta Genérica de Valores em sua expressão cartográfica digital. Para elaborar esta carta temática que mostra as zonas homogêneas de valor em 7 classes, utilizaram-se os dados de valor venal de 1996.

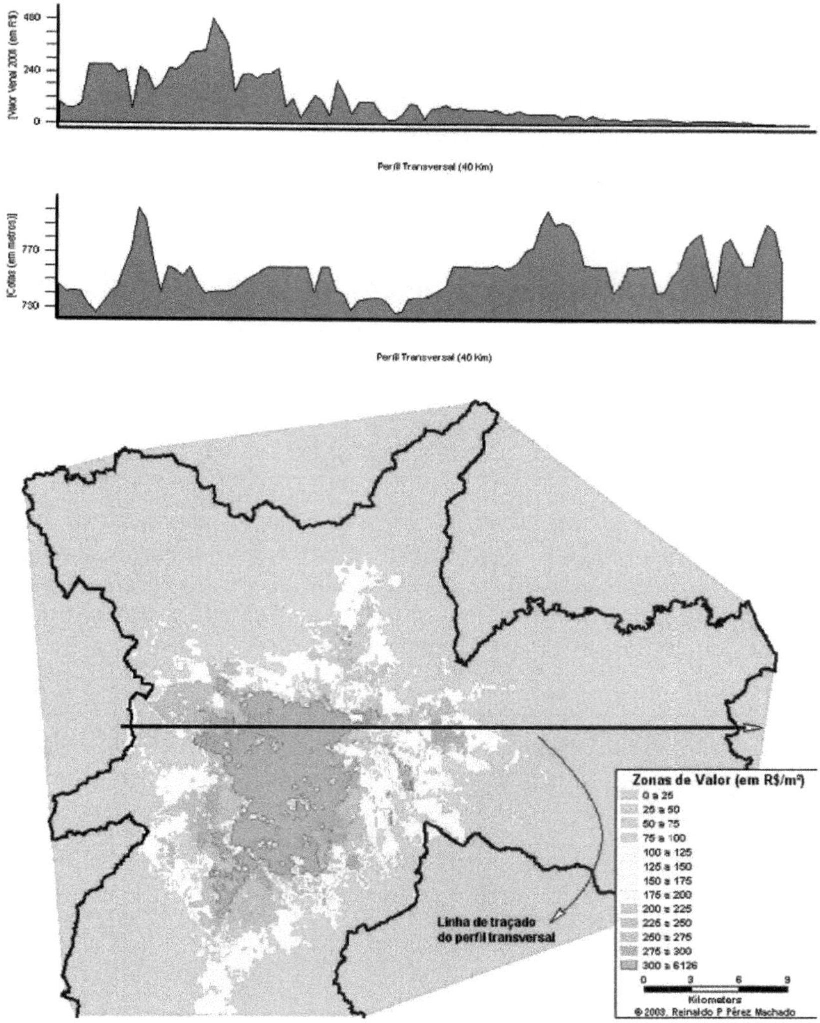

| Figura 4 de *Isotomias: uma metodologia para a representação cartográfica utilizando técnicas de Geoprocessamento* | Mapa com as Zonas de Valor, criado a sobre as isotimas de valor venal. Foram traçados dois perfis transversais utilizando a mesma linha como referência, traçado no sentido Oeste – Centro - Leste no Município de São Paulo, um deles sobre o relevo real (hipsometria) e o outro sobre as isotimas.

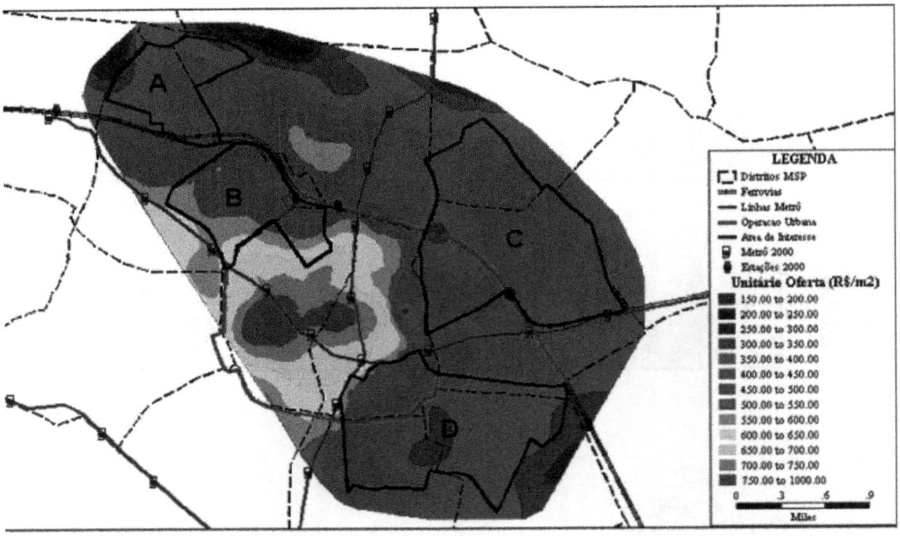

| Figura 6 de *Isotomias: uma metodologia para a representação cartográfica utilizando técnicas de Geoprocessamento* | Mapa com as Zonas Homogêneas deValor, criado sobre as isotimas de valor comercial. Note-se que o território avaliado não necessariamente coincide com a divisão distrital.

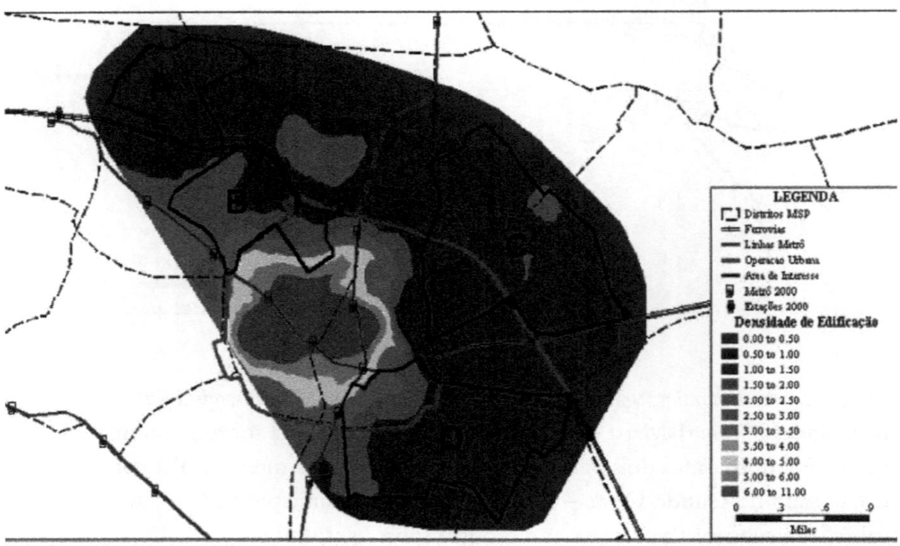

| Figura 7 de *Isotomias: uma metodologia para a representação cartográfica utilizando técnicas de Geoprocessamento* | Mapa com as Zonas Homogêneas de Densidade de Edificações. São claras a concordância e proporcionalidade na distribuição espacial destas duas variáveis.